U0483559

战略性新兴领域“十四五”高等教育系列教材
本书配套技术入选“工业和信息化部先进适用技术名单”
与本书配套的“线上全数字化实践平台”网址为：http://110.41.23.108:8080

机器人基础与实践

主　编　樊泽明
副主编　张祥银　孙中奎
参　编　余孝军　王鸿辉
　　　　刘准钆　刘文泉

机械工业出版社

本书介绍了机器人基础及实践的相关内容，将串联机器人、并联机器人和移动机器人的理论与实践有机集成，并将机器人本体、环境构建以及机器人本体和环境交互的理论与实践有机融合。本书共分为10章，内容涉及机器人概况、机器人运动学基础与实践平台介绍、机器人正运动学理论与实践、机器人逆运动学理论与实践、机器人力学理论与实践、机器人传感理论与实践、机器人环境识别理论与实践、机器人定位及地图构建理论与实践、机器人运动规划理论与实践、机器人控制理论与实践等。

本书可作为普通高等院校机器人工程、自动化、机电一体化、电气工程及其自动化、人工智能等工科专业的本科生和研究生教材，也可供广大从事机器人应用系统开发的工程技术人员参考。

本书配有包含PPT课件、教学大纲、习题答案及数字孪生虚拟仿真实验在内的全数字、高智能、立体化线上、线下教学资源。欢迎选用本书作教材的教师登录 www.cmpedu.com 了解获取方式。

本书配套的“线上全数字化实践平台”网址为：http://110.41.23.108:8080。

图书在版编目（CIP）数据

机器人基础与实践 / 樊泽明主编. -- 北京 ： 机械工业出版社，2024. 12. --（战略性新兴领域“十四五”高等教育系列教材）. -- ISBN 978-7-111-77664-2

Ⅰ. TP242

中国国家版本馆 CIP 数据核字第 2024GH7122 号

机械工业出版社（北京市百万庄大街22号　邮政编码 100037）

策划编辑：吉　玲　　　责任编辑：吉　玲　王华庆

责任校对：樊钟英　薄萌钰　　　封面设计：张　静

责任印制：单爱军

北京中兴印刷有限公司印刷

2024年12月第1版第1次印刷

184mm×260mm · 19印张 · 459千字

标准书号：ISBN 978-7-111-77664-2

定价：68.00元

电话服务　　　网络服务

客服电话：010-88361066　　机　工　官　网：www.cmpbook.com

010-88379833　　机　工　官　博：weibo.com/cmp1952

010-68326294　　金　书　网：www.golden-book.com

机工教育服务网：www.cmpedu.com

前 言

PREFACE

机器人是近年来发展起来的综合学科，被誉为“制造业皇冠顶端的明珠”，是全球公认的制高点。高精尖技术密集程度是衡量一个国家科技创新和高端制造业水平的重要标志。作为引领世界未来的颠覆性技术，机器人正在全球范围内创造新产业和新业态，推动生产和消费向智能化方向转变，深刻影响着人类的生产和生活。随着机器人技术在现代社会发展中的作用日益明显，特别是进入 21 世纪以后，世界各国对机器人的重视程度日益提高，美国、欧盟各国、日本、韩国等发达国家和一些新兴经济国家，纷纷将机器人纳入国家战略计划并进行重点规划和部署。

党的二十大报告明确指出科技是第一生产力，创新是第一动力，并强调了坚持深入实施科教兴国战略、人才强国战略、创新驱动发展战略，推进新型工业化，加快建设制造强国。同时，国家先后出台了《“十四五”智能制造发展规划》《“十四五”机器人产业发展规划》等一系列相关规划，将机器人产业作为战略性新兴产业并给予重点支持。此外，工业和信息化部联合十六部门印发了《“机器人 +”应用行动实施方案》，提出了深化重点领域“机器人 +”应用，增强“机器人 +”应用基础支撑能力，强化“机器人 +”应用组织保障三方面内容。毫无疑问，随着新一轮科技革命的深入推进，机器人及智能装备制造业将进入快速发展时期，在引领我国制造业高端化、智能化、绿色化方面发挥着重要作用。

本书综合介绍了机器人相关基础与实践内容，具有基础理论介绍与综合实践相结合的特点，可作为本科生和研究生机器人技术类课程的教材和辅导用书，也适合从事机器人研究、开发和应用的科技人员学习参考。本书将串联机器人、并联机器人和移动机器人的理论和实践有机集成，将机器人本体、环境构建以及机器人本体和环境交互的理论与实践有机融合，是一本综合三类机器人从本体到环境全方位的理论与实践教材。本书第 1 章简述机器人的发展历史，讨论机器人的特点、元件、系统及分类。第 2 章首先介绍机器人数学基础，随后介绍机器人机械结构及本书实践平台。第 3 章首先介绍机器人正运动学解决的问题，然后介绍机器人坐标系的建立，接着以机器人正运动学为例，介绍其正向运动的表示、正向运动方程的建立及运动方程的求解，最后以轮式仿人机器人、并联机器人、移动机器人为例，介绍机器人正运动学技术实践。第 4 章首先介绍机器人逆运动学求解问题，然后详细介绍机器人逆运动学求解方法，最后以轮式仿人机器人和并联机器人为例，分别介绍机器人逆运动学求解方法及机器人技术实践。第 5 章首先介绍机器人力学解决的问题，然后分别介绍机器人静力学和动力学分析方法，最后介绍机器人力学实践案例及力学实践训练。第 6 章首先介绍机器人传感器的分类和特性指标，然后分别介绍机器人的内部传感器、外部传感器和环境检测传感器，最后介绍机器人传感技术实践。第 7 章首先介绍机器人环境识别技术，然后分别介绍机器人物体识别和障碍物识别的基本方法。最后以机器人环境识别为例，介绍机器人目标识别和障碍物识别的具体实践。第 8 章首先介绍机器人定位及地图构建技术的发展，然后介绍机器人地图构建方法、视觉和激光 SLAM 感知技术，最后介绍机器人定位及地图构建实践。第 9 章首先对机器人运动规划技术进行介绍，然后分别在二维和三维空间内对机器人的路径规划技术、机器人轨迹规划技术进行介绍，最后对运动规划进行综合实践。第 10 章首先介绍机器人控制技术的发展，然后分别介绍机器人关节空间控制、机器人工作空间控制和机器人力控制的常见方法，最后通过实例介绍机器人控制实践。

本书由西北工业大学樊泽明任主编，北京工业大学张祥银、西北工业大学孙中奎任副主编，余孝军、王鸿辉、刘准钆、刘文泉参加编写。具体分工为：樊泽明编写第 1、8、9 章，张祥银编写第 3 章，孙中奎编写第 5、10 章，余孝军编写第 2 章，王鸿辉编写第 4、6 章，刘准钆编写第 7 章，余孝军、刘文泉负责各章实践部分的程序编制。全书由樊泽明负责整理和统稿。

本书在编写和出版过程中，得到了众多领导、专家和朋友的热情鼓励和帮助。本书参考了许多机器人专著、教材及网络资源，在此对参考的专著、教材及网络资源作者致以衷心的感谢。

编　者

码 0-1【网址】
线下全数字化实践系统下载网址

目录

CONTENTS

第 1 章　绪论

导读

进入 21 世纪以来，人类除了致力于自身的发展外，还需要关注机器人的发展情况。当今，人们对“机器人”这个名称并不陌生。从古代的神话传说到现代的科学幻想小说、戏剧、电影和电视，都有许多关于机器人的精彩描绘。尽管机器人学和机器人技术已经取得许多重要成果，但现实世界中的绝大多数机器人，既不像神话和文艺作品所描述的那样智勇双全，也没有如某些企业家所宣传的那样多才多艺。当前，机器人的本领还比较有限，但是由于其迅速发展，也开始对整个工业生产、太空探索、海洋探索及人类生活等各方面产生越来越大的影响。

本章将从机器人的发展历史出发，介绍机器人技术和应用的发展、机器人的定义及特点，从元件和系统两个方面阐述机器人的组成，进而从连接方式、移动性、控制方式、几何结构、智能程度、用途等方面讨论机器人的分类问题，最后简要介绍了后续章节的主要内容。

本章知识点

- 机器人的发展历史
- 机器人的定义及特点
- 机器人元件、系统与分类
- 本书综述

1.1　机器人的发展历史

1.1.1　机器人技术的发展

机器人的概念在人类的想象中已存在 3000 多年。早在我国西周时期（公元前 1046— 前 771 年），就流传着巧匠偃师献给周穆王一个艺妓（歌舞机器人）的故事。作为第一批自动化动物之一的能够飞翔的木鸟，是在公元前 400 年至公元前 350 年间制成的；公元前 3 世纪古希腊发明家戴达罗斯用青铜为克里特岛国王迈诺斯建造了一个守卫宝岛的青铜卫士塔罗斯；而在公元前 2 世纪出现的书籍中，描写过一个具有类似机器人角色的机械化剧院，这些角色能够在宫廷仪式上进行舞蹈和乐队表演。我国东汉时期（公元 25—220 年），张衡制造的指南车是世界上最早的机器人雏形。

进入近代之后，人类关于发明各种机械工具和动力机器协助甚至代替人们从事各种体力劳动的梦想更加强烈。18 世纪发明的蒸汽机开辟了利用机器动力代替人类劳动的新纪元。随着动力机器的发明，人类社会出现了第一次工业和科学革命，各种自动机器、动力机和动力系统的问世，使机器人开始由幻想时期转入自动机械时期，许多机械式控制机器人（如精巧的机器玩具和工艺品等）也应运而生。

1920 年捷克剧作家卡雷尔·凯佩克（Karal Capak）在他的科幻情节剧《罗萨姆的万能机器人》（R.U.R）中，第一次提出了“机器人”这个名词，也被当成了机器人一词的起源。在该剧本中，凯佩克把捷克语“Robota”理解为奴隶或劳役的意思。该剧忧心忡忡地预告了机器人的发展对人类社会产生的悲剧性影响，引起了人们的广泛关注。在该剧中，罗萨姆公司设计制造的机器人，可以按照其主人的命令默默地、没有感觉和感情地、以呆板的方式从事繁重的劳动。后来，该公司研究的机器人技术取得了突破性进展，使得机器人具有了智能和感情，进而使机器人得到广泛应用，成为人类在工厂和家务劳动中必不可少的成员。

凯佩克也提出了机器人的安全、智能和自繁殖问题。机器人技术的进步很可能引发人类不希望出现的问题和结果。虽然科幻世界只是一种想象，但人类担心社会可能在将来出现这种情况。针对人类社会对即将问世的机器人的不安，美国著名科学幻想小说家阿西莫夫于 1950 年在他的小说《我是机器人》中，提出了有名的“机器人三守则”：

1）机器人必须不危害人类，也不允许它眼看人类受害而袖手旁观。

2）机器人必须绝对服从于人类，除非这种服从有害于人类。

3）机器人必须保护自身不受伤害，除非为了保护人类或者是人类命令它做出牺牲。

这三条守则给机器人赋予了新的伦理性，并使机器人概念通俗化，更易于为人类社会所接受。至今，它仍为机器人研究人员、设计制造厂家和用户提供十分有意义的指导方针。

从 20 世纪 60 年代初期到 70 年代初期，在工业机器人问世后的前 10 年里，机器人技术的发展较为缓慢，许多研究单位和公司所做的努力均未获得成功。这一阶段的主要成果有美国斯坦福国际研究所于 1968 年研制的移动式智能机器人夏凯和辛辛那提·米拉克龙公司于 1973 年制成的第一台适于投放市场的机器人 T3 等。

20 世纪 70 年代，人工智能学界开始对机器人产生浓厚的兴趣。人们发现，机器人的出现与发展为人工智能的发展带来了新的生机，也提供了一个很好的试验平台和应用场所，是人工智能可能取得重大进展的潜在领域。这一认识很快被许多国家的科技界、产业界和政府有关部门所认同。随着自动控制理论、电子计算机和航天技术的迅速发展，机器人技术于 20 世纪 70 年代中期进入了一个新的发展阶段。进入 20 世纪 80 年代后，机器人生产继续保持 20 世纪 70 年代后期的发展势头。到 20 世纪 80 年代中期，机器人制造业已成为发展最快和最好的经济部门之一。

到 20 世纪 80 年代后期，由于传统机器人用户应用工业机器人已趋于饱和，从而造成工业机器人产品的积压，不少机器人厂家倒闭或被兼并，使得国际机器人学研究和机器人产业开始变得不景气。到 20 世纪 90 年代初，机器人产业出现复苏和继续发展的迹象。但是好景不长，1993—1994 年又跌入低谷。总体而言，全世界工业机器人的数目每年在递增，但市场处于波浪式发展态势，1980 年至 20 世纪末，出现过三次马鞍形曲线。1995 年后，世界机器人数量逐年增加，增长率也较高，机器人学以较好的发展势头进入 21 世纪。

进入 21 世纪后，工业机器人产业发展速度加快，年增长率达到 30% 左右。其中，亚洲工业机器人增长速度高达 43%，最为突出。

随着工业机器人数量的快速增长和工业生产的发展，人类对机器人的工作能力也提出了更高的要求，如这些机器人不仅能够运用各种反馈传感器，而且还能运用人工智能中各种学习、推理和抉择技术。智能机器人还应用了许多最新的智能技术，如临场感知技术、虚拟现实技术、多真体技术、人工神经网络技术、遗传算法和遗传编程技术、仿生技术、多传感器集成和融合技术以及纳米技术等。

智能机动机器人是一类能够通过传感器感知环境和自身状态，实现在有障碍物的环境中面向目标的自主运动，从而完成一定作业功能的机器人系统。而移动机器人是一类具有较高智能的机器人，也是智能机器人研究的一类前沿和重点领域。移动机器人与其他机器人的不同之处在于其"移动"特性。移动机器人不仅能够在生产、生活中起到越来越大的作用，而且还是研究复杂智能行为的产生、探索人类思维模式的有效工具与实验平台。21 世纪的机器人的智能水平，将提高到令人赞叹的更高水平。

1.1.2　机器人应用的发展

机器人可代替或协助人类完成各种工作，特别是在一些人类无法到达或者危险的有毒有害的工作中，机器人都在大显身手。机器人除了广泛应用于制造业外，还应用于资源勘探开发、救灾排险、医疗服务、家庭娱乐、军事和航天等其他领域。机器人已成为工业及非产业界的重要生产和服务性设备，也是先进制造技术领域不可缺少的自动化设备。

机器人的应用领域十分广泛。不过，这些领域也并非截然分开的，它们之间有时也存在相当大的重叠。这些应用范围包括工业制造、军事、海空探索、农业生产等。此外，机器人正逐渐在医院、家庭和一些服务行业获得应用。

1. 工业领域

工业领域是机器人最早应用的领域，也是多年来机器人应用最多的领域。进入 21 世纪，工业机器人被广泛应用于汽车工业、金属模具行业、化工工业、塑料行业、通用机械工业、建筑业以及其他重型工业和轻工业部门。

汽车工业是机器人应用最广泛的领域之一。焊接是汽车生产线上十分重要的工艺流程和加工手段，采用高性能焊接机器人成套设备，既能降低工人劳动强度，降低企业成本，又能有效改善生产工艺水平，提高焊接质量，从而极大地提高产品质量和产能。

金属模具行业的加工过程通常与高强度劳动、噪声污染、金属粉尘等联系在一起，处于恶劣的环境之中，企业的劳动力成本越来越高。机器人与机床集成相结合，不仅能够大大降低企业的用人成本，还能提高产品的成型速度和安全性，具有很大的产业发展空间。

化工工业是机器人的主要应用领域之一，面对现代化工制成品高精度、高纯度的要求，需要生产环境更加洁净，因此，洁净机器人将会得到进一步的利用，市场空间广阔。

塑料行业的产品生产需要各个环节紧密的协作，机器人不仅适用于在洁净环境下进行生产，还能自行完成高强度作业。即使在高强度的生产环境下，也能够及时提高产品生产的经济效益，工业机器人以其高速、快捷、灵活的特点，确保企业在今后的市场竞争中具有决定性的竞争优势。

2. 军事领域

同其他任何先进技术一样，机器人技术也可用于军事目的。这种用于军事目的的机器人即为军用机器人。军用机器人分为地面、水下（海洋）和空间军用机器人。其中，以地面军用机器人的开发最为成熟，应用也较为普遍。

地面军用机器人分为两类：一类是智能机器人，包括自主和半自主车辆；另一类是遥控机器人，即各种用途的遥控无人驾驶车辆。智能机器人依靠车辆自身的智能自主导航，躲避障碍物，在无人干预下自主行驶或作战。遥控机器人由人进行遥控，以完成各种任务。

水下军用机器人即无人潜水器。它是水下高技术仪器设备的集成体，除集成有水下机器人载体的推进、控制、动力电源、导航等仪器、设备外，还需根据应用目的的不同，配备声、光、电等不同类型的探测仪器。它可适用于长时间、大范围的侦察、维修、攻击和排险等军事任务以及进行搜索、定位、援救和回收工作，也可以用来发现、分类、排除水下残物等。

空间军用机器人是一种轻型遥控机器人，可在行星的大气环境中导航及飞行。它能在一个不断变化的三维环境中运动并自主导航，能够实时确定空间的位置及状态，对自身的运动进行控制，并进行星际飞行预测及规划路径。此外，可以把无人机看作空间机器人，也就是说，无人机和其他空间机器人都可能成为空间军用机器人。

3. 生活服务领域

随着传感器和控制技术、驱动技术及材料技术的进步，在服务行业实现运输、操作及加工自动化已具备了必要的条件，服务机器人开辟了机器人应用的新领域。专家预测，未来服务机器人的数量将会超过工业机器人。

目前世界各国正努力开发应用于各种领域的服务机器人，如建筑机器人、公共事业及环保机器人、物体及平面清洗用机器人、在难以接近的地方进行维护检查用机器人、保安部门及内部送信用移动机器人等。

家政服务机器人的主要职能是为人类提供和完成服务，主要包括扫地机器人、养老助残机器人及家庭作业机器人等涉及家用领域的机器人。

娱乐休闲机器人能够完成各类的表演，如跳舞、唱歌、演奏乐器，以及足球、相扑、举重等体育项目，此外还有宠物机器人、聊天机器人等各种具有娱乐性质的机器人。

4. 医疗领域

医疗机器人的发展应用给人们生活带来了极大的便利。医疗机器人经历了几十年的发展，到目前为止已经有了较为细致的分支和应用。医疗机器人可以分为 4 个类别，即康复机器人、手术机器人、仿生义肢机器人和行为辅助机器人。从目前市场结构看，手术机器人占全球医疗机器人的市场份额最大，而康复机器人已成为发展速度最快的子领域。

康复机器人的研发是目前国内医疗机器人企业的研发主流。我国是世界上残疾人康复辅助器具需求最大的潜在市场。智能康复机器人如智能义肢、智能康复训练设备、智能化护理设备等产品的出现，不仅为残疾人在康复、生活、学习等方面带来更多的好处，也展现了智能化技术在辅助器具应用上的发展前景，为辅助器具创新提供了新的空间。

1.2　机器人的定义及特点

1.2.1　机器人的定义

至今还没有对机器人的统一定义，因为很难给出一个合适的和为人们所普遍接受的定义，是因公众对机器人的想象以及科学幻想小说、电影和电视中对机器人形状的描绘而变得更为困难。为了规定技术、开发机器人新的工作能力和比较不同国家和公司的成果，需要对机器人这一术语有某些共同的理解。虽然目前世界上对机器人还没有统一的定义，但各国有自己的定义，专家们也采用不同的方法来定义这个术语，且这些定义之间差别较大。产生这种差别的部分原因是很难区别简单的机器人与其密切相关的运送材料的“刚性自动化”技术装置。

关于机器人的定义，国际上主要有如下几种：

1）英国《牛津简明英语词典》的定义。机器人是“貌似人的自动机，是具有智力的、顺从于人的但不具有人格的机器”。

这一定义并不完全正确，因为还不存在与人类相似的机器人在运行。这是一种理想机器人。

2）美国机器人协会（Robotics Industries Association，RIA）的定义。机器人是“一种用于移动各种材料、零件、工具或专用装置的，通过可编程序动作来执行种种任务的，并具有编程能力的多功能机械手”。

尽管这一定义较为实用，但并不全面。这里指的是工业机器人。

3）日本工业机器人协会（Japan Robot Association，JRA）的定义。工业机器人是“一种装备有记忆装置和末端执行器（End Effector）的、能够转动并通过自动完成各种移动来代替人类劳动的通用机器”。

4）美国国家标准和技术研究所（National Institute of Standards and Technology，NIST）的定义。机器人是“一种能够进行编程并在自动控制下执行某些操作和移动作业任务的机械装置”。

5）国际标准化组织（International Organization for Standardization，ISO）的定义。机器人是“一种自动的、位置可控的、具有编程能力的多功能机械手，这种机械手具有几个轴，能够借助于可编程序操作来处理各种材料、零件、工具和专用装置，以执行种种任务”。

6）我国机器人的定义。随着机器人技术的发展，我国也面临讨论和制定关于机器人技术的各项标准问题，其中包括对机器人的定义。可以参考各国的定义，结合我国情况，对机器人做出统一的定义。

《中国大百科全书》对机器人的定义为：能灵活地完成特定的操作和运动任务，并可再编程序的多功能操作器。而对机械手的定义为：一种模拟人手操作的自动机械，它可按固定程序抓取、搬运物件或操持工具完成某些特定操作。

我国科学家对机器人的定义是：机器人是一种自动化机器，具备一些与人或生物相似的智能能力，如感知能力、规划能力、动作能力和协同能力，是一种具有高度灵活性的自动化机器。

上述各种定义有共同之处，即认为机器人①像人或人的上肢，并能模仿人的动作；②具有智力或感觉与识别能力；③是人造的机器或机械电子装置。

随着机器人的进化和机器人智能的发展，这些定义都有修改的必要，甚至需要重新定义。

机器人的范畴不但要包括“由人类制造的像人一样的机器”，还应包括“由人类制造的生物”，甚至包括“人造人”，尽管不赞成制造这种人。由此看来，现在就很难统一定义机器人，今后更难给它一个确切的和公认的定义了！

1.2.2 机器人的特点

机器人具有许多特征，而通用性和适应性是机器人的两个最主要的特征。

1. 通用性（Versatility）

通用性是指某种执行不同功能和完成多样简单任务的实际能力。机器人的通用性取决于其几何特性和机械能力。通用性也意味着，机器人具有可变的几何结构，即根据生产工作需要进行变更的几何结构；或者说，在机械结构上允许机器人执行不同的任务或以不同的方式完成同一工作。现有的大多数机器人都具有不同程度的通用性，包括机械手的机动性和控制系统的灵活性。

必须指出的是，通用性不是由自由度单独决定的。增加自由度一般能提高通用性，但是还必须考虑其他因素，特别是末端装置的结构和能力，如它们能否适用不同的工具等。

2. 适应性（Adaptability）

适应性是指机器人对环境的自适应能力，即所设计的机器人能够自我执行未经完全指定的任务，而不管任务执行过程中所发生的没有预计到的环境变化。这一能力要求机器人认识其环境，即具有人工知觉。在这方面，机器人将使用下述能力：

1）运用传感器感测环境的能力。

2）分析任务空间和执行操作规划的能力。

3）自动指令模式能力。

迄今为止，所开发的机器人知觉与人类对环境的解释能力相比仍然比较有限，但这个领域内的某些重要研究工作已取得重大突破。

对于工业机器人来说，适应性是指编好的程序模式和运动速度能够适应工件尺寸、位置和工作场地的变化的能力。其中，主要考虑两种适应性：

1）点适应性，涉及机器人如何找到点的位置。如找到开始程序操作点的位置。

点适应性具有四种搜索（允许对程序进行自动反馈调节）模式，即近似搜索、延时近似搜索、精确搜索和自由搜索。近似搜索允许传感器在程序控制下沿着程序方向中断机器人运动。延时近似搜索能够在编程传感器被激发一定时间之后中断机器人的运动。精确搜索索能够使机器人停止在传感器信号出现变化的精确位置上。自由搜索能够使机器人找到满足所有编程传感器信号显示的位置。

2）曲线适应性，涉及机器人如何利用由传感器得到的信息沿着曲线工作。曲线适应性包括速度适应性和形状适应性两种。

速度适应性涉及选择最佳运动速度的问题。即使有了完全确定的运动曲线，选择最佳运动速度仍然很困难。在具有速度适应性之后，就能够根据传感器提供的信息，调整机器人运动速度。

形状适应性涉及要求工具跟踪某条形状未知的曲线问题。

1.3　机器人元件、系统与分类

1.3.1　机器人元件

一般来讲，机器人的组成可分为硬件和软件两大部分。本章主要从硬件组成及构型的角度来分析机器人的结构。

尽管不同类型的机器人，其机械、电气和控制结构也不相同，但通常情况下，一个机器人系统都可细分为以下五个部分，即传感部分、控制部分、驱动部分、传动部分和执行部分。

1. 传感部分

传感部分主要指机器人的感知系统或传感系统，是机器人的重要组成部分。感知系统是感知机器人内部状态信息和外部环境状态信息，为机器人进行下一步动作提供信息依据的各种装置的集合，主要由各种传感和监测器件组成。

机器人用传感器按其采集信息的位置，一般可分为内部传感器和外部传感器两类。内部传感器是完成机器人运动控制所必需的传感器。如位置、速度传感器等，用于采集机器人内部信息，是构成机器人不可缺少的基本元件。外部传感器检测机器人所处环境、外部物体状态或机器人与外部物体的关系。常用的外部传感器有力觉传感器、触觉传感器、接近觉传感器、视觉传感器等。传统的工业机器人仅采用内部传感器对机器人的运动、位置及姿态进行精确控制。使用外部传感器后，机器人能够对外部环境具有一定程度的适应能力，从而使机器人表现出一定程度的智能。

机器人用传感器按其采集信息的内容，又可分为光线类传感器、触觉开关类传感器、超声探测器、温湿度检测类传感器、电源检测类传感器等。各类传感器按一定规律实现信号检测并将被测量（物理、化学或生物等方面的信息）转换为电压或电流的形式，从而实现机器对被测量的感知。

2. 控制部分

控制部分主要指人机交互系统和控制系统。

（1）人机交互系统

人机交互系统是使操作人员参与机器人控制并与机器人进行联系的装置。如计算机的标准终端、指令控制台、信息显示板及危险信号报警器等。归纳起来，人机交互系统可分两类装置：指令给定装置和信息显示装置。

（2）控制系统

机器人的控制系统是机器人的核心组成部分，主要由处理器和控制器构成，相当于人体的大脑和小脑。控制系统的任务是根据机器人的作业指令程序及从传感器反馈回来的信号控制机器人的执行机构，使其完成规定的运动和功能。

处理器有时也称为运算器，是机器人的大脑，用来计算机器人关节的运动，确定每个关节应移动多少和多远才能达到预定的速度和位置，并且监督控制器与传感器协调动作，处理器通常就是一台专用计算机。它也需要拥有操作系统、程序和像监视器那样的外部设备等。控制器从处理器获取数据，执行控制程序，控制驱动器的动作，并根据传感器反馈信息判断机器人的工作状态，协调机器人的运动。所以，机器人控制器与人的小脑十分相似，虽然小脑的功能没有大脑功能强大，但它却控制着人的运动。例如，要机器人从工件箱中取出一个零件，假设它的第一个关节角度必须为23°，如果第一关节尚未达到这一角度，控制器就会发出一个信号到驱动器，即输送电流到电动机，使驱动器运动，然后通过关节上的反馈传感器（如电位器或编码器等）测量关节的角度或角度变化，当关节达到预定角度时，停止发送控制信号。对于更复杂的机器人，机器人的运动速度和力也由控制器来控制。

3. 驱动部分

驱动部分主要指驱动系统，它是使机器人运行起来而给机器人各个关节安装的装置。驱动装置的作用是提供机器人各部位、各关节动作的原动力，对控制器送来的驱动信号进行运算，放大控制并驱动执行机构。驱动装置在机器人中的作用类似于人体中拉扯各个关节的肌肉。驱动器受控制器的控制，控制器将控制信号传送给驱动器，驱动器再控制机器人关节和连杆的运动。驱动器输入的是电信号，输出的是线、角位移量。驱动器通常有电动、液压、气动装置以及把它们结合起来应用的综合系统。驱动器的主要元器件有晶体管、晶闸管、固态继电器等。

4. 传动部分

传动部分主要指传动系统，它是将动力源和执行机构连接起来的关键部分，机器人的驱动源通过传动装置来驱动关节的移动或转动，从而实现机身、臂部和手腕的运动。机器人传动系统相当于人体中将肌肉和骨骼连接起来的肌腱。常用的传动机构有谐波传动、螺旋传动、链传动、带传动以及各种齿轮传动等。

5. 执行部分

执行部分主要指执行系统，是机器人系统中的重要组成部分，也是机器人赖以完成工作任务的实体，负责按照接收到的信息完成实际执行，是机器人最终完成动作的部件，通常由一系列连杆、关节或其他形式的运动副组成。具体到工业机器人中，执行系统一般包括机器人本体和末端执行器。它在机器人中与人身结构基本上相对应，主要由基座（固定或移动）、腰部、臂部、腕部、手部（末端执行器）构成。机器人的基座是整个机器人的支撑部件，相当于人的两条腿，要具备足够的稳定性和刚度，腰部、臂部、腕部分别对应着人的腰部、臂部、腕部。末端执行器又称为机器人的手部，是连接在机器人最后一个关节上的部件，用于执行给定的任务，如焊接、喷漆、涂胶以及零件装卸、抓取物体等，对应于人手和握持的工具。末端执行器的动作由机器人控制器直接控制，或将机器人控制器的信号传至末端执行器自身的控制装置上。末端执行器多由集成商根据具体工作任务进行定制。机器人制造商一般不设计或出售末端执行器，多数情况下他们只提供一个简单的抓持器。

1.3.2　机器人系统

1886 年，法国作家利尔亚当在他的小说《未来的夏娃》中将外表像人的机器起名为“安德罗丁”（Android），它由四部分组成：

1）生命系统：具有平衡、步行、发声、身体摆动、感觉、表情、调节运动等功能。

2）造型解质：关节能自由运动的金属覆盖体，一种盔甲。

3）人造肌肉：在上述盔甲上有肌肉、静脉、性别特征等人体的基本形态。

4）人造皮肤：含有肤色、机理、轮廓、头发、视觉、牙齿、手爪等。

现在的机器人系统一般由下列四个互相作用的部分组成：执行机构（包括关节式机械系统、变速机构、执行装置）、环境、任务和控制器，如图 1-1a 所示，图 1-1b 为其简化形式。

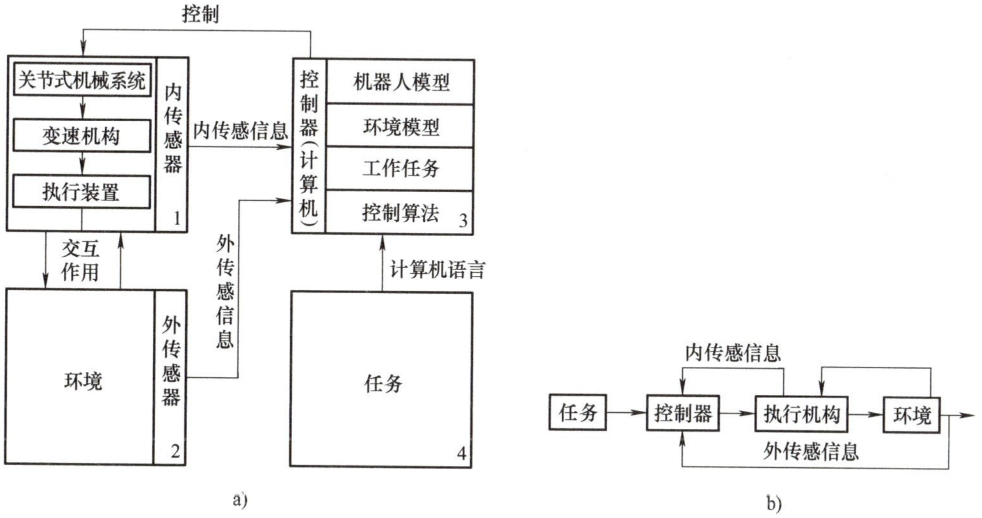

图 1-1　机器人系统的基本结构

机械手是具有传动执行装置的机械，它由臂、关节和末端执行装置（工具等）构成，组合为一个互相连接和互相依赖的运动机构。机械手用于执行指定的作业任务。不同的机械手具有不同的结构类型。图 1-2 给出了机械手的几何结构简图。

在一些文献中，称机械手为“操作机”“机械臂”或“操作手”。大多数机械手是具有几个自由度的关节式机械结构，一般具有六个自由度。其中，前三个自由度引导夹手装置至所需位置，而后三个自由度用来决定末端执行装置的方向，如图 1-2 所示。机械手的结构将在下文进一步讨论。

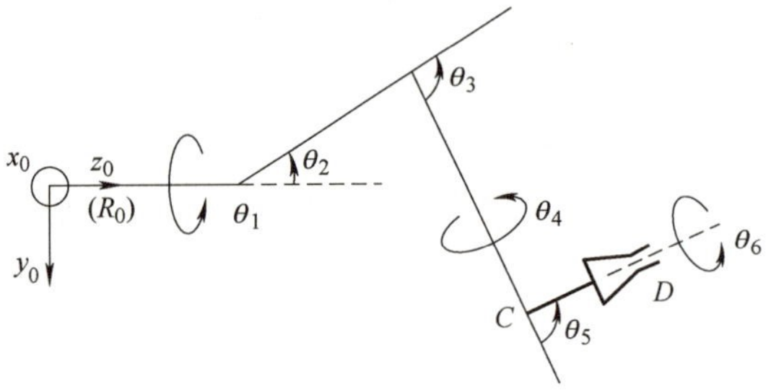

图 1-2　机械手的几何结构简图

环境即机器人所处的周围环境。环境不仅由几何条件（可达空间）决定，而且由环境和它所包含的每个事物的全部自然特性决定。机器人的固有特性由这些自然特性及其环境间的互相作用决定。

在环境中，机器人会遇到一些障碍物和其他物体，它必须避免与这些障碍物发生碰撞，并对这些物体发生作用。机器人系统中的一些传感器设置在环境中的某处而不在机械手上。这些传感器是环境的组成部分，称为“外传感器”。

环境信息一般是确定的和已知的，但在许多情况下环境是未知的和不确定的。

任务被定义为环境的两种状态（初始状态和目标状态）间的差别。必须用适当的程序设计语言来描述这些任务，并把它们存入机器人系统的控制计算机中。这种描述必须能被计算机所理解。随着所用系统的不同，语言的描述方式可为图形的、口语的（语音的）或书面文字的。

计算机是机器人的控制器或大脑。机器人接收来自传感器的信号，对之进行数据处理，并按照预存信息、机器人的状态及其环境情况等，产生控制信号并驱动机器人的各个关节运动。

对于技术比较简单的机器人，计算机只含有固定程序；对于技术比较先进的机器人，可采用程序完全可编的小型计算机、微型计算机或微处理机作为其计算机。具体来说，在计算机内存储有下列信息：

1）机器人动作模型，表示执行装置在激发信号与随之发生的机器人运动之间的关系。

2）环境模型，描述机器人在可达空间内的每一事物。例如，说明由于哪些区域存在障碍物而不能对其起作用。

3）任务程序，使计算机能够理解其所要执行的作业任务。

4）控制算法，是计算机指令的序列，提供对机器人的控制，以便执行需要做的工作。

1.3.3　机器人分类

机器人的分类方法很多。本书将按机器人的连接方式、机器人的移动性、机器人的控制方式、机器人的几何结构、机器人的智能程度、机器人的用途等进行分类。

1. 按机器人的连接方式分类

（1）串联机器人

串联机器人是较早应用于工业领域的机器人。如图 1-3 所示，串联机器人是一个开放的运动链，主要以开环机构为机器人机构原型。由于其开环的串联机构形式，该机构末端执行器可以在大范围内运动，所以具有较大的工作空间，并且操作灵活、控制系统和结构设计较简单；同时由于其研究相对成熟，已成功应用于很多领域，如各种机床、装配车间等。然而，由于串联机器人链接的连续性，当串联机构的末端执行器受力时，各关节间不仅不分担负载，还要承受叠加的重量，每个关节都要承受此关节到末端关节所受负载的力之和。因此，串联机器人负载能力和位置精度与多轴机械比较起来很低；同时，由于各关节电机安装在关节部位，在运动时会产生较大的转动惯量，从而降低其动力学性能；此外，串联关节处的累积误差也比较大，严重影响其工作精度。

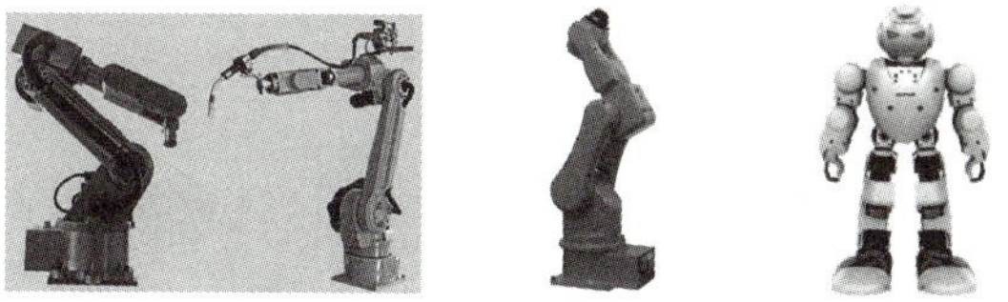

图 1-3　串联机器人

（2）并联机器人

并联机器人是一个封闭的运动链。如图 1-4 所示，并联机器人一般由上、下平台，以及两条或两条以上的运动支链构成。与串联机器人相比，由于并联机器人是由一个或几个闭环组成的关节点坐标相互关联，因此具有运动惯性小、热变形较小、不易产生动态误差和累积误差的特点；此外，还具有精度较高、机器刚性高、结构紧凑稳定、承载能力大且逆运动学求解容易等优点。基于这些特点，并联机器人在过去的近三十年里一直是机器人研究领域的热点。尽管其与串联机器人相比起步较晚，并且还有很多理论问题没有解决，但关于并联机器人的结构设计、动力与控制策略，以及主轴电机的工作空间和工位奇异性研究已趋于成熟，且已经在需要高刚度、高精度、大荷重、工作空间精简的领域内得到了广泛应用。运动模拟器、Delta 机器人等都是并联机器人成功的案例。

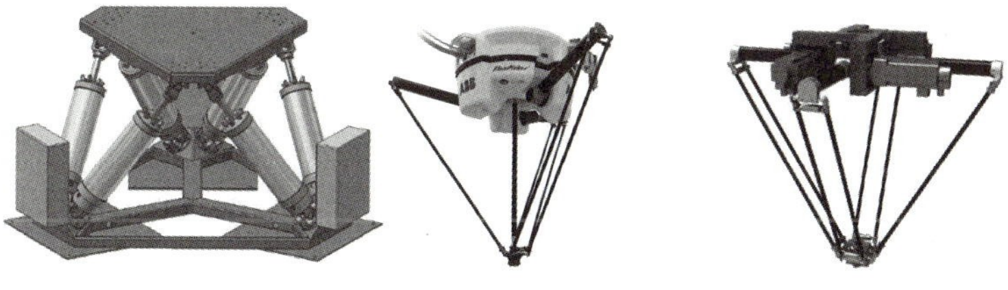

图 1-4　并联机器人

（3）混联机器人

混联机器人是在工业实际应用中，针对机器人操作空间和操作灵活度的具体要求而提出的一种新型机器人结构。混联机器人以并联机构为基础，在并联机构中嵌入具有多个自由度的串联机构，从而构成一个复杂的混联系统，结构设计复杂，属于对并联机构的补偿和优化。混联机器人继承了并联机器人刚度大、承载能力强、高精度的特点，同时其末端执行器也拥有了串联机器人运动空间大、控制简单、操作灵活等特性，多用于高运动精度场合。

然而，由于并联机构的存在，在对混联机器人进行结构设计时对运动解耦性的考虑是不可避免的。因此，如何合理设置并联机构是混联机器人的一个重要研究方向。此外，混联机器人往往随着并联机构的加入而具备了微动且高精度的运动特点，其在高精度要求的机械加工领域具有很好的应用前景。在应用工艺上除常用于食品、医药、3C、日化、物流等行业中的理料、分拣、转运外，也凭借其多角度拾取优势扩大了应用范围。

混联机器人的出现为工业机器人的应用拓宽了场景，能更加有效地结合市场需求，满足客户个性化定制需要，建立行之有效的自动化解决方案，帮助我国制造业提升企业的核心竞争力和盈利能力，加快企业转型升级。将串联机器人和并联机器人有机集成，构成的混联机器人既具有串联机器人的优点，又具有并联机器人的优点，是一种综合性机器人。图 1-5 所示为西北工业大学自动化学院樊泽明教授研究的串联、并联、小车有机集成的多功能多用途智能轮式仿人机器人，也是本书的实验与创新实践平台。

a) 智能机器人(前面)

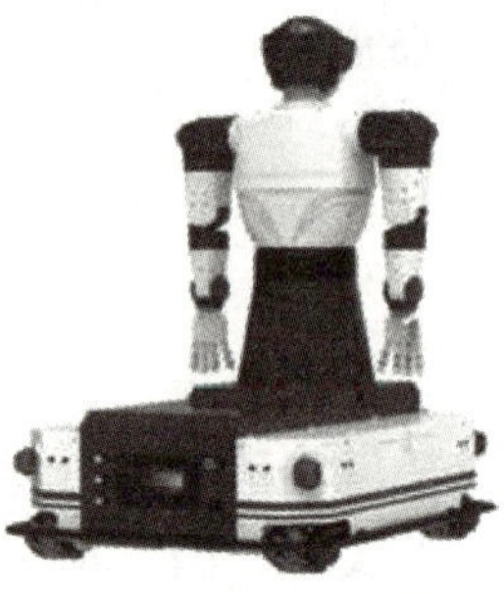

b) 智能机器人(后面)

图 1-5 西北工业大学自动化学院研究的智能轮式仿人机器人

2. 按机器人的移动性分类

（1）固定式机器人

固定式机器人固定在某个底座上，整台机器人或机械手不能移动，只能移动各个关节，如图 1-6 所示。

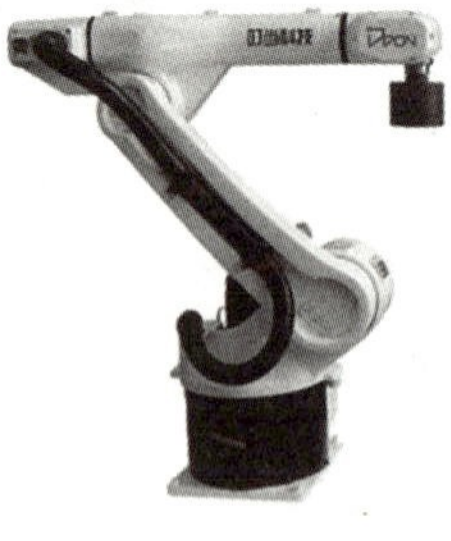

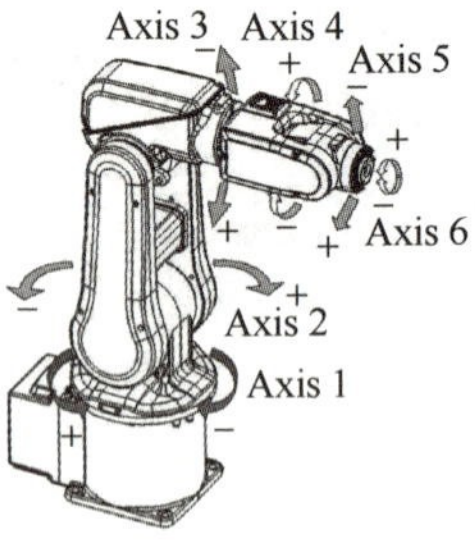

图 1-6 固定式机器人

（2）自动导向车辆（AGV）

自动导向车辆（AGV）是移动机器人的代表。AGV 的设计主要用于工厂、仓库和运输区域的室内和室外移动材料（一种称为材料处理的应用程序）。如图 1-7 所示，它们可能在制造场所运送汽车零件、在出版公司运送新闻纸，或在核电厂运送废料。

现代交通系统通常使用无线通信将所有车辆连接到一个负责控制交通流量的中央计算

机。车辆进一步分类的依据是，它们是拉动装满材料的拖车（拖曳式 AGV），还是用叉式 AGV（叉开式 AGV）来装卸，还是在车顶的平台上运输（单位装载式 AGV）。AGVs 可能是移动机器人最发达的市场。此外，移动材料，卡车、火车、轮船和飞机的装卸也是未来几代交通工具的潜在应用对象。

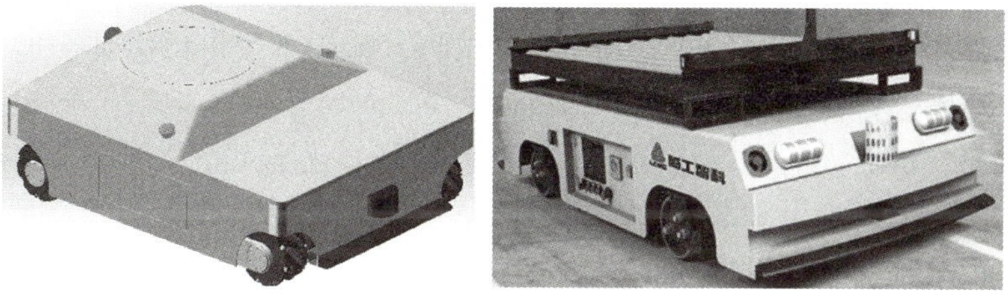

图 1-7　自动导向车辆

（3）服务机器人

服务机器人若服务于人类日常生活，可分为医疗服务机器人、监视机器人等（见图 1-8）。

医疗服务机器人可以用来给病人送食物、水、药品、阅读材料等。它们还可以从一个地方到另一个地方的医院移动生物样本和废物、医疗记录和行政报告。

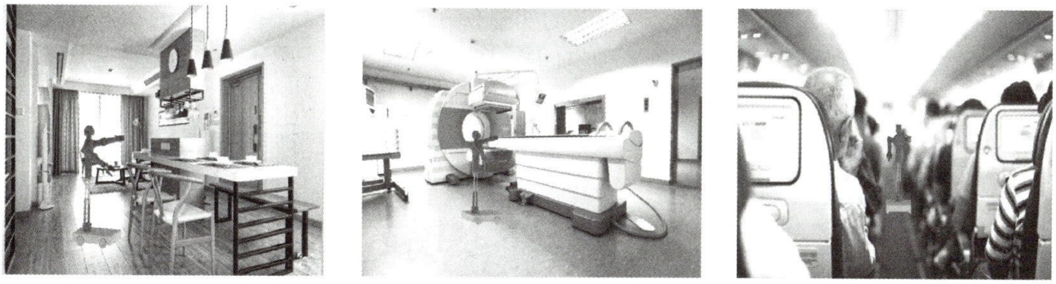

a) 家庭服务机器人　　b) 医疗服务机器人　　c) 航空服务机器人

图 1-8　西北工业大学自动化学院研究的用于服务领域的智能机器人

监视机器人就像自动化的保安。在某些情况下，它能够胜任在一个区域内移动并简单地探测入侵者，其自动化能力是很有价值的。这个应用场景是移动机器人制造商的早期兴趣之一。

其他服务机器人包括用于机构和家庭地板清洁和草坪护理的机器人。清洁机器人用于机场、超市、购物中心、工厂等。它们的工作包括清洗、清扫、吸尘、洗地毯和收垃圾。这些设备与到达某个地方或携带任何东西无关，而是与至少一次到达任何地方有关。

（4）社交机器人

社交机器人是专门用来与人类互动的机器人，它们的主要目的通常是传递信息或娱乐。虽然只是固定的传递信息，但社交机器人由于这样或那样的原因也需要移动。

社交机器人的一些潜在应用包括回答零售商店（杂货店、硬件）中的产品位置问题、在餐厅里给孩子送汉堡，帮助体弱者看东西（机器人导盲犬），帮助老年人移动或者记住他们的药物等。

近年来，索尼公司生产和销售了一些令人印象深刻的娱乐机器人，最早的这类设备被包装成“宠物”。博物馆和博览会的自动导游可以指导顾客参观特定的展品。

（5）场地机器人

野战机器人在极具挑战性的户外自然地形“野战”条件下执行任务。几乎任何类型的车辆在户外环境中移动和工作时，都有可能实现自动化。很多任务在户外都比较难执行，在恶劣的天气很难看到，也很难决定如何穿过复杂的自然地形，很容易陷入困境。野战机器人通常是安装在移动基座上的武器和（或）工具，他们不仅可以去某个地方，而且可以以某种方式与环境进行物理交互。

在农业方面，机器人潜在的应用包括种植、除草、化学（除草剂、杀虫剂、肥料）应用、修剪、收获和采摘水果和蔬菜。与家庭除草不同，大规模的除草在公园、高尔夫球场和公路中间地带是必要的。专门用于割草的人力驱动车辆是自动化的良好候选。在林业方面，照料苗圃和收获成年树木是潜在的应用。

场地机器人在采矿和挖掘中有多种应用。在地面上，挖掘机、装载机和岩石卡车已经在露天矿山实现了自动化。井下的钻机、锚杆机、连续式采煤机和自卸车也都实现了自动化。

（6）检查、侦察、监视和探测机器人

检查、侦察、监视和探测机器人是现场机器人，它们在移动平台上部署仪器，以检查一个区域或发现和探测某个区域内的某些东西。通常，选择机器人的最佳理由是：环境太危险，不能冒险让人类来做这项工作，如图 1-9 为西北工业大学自动化学院樊泽明教授正在研究的智能腿式仿人机器人。这种环境的明显例子还包括受高辐射影响的地区（核电站深处）、某些军事场景（侦察、拆弹）和空间探索等。

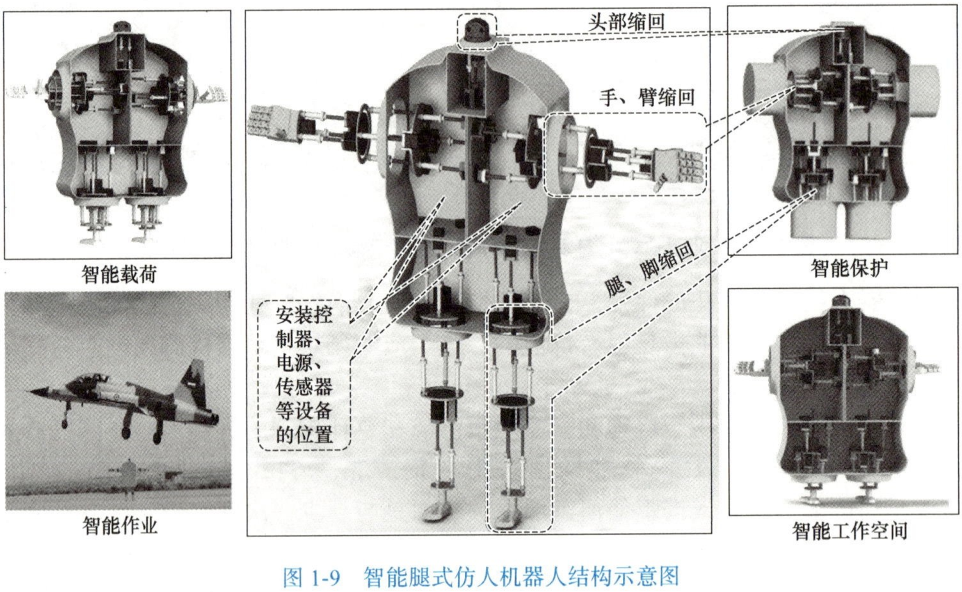

图 1-9　智能腿式仿人机器人结构示意图

在能源领域，机器人已被用于检查核反应堆部件，包括蒸汽发生器、加热管和废物储存罐。用于检查高压电力线、天然气和石油管道的机器人已经原型化或装备完毕。远程驾驶的水下交通工具也变得越来越大，用于检查石油钻井平台、海底通信电缆，甚至帮助寻找沉船等。

近年来，机器人士兵的研究开发尤为紧张。如图 1-10 所示，机器人被用于战争领域，如用于执行侦察和监视、部队补给、雷区测绘和清除，以及救护车服务等任务。而军用车辆制造商已经在努力将各种各样的机器人技术应用到其他的产品中。目前机器人拆弹已经是一个成熟的市场。

图 1-10　机器人用于战争领域

在太空中，一些机器人飞行器已经在火星表面自动行驶了数公里，而在推进器的动力下绕空间站飞行的飞行器的概念已被提上日程。

3. 按机器人的控制方式分类

按照控制方式的不同可把机器人分为非伺服机器人和伺服控制机器人两种。

（1）非伺服机器人

非伺服机器人工作能力比较有限，它们往往是指那些叫作“终点”“抓放”或“开关”式的机器人，尤其是“有限顺序”机器人。这种机器人按照预先编好的程序顺序工作，使用终端限位开关、制动器、插销板和定序器来控制机器人机械手的运动。

（2）伺服控制机器人

伺服控制机器人比非伺服机器人有更强的工作能力，因而价格较贵，而且在某种情况下不如简单的机器人可靠。伺服控制机器人的工作流程为：通过反馈传感器取得的反馈信号与来自给定装置的综合信号，在用比较器加以比较后，得到误差信号，经过放大后，用以激发机器人的驱动装置，进而带动末端执行器装置以一定规律运动，到达规定的位置或速度等。显然这就是一个反馈控制系统。伺服控制机器人又可以分为点位伺服控制机器人和连续路径伺服控制机器人两种。

4. 按机器人的几何结构分类

机器人的机械结构形式多种多样，最常用的结构形式是用图 1-11 所示的坐标特性来描述的，如笛卡儿坐标、柱面坐标、极坐标、球面坐标和关节坐标等。

5. 按机器人的智能程度分类

（1）一般机器人

一般机器人不具有智能，只具有一般编程能力和操作功能，如图 1-6 所示。

（2）智能机器人

智能机器人具有不同程度的智能，又可分为传感型机器人、交互型机器人、自主型机器人，如图 1-5 和图 1-9 所示。

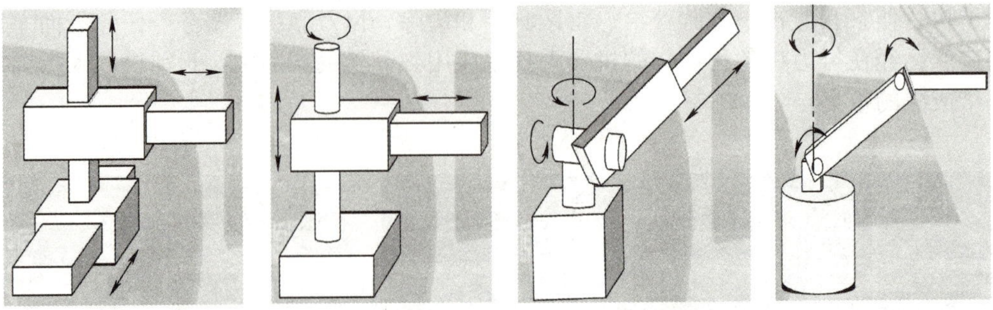

a) 笛卡儿坐标结构　　b) 柱面坐标结构　　c) 极坐标结构　　d) 关节坐标结构

图 1-11　机器人的几何结构

6. 按机器人的用途分类

（1）工业机器人或产业机器人

工业机器人或产业机器人主要应用于工农业生产，或完成制造业的焊接、喷涂、装配、搬运、农产品加工等作业，如图 1-6 所示。

（2）探索机器人

探索机器人用于进行太空或海洋探索，也可用于地面和地下的探险与探索，如图 1-12 所示。

图 1-12　探索机器人

（3）服务机器人

如图 1-8 所示，服务机器人是一种半自主或全自主工作的机器人，其所从事的服务工作可使人类生活得更好，使制造业以外的设备工作得更好。

（4）军用机器人

如图 1-10 所示，军用机器人是用于军事目的，或具有进攻性的，或具有防务性的机器人。它又可分为空中军用机器人、海洋军用机器人和地面军用机器人，可分别简称为空军机器人、海军机器人和陆军机器人。

1.4　本书综述

虽然机器人有广阔的应用范畴和市场，但真正成功的机器人都有一个千真万确的事实：它的设计是许多不同知识体系的集成，这也使得机器人学成为一门多学科融合的交叉学科。为解决运动问题，机器人专家必须了解机械结构、运动学、动力学和控制理论；为建立具有鲁棒性的感知系统，机器人专家必须贯通信号分析领域和专门的知识体系，如计算机视觉等，以便恰当地使用众多的传感器技术；定位、导航和目标识别则需要计算机算法、信息论、人工智能、概率论等方面的知识。

图 1-13 所示为本书各章节关系拓扑结构图。该图确认了与机器人相关的许多知识主题。作为学习机器人基础及实践的本科生和研究生以及热衷于该领域的科研工作者，熟悉矩阵代数、微积分、概率论和计算机编程，对于学习本书非常有利。同时，如图 1-5 所示，由西北工业大学樊泽明教授开发的智能轮式仿人机器人，是为本书学习研发的实验与创新实践教学平台，可完成本书大部分内容的实验与创新实践训练。基于该平台进行学习，将会起到事半功倍的效果。

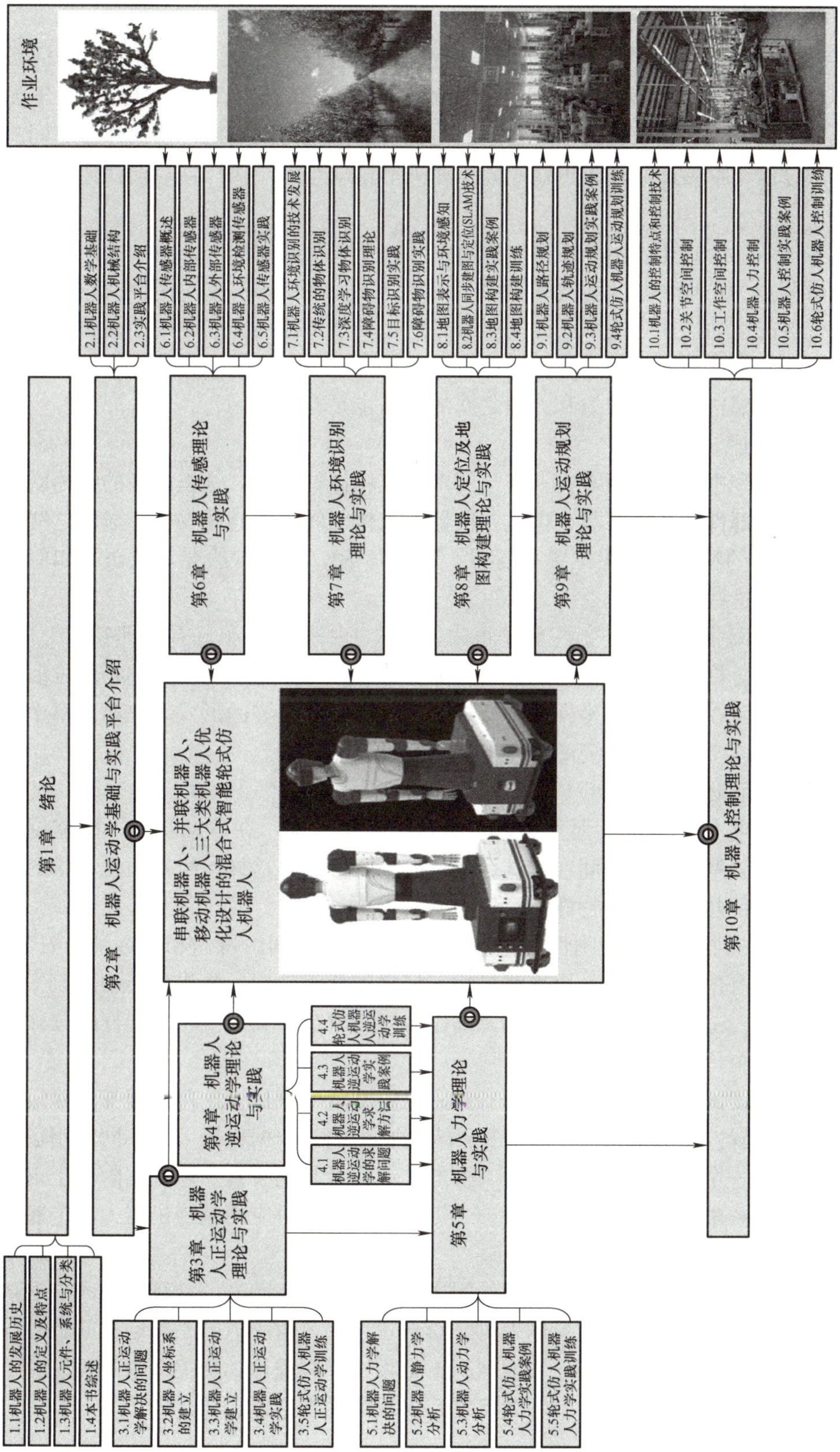
作业环境
第1章　绪论
1.1机器人的发展历史
1.2机器人的定义及特点
1.3机器人元件、系统与分类
1.4本书综述
第2章　机器人运动学基础与实践平台介绍
2.1机器人数学基础
2.2机器人机械结构
2.3实践平台介绍
第3章　机器人正运动学理论与实践
3.1机器人正运动学解决的问题
3.2机器人坐标系的建立
3.3机器人正运动学建立
3.4机器人正运动学实践
3.5轮式仿人机器人正运动学训练
第4章　机器人逆运动学理论与实践
4.1 机器人逆运动学的求解问题
4.2 机器人逆运动学求解方法
4.3 机器人逆运动学实践案例
4.4 轮式仿人机器人逆运动学训练
第5章　机器人力学理论与实践
5.1机器人力学解决的问题
5.2机器人静力学分析
5.3机器人动力学分析
5.4轮式仿人机器人力学实践案例
5.5轮式仿人机器人力学实践训练
串联机器人、并联机器人、移动机器人三大类机器人优化设计的混合式智能轮式仿人机器人
第6章　机器人传感理论与实践
6.1机器人传感器概述
6.2机器人内部传感器
6.3机器人外部传感器
6.4机器人环境检测传感器
6.5机器人传感器实践
第7章　机器人环境识别理论与实践
7.1机器人环境识别的技术发展
7.2传统的物体识别
7.3深度学习物体识别
7.4障碍物识别理论
7.5目标识别实践
7.6障碍物识别实践
第8章　机器人定位及地图构建理论与实践
8.1地图表示与环境感知
8.2机器人同步建图与定位(SLAM)技术
8.3地图构建实践案例
8.4地图构建训练
第9章　机器人运动规划理论与实践
9.1机器人路径规划
9.2机器人轨迹规划
9.3机器人运动规划实践案例
9.4轮式仿人机器人运动规划训练
第10章　机器人控制理论与实践
10.1机器人的控制特点和控制技术
10.2关节空间控制
10.3工作空间控制
10.4机器人力控制
10.5机器人控制实践案例
10.6轮式仿人机器人控制训练

图 1-13　本书各章节关系拓扑结构图

1. 机器人运动学的理论与实践

机器人机械结构的运动学分析，是描述机器人相对一个固定参考笛卡儿坐标系的运动，并不考虑导致结构运动的力和力矩。在此，很有必要对运动学和微分运动学加以区分：对于一个机器人机械手，运动学描述的是关节的位置与末端执行器的位姿之间的解析关系，而微分运动学则是通过雅可比矩阵描述关节运动与末端执行器运动在速度方面的解析关系。

运动学关系的公式化表示，使得对机器人学两个关键问题——正运动学问题和逆运动学问题的研究成为可能。正运动学利用线性代数工具，确定了一个系统性和一般性方法，将末端执行器的运动描述为关节运动的函数；逆运动学考虑前一问题的逆问题。

建立一个机器人的运动学模型，对确定处于静态平衡位姿时作用到关节上的力和力矩，与作用到末端执行器上的力和力矩之间的关系也是有用的。

（1）位姿描述

在机器人研究中，人们通常在三维空间中研究物体的位置。这里所说的物体既包括机器人的杆件、零部件和抓持工具，也包括机器人工作空间内的其他物体。通常这些物体可用两个非常重要的特性来描述位置和姿态（简称位姿）。人们自然会首先研究如何用数学方法表示和计算这些参量。

为了描述空间物体的位姿，一般先将物体固置于一个空间坐标系，即参考坐标系中，然后在这个参考坐标系中研究空间物体的位姿。任一坐标系都能用作描述物体位姿的参考坐标系，人们经常在不同参考坐标系中变换表示物体空间位姿的形式。在第 2 章中，将研究同一物体在不同坐标系中位姿的描述方法及数学计算方法。

（2）机器人正运动学

运动学研究物体的运动，而不考虑引起这种运动的力。在运动学中，研究位置、速度、加速度和位置变量对于时间或者其他变量的高阶微分。这样，机器人运动学的研究对象就是运动的全部几何和时间特性。

几乎所有的机器人都是由刚性连杆组成的，相邻连杆间由可做相对运动的关节连接。这些关节通常装有位置传感器，用来测量相邻杆件的相对位置。如果是转动关节，这个位移被称为关节角。一些机器人含有滑动（或移动）关节，那么两个相邻连杆的位移是直线运动，有时将这个位移称为关节偏距。

机器人自由度的数目是机器人中具有独立位姿变量的数目，这些位姿变量确定了机构中所有部件的位置。末端执行器安装在机器人的自由端。根据机器人的不同应用场合，末端执行器可以是一个夹具、一个焊枪、一个电磁铁或者其他装置。通常用附着于末端执行器上的工具坐标系来描述机器人的位置，与工具坐标系相对应的是与机器人固定底座相连的基础坐标系。

在机器人运动学研究中，一个典型的问题是机器人正运动学。计算机器人末端执行器的位姿是一个静态的几何问题。具体来讲，给定一组关节角的值，正运动学问题是计算工具坐标系相对于基坐标系的位姿。一般情况下，将这个过程称为从关节空间描述到笛卡儿空间描述的机器人位姿表示。这个问题将在第 3 章中详细论述。

（3）机器人逆运动学

在第 4 章中，将讨论机器人逆运动学，即给定机器人末端执行器的位姿，计算所有可达到该给定位姿的关节角。这是机器人实际应用中的一个基本问题。

机器人逆运动学是一个相当复杂的几何问题，然而人类或其他生物系统每天都要进行数千次这样的求解。对于机器人这样一个人工智能系统，需要在控制计算机中设计一种算法来实现这种逆向计算。从某种程度上讲，逆运动学的求解问题是机器人系统最重要的部分之一。

某些早期的机器人没有逆运动学求解算法，它们只能简单地被移动（有时要由人工示教）到期望位置，同时记录一系列关节变量（如各关节空间的位姿）以实现再现运动。显然，如果机器人只是单纯地记录和再现机器人的关节位置和运动，那么就不需要任何从关节空间到笛卡儿空间的变换算法。然而，现在已经很难找到一台没有这种逆运动学求解算法的工业机器人了。

逆运动学求解算法不像正运动学那样简单。因为运动学方程是非线性的，因此很难得到封闭解，有时甚至无解，故同时提出了解的存在性和多解问题。

上述问题的研究给人脑和神经系统在无意识的情况下引导手臂和手移动以及操作物体的现象做出了一种恰当的解释。运动学方程解的存在与否限定了机器人的工作空间，无解表示目标点在工作空间之外，而机器人无法达到该期望位姿。

2. 机器人力学的理论与实践

（1）机器人静力学分析

除了分析静态定位问题之外，人们还希望分析运动中的机器人。雅可比矩阵定义了从关节空间速度向笛卡儿空间速度的映射。这种映射关系随着机器人位姿的变化而变化。为机器人定义雅可比矩阵可以比较方便地进行机构的速度分析。在奇异点，雅可比矩阵是不可逆的。对这种现象的正确理解对于机器人的设计者和用户来说是十分重要的。这一部分将在第 5 章中论述。

机器人并不总是在工作空间内自由运动，有时也接触工件或工作面，并施加一个静力。在这种情况下的问题是一组什么样的关节力矩能够产生要求的接触力和力矩，为了解决这个问题，自然又要利用机器人的雅可比矩阵。

（2）机器人动力学分析

动力学是一个广泛的研究领域，主要研究产生运动所需要的力。为了使机器人从静止开始加速，并使末端执行器以恒定的速度做直线运动，最后减速停止，必须通过关节驱动器产生一组复杂的力矩函数来实现。关节驱动器产生的力矩函数形式取决于末端执行器路径的空间形式和瞬时特性、连杆和负载的质量特性，以及关节摩擦等因素。控制机器人沿期望路径运动的一种方法是通过机器人动力学方程求解出这些关节力矩函数。

许多人都有拿起比预想轻得多的物体的经历（如从冰箱中取出一瓶牛奶，以为是满的，但实际上却几乎是空的），这种对负载的错判可能引起异常的抓举动作。这种经验表明，人体控制系统比纯粹的运动规划更复杂。机器人控制系统就是利用了质量以及其他动力学知识。同样，人们构造机器人运动控制的算法也应当把动力学考虑进去。

动力学方程的另一个用途是仿真。通过重构动力学方程以便以驱动力矩函数的形式来计算加速度，这样就可以在一组驱动力矩作用下对机器人的运动进行仿真。随着计算能力的提高和计算成本的下降，仿真在许多领域得到广泛应用并且显得越来越重要。

在第 5 章中推导了动力学方程，这些方程可用于对机器人运动的控制和仿真。

3. 机器人传感及环境识别理论与实践

在机器人的各种工程应用中，都需要识别物体。例如，在机器人加工中，需要识别零件图纸；在机器人装配过程中，需要识别工件形状；在机器人搬运中，需要识别被搬运物体；在机器人采摘水果中，需要识别水果的形状、颜色、树枝、树干等；在机器人活动环境中，需要识别障碍物形状及环境。因此，机器人传感及物体识别的理论与实践在机器人领域无处不在，第 6、7 章将详细论述。

4. 机器人定位及地图构建理论与实践

机器人要在未知环境下完成给定任务，定位和地图构建发挥着重要的作用。在机器人学中，定位和地图构建通常相互依赖。对地图构建来说，需要知道机器人所处位置，才能准确描述出周围环境的地图信息；而对定位而言，只有通过地图构建描绘出环境中的特征，才能根据这些信息进行更为准确地定位。第 8 章将围绕定位和地图构建这两个主题展开叙述。

5. 机器人路径规划及轨迹规划理论与实践

通过机器人传感器、机器人地图构建技术、定位技术，论述机器人的认知。一般来说，认知表示系统利用有目的的决策和执行，实现更高级别的目标，第 9 章将详细介绍。

6. 机器人控制理论与实践

机器人控制理论与实践分析机器人的控制特点和控制技术，讨论机器人关节空间控制、工作空间控制和力控制。严格来讲，线性控制技术仅适用于能够用线性微分方程进行数学建模的系统。对于机器人的控制，这种线性方法实质上是一种近似方法，因为在第 5 章已看到，机器人的动力学方程一般都是由非线性微分方程来描述的。但是，通常这种近似是可行的，而且这些线性方法是当前工程实际中最常用的方法。工作空间控制讨论了直接控制方法和解耦控制方法以及自适应控制方法。最后讨论力控制系统。当机器人在空间中跟踪轨迹运动时，可采用位置控制，但当末端执行器与工作环境发生碰撞时，如磨削机器人，不仅要考虑位置控制，而且要考虑力控制，第 10 章将详细介绍。

本章小结

作为本书的开篇，本章首先讨论机器人的起源、定义和发展。机器人的概念在人类的想象中已存在 3000 多年了，而从第一台工业机器人应用至今已经 60 多年。在这 60 多年中，机器人从无到有，已形成一种潮流，并为人类社会发展做出重要贡献。

机器人的分类方法很多，本书分别按连接方式、移动性、控制方式、几何结构、智能程度、用途等对机器人进行了分类。

机器人系统是许多不同知识体系的集成，使得机器人学成为一门机械、电子、计算机、信息、人工智能、数学等多学科交叉的复杂学科。本章最后讨论了本书涉及的主要内容：机器人运动学及动力学理论与实践、机器人传感及环境识别理论与实践、机器人定位及地图构建理论与实践、机器人路径规划及轨迹规划理论与实践、机器人控制理论与实践。

习题

1-1　国内外机器人技术的发展有何特点？

1-2　制作一个年表，记录在过去 40 年里机器人发展的主要事件。

1-3　简述机器人的正运动学。

1-4　简述机器人的逆运动学。

1-5　简述机器人的速度和静力学。

1-6　简述机器人的动力学。

1-7　简述机器人的控制类型。

第 2 章　机器人运动学基础与实践平台介绍

导读

随着机器人的发展，越来越多种类的机器人呈现在人们面前，但最具代表性的仍然是关节机器人，关节机器人的结构是由一个个关节连接起来的空间连杆开式链机构，连接相邻连杆的每个关节都有其伺服驱动单元，各关节的运动在各自关节坐标系里度量，每个关节的运动最终决定了机器人末端执行器的位姿。因此需要掌握机器人的运动学和动力学规律以获得各关节运动对机器人位姿的影响。本章将介绍机器人基础数学知识，通过引入齐次坐标对机器人的位姿进行数学描述，齐次变换的引入为后面章节的机器人运动学、动力学分析奠定了理论基础；同时介绍机器人机械结构及本书中实践部分使用的平台。

本章知识点

- 机器人数学基础
- 机器人机械结构
- 实践平台介绍

2.1　机器人数学基础

2.1.1　齐次坐标及位姿矩阵

1. 齐次坐标

齐次坐标是用 $n+1$ 维坐标来描述 n 维空间中点的位置或刚体位姿的表达方法。

引入齐次坐标的意义在于：利用齐次坐标描述机器人的位置和姿态，为后续机器人位姿矩阵表达及位姿矩阵运算带来直观及便捷。

（1）点的齐次坐标

我们知道，对于空间任一点，其在直角坐标系中的位置可以用 3×1 位置列矢量来表示。如图 2-1 所示，在坐标系 $\{A\}$ 中，任一点 P 的位置可用列矢量 ${}^{A}\boldsymbol{P}$ 表示：

$$^{A}\boldsymbol{P}=[P_x \ \ P_y \ \ P_z]^{\mathrm{T}} \tag{2-1}$$

式中，$^{A}\boldsymbol{P}$为位置矢量，左上角标表示参考坐标系$\{A\}$；P_x、P_y、P_z是点P在坐标系$\{A\}$中的三个位置坐标分量，T 表示转置。该点的齐次坐标表示为

$$^{A}\boldsymbol{P}=[P_x \ \ P_y \ \ P_z \ \ 1]^{\mathrm{T}} \tag{2-2}$$

亦可表示为

$$^{A}\boldsymbol{P}=[wP_x \ wP_y \ wP_z \ w]^{\mathrm{T}} \tag{2-3}$$

式中，w称为该点齐次坐标的比例因子。当取$w=1$时，为点P的齐次坐标的一般表达形式，即式（2-2）；当$w\neq 1$时，则相当于将一般表达式中各元素同时乘以一个非零的比例因子w，但仍表示同一点P。

（2）刚体的齐次坐标

在研究机器人运动时，空间某个刚体的位置和姿态可由固连于此刚体的坐标系的位置和姿态来描述。如图 2-2 所示，设一直角坐标系$\{B\}$与刚体固连，原点O_B设在刚体的P点处（通常是刚体的特征点，如刚体的质心或端点等），则刚体的位置可由坐标系$\{B\}$的原点位置（即P点位置）来描述，那么，刚体相对于自身坐标系$\{B\}$，其位置齐次坐标表示为

$$^{B}\boldsymbol{P}=[0 \ \ 0 \ \ 0 \ \ 1]^{\mathrm{T}} \tag{2-4}$$

而相对于参考坐标系$\{A\}$，其位置齐次坐标则为

$$^{A}\boldsymbol{P}=[P_x \ \ P_y \ \ P_z \ \ 1]^{\mathrm{T}} \tag{2-5}$$

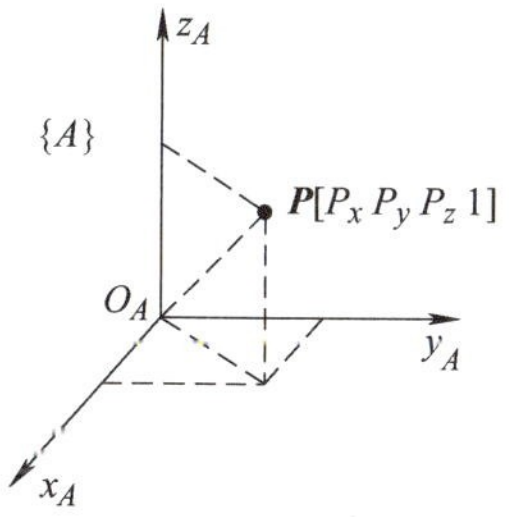

图 2-1　点的齐次坐标

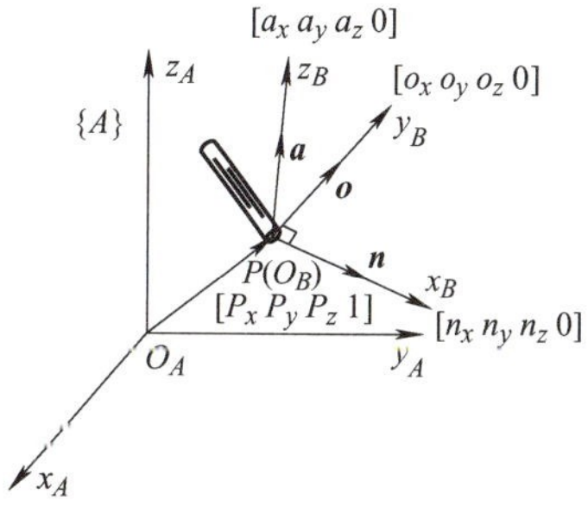

图 2-2　刚体的齐次坐标

对于刚体的姿态，通常用坐标系三个坐标轴的方位来描述，其坐标轴方位的齐次坐标的前三项用坐标轴单位矢量的方向余弦表示，第四项取零。即

$$\begin{cases}\boldsymbol{n}=[n_x \ n_y \ n_z \ 0]^{\mathrm{T}}=[\cos\alpha_{nx} \ \cos\beta_{ny} \ \cos\gamma_{nz} \ \ 0]^{\mathrm{T}}\\ \boldsymbol{o}=[o_x \ o_y \ o_z \ 0]^{\mathrm{T}}=[\cos\alpha_{ox} \ \cos\beta_{oy} \ \cos\gamma_{oz} \ \ 0]^{\mathrm{T}}\\ \boldsymbol{a}=[a_x \ a_y \ a_z \ 0]^{\mathrm{T}}=[\cos\alpha_{ax} \ \cos\beta_{ay} \ \cos\gamma_{az} \ \ 0]^{\mathrm{T}}\end{cases} \tag{2-6}$$

式中，$\boldsymbol{n}$、$\boldsymbol{o}$、$\boldsymbol{a}$ 为坐标系各坐标轴的单位矢量；$[n_x\ n_y\ n_z]^{\mathrm{T}}$、$[o_x\ o_y\ o_z]^{\mathrm{T}}$、$[a_x\ a_y\ a_z]^{\mathrm{T}}$ 分别表示各坐标轴单位矢量沿参考坐标系各坐标轴的分量；$\cos\alpha_{ij}$、$\cos\beta_{ij}$、$\cos\gamma_{ij}$ 则表示各坐标轴单位矢量相对于参考坐标系坐标轴的方向余弦，i 取 n、o、a，j 取 x、y、z。

那么，对于图 2-2 所示的刚体坐标系 $\{B\}$，其各坐标轴相对于自身坐标系的方位齐次坐标为

$$\begin{cases} {}^{B}\boldsymbol{n}=[1\ \ 0\ \ 0\ \ 0]^{\mathrm{T}} \\ {}^{B}\boldsymbol{o}=[0\ \ 1\ \ 0\ \ 0]^{\mathrm{T}} \\ {}^{B}\boldsymbol{a}=[0\ \ 0\ \ 1\ \ 0]^{\mathrm{T}} \end{cases} \tag{2-7}$$

而相对于参考坐标系 $\{A\}$ 的方位齐次坐标则为

$$\begin{cases} {}^{A}\boldsymbol{n}=[n_x\ n_y\ n_z\ 0]^{\mathrm{T}}=[\cos\alpha_{nx}\ \cos\beta_{ny}\ \cos\gamma_{nz}\ \ 0]^{\mathrm{T}} \\ {}^{A}\boldsymbol{o}=[o_x\ o_y\ o_z\ 0]^{\mathrm{T}}=[\cos\alpha_{ox}\ \cos\beta_{oy}\ \cos\gamma_{oz}\ \ 0]^{\mathrm{T}} \\ {}^{A}\boldsymbol{a}=[a_x\ a_y\ a_z\ 0]^{\mathrm{T}}=[\cos\alpha_{ax}\ \cos\beta_{ay}\ \cos\gamma_{az}\ \ 0]^{\mathrm{T}} \end{cases} \tag{2-8}$$

式中，${}^{A}\boldsymbol{n}$、${}^{A}\boldsymbol{o}$、${}^{A}\boldsymbol{a}$ 为坐标系 $\{B\}$ 坐标轴单位矢量 $\boldsymbol{n}$、$\boldsymbol{o}$、$\boldsymbol{a}$ 在坐标系 $\{A\}$ 中的方位表示。

例 2-1 用齐次坐标表示图 2-3 中所示矢量 $\boldsymbol{u}$、$\boldsymbol{v}$、$\boldsymbol{w}$ 的方位。

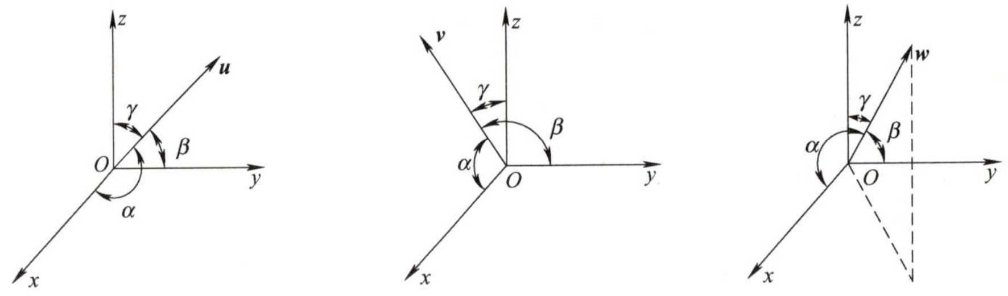

a) α=90°, β=45°, γ=45°　　b) α=60°, β=90°, γ=30°　　c) α=60°, β=60°, γ=45°

图 2-3　矢量 $\boldsymbol{u}$、$\boldsymbol{v}$、$\boldsymbol{w}$ 的方位表示

解： 1）对于矢量 $\boldsymbol{u}$：$\cos\alpha=0$，$\cos\beta=0.707$，$\cos\gamma=0.707$，$u=[0\ \ 0.707\ \ 0.707\ \ 0]^{\mathrm{T}}$。

2）对于矢量 $\boldsymbol{v}$：$\cos\alpha=0.5$，$\cos\beta=0$，$\cos\gamma=0.866$，$v=[0.5\ \ 0\ \ 0.866\ \ 0]^{\mathrm{T}}$。

3）对于矢量 $\boldsymbol{w}$：$\cos\alpha=0.5$，$\cos\beta=0.5$，$\cos\gamma=0.707$，$w=[0.5\ \ 0.5\ \ 0.707\ \ 0]^{\mathrm{T}}$。

2. 位姿矩阵

将前述刚体的位置和姿态的具体表达式式（2-5）和式（2-8）合并，可得到刚体的齐次坐标位姿矩阵，用 $\boldsymbol{T}$ 表示，为

$$\boldsymbol{T}=[\boldsymbol{n}\ \boldsymbol{o}\ \boldsymbol{a}\ \boldsymbol{P}]=\begin{bmatrix} n_x & o_x & a_x & P_x \\ n_y & o_y & a_y & P_y \\ n_z & o_z & a_z & P_z \\ 0 & 0 & 0 & 1 \end{bmatrix}=\begin{bmatrix} \cos\alpha_{nx} & \cos\alpha_{ox} & \cos\alpha_{ax} & P_x \\ \cos\beta_{ny} & \cos\beta_{oy} & \cos\beta_{ay} & P_y \\ \cos\gamma_{nz} & \cos\gamma_{oz} & \cos\gamma_{az} & P_z \\ 0 & 0 & 0 & 1 \end{bmatrix} \tag{2-9}$$

式中，由坐标轴 x_B 、y_B 、z_B 的单位矢量 $\boldsymbol{n}$、$\boldsymbol{o}$、$\boldsymbol{a}$ 在参考坐标系 $\{A\}$ 中的方向余弦值组成的 3×3 矩阵称为坐标系 $\{B\}$ 相对于坐标系 $\{A\}$ 的旋转矩阵，即

$$
{}^{A}\boldsymbol{R}_B=\begin{bmatrix} n_x & o_x & a_x \\ n_y & o_y & a_y \\ n_z & o_z & a_z \end{bmatrix}=\begin{bmatrix} \cos\alpha_{nx} & \cos\alpha_{ox} & \cos\alpha_{ax} \\ \cos\beta_{ny} & \cos\beta_{oy} & \cos\beta_{ay} \\ \cos\gamma_{nz} & \cos\gamma_{oz} & \cos\gamma_{az} \end{bmatrix} \tag{2-10}
$$

式中，${}^{A}\boldsymbol{R}_B$ 称为旋转矩阵；上角标 A 及下角标 B 分别代表参考坐标系 $\{A\}$ 及刚体坐标系 $\{B\}$ 。

因为 $\boldsymbol{n}$、$\boldsymbol{o}$、$\boldsymbol{a}$ 都是单位矢量，且两两互相垂直，故

$$
\begin{cases} {}^{A}\boldsymbol{n}\cdot{}^{A}\boldsymbol{n}={}^{A}\boldsymbol{o}\cdot{}^{A}\boldsymbol{o}={}^{A}\boldsymbol{a}\cdot{}^{A}\boldsymbol{a}=1 \\ {}^{A}\boldsymbol{n}\cdot{}^{A}\boldsymbol{o}={}^{A}\boldsymbol{o}\cdot{}^{A}\boldsymbol{a}={}^{A}\boldsymbol{a}\cdot{}^{A}\boldsymbol{n}=0 \end{cases} \tag{2-11}
$$

这表明旋转矩阵 ${}^{A}\boldsymbol{R}_B$ 是正交矩阵，因此满足以下条件：

$$
\begin{cases} {}^{A}\boldsymbol{R}_B^{-1}={}^{A}\boldsymbol{R}_B^{\mathrm{T}} \\ \left|{}^{A}\boldsymbol{R}_B\right|=1 \end{cases} \tag{2-12}
$$

式中，上角标 T 表示转置；$|\cdot|$ 表示行列式。

综上所述，刚体的位姿矩阵由固连其上的坐标系 $\{B\}$ 的位姿矩阵来表达，即分别由坐标系 $\{B\}$ 的原点位置矢量 ${}^{A}\boldsymbol{P}$ 和坐标轴的方位旋转矩阵 ${}^{A}\boldsymbol{R}_B$ 来描述。

（1）连杆的位姿

在机器人坐标系中，静止不动的坐标系称为静系，跟随连杆运动的坐标系称为动系。因此，与机器人底座固连的参考坐标系为静系，而各连杆及手部的坐标系均为动系。动系位置与姿态的描述是对动系原点位置及各坐标轴方向的描述，若给定了连杆某点的位置和该连杆在空间的姿态，则该连杆在空间的状态是完全确定的。

如图 2-4 所示，在静坐标系 $Oxyz$ 中，机器人连杆 L 为刚体，与其固连的动坐标系 $O_1x_1y_1z_1$ 建立在连杆的端点 $P(P_x,P_y,P_z)$ 处，依据上节内容，可以写出连杆动系的位姿矩阵为

$$
\boldsymbol{T}=[\boldsymbol{n}\ \boldsymbol{o}\ \boldsymbol{a}\ \boldsymbol{P}]=\begin{bmatrix} n_x & o_x & a_x & P_x \\ n_y & o_y & a_y & P_y \\ n_z & o_z & a_z & P_z \\ 0 & 0 & 0 & 1 \end{bmatrix} \tag{2-13}
$$

该矩阵的前三列表示连杆的姿态，第四列表示连杆的位置。可以看出，动系的位姿即连杆 L 的位姿。

例 2-2　如图 2-5 所示，连杆坐标系 $\{B\}$ 固连在端点 P 处，在 $x_AO_Ay_A$ 平面内，坐标系 $\{B\}$ 相对于固定坐标系 $\{A\}$ 偏转了 $-30°$ ，原点 O_B 的位置齐次坐标为 $\boldsymbol{P}=[\sqrt{3}\ -1\ 0\ 1]^{\mathrm{T}}$ ，试写出连杆坐标系 $\{B\}$ 的 4×4 位姿矩阵表达式。

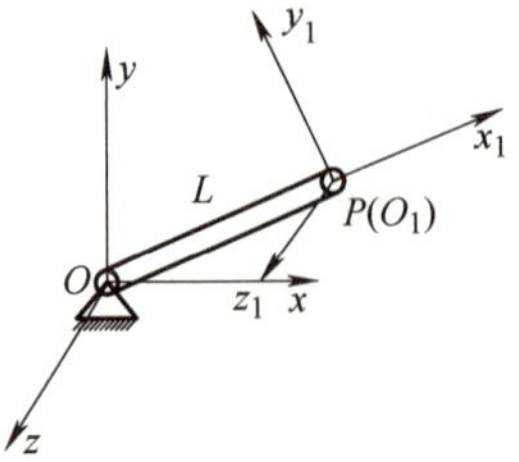

图 2-4　连杆的位姿

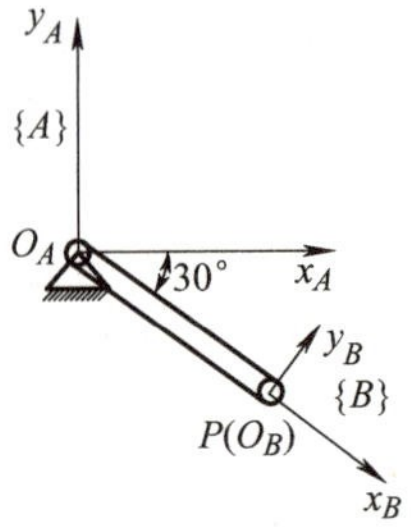

图 2-5　连杆坐标系的位姿

解：连杆坐标系 $\{B\}$ 的位姿矩阵表达式为

$$\boldsymbol{T}=[\boldsymbol{n}\ \boldsymbol{o}\ \boldsymbol{a}\ \boldsymbol{P}]=\begin{bmatrix} n_x & o_x & a_x & P_x \\ n_y & o_y & a_y & P_y \\ n_z & o_z & a_z & P_z \\ 0 & 0 & 0 & 1 \end{bmatrix}=\begin{bmatrix} \cos30° & \cos60° & \cos90° & \sqrt{3} \\ \cos120° & \cos30° & \cos90° & -1 \\ \cos90° & \cos90° & \cos0° & 0 \\ 0 & 0 & 0 & 1 \end{bmatrix}=\begin{bmatrix} 0.866 & 0.5 & 0 & \sqrt{3} \\ -0.5 & 0.866 & 0 & -1 \\ 0 & 0 & 1 & 0 \\ 0 & 0 & 0 & 1 \end{bmatrix} \tag{2-14}$$

（2）手部的位姿

与连杆类似，机器人手部的位置和姿态也可用固连在手部的坐标系 $\{B\}$ 的位姿来表示，通常，坐标系 $\{B\}$ 的原点位置及三个坐标轴方向这样来选取：

如图 2-6 所示，原点 O_B 取在手部的中心点；定义关节轴线为 z_B 轴，指向朝外，其单位矢量 $\boldsymbol{a}$ 称为接近矢量；将两手指的连线设为 y_B 轴，指向可两个方向任选，其单位矢量 $\boldsymbol{o}$ 称为姿态矢量；x_B 轴与 y_B 轴、z_B 轴相互垂直，指向符合右手法则，即 $\boldsymbol{n}=\boldsymbol{o}\times\boldsymbol{a}$，其单位矢量 $\boldsymbol{n}$ 称为法向矢量。

机器人手部的位置矢量为 $\boldsymbol{P}=[P_x\ P_y\ P_z\ 1]^{\mathrm{T}}$，手部三个坐标轴的单位方向矢量为 $\boldsymbol{n}=[n_x\ n_y\ n_z\ 0]^{\mathrm{T}}$、$\boldsymbol{o}=[o_x\ o_y\ o_z\ 0]^{\mathrm{T}}$、$\boldsymbol{a}=[a_x\ a_y\ a_z\ 0]^{\mathrm{T}}$，与式（2-13）类同，手部的位姿矩阵表达式为

$$\boldsymbol{T}=[\boldsymbol{n}\ \boldsymbol{o}\ \boldsymbol{a}\ \boldsymbol{P}]=\begin{bmatrix} n_x & o_x & a_x & P_x \\ n_y & o_y & a_y & P_y \\ n_z & o_z & a_z & P_z \\ 0 & 0 & 0 & 1 \end{bmatrix} \tag{2-15}$$

例 2-3　图 2-7 表示手部抓握物体 W，手部坐标系 $O_Bx_By_Bz_B$ 的坐标原点 O_B 位于物体 W 的形心，形心位置矢量为 $\boldsymbol{O}_B=[2\ 2\ 2\ 1]^{\mathrm{T}}$，写出该手部的位姿矩阵。

解：由题可知，手部坐标系原点位于 W 的形心，形心位置矢量为 $\boldsymbol{O}_B=[2\ 2\ 2\ 1]^{\mathrm{T}}$，因此手部的位置矢量为

$$\boldsymbol{O}_B=[2\ 2\ 2\ 1]^{\mathrm{T}} \tag{2-16}$$

手部三个坐标轴的单位方向矢量 $\boldsymbol{n}$、$\boldsymbol{o}$、$\boldsymbol{a}$ 相对于固定坐标系 $Oxyz$ 各轴的夹角为

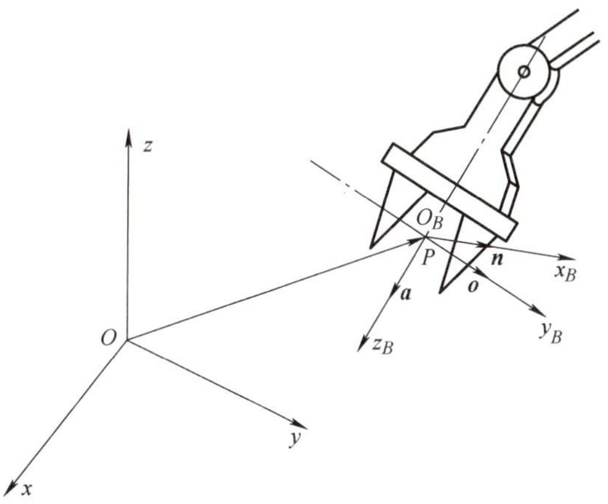

图 2-6　手部的位姿

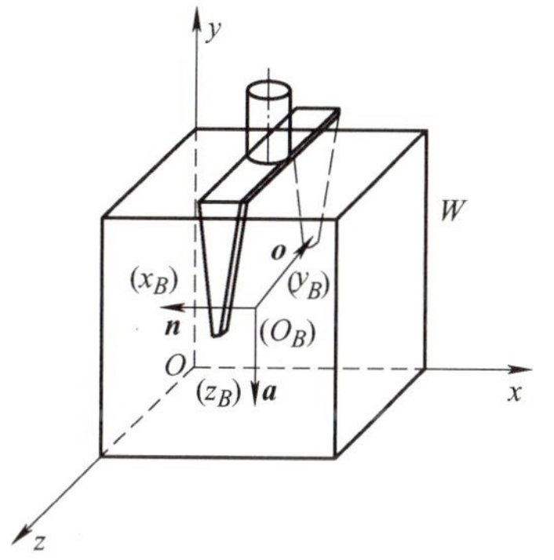

图 2-7　手部抓握物体 W

$$\begin{cases} \boldsymbol{n}:\quad \alpha=180^\circ,\ \beta=90^\circ,\ \gamma=90^\circ \\ \boldsymbol{o}:\quad \alpha=90^\circ,\ \beta=90^\circ,\ \gamma=180^\circ \\ \boldsymbol{a}:\quad \alpha=90^\circ,\ \beta=180^\circ,\ \gamma=90^\circ \end{cases} \tag{2-17}$$

根据式（2-15）可得手部位姿矩阵为

$$\boldsymbol{T}=[\boldsymbol{n}\ \boldsymbol{o}\ \boldsymbol{a}\ \boldsymbol{P}]=\begin{bmatrix} n_x & o_x & a_x & P_x \\ n_y & o_y & a_y & P_y \\ n_z & o_z & a_z & P_z \\ 0 & 0 & 0 & 1 \end{bmatrix}=\begin{bmatrix} \cos180^\circ & \cos90^\circ & \cos90^\circ & 2 \\ \cos90^\circ & \cos90^\circ & \cos180^\circ & 2 \\ \cos90^\circ & \cos180^\circ & \cos90^\circ & 2 \\ 0 & 0 & 0 & 1 \end{bmatrix}=\begin{bmatrix} -1 & 0 & 0 & 2 \\ 0 & 0 & -1 & 2 \\ 0 & -1 & 0 & 2 \\ 0 & 0 & 0 & 1 \end{bmatrix} \tag{2-18}$$

（3）目标物的位姿

如图 2-8a 所示，目标物楔块 W 的位置和姿态可用 6 个点描述，则位姿矩阵表达式为

$$\boldsymbol{W}=\begin{bmatrix} 3 & 0 & 0 & 3 & 3 & 0 \\ 0 & 0 & 5 & 5 & 0 & 0 \\ 0 & 0 & 0 & 0 & 3 & 3 \\ 1 & 1 & 1 & 1 & 1 & 1 \end{bmatrix} \tag{2-19}$$

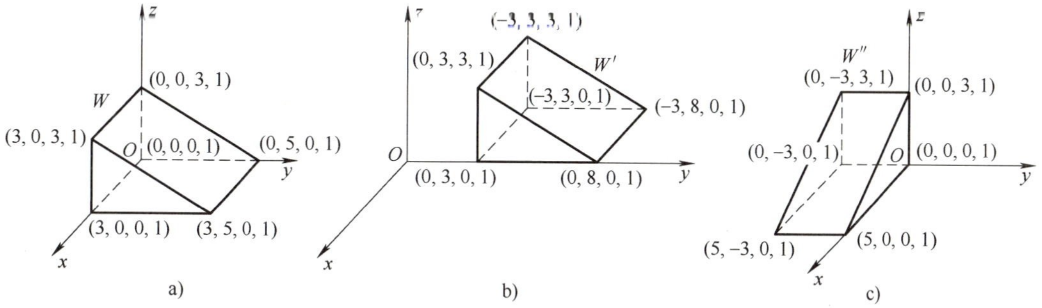

图 2-8　楔块的位姿变换

若楔块沿 x、y 轴方向分别平移 −3、3，至图 2-8b 所示位置，则楔块的 6 个描述点位

置发生改变，此时楔块新的位姿矩阵表达式为

$$
\boldsymbol{W}'=\begin{bmatrix} 0 & -3 & -3 & 0 & 0 & -3 \\ 3 & 3 & 8 & 8 & 3 & 3 \\ 0 & 0 & 0 & 0 & 3 & 3 \\ 1 & 1 & 1 & 1 & 1 & 1 \end{bmatrix} \tag{2-20}
$$

若楔块在图 2-8a 所示位置绕 z 轴方向旋转 $-90°$，至图 2-8c 所示位置，此时楔块的新位姿矩阵表达式则为

$$
\boldsymbol{W}''=\begin{bmatrix} 0 & 0 & 5 & 5 & 0 & 0 \\ -3 & 0 & 0 & -3 & -3 & 0 \\ 0 & 0 & 0 & 0 & 3 & 3 \\ 1 & 1 & 1 & 1 & 1 & 1 \end{bmatrix} \tag{2-21}
$$

2.1.2　齐次变换

随着机器人连杆的运动，各连杆坐标系的位置和姿态会发生变化，而空间任意一点、任一矢量在不同坐标系中的描述是不同的，因此我们需要讨论各坐标系之间的数学变换问题。由于机器人的运动包含转动和平移，因此引入齐次坐标变换矩阵，以便能够在同一矩阵中将转动和平移表达出来。

1. 平移齐次变换

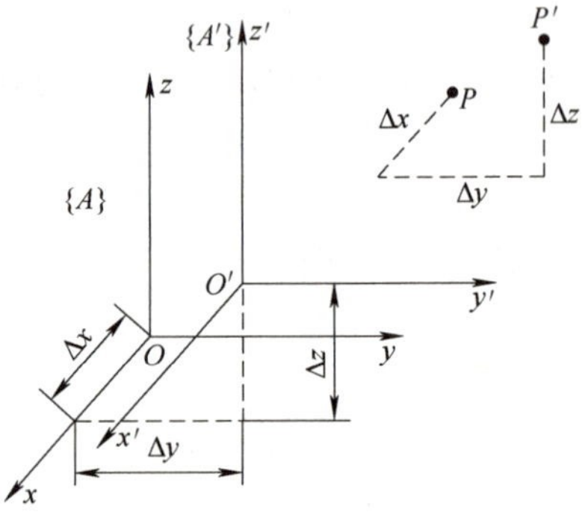

图 2-9　点的平移变换

如图 2-9 所示，直角坐标系 $\{A\}$ 与 $\{A'\}$ 初始时重合，点 P 坐标为 (P_x, P_y, P_z)，且点 P 与坐标系 $\{A'\}$ 固连。当点 P 连同坐标系 $\{A'\}$ 沿 x、y、z 轴分别平移 Δx、Δy 及 Δz 后，点 P 移至点 P'，点 P' 在 $\{A\}$ 中的坐标为 (P'_x, P'_y, P'_z)，则点 P' 与点 P 间的坐标关系为

$$
\begin{cases} P'_x = P_x + \Delta x \\ P'_y = P_y + \Delta y \\ P'_z = P_z + \Delta z \end{cases} \tag{2-22}
$$

将式（2-22）写成齐次矩阵方程为

$$
\begin{bmatrix} P'_x \\ P'_y \\ P'_z \\ 1 \end{bmatrix} = \begin{bmatrix} 1 & 0 & 0 & \Delta x \\ 0 & 1 & 0 & \Delta y \\ 0 & 0 & 1 & \Delta z \\ 0 & 0 & 0 & 1 \end{bmatrix} \begin{bmatrix} P_x \\ P_y \\ P_z \\ 1 \end{bmatrix} \tag{2-23}
$$

简写为

$$\boldsymbol{P}' = \text{Trans}(\Delta x, \Delta y, \Delta z)\boldsymbol{P} \tag{2-24}$$

式（2-24）称为点的平移齐次坐标变换公式。式中，$\text{Trans}(\Delta x, \Delta y, \Delta z)$ 称为齐次坐标变换矩阵，也称为平移算子，其表达式为

$$\text{Trans}(\Delta x, \Delta y, \Delta z) = \begin{bmatrix} 1 & 0 & 0 & \Delta x \\ 0 & 1 & 0 & \Delta y \\ 0 & 0 & 1 & \Delta z \\ 0 & 0 & 0 & 1 \end{bmatrix} \tag{2-25}$$

式中，第四列元素 Δx、Δy、Δz 分别表示沿坐标轴 x、y、z 的平移量。

应注意，点 P 相对于原坐标系 $\{A\}$，坐标已变为 $P'(P_x', P_y', P_z')$，但其在坐标系 $\{A'\}$ 中的坐标仍为 (P_x, P_y, P_z)。

需强调，点的平移齐次坐标变换公式即式（2-24）及平移算子式（2-25）同样适用于坐标系及物体的平移变换计算。

例如，在图 2-9 中平移后，坐标系 $\{A'\}$ 相对于坐标系 $\{A\}$ 的位姿矩阵可依据式（2-24）计算得

$$\boldsymbol{A}' = \text{Trans}(\Delta x, \Delta y, \Delta z)\boldsymbol{A}_0 = \begin{bmatrix} 1 & 0 & 0 & \Delta x \\ 0 & 1 & 0 & \Delta y \\ 0 & 0 & 1 & \Delta z \\ 0 & 0 & 0 & 1 \end{bmatrix} \begin{bmatrix} 1 & 0 & 0 & 0 \\ 0 & 1 & 0 & 0 \\ 0 & 0 & 1 & 0 \\ 0 & 0 & 0 & 1 \end{bmatrix} = \begin{bmatrix} 1 & 0 & 0 & \Delta x \\ 0 & 1 & 0 & \Delta y \\ 0 & 0 & 1 & \Delta z \\ 0 & 0 & 0 & 1 \end{bmatrix} \tag{2-26}$$

式中，$\boldsymbol{A}_0$ 为平移前坐标系 $\{A'\}$ 相对于 $\{A\}$ 的位姿矩阵，因平移前坐标系 $\{A'\}$ 与 $\{A\}$ 重合，故其为单位矩阵，此为特殊状况。对于一般状况，A_0 不是单位矩阵，平移后的位姿矩阵同样可依照式（2-24）进行计算。$\text{Trans}(\Delta x, \Delta y, \Delta z)$ 是坐标系 $\{A'\}$ 的平移算子，表达式同式（2-25）。

再如，图 2-8a、b 中平移前，楔块 W 的位姿矩阵为

$$\boldsymbol{W} = \begin{bmatrix} 3 & 0 & 0 & 3 & 3 & 0 \\ 0 & 0 & 5 & 5 & 0 & 0 \\ 0 & 0 & 0 & 0 & 3 & 3 \\ 1 & 1 & 1 & 1 & 1 & 1 \end{bmatrix} \tag{2-27}$$

沿 x、y 轴方向分别平移 -3、3，即 $\Delta x = -3, \Delta y = 3, \Delta z = 0$，则楔块的平移算子为

$$\text{Trans}(\Delta x, \Delta y, \Delta z) = \begin{bmatrix} 1 & 0 & 0 & \Delta x \\ 0 & 1 & 0 & \Delta y \\ 0 & 0 & 1 & \Delta z \\ 0 & 0 & 0 & 1 \end{bmatrix} = \begin{bmatrix} 1 & 0 & 0 & -3 \\ 0 & 1 & 0 & 3 \\ 0 & 0 & 1 & 0 \\ 0 & 0 & 0 & 1 \end{bmatrix} \tag{2-28}$$

利用式（2-24），楔块 W' 的位姿矩阵可计算为

$$W' = \text{Trans}(\Delta x, \Delta y, \Delta z)W$$
$$= \begin{bmatrix} 1 & 0 & 0 & -3 \\ 0 & 1 & 0 & 3 \\ 0 & 0 & 1 & 0 \\ 0 & 0 & 0 & 1 \end{bmatrix} \begin{bmatrix} 3 & 0 & 0 & 3 & 3 & 0 \\ 0 & 0 & 5 & 5 & 0 & 0 \\ 0 & 0 & 0 & 0 & 3 & 3 \\ 1 & 1 & 1 & 1 & 1 & 1 \end{bmatrix} = \begin{bmatrix} 0 & -3 & -3 & 0 & 0 & -3 \\ 3 & 3 & 8 & 8 & 3 & 3 \\ 0 & 0 & 0 & 0 & 3 & 3 \\ 1 & 1 & 1 & 1 & 1 & 1 \end{bmatrix} \tag{2-29}$$

可看出，式（2-29）的计算结果与式（2-20）相同。

2. 旋转齐次变换

点绕不同轴转动，其齐次坐标变换矩阵的表达式不同，下面分别进行讨论。

（1）绕坐标轴的旋转变换

如图 2-10 所示，直角坐标系 $\{A\}$ 与 $\{A'\}$ 初始时重合，点 P 坐标为 (P_x, P_y, P_z)，且点 P 与坐标系 $\{A'\}$ 固连。当点 P 连同坐标系 $\{A'\}$ 绕 z 轴旋转 θ 角后，点 P 移至点 P'，点 P' 在 $\{A\}$ 中的坐标为 (P'_x, P'_y, P'_z)，则点 P' 与点 P 间的坐标关系为

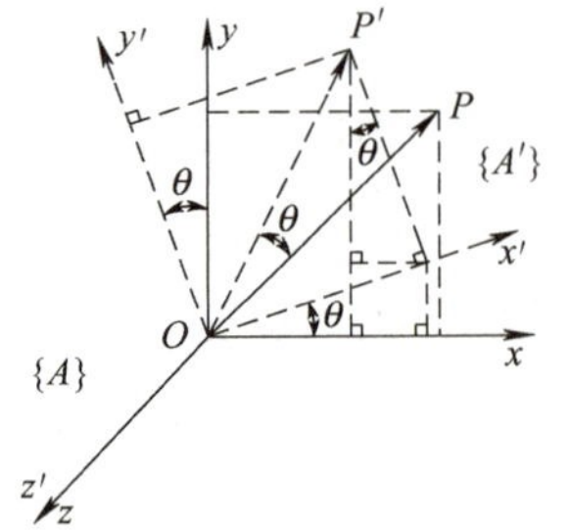

图 2-10　点绕 z 轴的旋转变换

$$\begin{cases} P'_x = P_x\cos\theta - P_y\sin\theta \\ P'_y = P_x\sin\theta + P_y\cos\theta \\ P'_z = P_z \end{cases} \tag{2-30}$$

将式（2-30）写成齐次矩阵方程，有

$$\begin{bmatrix} P'_x \\ P'_y \\ P'_z \\ 1 \end{bmatrix} = \begin{bmatrix} \cos\theta & -\sin\theta & 0 & 0 \\ \sin\theta & \cos\theta & 0 & 0 \\ 0 & 0 & 1 & 0 \\ 0 & 0 & 0 & 1 \end{bmatrix} \begin{bmatrix} P_x \\ P_y \\ P_z \\ 1 \end{bmatrix} \tag{2-31}$$

简写为

$$\boldsymbol{P}' = \text{Rot}(z, \theta)\boldsymbol{P} \tag{2-32}$$

式（2-32）称为点绕 z 轴转动的齐次坐标变换公式。式中，$\text{Rot}(z,\theta)$ 称为点绕 z 轴的齐次坐标变换矩阵，也称为绕 z 轴的旋转算子，有

$$\text{Rot}(z,\theta) = \begin{bmatrix} c\theta & -s\theta & 0 & 0 \\ s\theta & c\theta & 0 & 0 \\ 0 & 0 & 1 & 0 \\ 0 & 0 & 0 & 1 \end{bmatrix} \tag{2-33}$$

式中，$c\theta = \cos\theta; s\theta = \sin\theta$，以下类同。

应注意，点 P 相对于原坐标系 $\{A\}$，坐标值已变为 $P'(P'_x, P'_y, P'_z)$，但其在坐标系 $\{A'\}$ 中的坐标仍为 (P_x, P_y, P_z)。

同理，可写出点绕 x 轴转动和点绕 y 轴转动的旋转算子，分别为

$$\mathrm{Rot}(x,\theta)=\begin{bmatrix}1&0&0&0\\0&c\theta&-s\theta&0\\0&s\theta&c\theta&0\\0&0&0&1\end{bmatrix} \tag{2-34}$$

$$\mathrm{Rot}(y,\theta)=\begin{bmatrix}c\theta&0&s\theta&0\\0&1&0&0\\-s\theta&0&c\theta&0\\0&0&0&1\end{bmatrix} \tag{2-35}$$

需强调，点绕坐标轴旋转的齐次坐标变换公式式（2-32）以及式（2-33）、式（2-35）三个旋转算子表达式同样适用于坐标系及物体的旋转变换计算。

例如，在图 2-10 中，绕 z 轴转动后，坐标系 $\{A'\}$ 相对于 $\{A\}$ 的位姿矩阵可依据式（2-32）计算得

$$\boldsymbol{A}'=\mathrm{Rot}(z,\theta)\boldsymbol{A}_0=\begin{bmatrix}c\theta&-s\theta&0&0\\s\theta&c\theta&0&0\\0&0&1&0\\0&0&0&1\end{bmatrix}\begin{bmatrix}1&0&0&0\\0&1&0&0\\0&0&1&0\\0&0&0&1\end{bmatrix}=\begin{bmatrix}c\theta&-s\theta&0&0\\s\theta&c\theta&0&0\\0&0&1&0\\0&0&0&1\end{bmatrix} \tag{2-36}$$

式中，$\boldsymbol{A}_0$ 为旋转前坐标系 $\{A'\}$ 相对于 $\{A\}$ 的位姿矩阵，因旋转前坐标系 $\{A'\}$ 与 $\{A\}$ 重合，故其为单位矩阵，此为特殊状况。对于一般状况，$\boldsymbol{A}_0$ 不是单位矩阵，旋转后的位姿矩阵同样依照式（2-32）进行计算。$\mathrm{Rot}(z,\theta)$ 是坐标系 $\{A'\}$ 绕 z 轴的旋转算子，表达式同式（2-33）。

再如，在图 2-8a、c 中，楔块 W 转动前的位姿矩阵为

$$\boldsymbol{W}=\begin{bmatrix}3&0&0&3&3&0\\0&0&5&5&0&0\\0&0&0&0&3&3\\1&1&1&1&1&1\end{bmatrix} \tag{2-37}$$

绕 z 轴转动 − 90°，即 $\theta=-90°$，则楔块的旋转算子为

$$\mathrm{Rot}(z,\theta)=\begin{bmatrix}c\theta&-s\theta&0&0\\s\theta&c\theta&0&0\\0&0&1&0\\0&0&0&1\end{bmatrix}=\begin{bmatrix}0&1&0&0\\-1&0&0&0\\0&0&1&0\\0&0&0&1\end{bmatrix} \tag{2-38}$$

此时，楔块 W'' 的位姿矩阵可计算为

$$W''=\mathrm{Rot}(z,\theta)W$$
$$=\begin{bmatrix}0&1&0&0\\-1&0&0&0\\0&0&1&0\\0&0&0&1\end{bmatrix}\begin{bmatrix}3&0&0&3&3&0\\0&0&5&5&0&0\\0&0&0&0&3&3\\1&1&1&1&1&1\end{bmatrix}=\begin{bmatrix}0&0&5&5&0&0\\-3&0&0&-3&-3&0\\0&0&0&0&3&3\\1&1&1&1&1&1\end{bmatrix} \tag{2-39}$$

可看出，式（2-39）的计算结果与式（2-21）相同。

（2）绕任意轴的旋转变换

上文讨论了点绕坐标轴转动的旋转变换矩阵，现在来分析点绕任一矢量轴$\boldsymbol{f}$转动θ角时的旋转变换矩阵。

首先来分析点绕通过原点的任一矢量轴$\boldsymbol{f}$转动θ角时的旋转矩阵。如图 2-11 所示，在直角坐标系 $\{A\}$ 中，点 P 的位置矢量为 ${}^{A}\boldsymbol{P}=[P_x\ P_y\ P_z\ 1]^{\mathrm{T}}$，$\boldsymbol{f}$ 为一过原点矢量，点 P 绕 $\boldsymbol{f}$ 旋转 θ 角后至点 P'，位置矢量变为 ${}^{A}\boldsymbol{P}'=[P_x'\ P_y'\ P_z'\ 1]^{\mathrm{T}}$。

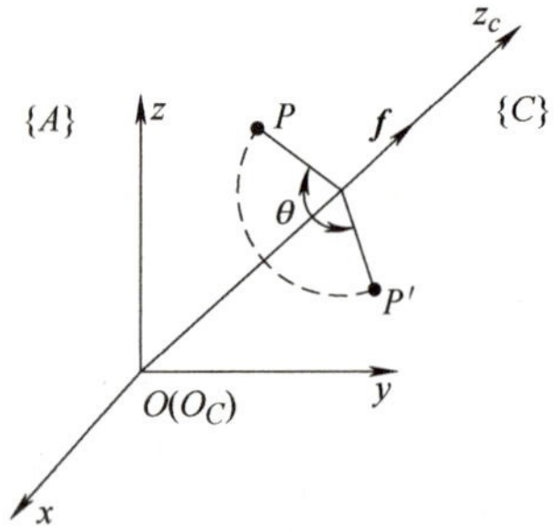

图 2-11　点绕过原点矢量轴$\boldsymbol{f}$转动θ角

现选矢量$\boldsymbol{f}$的方向为坐标系 $\{C\}$ 的 z_C 轴，坐标系 $\{C\}$ 的原点与坐标系 $\{A\}$ 的原点重合，则坐标系 $\{C\}$ 在坐标系 $\{A\}$ 中的位姿矩阵为

$${}^{A}\boldsymbol{T}_C=\begin{bmatrix}n_x&o_x&a_x&0\\n_y&o_y&a_y&0\\n_z&o_z&a_z&0\\0&0&0&1\end{bmatrix} \tag{2-40}$$

设$\boldsymbol{f}$为 z_C 轴上的单位矢量，则有

$$\boldsymbol{f}=a_x\boldsymbol{i}+a_y\boldsymbol{j}+a_z\boldsymbol{k} \tag{2-41}$$

故而绕矢量$\boldsymbol{f}$旋转等价于绕坐标系 $\{C\}$ 的 z_C 轴旋转，即有

$$\mathrm{Rot}(\boldsymbol{f},\ \theta)=\mathrm{Rot}(z_C,\ \theta) \tag{2-42}$$

则在坐标系 $\{A\}$ 中，点 P' 与点 P 之间的位置关系为

$${}^{A}\boldsymbol{P}'=\mathrm{Rot}(\boldsymbol{f},\ \theta)\cdot{}^{A}\boldsymbol{P}=\mathrm{Rot}(z_C,\ \theta)\cdot{}^{A}\boldsymbol{P} \tag{2-43}$$

设点 P 在坐标系 $\{C\}$ 中的位置为 ${}^{C}\boldsymbol{P}=[P_{Cx}\ P_{Cy}\ P_{Cz}\ 1]^{\mathrm{T}}$，点 P 绕矢量$\boldsymbol{f}$旋转 θ 角后至点 P'，点 P' 在坐标系 $\{C\}$ 中的位置为 ${}^{C}\boldsymbol{P}'=[P_{Cx}'\ P_{Cy}'\ P_{Cz}'\ 1]^{\mathrm{T}}$，则可得

$$\begin{cases}{}^{A}\boldsymbol{P}={}^{A}\boldsymbol{T}_C\cdot{}^{C}\boldsymbol{P}\\{}^{C}\boldsymbol{P}'=\mathrm{Rot}(z,\ \theta)\cdot{}^{C}\boldsymbol{P}\\{}^{A}\boldsymbol{P}'={}^{A}\boldsymbol{T}_C\cdot{}^{C}\boldsymbol{P}'\end{cases} \tag{2-44}$$

式中，算子 $\mathrm{Rot}(z,\ \theta)$ 的表示同式（2-33）。注意算子 $\mathrm{Rot}(z,\ \theta)$ 与式（2-42）中算子

$\mathrm{Rot}(z_C,\ \theta)$ 的区别。由式（2-44）可推得

$$ {}^A\boldsymbol{P}' = {}^A\boldsymbol{T}_C \cdot \mathrm{Rot}(z,\ \theta) \cdot {}^A\boldsymbol{T}_C^{-1} \cdot {}^A\boldsymbol{P} \tag{2-45}$$

依式（2-43）及式（2-44）可得

$$\mathrm{Rot}(\boldsymbol{f},\ \theta) = \mathrm{Rot}(z_C,\ \theta) = {}^A\boldsymbol{T}_C \cdot \mathrm{Rot}(z,\ \theta) \cdot {}^A\boldsymbol{T}_C^{-1} \tag{2-46}$$

式（2-46）即为点绕过原点矢量 $\boldsymbol{f}$ 旋转 θ 角时的旋转变换矩阵。由于 $\boldsymbol{f}$ 为坐标系 $\{C\}$ 中 z_C 轴的单位矢量，即 $\boldsymbol{f}=\boldsymbol{a}$，另令 $\mathrm{vers}\theta = 1 - c\theta$，在对式（2-46）进行展开后，可推得（过程略）

$$\mathrm{Rot}(\boldsymbol{f},\ \theta) = \begin{bmatrix} f_x f_x \mathrm{vers}\theta + c\theta & f_y f_x \mathrm{vers}\theta - f_z s\theta & f_z f_x \mathrm{vers}\theta + f_y s\theta & 0 \\ f_x f_y \mathrm{vers}\theta + f_z s\theta & f_y f_y \mathrm{vers}\theta + c\theta & f_z f_y \mathrm{vers}\theta - f_x s\theta & 0 \\ f_x f_z \mathrm{vers}\theta - f_y s\theta & f_y f_z \mathrm{vers}\theta + f_x s\theta & f_z f_z \mathrm{vers}\theta + c\theta & 0 \\ 0 & 0 & 0 & 1 \end{bmatrix} \tag{2-47}$$

式（2-47）称为通用旋转齐次变换公式，简称为通用旋转算子。

需说明几点：

1）式（2-47）囊括了绕 x 、y 和 z 轴进行旋转的基本旋转变换。即：

取 $f_x=1$ 、$f_y=0$ 和 $f_z=0$ 时，由式（2-47）可得到 $\mathrm{Rot}(x,\ \theta)$，同式（2-34）。

取 $f_y=1$ 、$f_x=0$ 和 $f_z=0$ 时，由式（2-47）可得到 $\mathrm{Rot}(y,\ \theta)$，同式（2-35）。

取 $f_z=1$ 、$f_x=0$ 和 $f_y=0$ 时，由式（2-47）可得到 $\mathrm{Rot}(z,\ \theta)$，同式（2-33）。

2）对于绕不通过原点的矢量进行旋转的情况，可做如下说明：

如图 2-12 所示，在坐标系 $\{A\}$ 中，矢量 $\boldsymbol{f}$ 不过原点 O_A，点 P 的位置矢量为 ${}^A\boldsymbol{P}=[P_x\ P_y\ P_z\ 1]^{\mathrm{T}}$，当点 P 绕矢量 $\boldsymbol{f}$ 旋转 θ 角后至点 P'，位置矢量变为 ${}^A\boldsymbol{P}'=[P_x'\ P_y'\ P_z'\ 1]^{\mathrm{T}}$。则有

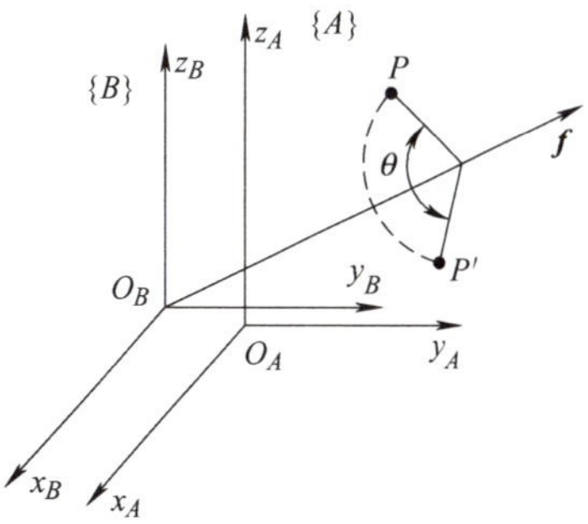

图 2-12　点绕不过原点矢量 $\boldsymbol{f}$ 转动 θ 角

$$ {}^A\boldsymbol{P}' = \mathrm{Rot}(\boldsymbol{f},\ \theta) \cdot {}^A\boldsymbol{P} \tag{2-48}$$

式中，$\mathrm{Rot}(\boldsymbol{f},\ \theta)$ 是在坐标系 $\{A\}$ 中点 P 旋转至点 P' 的旋转变换矩阵。

在矢量 $\boldsymbol{f}$ 上任取一点 $O_B(O_{Bx},O_{By},O_{Bz})$，过点 O_B 建立一新坐标系 $\{B\}$，其坐标轴与坐标系 $\{A\}$ 的各轴对应平行，则坐标系 $\{B\}$ 在坐标系 $\{A\}$ 中的位姿矩阵为

$$ {}^A\boldsymbol{T}_B = \begin{bmatrix} 1 & 0 & 0 & O_{Bx} \\ 0 & 1 & 0 & O_{By} \\ 0 & 0 & 1 & O_{Bz} \\ 0 & 0 & 0 & 1 \end{bmatrix} \tag{2-49}$$

可以推导出（推导略）

$$\mathrm{Rot}(\boldsymbol{f},\ \theta)={}^{A}\boldsymbol{T}_{B}\bullet\mathrm{Rot}(\boldsymbol{f},\ \theta)\bullet{}^{A}\boldsymbol{T}_{B}^{-1} \tag{2-50}$$

式中，$\mathrm{Rot}(\boldsymbol{f},\ \theta)$的计算采用式（2-47）。式（2-50）即是绕不通过原点矢量进行旋转的旋转变换阵的计算公式。进一步可推得

$$\mathrm{Rot}(\boldsymbol{f},\ \theta)=\mathrm{Trans}(\Delta x,\Delta y,\Delta z)\mathrm{Rot}(\boldsymbol{f},\ \theta) \tag{2-51}$$

式中，$\mathrm{Rot}(\boldsymbol{f},\ \theta)$的计算仍采用式（2-47）；$\mathrm{Trans}(\Delta x,\Delta y,\Delta z)$为一个平移算子。

式（2-51）表明：绕任一矢量轴转动的旋转变换矩阵等价于绕与该矢量轴平行且同向的过原点矢量进行转动的旋转变换矩阵再左乘一个平移算子。

若将式（2-47）简单表达为

$$\mathrm{Rot}(\boldsymbol{f},\ \theta)=\begin{bmatrix} f_{11} & f_{12} & f_{13} & 0 \\ f_{21} & f_{22} & f_{23} & 0 \\ f_{31} & f_{32} & f_{33} & 0 \\ 0 & 0 & 0 & 1 \end{bmatrix} \tag{2-52}$$

则$\mathrm{Trans}(\Delta x,\Delta y,\Delta z)$中的$\Delta x$、$\Delta y$、$\Delta z$的计算公式（推导略）为

$$\begin{cases} \Delta x=(1-f_{11})O_{Bx}-f_{12}O_{By}-f_{13}O_{Bz} \\ \Delta y=-f_{21}O_{Bx}+(1-f_{22})O_{By}-f_{23}O_{Bz} \\ \Delta z=-f_{31}O_{Bx}-f_{32}O_{By}+(1-f_{33})O_{Bz} \end{cases} \tag{2-53}$$

需注意，虽然式（2-53）中Δx、Δy、Δz的计算与矢量轴$\boldsymbol{f}$上点O_B的坐标有关，但与$\boldsymbol{f}$上所选的具体点无关。换句话说，将$\boldsymbol{f}$上任意一点的坐标代入式（2-53）中，其计算结果均相同。

3）式（2-47）及式（2-51）不仅适用于点的旋转变换，也同样适用于矢量、坐标系、物体等的旋转变换计算，在此不作赘述。

（3）转角与转轴的计算

上述分析了已知旋转角度θ及转轴矢量$\boldsymbol{f}$，求解旋转变换矩阵；现反之，给出任一旋转变换矩阵（仅以绕过原点矢量轴旋转为例），来求解旋转角度θ及所绕的转轴矢量$\boldsymbol{f}$。

已知点绕过原点矢量$\boldsymbol{f}$的旋转变换矩阵为

$$\boldsymbol{R}=\begin{bmatrix} n_x & o_x & a_x & 0 \\ n_y & o_y & a_y & 0 \\ n_z & o_z & a_z & 0 \\ 0 & 0 & 0 & 1 \end{bmatrix} \tag{2-54}$$

对照式（2-47）及式（2-54），可推得（过程略）旋转角度θ的计算式，即

$$\tan\theta=\pm\frac{\sqrt{(o_z-a_y)^2+(a_x-n_z)^2+(n_y-o_x)^2}}{n_x+o_y+a_z-1} \tag{2-55}$$

以及矢量$\boldsymbol{f}$各分量的计算式，即

$$\begin{cases} f_x = (o_z - a_y)/2s\theta \\ f_y = (a_x - n_z)/2s\theta \\ f_z = (n_y - o_x)/2s\theta \end{cases} \tag{2-56}$$

由式（2-55）及式（2-56）即可求得旋转角度 θ 及所绕的转轴矢量 $\boldsymbol{f}$。

3. 复合变换及左、右乘规则

（1）复合变换

平移变换和旋转变换可以组合在一个齐次变换中，称为复合变换。即

$$\boldsymbol{R} = \begin{bmatrix} n_x & o_x & a_x & \Delta x \\ n_y & o_y & a_y & \Delta y \\ n_z & o_z & a_z & \Delta z \\ 0 & 0 & 0 & 1 \end{bmatrix} \tag{2-57}$$

需注意以下两点：

1）式（2-57）表达了两个含义：

① 先绕坐标轴旋转某一角度后，再平移 $(\Delta x,\Delta y,\Delta z)$ 的变换过程。

② 先平移 $(\Delta x,\Delta y,\Delta z)$ 后，再绕平移后的自身坐标系旋转某一角度的变换过程。

这两种变换均称为复合变换，其平移算子及旋转算子可以组合在同一个矩阵中。

2）如果先平移 $(\Delta x,\Delta y,\Delta z)$ 后，再绕原坐标系旋转某一角度的变换过程不属于复合变换，属于二次变换，其平移算子及旋转算子不能组合在同一个矩阵中，这一点应引起注意。

（2）左、右乘规则

在求解动坐标系相对于固定坐标系的新位姿矩阵时，若动坐标系相对固定坐标系进行位置变换，则用算子左乘动坐标系的原有位姿矩阵；若动坐标系相对自身坐标系进行位置变换，则用算子右乘动坐标系的原有位姿矩阵。

需强调一点，算子左、右乘规则仅适用于坐标系的变换。对于点、矢量及物体的变换，左乘规则适用，右乘规则不适用。

例 2-4　如图 2-13 所示机器人，其手腕具有一个自由度。已知手部起始位姿矩阵为

$$\boldsymbol{G}_1 = \begin{bmatrix} 1 & 0 & 0 & 6 \\ 0 & -1 & 0 & 0 \\ 0 & 0 & -1 & 3 \\ 0 & 0 & 0 & 1 \end{bmatrix} \tag{2-58}$$

手部不动，仅手臂绕 z_0 轴旋转 +90°，使手部位置到达 G_2；在 G_2 位置，手臂不动，仅手部绕手腕 z_1 轴旋转 +270°，则手部变为 G_3，写出手部坐标系 $\{G_2\}$ 及 $\{G_3\}$ 的位姿矩阵表达式。

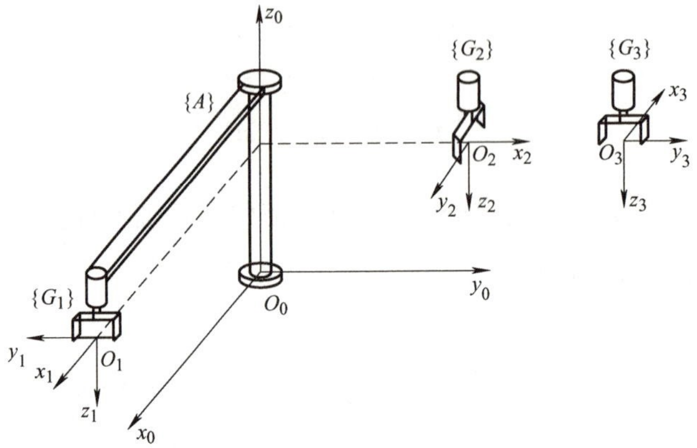

图 2-13　手腕与手臂的转动

解： 手臂绕 z_0 轴转动是相对固定坐标系作旋转变换，算子左乘，故有

$$\begin{aligned}\boldsymbol{G}_2&=\mathrm{Rot}(z_0,90°)\boldsymbol{G}_1\\&=\begin{bmatrix}0&-1&0&0\\1&0&0&0\\0&0&1&0\\0&0&0&1\end{bmatrix}\begin{bmatrix}1&0&0&6\\0&-1&0&0\\0&0&-1&3\\0&0&0&1\end{bmatrix}=\begin{bmatrix}0&1&0&0\\1&0&0&6\\0&0&-1&3\\0&0&0&1\end{bmatrix}\end{aligned} \tag{2-59}$$

手部在 G_2 位置绕手腕轴 z_1 旋转是相对自身坐标系作旋转变换，故算子右乘，则有

$$\begin{aligned}\boldsymbol{G}_3&=\boldsymbol{G}_2\mathrm{Rot}(z_1,270°)\\&=\begin{bmatrix}0&1&0&0\\1&0&0&6\\0&0&-1&3\\0&0&0&1\end{bmatrix}\begin{bmatrix}0&1&0&0\\-1&0&0&0\\0&0&1&0\\0&0&0&1\end{bmatrix}=\begin{bmatrix}-1&0&0&0\\0&1&0&6\\0&0&-1&3\\0&0&0&1\end{bmatrix}\end{aligned} \tag{2-60}$$

应注意，所求得的位姿矩阵 $\boldsymbol{G}_2$ 及 $\boldsymbol{G}_3$ 均为相对于固定坐标系 $O_0x_0y_0z_0$ 的位姿矩阵。

2.2　机器人机械结构

2.2.1　机器人执行机构

机器人执行机构是机器人功能的具体体现，也是机器人系统中极为重要的结构。执行机构包括机器人本体和末端执行器。其中，机器人本体由基座、腰部、臂部和腕部组成；末端执行器由手部组成。

1）基座。机器人的基座是机器人的基础部分，用来确定和固定机器人的位置，支撑机器人的质量及工作载荷。机器人基座分为固定式和移动式两种。其中，移动式基座又分为固定轨迹式、无固定轨迹式两种。无固定轨迹式还分为轮式、履带式、足式三种。移动机器人正在各领域工作生产中逐渐发挥重要作用。

2）腰部。机器人的腰部与基座相连，腰关节是负载最大的运动轴，对末端执行器的运动精度影响较大，故设计精度要求较高。

3）臂部。机器人的臂部与腰部相连，臂部的各种运动通常由驱动机构和各种传动机构来实现。臂部一般有 3 ～ 7 个自由度，如仿人手臂有 6 个自由度。

4）腕部。机器人腕部连接臂部和手部，有单自由度、2 自由度、3 自由度、柔性手腕类型。

5）手部。机器人的手部是装在机器人腕部上直接抓握工件或执行作业的重要部件。对于整个机器人来说，手部是影响作业完成好坏、作业柔性优劣的关键部件之一。机器人手部需要有多种结构，如卡爪式、吸附式、仿人柔性手（多指灵巧手）等。

2.2.2　机器人驱动机构

机器人驱动机构是机电液一体化系统中的执行装置。执行装置就是按照电信号的指令，将来自电、液压和气压等各种能源的能量转换成旋转运动、直线运动等方式的机械能的装置。按利用的能源来分类，执行装置主要可分为电动执行装置、液压执行装置、气动执行装置和新型执行装置等。其中，新型执行装置又分为压电执行装置、形状记忆合金执行装置。压电执行装置利用的是在压电陶瓷等材料上施加电压而产生变形的压电效应，而形状记忆合金执行装置则利用镍钛合金等材料的形状随温度变化，温度恢复时形状也恢复的效应。本节将主要介绍电动执行装置、液压执行装置和气动执行装置，即电机驱动、液压驱动和气动驱动。

1. 直流电机驱动

1）直流电机的工作原理。直流电机通过换向器将直流转换成电枢绕组中的交流，从而使电枢产生一个恒定方向的电磁转矩。

2）直流电机的特点。优点：调速方便（可无级调速），调速范围宽，低速性能好（启动转矩大，启动电流小），运行平稳，转矩和转速容易控制；缺点：换向器需经常维护，电刷极易磨损，必须经常更换，噪声比交流电机大。

2. 交流电机驱动

1）交流电机的工作原理。交流电机驱动又分为同步电机和异步电机。其中同步电机中，定子是永磁体，所谓同步是指转子速度与定子磁场速度相同。异步电机中，转子和定子上都有绕组，所谓异步是指转子磁场和定子间存在速度差（不是角度差）。

2）交流电机的特点。优点：无电刷和换向器，无产生火花的危险；缺点：比直流电机的驱动电路复杂、价格高。

3. 步进电机驱动

步进电机驱动系统主要用于开环位置控制系统，其优点是控制较容易，维修也较方便，而且控制为全数字化；缺点是由于开环控制，所以精度不高。

1）步进电机的工作原理。步进电机是一种将电脉冲转换为角位移的执行机构。简单说：当步进驱动器接收到一个脉冲信号，它就驱动步进电机按设定的方向转动一个固定的角度（及步进角）。可以通过控制脉冲个数来控制角位移量，从而达到准确定位的目的；

同时可以通过控制脉冲频率来控制电机转动的速度和加速度，从而达到调速的目的。

2）步进电机的特点。优点：控制系统简单可靠，成本低；缺点：控制精度受步距角限制，高负载或高速度时易失步，低速运行时会产生步进运行现象。

4. 超声波电机驱动

1）超声波电机的工作原理。当给压电陶瓷施加一定方向的电压时，各部分产生的应变方向相反（在正电压作用下，+ 的部分伸长，– 的部分压缩），+、– 部分交替相接。在交流电压的作用下，压电陶瓷就会沿圆周方向产生交替的伸缩变形，定子弹性体的上下运动产生驻波。此外，由于重叠在一起的两片压电陶瓷的相位差为 90°，所以，在形成驻波的同时也会在水平方向形成行波。这样，在驻波和行波的合成波的作用下，使定子作椭圆运动轨迹的振动。这样，装在定子上的转子在摩擦力的作用下就会产生旋转。同样也有直线运动的超声波电机。

2）特点。超声波电机具有体积小，重量轻，不用制动器，速度和位置控制灵敏度高，转子惯性小，响应性能好，没有电磁噪声等普通电机不具备的优点。

5. 液压驱动

液压驱动又分为液压缸、液压马达等。

液压驱动的主要优点：容易获得比较大的扭矩和功率；功率 / 重量比大，可以减小执行装置的体积；刚度高，能够实现高速、高精度的位置控制；通过流量控制可以实现无级变速。

液压驱动的主要缺点：必须对油的温度和污染进行控制，稳定性较差；有因漏油而发生火灾的危险；液压油源和进油、回油管路等附属设备占空间较大。

6. 气动驱动

气动执行装置的种类有气缸、气动马达等。

气动驱动的优点：利用气缸可以实现高速直线运动；利用空气的可压缩性容易实现力控制和缓冲控制；系统结构简单，价格低。

气动驱动的缺点：由于空气的可压缩性，高精度位置控制和速度控制都比较困难，驱动刚性比较差；虽然撞停等简单动作速度较高，但在任意位置上停止的动作速度很慢；噪声大。

2.2.3 机器人传动机构

机器人传动机构是构成工业机器人的重要部件。工业机器人的传动机构与一般机械传动机构的选用和计算大致相同。传动机构有以下四个方面的作用：

1）调速。执行机构往往和驱动器速度不一致，利用传动机构达到改变输出速度的目的。

2）调转矩。调整驱动器的转矩使其适合执行机构使用。

3）改变运动形式。驱动器的输出轴一般是等速回转运动，而执行机构要求的运动形式则是多种多样的，如直线运动、螺旋运动等。通过传动机构可实现运动形式的改变。

4）动力与运动的传递与分配。用一台驱动器带动若干个不同速度、不同负载的执行机构。故传动机构可以把旋转运动变换为直线运动、高转速变换为低转速、小转矩变换为大转矩等。

传动机构分为直线传动机构和旋转传动机构。其中，直线传动机构又包括齿轮齿条传动、丝杠传动、液压缸传动、气压缸传动等；旋转传动机构又包括齿轮传动机构、同步带传动机构、谐波齿轮传动机构、减速器传动机构等。

2.3　实践平台介绍

码 2-1【教学视频】教学平台简介

2.3.1　轮式仿人机器人软件系统

ROS（Robot Operating System，机器人操作系统）是由 Willow Garage 公司发布的一款开源机器人操作系统，它操作方便、功能强大，特别适用于机器人这种多节点多任务的复杂场景。ROS 提供了众多强大的工具和功能包来帮助开发者创建机器人应用软件。功能包是由全球开发者社区贡献和维护的，包括但不限于导航、定位、路径规划、仿真、三维视觉、人工智能等机器人研发领域。MoveIt! 是一款致力于提供运动规划和控制解决方案的开源软件框架。该框架以 ROS 为基础，融合先进的运动规划算法，使机器人能够在复杂环境中执行规划轨迹，其强大的碰撞检测功能确保机器人在运动过程中的无碰性和安全性。MoveIt! 提供的交互式可视化工具 Rviz 使用户能够直观地执行运动规划和模拟。由于其插件化设计，MoveIt! 可以与其他 ROS 包或外部传感器进行集成，以实现三维感知、逆运动学求解等功能。本书基于 ROS 与 MoveIt! 构建了轮式仿人机器人软件系统，如图 2-14 所示。

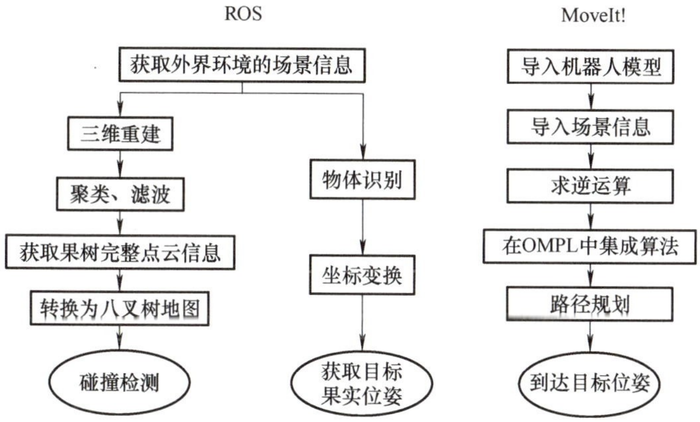

图 2-14　轮式仿人机器人软件系统

由图 2-14 可知，在轮式仿人机器人软件系统中，运动规划的算法输入是机器人视觉系统获取的外界环境的场景信息，均在 ROS 环境下进行处理，主要包括两个部分：一是由 ZED 双目立体摄像机获取的实验室果树的 RGB 图像信息，通过计算机算法进行三维重建，将其三维形状和结构进行恢复，生成较为完整的点云地图，再经由聚类、滤波等操作去除噪点，得到实验室果树的精确点云地图，作为规划算法的障碍物信息；二是由

Realsense 435i 深度摄像机获取的果树中果实的 RGB 图像和深度图像，经过对齐后获取果实在空间中的位姿信息，作为规划算法的目标点。在 MoveIt! 方面，主要通过插件机制与开源运动规划库（Open Motion Planning Library，OMPL）建立通信以进行机器人的运动规划。OMPL 是一个基于采样方法的开源机器人运动规划库，其内的算法大多是基于 RRT 和 RPM 衍生出来的，但不包含任何碰撞检测或可视化功能。因此，软件系统中还集成了开源碰撞检测库（Flexible Collision Library，FCL），能够提供指定格式下物体之间的碰撞检测、距离计算、公差验证等功能。

对于轮式仿人机器人软件系统的运动规划部分，首先需要导入机器人模型文件，采用 URDF（Unified Robot Description Format）模型定义机器人各关节、连杆、几何形状等信息描述，该文件采用 XML 格式书写，由 SolidWorks 三维模型文件通过 sw_urdf_exporter 插件转换来获取。将模型文件使用 MoveIt!Setup Assistant 进行配置后，最终可在 Rviz 三维可视化平台中进行显示，如图 2-15 所示。

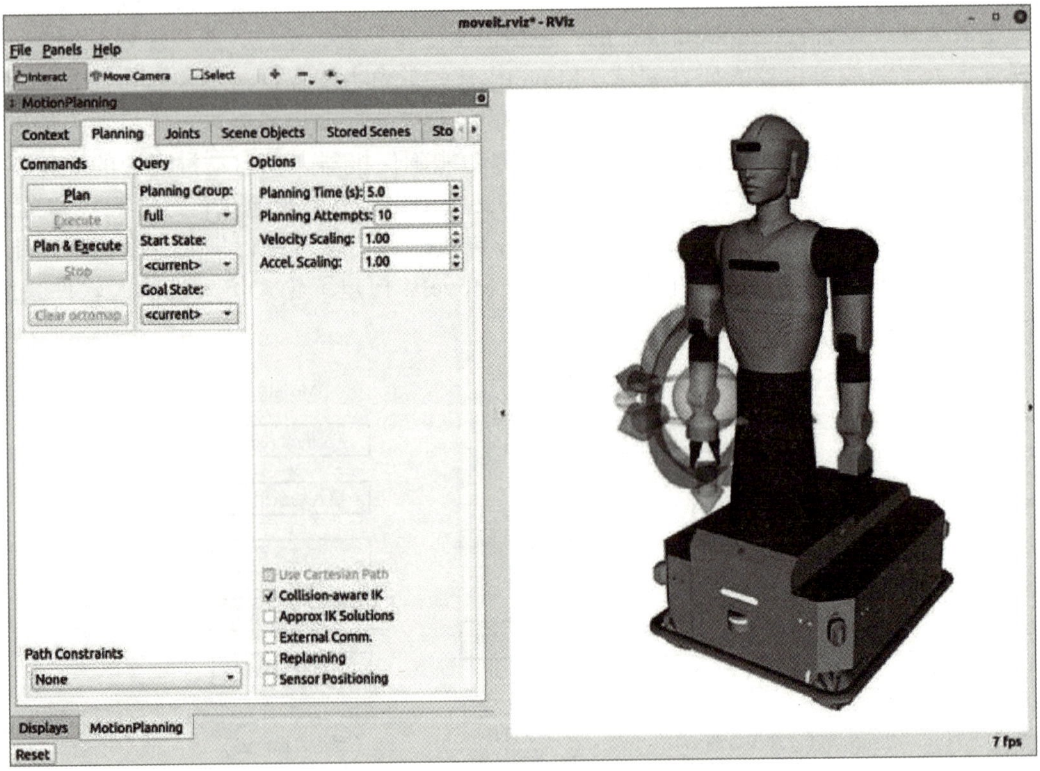

图 2-15 机器人 URDF 模型

其次，将获取到的果树点云场景信息的 PCD 文件通过 octomap_server 转换为八叉树地图，调用 FCL 实现机器人模型与该 OcTree（树形数据结构）的碰撞检测。最后，将实现的规划算法封装在 MoveIt! 中，实现轮式仿人机器人的运动规划功能。

轮式仿人机器人软件系统采用 ROS 的节点通信机制。节点是程序的基本执行单位，它们之间的通信方式主要有话题（Topic）、服务（Service）、行为（Action）、参数服务器

（Parameter Server）等。其中，Topic 是一种单向的通信方式，发布者（Publisher）将消息发布于 Topic 上，订阅者（Subscriber）订阅相应 Topic 实现节点通信；Service 是一种双向应答通信机制，客户端（Client）向服务器（Server）发起请求并接收响应，响应完成后通信断开。Action 与 Service 的通信机制类似，但是具有向请求方反馈的机制，能够周期性地反馈任务实施进度。此外，节点之间还可以通过 Parameter Server 共享配置信息与运行时的参数。轮式仿人机器人软件系统的 ROS 通信节点如图 2-16 所示。

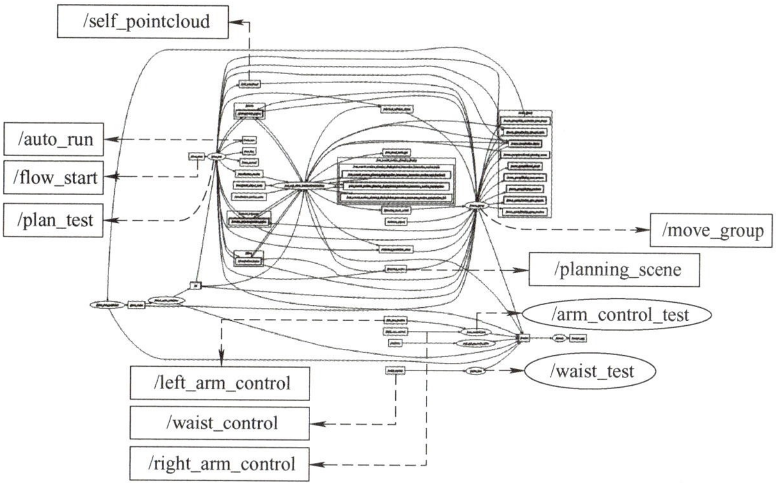

图 2-16　ROS 通信节点

图 2-16 所示软件系统的拓扑结构直观展示了系统中各功能节点之间的通信关系。其中，“/plan_test”节点通过话题和服务与 MoveIt! 的核心节点 move_group 进行通信，具体实现的功能有：①发布实验室果树点云信息作为场景信息，用于碰撞检测，将果树的点云数据发布到话题“/self_pointcloud”上，由话题“/planning_scene”接收用来作为碰撞检测的障碍物环境；②获取目标点位置信息，通过深度摄像机获取目标果实在三维空间中的位置信息并将其作为目标点发布在话题“/flow_start”上，表征抓取流程启动；③求解轮式仿人机器人逆运动学，在给定末端执行器目标位姿的情况下，求解各关节变量，该功能由 move_group 的插件机制实现。考虑到抓取过程中，逆运动学的求解需要阻塞等待，将逆运动学求解器封装为服务型通信节点；④实现机器人视觉坐标系到参考坐标系的转换，读取到的目标物的位姿是相对于视觉坐标系的，需利用正运动学模型转换到基坐标系下进行运算。此外，本书所提出的运动规划算法已集成在 MoveIt! 源码中，当 move_group 节点订阅到“/flow_start”上的目标位姿时，即可根据机器人的当前状态、目标姿态和避障要求等信息自动调用相关算法进行路径规划，随后通过话题节点“/auto_run”向机器人驱动器空间发送控制指令。机器人控制节点“/arm_control_test”中的话题“/left_arm_control”与“/right_arm_control”分别控制机器人的左右臂到达目标构型，节点“/waist_test”中的话题“/waist_control”控制机器人并联及足部机构与小车运动。

2.3.2 机器人仿真软件 V-REP

V-REP（Virtual Robot Experimentation Platform）是一个流行的机器人仿真平台，用于开发、测试和验证机器人控制算法。它提供了一个灵活的环境，可以模拟各种不同类型的机器人，包括轮式和腿式机器人，甚至是机械臂和多机器人系统，具有以下特点和功能：

1）多样化的机器人模型：V-REP 提供了各种各样的机器人模型，包括轮式机器人、腿式机器人、机械臂模型等，可以满足不同应用场景的仿真需求。

2）传感器和执行器模拟：可以模拟各种传感器（如摄像头、激光雷达、接近传感器等），以及执行器（如电机等），使得仿真更加真实。

3）物理引擎：V-REP 内置了强大的物理引擎，可以模拟真实世界中的物理效果，如重力、摩擦力、碰撞检测等，使得仿真结果更加准确。

4）ROS 集成：V-REP 支持与 ROS 的集成，可以通过 ROS 接口与其他 ROS 节点进行通信，实现仿真与真实硬件的无缝连接。

5）可视化界面：V-REP 提供了直观的可视化界面，可以方便地查看仿真场景、调整参数、监控仿真过程等。

总的来说，V-REP 是一个功能强大、灵活多样的机器人仿真平台，适用于机器人学习、算法验证、控制算法开发等各种应用场景。

2.3.3 VMware Workstation

VMware Workstation 是 VMware 公司推出的一款桌面虚拟化软件，它允许用户在一台计算机上同时运行多个操作系统和应用程序，每个操作系统和应用程序都在一个独立虚拟机中运行。它适用于个人用户、开发人员、测试人员以及 IT 专业人士，能够提供灵活、安全、高效的虚拟化解决方案。其图标如图 2-17 所示，鼠标左键单击打开后的默认显示窗口如图 2-18 所示。

图 2-17 VMware Workstation 图标

2.3.4 轮式仿人机器人

编者为本书开发了轮式仿人机器人（Labor），该机器人由串联机器人、并联机器人、移动机器人三大类机器人优化组合而成，如图 2-19 所示，具有底层开放运动学、动力学及非结构化环境下目标识别、地图构建、高精度三维重建、全身三维运动规划、三维导航、三维轨迹规划、智能控制等作业功能，是本书的实践学习资源。

基于该轮式仿人机器人，编者在 V-REP 仿真软件上为本书开发了机器人仿真平台，其中 V-REP 图标和 Labor 图标如图 2-20 所示。

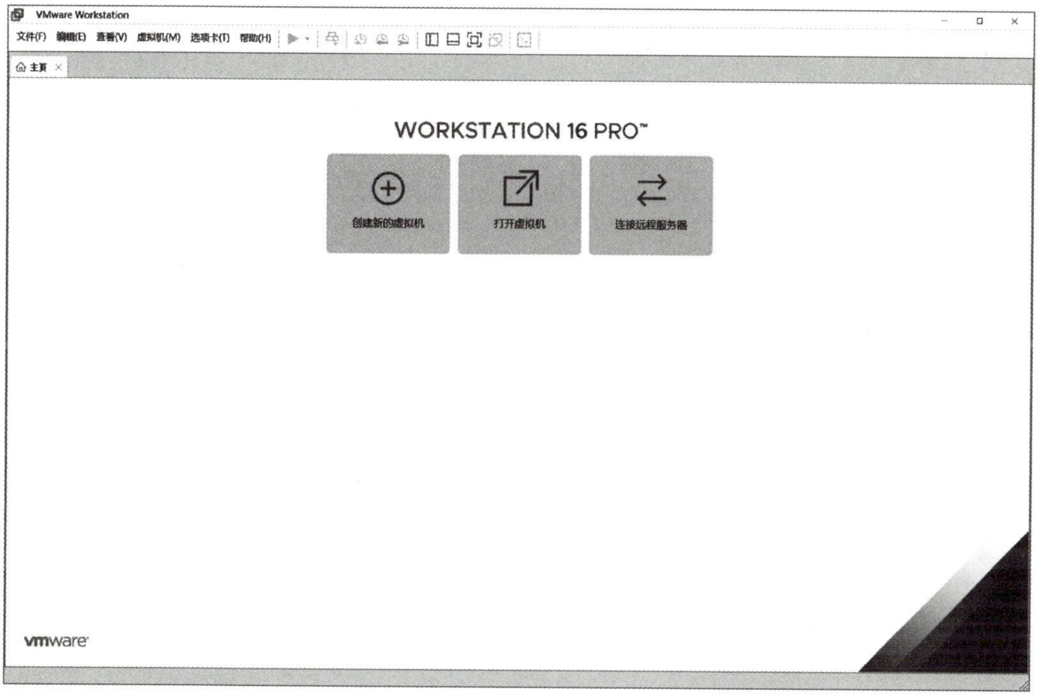

图 2-18　VMware Workstation 默认显示窗口

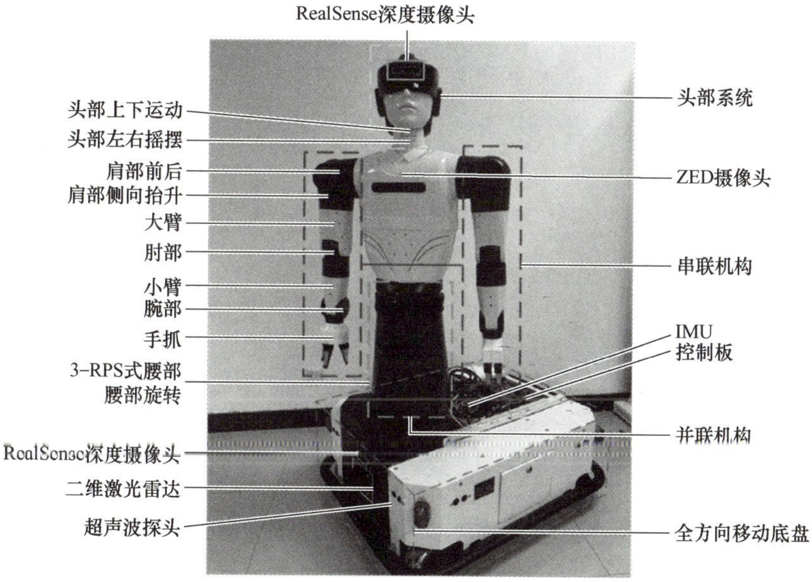

图 2-19　智能轮式仿人机器人

双击 Labor 图标，可以打开轮式仿人机器人仿真平台主界面，如图 2-21 所示。首页主要展示轮式仿人机器人各关节电机信息；平台下侧的“运行日志”会实时显示所执行的操作，包括操作时间和具体内容，如图 2-22 所示；单击“清除信息栏”，便可清除此界面显示的日志信息，但仍会以文本形式保存在同级目录的日志文件中，文件名为“bigwhite_run.log”。

图 2-20　轮式仿人机器人平台桌面

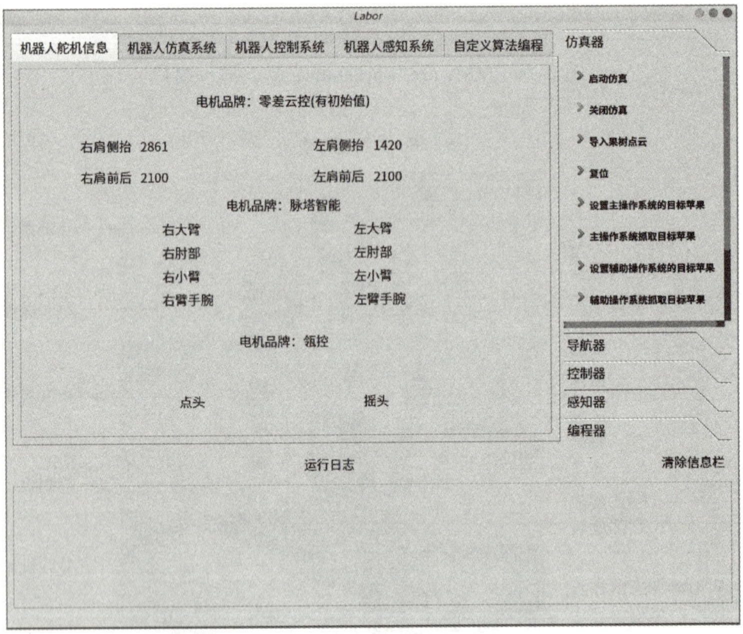

图 2-21　轮式仿人机器人仿真平台主界面

图 2-22　界面日志显示

首页信息主要展示本书机器人上身所采用的三种品牌电机，详细信息见表 2-1。

表 2-1　机器人舵机信息

电机品牌	关节名称	编码器初始值
零差云控	右肩侧抬	2861
	右肩前后	2100
	左肩侧抬	1420
	左肩前后	2100
脉塔智能	右大臂、右肘部、右小臂、右臂手腕、左大臂、左肘部、左小臂、左臂手腕	无
瓴控	点头、摇头	无

如图 2-21 所示，轮式仿人机器人平台包含仿真器、导航器、控制器、感知器、编程器五个界面，各界面分别如图 2-23 ～图 2-27 所示，界面相关说明见表 2-2。

表 2-2　机器人各界面说明

类别	按键	滑动条	功能
仿真器	启动仿真、关闭仿真、导入果树点云、复位、设置主操作系统的目标苹果、主操作系统抓取目标苹果、设置辅助操作系统的目标苹果、辅助操作系统抓取目标苹果、正运动学解算、逆运动学解算	正运动学相关：右肩前后、右肩侧抬、右大臂、右肘部、右小臂、右臂手腕、点头、侧腰、弯腰、上下、足部、左肩前后、左肩侧抬、左大臂、左肘部、左小臂、左臂手腕、摇头 逆运动学相关：主操作系统末端执行器位置 x、y、z；主操作系统末端执行器姿态 x、y、z、w	启动仿真：自动打开 Rviz 显示界面，等待系统提示可以仿真，便启动仿真成功 关闭仿真：结束仿真，关闭 Rviz 导入果树点云：发布果树点云数据包，在 Rviz 中显示 复位：将机器人恢复到初始构型 设置主操作系统的目标苹果、设置辅助操作系统的目标苹果：发布目标苹果点云数据包，在 Rviz 中显示 主操作系统抓取目标苹果、辅助操作系统抓取目标苹果：针对相应的作业系统，进行逆运动学求解，规划轨迹，实现目标苹果的抓取，并在 Rviz 中显示 正运动学解算：拖动正运动学相关滑动条，进行参数设置，单击此按键，进行正运动学求解，得到末端执行器的位置和姿态 逆运动学解算：设置末端执行器位置和姿态后，单击此按键，进行逆运动学求解，得到各个关节的参数
导航器	启动导航、关闭导航、小车控制器（前进、后退、左移、右移、左转）	无	启动导航：启动 V-REP 仿真后，单击此按键，自动打开 Rviz，对 V-REP 仿真界面场景进行实时三维重建 关闭导航：关闭 Rviz 前进：控制 V-REP 移动机器人前进 后退：控制 V-REP 移动机器人后退 左移：控制 V-REP 移动机器人左移 右移：控制 V-REP 移动机器人右移 左转：控制 V-REP 移动机器人左转。

（续）

类别	按键	滑动条	功能
控制器	单独控制连杆（勾选）、机械臂初始化、机械臂舵机、机械臂复位、闭合手爪、张开手爪、腰部与足部	右肩前后、右肩侧抬、右大臂、右肘部、右小臂、弯腰、侧腰、上下（mm）、足部、小车自转、小车前后（mm）、小车左右（mm）、左肩前后、左肩侧抬、左大臂、左肘部、左小臂、左臂手腕、点头、摇头、腰部杆 1（mm）、腰部杆 2（mm）、腰部杆 3（mm）	单独控制连杆（勾选）：勾选控制连杆后，可拖动“腰部杆 1（mm）、腰部杆 2（mm）、腰部杆 3（mm）”三个横条 机械臂初始化：控制真实机器人回到初始构型 机械臂舵机、机械臂复位、闭合手爪、张开手爪、腰部与足部：拖动滑动条设置相应参数后，单击相应按钮，控制真实机器人运行到相应角度
感知器	上传图片、目标识别、重建	无	上传图片：单击此按键，选择相应图片上传 目标识别：根据上传图片，识别图片内苹果 重建：根据上传的果树不同角度的二维图片，重建出果树三维点云图像
编程器	编译正运动学程序、执行正运动学程序、编译逆运动学程序、执行逆运动学程序、编译路径规划程序、执行路径规划程序	无	编译正运动学程序、编译逆运动学程序、编译路径规划程序：编译编写的程序 执行正运动学程序、执行逆运动学程序、执行路径规划程序：执行编译好的程序
备注	操作方式：单击；作用：执行相应命令	操作方式：拖动 / 输入数值；作用：修改参数值	无

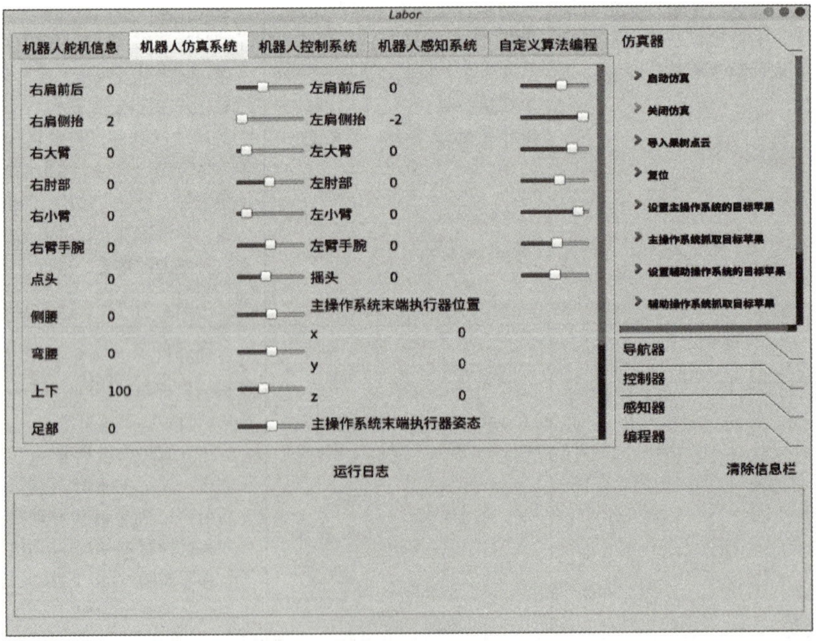

图 2-23 仿真器

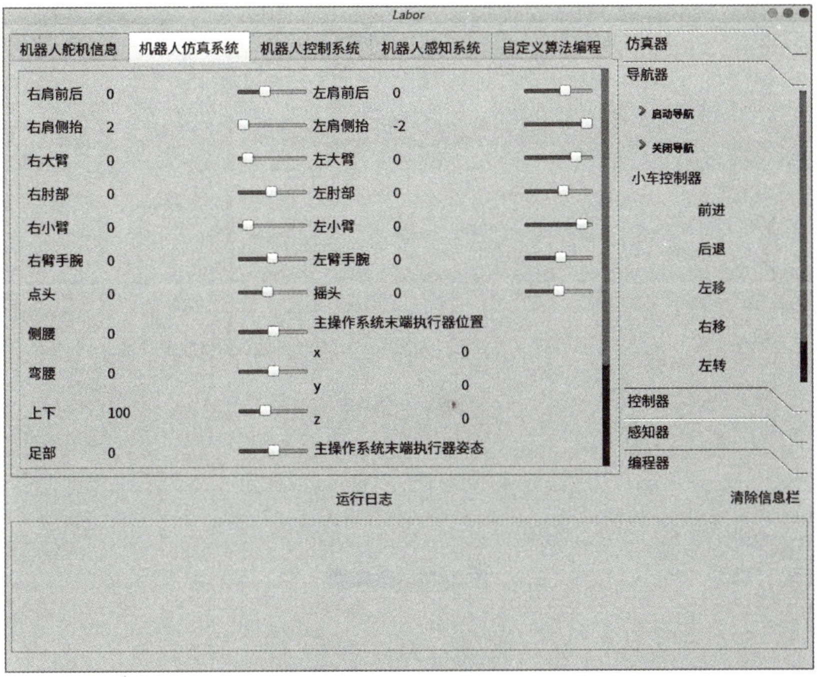

图 2-24　导航器

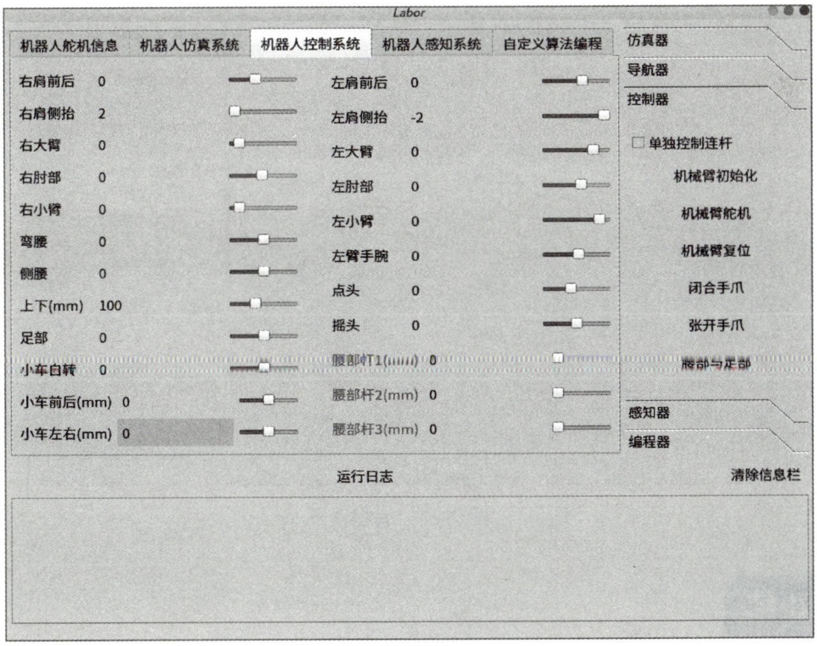

图 2-25　控制器

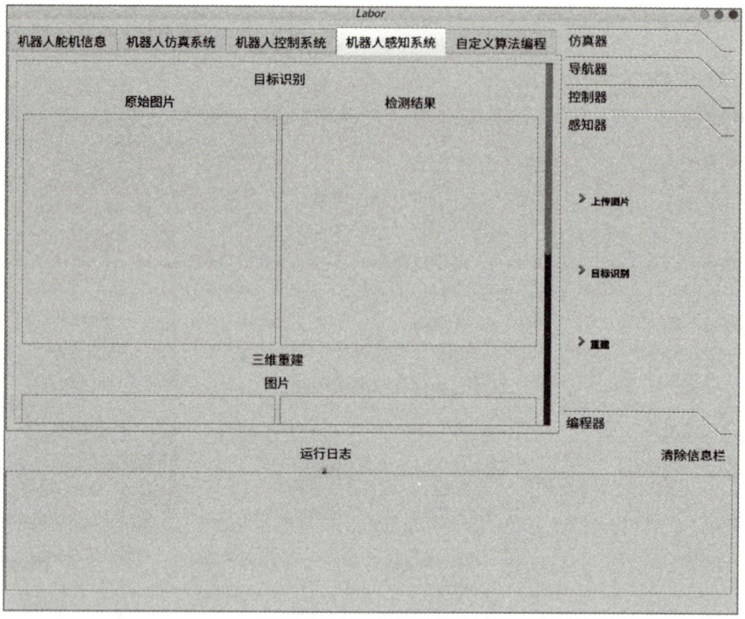

图 2-26　感知器

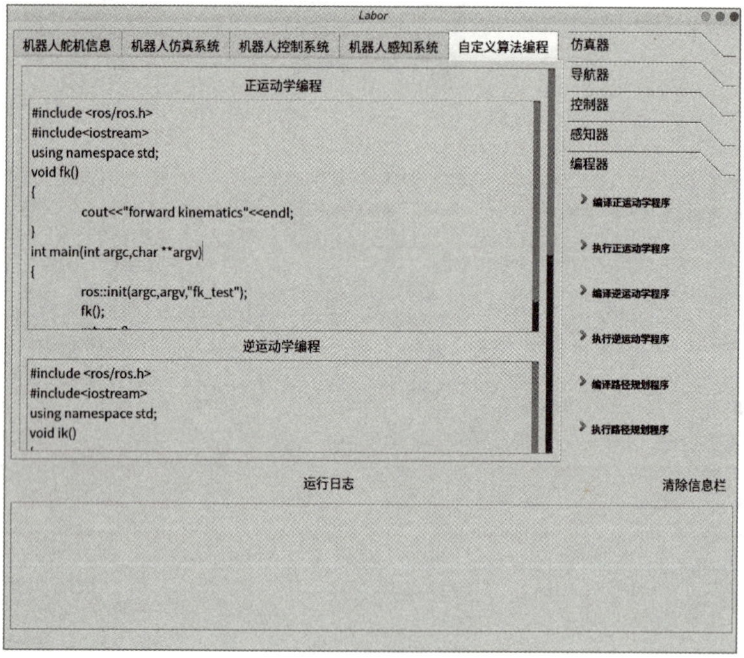

图 2-27　编程器

本章小结

本章介绍了机器人的基础理论，包括数学基础、机械结构和实践平台。

在机器人数学基础部分，首先讨论了齐次坐标及位姿矩阵，包括位姿表述，坐标系的表示；然后讨论了平移齐次变换、旋转齐次变换和复合变换及左、右乘规则。

在机器人机械结构部分，首先讨论了机器人的执行机构，包括基座、腰部、臂部、腕部和手部；然后讨论了机器人的驱动机构及传动机构。

在机器人实践平台部分，首先讨论了机器人的软件系统，包括软件架构和通信节点；然后介绍了机器人仿真软件 V-REP、虚拟机软件 VMware Workstation。

通过本章的学习，读者应该掌握位姿以及坐标系的相关概论和含义，掌握位置矢量的表示及物体的坐标系描述，掌握变换矩阵的相关知识，掌握物体在空间的位姿表示；熟悉平移、旋转和复合变换，掌握齐次坐标和齐次坐标变换的相关知识；掌握空间物体的变换和逆变换；掌握构成机器人的几大硬件组成部分，以及这些部分在机器人的工作过程中起到怎样的作用；对执行机构、驱动机构和传动机构有清晰的认识；了解实践平台的功能、性能和应用，为后续章节的实践学习奠定基础。

习题

2-1　点矢量 $\boldsymbol{v}$ 为 $[1.00\quad 2.00\quad -1.00\quad 1]^{\mathrm{T}}$，相对参考系作如下齐次坐标变换：

$$\boldsymbol{A}=\begin{bmatrix}0.866 & -0.500 & 0.000 & 3\\ 0.500 & 0.866 & 0.000 & -2\\ 0.000 & 0.000 & 1.000 & 5\\ 0 & 0 & 0 & 1\end{bmatrix}$$

写出变换后点矢量 $\boldsymbol{v}$ 的表达式，并说明该变换的性质，写出旋转算子及平移算子。

2-2　有一旋转变换，先绕固定坐标系 x 轴转 45°，再绕其 z 轴转 90°，最后绕其 y 轴转 60°，试求该齐次坐标变换矩阵。

2-3　坐标系 $\{B\}$ 起初与固定坐标系 $\{A\}$ 相重合，现坐标系 $\{B\}$ 先绕 x_B 旋转 45°，然后再绕旋转后的动坐标系的 y_B 轴旋转 60°，试写出坐标系 $\{B\}$ 相对于坐标系 $\{A\}$ 的最终矩阵表达式。

2-4　坐标系 $\{B\}$ 连续相对固定坐标系 $\{A\}$ 作以下变换：

1）绕 x_A 轴旋转 90°。

2）绕 y_A 轴旋转 −90°。

3）移动 $[1\quad 3\quad 5]^{\mathrm{T}}$。

试写出齐次变换矩阵 $\boldsymbol{H}$。

2-5　坐标系 $\{B\}$ 连续相对自身运动坐标系作以下变换：

1）移动 $[1\quad 3\quad 5]^{\mathrm{T}}$。

2）绕 x_B 轴旋转 90°。

3）绕 y_B 轴旋转 −90°。

试写出齐次变换矩阵 $\boldsymbol{H}$。

2-6　图 2-28a 所示的两个楔形物体，试用两个变换序列分别表示两个楔形物体的变换过程，使最后的状态如图 2-28b 所示。

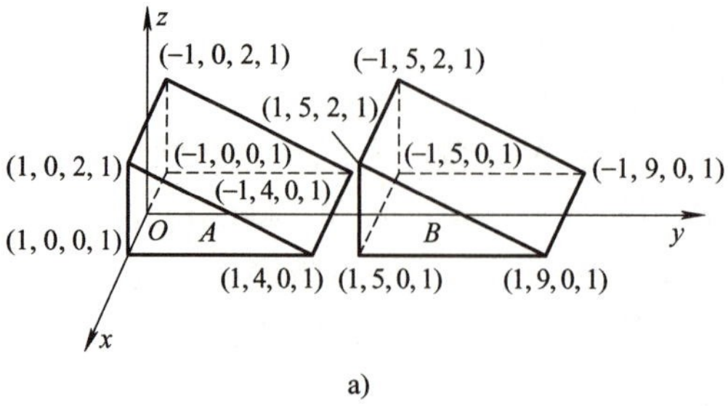

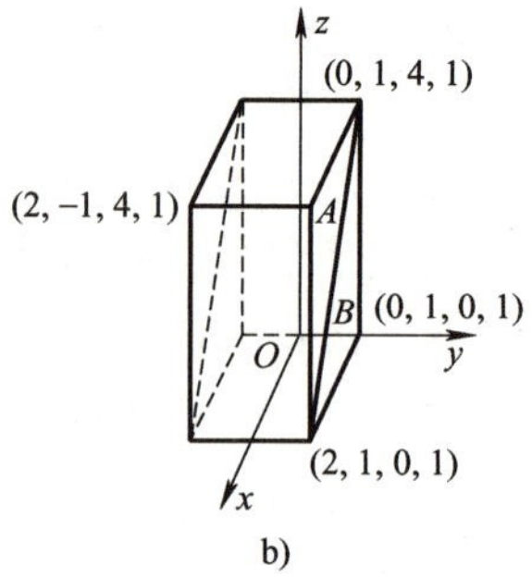

图 2-28　题 2-6 图

2-7　简述机器人的执行机构组成及功能。

2-8　简述机器人的驱动机构组成及功能。

2-9　简述机器人的传动机构组成。

第 3 章　机器人正运动学理论与实践

导读

机器人运动学研究机器人各运动部件的运动规律，涉及两方面内容：一是机器人的正运动学（正运动学求解问题）；二是机器人的逆运动学（逆运动学求解问题）。

机器人正运动学：给定机器人各关节变量值（角位移或线位移），通过建立坐标系，计算连杆间的坐标变换矩阵，最终计算出机器人手部的位姿。

机器人逆运动学：已知机器人手部的位姿，通过连杆间的坐标变换矩阵，反向计算与该位姿对应的各关节变量值。

机器人正运动学求解问题相对简单，解是唯一的，机器人逆运动学求解问题相对复杂，具有多解性。

本章阐述了机器人各连杆坐标系的建立方法，探讨了机器人正运动学的建立，介绍了机器人正运动学实践及轮式仿人机器人正运动学训练。

本章知识点

- 机器人正运动学解决的问题
- 机器人坐标系的建立
- 机器人正运动学的建立
- 机器人正运动学实践
- 轮式仿人机器人正运动学训练

3.1　机器人正运动学解决的问题

机器人运动方程的表示问题，即正运动学：对于一给定的机器人，已知连杆几何参数和关节变量，求机器人末端执行器相对于参考坐标系的位姿。机器人程序设计语言具有按照笛卡儿坐标规定工作任务的能力。物体在工作空间内的位姿和机器人手臂的位姿，都是以某个确定的坐标系的位姿来描述的；这就需要建立机器人运动方程。运动方程的表示问题属于问题分析，因此，也可以把机器人运动方程的表示问题称为“机器人运动分析”。

3.2 机器人坐标系的建立

对机器人进行运动学分析需建立其坐标系。对于机器人坐标系的建立，本书采用一般建立方法，不做特殊规定，只是这样各连杆坐标系之间的位姿关系就没有规律可循，使得连杆之间的坐标变换矩阵变得复杂，整个机器人的位姿矩阵计算也变得烦琐。

德纳维特（Denavit）和哈腾伯格（Hartenberg）于1956年提出了D－H方法。D－H方法严格规定了每个坐标系的坐标轴，相对简化了各连杆坐标系之间的位姿关系，进而使得连杆间的坐标变换矩阵变得简单，简化了机器人的分析和计算。D－H方法分为Standard-DH坐标系建立方法及后面演化的Modified-DH坐标系建立方法两种，下面主要阐述Modified-DH坐标系建立方法。

3.2.1 机器人D-H方法

Standard-DH方法是在关节 $i+1$ 上固连连杆 i 的坐标系，即坐标系建在连杆 i 的末端，而Modified-DH方法是在关节 i 上固连连杆 i 的坐标系，即坐标系建在连杆 i 的始端。因此，依照从基座到末端执行器的顺序，Modified-DH方法与Standard-DH方法相同的是各连杆、各关节编号不变，不同的是各坐标系编号发生了变化。Modified-DH坐标系的分配如图3-1所示，连杆 i 的坐标系与连杆 i 一同随关节 i 运动，本书中将连杆 i 的坐标系建立在其始端关节 i 上。这样连杆0的坐标系（基础坐标系）及连杆1的坐标系建立在关节1上，连杆2的坐标系建立在关节2上，以此类推，末端连杆 n 的坐标系建立在关节 n 上。同样，对于转动关节，各连杆坐标系的 z 轴方向与关节轴线重合；对于移动关节，z 轴方向沿该关节的移动方向。

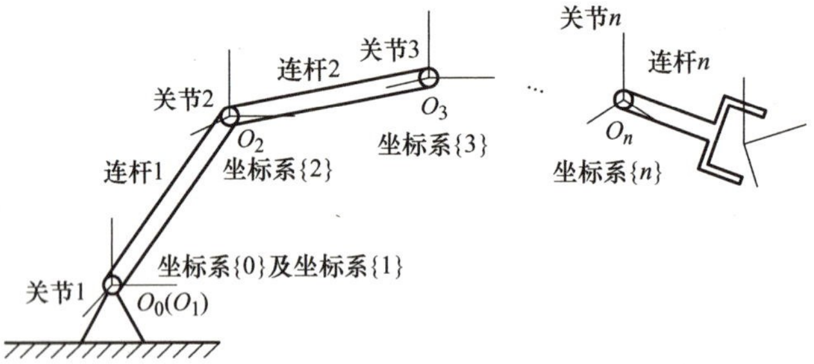

图3-1 Modified-DH坐标系的分配

转动关节Modified-DH坐标系如图3-2所示，说明如下：

1）连杆 i 的坐标系建立在关节 i 上，其 z_i 轴位于关节 i 的轴线上，z_i 轴的指向自行规定。

2）连杆 i 的坐标系的 x_i 轴位于连杆 i 两端关节轴线的公垂线上，方向指向连杆 $i+1$；如果关节 i 和 $i+1$ 相交，则规定 x_i 轴垂直于关节 i 和 $i+1$ 两轴线所在的平面，指向自行规定。

3）连杆 i 的坐标系的原点为 x_i 轴与 z_i 轴的交点，y_i 轴由 x_i 轴和 z_i 轴按照右手规则确定。

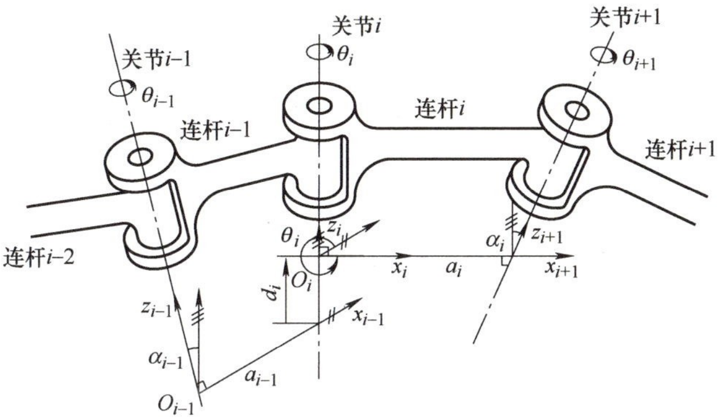

图 3-2　转动关节 Modified–DH 坐标系

4）连杆坐标系 {0} 和坐标系 {1} 均建立在关节 1 上，但坐标系 {0} 是固定坐标系（基础坐标系），坐标系 {1} 是动坐标系，规定当动坐标系 {1} 的关节变量为 0 时，坐标系 {0} 和坐标系 {1} 的原点及方位完全重合。

5）连杆 n 的坐标系 $\{n\}$ 建立在关节 n 的轴线上，原点在关节轴线上的具体位置以及 x_n 轴的方向可以任意选取，选取时尽量使连杆参数为零，例如，可选取坐标系 $\{n\}$ 的原点位置使得 $d_n = 0$ 。

6）机器人末端执行器处于坐标系 $\{n\}$ 原点外，其末端执行器中心位置处在并非坐标系 $\{n\}$ 原点的某个位置。

转动关节 Modified–DH 坐标系也用 4 个参数来描述，如图 3-2 所示，具体含义见表 3-1。

表 3-1　连杆 i 的坐标系 Modified–DH 参数含义（关节 i 为转动关节）

特征	描述相邻两连杆关系的参数		描述连杆的参数	
参数	两连杆夹角 θ_i	两连杆距离 d_i	连杆长度 a_i	连杆扭角 α_i
定义	垂直于关节 i 轴线（z_i 轴）的平面内，两公垂线之间的夹角（即绕 z_i 轴从 x_{i-1} 轴旋转到 x_i 轴的角度）	沿关节 i 轴线（z_i 轴）上两公垂线之间的距离（即沿 z_i 轴从 x_{i-1} 轴移动到 x_i 轴的位移）	连杆 i 两端关节轴线的公垂线长度（即沿 x_i 轴从 z_i 轴移动到 z_{i+1} 轴的位移）	与 x_i 轴垂直的平面内两关节轴线 z_i 与 z_{i+1} 的夹角，（即绕 x_i 轴从 z_i 轴旋转到 z_{i+1} 轴的角度）
特性	关节变量	常量	常量	常量

注：1. 由于 z_i 轴指向存在两种可能性，以及在两关节轴相交的情况下（这时 $a_i = 0$ ）x_i 轴指向也存在两种可能性，这使得 Modified–DH 坐标系的建立并不唯一。

2. 若连杆 i 两端关节轴线平行，因其平行轴线的公垂线存在多值，故仅利用公垂线无法确定连杆 i 的坐标系的原点，通常选取该原点使之满足 $d_i = 0$ 。

Modified–DH 移动关节坐标系的建立与 Modified–DH 转动关节坐标系的建立方法类同。

3.2.2　相邻两连杆坐标系的位姿表示

机器人连杆 i 的坐标系相对于连杆 $i-1$ 的坐标系的位姿矩阵即为连杆 i 的坐标系相对于连杆 $i-1$ 的坐标系的齐次坐标变换矩阵，用 $\boldsymbol{A}_i^{i-1}$ 表示。对于 n 个关节的机器人，相邻两

连杆坐标系的位姿关系依次表示为

$$A_n^{n-1},\cdots,\ A_i^{i-1},\cdots,\ A_1^0 \quad (i=1,2,\cdots,n) \tag{3-1}$$

通常省略上角标，表示成A_i，即

$$A_n,\cdots,\ A_i,\cdots,\ A_1 \quad (i=1,2,\cdots,n) \tag{3-2}$$

另外，本书中也常把$A_i^{i-1}(A_i)$表示为${}^{i-1}_{\ i}A$。

3.2.3 相邻两连杆坐标系的位姿确定

如图 3-2 所示，全部连杆按照 Modified-DH 坐标系建立方法确定后，按照下列步骤建立相邻两连杆$i-1$与i的坐标系之间的变换关系：

1）绕x_{i-1}轴旋转α_{i-1}角，使z_{i-1}轴与z_i轴同向（即两轴平行且同向）。

2）沿x_{i-1}轴平移一距离a_{i-1}，使z_{i-1}轴与z_i轴共线且同向。

3）沿此刻的z_{i-1}轴（或者z_i轴线）平移一距离d_i，使连杆$i-1$的坐标系原点与连杆i的坐标系原点重合，z_{i-1}轴与z_i轴重合，x_{i-1}轴与x_i轴共面。

4）绕此刻的z_{i-1}轴（或者z_i轴）旋转θ_i角，使x_{i-1}轴与x_i轴重合。

经过上述变换，连杆$i-1$的坐标系与连杆i的坐标系重合。根据上述变换步骤，采用 2.1.2 节中的左乘规则，可推得在 Modified-DH 坐标系下，连杆i的坐标系相对于连杆$i-1$的坐标系的坐标变换矩阵A_i（也即连杆i的坐标系相对于连杆$i-1$的坐标系的位姿矩阵），即

$$\begin{aligned} A_i &= \mathrm{Rot}(x_{i-1},\alpha_{i-1})\mathrm{Trans}(a_{i-1},0,0)\mathrm{Trans}(0,0,d_i)\mathrm{Rot}(z_i,\theta_i) \\ &= \begin{bmatrix} 1 & 0 & 0 & 0 \\ 0 & c\alpha_{i-1} & -s\alpha_{i-1} & 0 \\ 0 & s\alpha_{i-1} & c\alpha_{i-1} & 0 \\ 0 & 0 & 0 & 1 \end{bmatrix} \begin{bmatrix} 1 & 0 & 0 & a_{i-1} \\ 0 & 1 & 0 & 0 \\ 0 & 0 & 1 & 0 \\ 0 & 0 & 0 & 1 \end{bmatrix} \begin{bmatrix} 1 & 0 & 0 & 0 \\ 0 & 1 & 0 & 0 \\ 0 & 0 & 1 & d_i \\ 0 & 0 & 0 & 1 \end{bmatrix} \begin{bmatrix} c\theta_i & -s\theta_i & 0 & 0 \\ s\theta_i & c\theta_i & 0 & 0 \\ 0 & 0 & 1 & 0 \\ 0 & 0 & 0 & 1 \end{bmatrix} \\ &= \begin{bmatrix} c\theta_i & -s\theta_i & 0 & a_{i-1} \\ s\theta_i c\alpha_{i-1} & c\theta_i c\alpha_{i-1} & -s\alpha_{i-1} & -d_i s\alpha_{i-1} \\ s\theta_i s\alpha_{i-1} & c\theta_i s\alpha_{i-1} & c\alpha_{i-1} & d_i c\alpha_{i-1} \\ 0 & 0 & 0 & 1 \end{bmatrix} \end{aligned} \tag{3-3}$$

使用式（3-3）时应注意以下几点：

1）式（3-3）位姿矩阵中，既有连杆$i-1$的参数α_{i-1}、a_{i-1}，也有连杆i的参数θ_i、d_i。

2）当关节i为转动关节时，式（3-3）中θ_i为关节变量，α_{i-1}、d_i、a_{i-1}为常量。

3）当关节i为移动关节时，式（3-3）中d_i为关节变量，α_{i-1}、θ_i、a_{i-1}为常量。

4）式中的s为 sin 的缩写，c为 cos 的缩写。

3.2.4 机器人非 D-H 方法

分配机器人连杆相关坐标系的 D-H 方法是最常用的方法。然而，D-H 方法并不是唯

一使用的方法。与 D–H 方法相比，其他的方法各有其优缺点。

Sheth 法就是一个可以选择的方法，它建立坐标系的数目等于连杆上关节的数目，从而克服了 D–H 方法对高阶连杆的限制，对于求解连杆几何尺寸更加灵活。

在 Sheth 法中，本书在连杆的每个关节处分别定义了一个坐标系，因此一个具有 n 个关节的机器人具有 $2n$ 个坐标系。以连杆 i 为例，第 1 个坐标系 (x_i, y_i, z_i) 连接在连杆的始端，第 2 个坐标系 (u_i, v_i, w_i) 连接在连杆的末端。连杆的始端关节和末端关节的分配是任意的，然而如果它们是沿着基体 – 手爪坐标系的方向，那么相应坐标系的建立就容易多了。

为了描述几何特性，首先用 z_i 轴和 w_i 轴定义关节轴，然后确定 z_i 轴和 w_i 轴这两个关节轴的公法线。公法线可用单位矢量 $\boldsymbol{n}_i$ 来表示。确定连杆的几何特性要求有 6 个参数，具体如下：

1） a_i 是从 z_i 轴到 w_i 轴且沿着公法线 $\boldsymbol{n}_i$ 的距离，它是 z_i 轴和 w_i 轴之间的运动距离。

2） b_i 是从公法线 $\boldsymbol{n}_i$ 到 u_i 轴且沿着 w_i 轴的距离，它是 w_i 轴的标高。

3） c_i 是从 x_i 轴到公法线 $\boldsymbol{n}_i$ 且沿着 z_i 轴的距离，它是 z_i 轴的标高。

4） α_i 是 z_i 轴和 w_i 轴所形成的夹角，绕公法线 $\boldsymbol{n}_i$ 从 z_i 轴到 w_i 轴的正角。

5） β_i 是公法线 $\boldsymbol{n}_i$ 和 u_i 轴所形成的夹角，绕 w_i 轴从公法线 $\boldsymbol{n}_i$ 到 u_i 轴的正角。

6） γ_i 是 x_i 轴和公法线 $\boldsymbol{n}_i$ 所形成的夹角，绕 z_i 轴从 x_i 轴到公法线 $\boldsymbol{n}_i$ 的正角。

Sheth 参数产生了一个齐次变换矩阵

$$ {}^{0}\boldsymbol{T}_{\mathrm{e}} = {}^{0}\boldsymbol{T}_{\mathrm{e}}(a_i,\ b_i,\ c_i,\ \alpha_i,\ \beta_i,\ \gamma_i) $$

以便将末端坐标系 $\{B_{\mathrm{e}}\}$ 变换到始端坐标系 $\{B_0\}$，即

$$ \begin{bmatrix} x_i \\ y_i \\ z_i \\ 1 \end{bmatrix} = {}^{0}\boldsymbol{T}_{\mathrm{e}} \begin{bmatrix} u_i \\ v_i \\ w_i \\ 1 \end{bmatrix} \tag{3-4} $$

式中，${}^{0}\boldsymbol{T}_{\mathrm{e}}$ 表示 Sheth 变换矩阵。于是有

$$ {}^{0}\boldsymbol{T}_{\mathrm{e}} = \begin{bmatrix} r_{11} & r_{12} & r_{13} & r_{14} \\ r_{21} & r_{22} & r_{23} & r_{24} \\ r_{31} & r_{32} & r_{33} & r_{34} \\ 0 & 0 & 0 & 1 \end{bmatrix} \tag{3-5} $$

其中，

$$ r_{11} = \cos\beta_i \cos\gamma_i - \cos\alpha_i \sin\beta_i \sin\gamma_i $$
$$ r_{21} = \cos\beta_i \sin\gamma_i + \cos\alpha_i \cos\gamma_i \sin\beta_i $$
$$ r_{31} = \sin\alpha_i \sin\beta_i $$

$$r_{12} = -\cos\gamma_i \sin\beta_i - \cos\alpha_i \cos\beta_i \sin\gamma_i$$
$$r_{22} = -\sin\beta_i \sin\gamma_i + \cos\alpha_i \cos\beta_i \cos\gamma_i$$
$$r_{32} = \cos\beta_i \sinh\alpha_i$$
$$r_{13} = \sin\alpha_i \sin\gamma_i$$
$$r_{23} = -\cos\gamma_i \sin\alpha_i$$
$$r_{33} = \cos\alpha_i$$
$$r_{14} = a_i \cos\gamma_i + b_i \sin\alpha_i \sin\gamma_i$$
$$r_{24} = a_i \sin\gamma_i - b_i \cos\gamma_i \sin\alpha_i$$
$$r_{34} = c_i + b_i \cos\alpha_i$$

关节处两个坐标系的 Sheth 变换矩阵，对于棱柱关节可简化为平动，对于旋转关节可简化为绕 z 轴的旋转。

3.3 机器人正运动学的建立

3.3.1 机器人正向运动的表示

机器人是由一系列关节连接起来的连杆构成的一个运动链。将关节链上的一系列刚体称为“连杆”（link），通过转动关节或平动关节将相邻的两个连杆连接起来。要为机器人的每一个连杆建立一个坐标系，并用齐次变换来描述这些坐标系间的相对位置和姿态。

六连杆机器人可具有 6 个自由度，每个连杆具有 1 个自由度，并能在其运动范围内任意定位与定向。按机器人的惯常设计，3 个自由度用于规定位置，而另 3 个自由度用来规定姿态。$\boldsymbol{T}_6$ 表示机器人的位姿矩阵。

3.3.2 机器人正向运动方程的建立

3.2 节中给出了后一个连杆的坐标系相对于前一个连杆的坐标系的位姿矩阵 $\boldsymbol{A}_i$，那么从末端连杆的坐标系 $\{n\}$ 依次前推，可以得到坐标系 $\{n\}$ 相对于坐标系 $\{n-1\}$ 的位姿矩阵 $\boldsymbol{A}_n$，……，连杆 2 的坐标系相对于连杆 1 的坐标系的位姿矩阵 $\boldsymbol{A}_2$，以及连杆 1 的坐标系相对于机身固定坐标系 $\{0\}$ 的位姿矩阵 $\boldsymbol{A}_1$。假设末端连杆的坐标系 $\{n\}$ 中有一个点 P，其在坐标系 $\{n\}$ 中的位置为 ${}^n\boldsymbol{P} = [P_x\ P_y\ P_z\ 1]^{\mathrm{T}}$，那么其在基础坐标系中的位置 ${}^0\boldsymbol{P}$ 可以使用左乘规则求得，即

$${}^0\boldsymbol{P} = \boldsymbol{A}_1\boldsymbol{A}_2\boldsymbol{A}_3 \cdots \boldsymbol{A}_{n-1}\boldsymbol{A}_n \cdot {}^n\boldsymbol{P}$$

因此，末端连杆的坐标系 $\{n\}$ 相对于基础坐标系的位姿矩阵为

$${}^0_n\boldsymbol{T} = \boldsymbol{A}_1\boldsymbol{A}_2\boldsymbol{A}_3 \cdots \boldsymbol{A}_{n-1}\boldsymbol{A}_n = \begin{bmatrix} n_x & o_x & a_x & p_x \\ n_y & o_y & a_y & p_y \\ n_z & o_z & a_z & p_z \\ 0 & 0 & 0 & 1 \end{bmatrix} \tag{3-6}$$

式（3-6）即为机器人运动方程，式中，${}_{n}^{0}\boldsymbol{T}$ 也常表示为 $\boldsymbol{T}_{n}^{0}$ 及 ${}^{0}\boldsymbol{T}_{n}$。

进一步推知，机器人末端连杆的坐标系 $\{n\}$ 相对于连杆 $\{i-1\}$ 的坐标系的位姿矩阵即为

$$ {}_{n}^{i-1}\boldsymbol{T} = A_i A_{i+1} \cdots A_n \tag{3-7} $$

对于一个六连杆机器人，其末端执行器相对于机身坐标系的位姿矩阵可表示为

$$ {}_{6}^{0}\boldsymbol{T} = \boldsymbol{A}_1 \boldsymbol{A}_2 \cdots \boldsymbol{A}_6 \tag{3-8} $$

式中，${}_{6}^{0}\boldsymbol{T}$ 常简写成 $\boldsymbol{T}_6$。若已知机器人参数及各关节变量值（角位移或线位移），可利用式（3-8）计算出机器人末端执行器（手部）的位姿，此即为机器人的正运动学，也即机器人正运动学求解问题。

3.3.3　机器人正向微分运动方程

在操作控制机器人时，常常涉及机器人位姿的微小变化，这种微小变化可由描述机器人的位姿矩阵的微小变化来表达，而位姿矩阵的微小变化可通过将矩阵中的各元素对变量求微分来获得，也可利用微分变换算子左乘原有位姿矩阵来获得。

本小节将阐述机器人的微分运动和微分变换，并分析对坐标系 $\{T\}$ 的微分变换与对基础坐标系的微分变换之间的等价转换。这种转换可推广至任何两个坐标系，使它们的微分运动相等。在此，仅限于讨论机器人的平移变换和旋转变换，不涉及比例变换和投影变换等。

1. 微分平移和微分旋转

当坐标系 $\{T\}$ 作微小平移及旋转变化时，其位姿矩阵 $\boldsymbol{T}$ 相应地产生微小变化，新的位姿矩阵表示为 $\boldsymbol{T}+\mathrm{d}\boldsymbol{T}$，$\boldsymbol{T}$ 及 $\boldsymbol{T}+\mathrm{d}\boldsymbol{T}$ 均是坐标系 $\{T\}$ 在基础坐标系中的位姿。但坐标系 $\{T\}$ 的微小变化既可以看作在基础坐标系中进行，也可以看作在自身坐标系 $\{T\}$ 中进行。本书中将微小平移及旋转变化称为微分平移及微分旋转运动，简称微分运动。

当坐标系 $\{T\}$ 的微分运动看作在基础坐标系中进行时，新的位姿矩阵为

$$ \boldsymbol{T}+\mathrm{d}\boldsymbol{T} = \mathrm{Trans}(d'_x, d'_y, d'_z)\mathrm{Rot}(\boldsymbol{f}', \mathrm{d}\theta)\boldsymbol{T} \tag{3-9} $$

式中，$\mathrm{Trans}(d'_x, d'_y, d'_z)$、$\mathrm{Rot}(\boldsymbol{f}', \mathrm{d}\theta)$ 分别是坐标系 $\{T\}$ 在基础坐标系中沿 x、y、z 轴微分平移 d'_x、d'_y、d'_z 量的变换矩阵以及绕基础坐标系中的矢量 $\boldsymbol{f}'$ 微分旋转 $\mathrm{d}\theta$ 量的变换矩阵。应注意，矢量 $\boldsymbol{f}'$ 并非一定过基础坐标系的原点。例如，坐标系 $\{T\}$ 绕自身坐标系的 z_T 轴微分旋转时，矢量 $\boldsymbol{f}'$ 即为 z_T 轴，而 z_T 轴在基础坐标系中的位置并非一定过基础坐标系的原点。

为了便于分析，依据式（2-51），将式（3-9）等价为

$$ \boldsymbol{T}+\mathrm{d}\boldsymbol{T} = \mathrm{Trans}(d_x, d_y, d_z)\mathrm{Rot}(\boldsymbol{f}, \mathrm{d}\theta)\boldsymbol{T} \tag{3-10} $$

式中，$\mathrm{Trans}(d_x, d_y, d_z) = \mathrm{Trans}(d'_x+\Delta x, d'_y+\Delta y, d'_z+\Delta z)$；$\mathrm{Trans}(d_x, d_y, d_z)\mathrm{Rot}(\boldsymbol{f}, \mathrm{d}\theta)$ 表示坐标系 $\{T\}$ 在基础坐标系中的等价微分变换。应注意，Δx、Δy、Δz 并非微小量，因此

d_x、d_y、d_z 也并非微小量（除非 Δx、Δy、Δz 为零时）。矢量 $\boldsymbol{f}$ 过基础坐标系原点，与矢量 $\boldsymbol{f}'$ 平行且同向。由式（3-10）可得 $\mathrm{d}\boldsymbol{T}$ 的表达式为

$$\mathrm{d}\boldsymbol{T}=[\mathrm{Trans}(d_x,d_y,d_z)\mathrm{Rot}(\boldsymbol{f},\mathrm{d}\theta)-\boldsymbol{I}]\boldsymbol{T} \tag{3-11}$$

当坐标系 $\{T\}$ 的微分运动看作在自身坐标系 $\{T\}$ 中进行时，坐标系 $\{T\}$ 在基础坐标系中的新位姿矩阵可表示为

$$\boldsymbol{T}+\mathrm{d}\boldsymbol{T}=\boldsymbol{T}\,\mathrm{Trans}({}^{T}d'_x,{}^{T}d'_y,{}^{T}d'_z)\mathrm{Rot}(\boldsymbol{f}'_T,\mathrm{d}\theta) \tag{3-12}$$

式中，$\mathrm{Trans}({}^{T}d'_x,{}^{T}d'_y,{}^{T}d'_z)$、$\mathrm{Rot}(\boldsymbol{f}'_T,\mathrm{d}\theta)$ 分别是坐标系 $\{T\}$ 相对于自身坐标系微分平移 ${}^{T}d'_x$、${}^{T}d'_y$、${}^{T}d'_z$ 量的变换矩阵以及绕坐标系 $\{T\}$ 中的矢量 $\boldsymbol{f}'_T$ 微分旋转 $\mathrm{d}\theta$ 量的变换矩阵。$\boldsymbol{f}'_T$ 是 $\boldsymbol{f}'$ 在坐标系 $\{T\}$ 中的度量（表达），同样地，$\boldsymbol{f}'_T$ 不一定过坐标系 $\{T\}$ 的原点。

与式（3-10）类似，式（3-12）可等价为

$$\boldsymbol{T}+\mathrm{d}\boldsymbol{T}=\boldsymbol{T}\,\mathrm{Trans}({}^{T}d_x,{}^{T}d_y,{}^{T}d_z)\mathrm{Rot}(\boldsymbol{f}_T,\mathrm{d}\theta) \tag{3-13}$$

式中，$\mathrm{Trans}({}^{T}d_x,{}^{T}d_y,{}^{T}d_z)=\mathrm{Trans}({}^{T}d'_x+\Delta x_T,{}^{T}d'_y+\Delta y_T,{}^{T}d'_z+\Delta z_T)$；$\mathrm{Trans}({}^{T}d_x,{}^{T}d_y,{}^{T}d_z)\mathrm{Rot}(\boldsymbol{f}_T,$ $(\mathrm{d}\theta)$ 表示坐标系 $\{T\}$ 在自身坐标系中的等价微分变换。同样应注意，Δx_T、Δy_T、Δz_T 并非微小量，因此 ${}^{T}d_x$、${}^{T}d_y$、${}^{T}d_z$ 也并非微小量（除非 Δx_T、Δy_T、Δz_T 为零时）。矢量 $\boldsymbol{f}_T$ 过坐标系 $\{T\}$ 的原点，与矢量 $\boldsymbol{f}'_T$ 平行且同向。

由式（3-13）可得 $\mathrm{d}\boldsymbol{T}$ 的表达式为

$$\mathrm{d}\boldsymbol{T}=\boldsymbol{T}[\mathrm{Trans}({}^{T}d_x,{}^{T}d_y,{}^{T}d_z)\mathrm{Rot}(\boldsymbol{f}_T,\mathrm{d}\theta)-\boldsymbol{I}] \tag{3-14}$$

式（3-11）中的 $\mathrm{Trans}(d_x,d_y,d_z)\mathrm{Rot}(\boldsymbol{f},\mathrm{d}\theta)-\boldsymbol{I}$ 与式（3-14）中的 $\mathrm{Trans}({}^{T}d_x,{}^{T}d_y,{}^{T}d_z)\mathrm{Rot}(\boldsymbol{f}_T,$ $\mathrm{d}\theta)-\boldsymbol{I}$ 表达结构相同，内容相似，二者均称为微分变换算子，当微分运动看作是对基础坐标系进行时，本书中定义它为 $\boldsymbol{\Delta}$，即

$$\boldsymbol{\Delta}=\mathrm{Trans}(d_x,d_y,d_z)\mathrm{Rot}(\boldsymbol{f},\mathrm{d}\theta)-\boldsymbol{I} \tag{3-15}$$

当微分运动看作是对坐标系 $\{T\}$ 进行时，本书中定义它为 ${}^{T}\boldsymbol{\Delta}$，即

$${}^{T}\boldsymbol{\Delta}=\mathrm{Trans}({}^{T}d_x,{}^{T}d_y,{}^{T}d_z)\mathrm{Rot}(\boldsymbol{f}_T,\mathrm{d}\theta)-\boldsymbol{I} \tag{3-16}$$

因此，由式（3-11）可得

$$\mathrm{d}\boldsymbol{T}=\boldsymbol{\Delta T} \tag{3-17}$$

由式（3-14）可得

$$\mathrm{d}\boldsymbol{T}=\boldsymbol{T}\,{}^{T}\boldsymbol{\Delta} \tag{3-18}$$

应注意，式（3-17）及式（3-18）中的 $\mathrm{d}\boldsymbol{T}$ 是等同的，即为坐标系 $\{T\}$ 在基础坐标系中的位姿微分变化。

接下来推导 $\boldsymbol{\Delta}$ 及 ${}^{T}\boldsymbol{\Delta}$ 的具体表达式。

当把微分运动看作是对基础坐标系进行时，等价微分平移变换矩阵为

$$\mathrm{Trans}(d_x,d_y,d_z)=\begin{bmatrix}1&0&0&d_x\\0&1&0&d_y\\0&0&1&d_z\\0&0&0&1\end{bmatrix} \tag{3-19}$$

而等价微分旋转变换 $\mathrm{Rot}(\boldsymbol{f},\mathrm{d}\theta)$ 可依据第 2 章所讨论的通用旋转变换式（2-47）计算，即

$$\mathrm{Rot}(\boldsymbol{f},\ \theta)=\begin{bmatrix}f_xf_x\mathrm{vers}\theta+\mathrm{c}\theta & f_yf_x\mathrm{vers}\theta-f_z\mathrm{s}\theta & f_zf_x\mathrm{vers}\theta+f_y\mathrm{s}\theta & 0\\ f_xf_y\mathrm{vers}\theta+f_z\mathrm{s}\theta & f_yf_y\mathrm{vers}\theta+\mathrm{c}\theta & f_zf_y\mathrm{vers}\theta-f_x\mathrm{s}\theta & 0\\ f_xf_z\mathrm{vers}\theta-f_y\mathrm{s}\theta & f_yf_z\mathrm{vers}\theta+f_x\mathrm{s}\theta & f_zf_z\mathrm{vers}\theta+\mathrm{c}\theta & 0\\ 0&0&0&1\end{bmatrix}$$

对于微分变化 $\mathrm{d}\theta$，由于 $\lim\limits_{\theta\to 0}\sin\theta=\mathrm{d}\theta$，$\lim\limits_{\theta\to 0}\cos\theta=1$，$\lim\limits_{\theta\to 0}\mathrm{vers}\theta=0$，则有

$$\mathrm{Rot}(\boldsymbol{f},\ \mathrm{d}\theta)=\begin{bmatrix}1&-f_z\mathrm{d}\theta&f_y\mathrm{d}\theta&0\\f_z\mathrm{d}\theta&1&-f_x\mathrm{d}\theta&0\\-f_y\mathrm{d}\theta&f_x\mathrm{d}\theta&1&0\\0&0&0&1\end{bmatrix} \tag{3-20}$$

将式（3-19）及式（3-20）代入式（3-15），得

$$\boldsymbol{\Delta}=\begin{bmatrix}1&0&0&d_x\\0&1&0&d_y\\0&0&1&d_z\\0&0&0&1\end{bmatrix}\begin{bmatrix}1&-f_z\mathrm{d}\theta&f_y\mathrm{d}\theta&0\\f_z\mathrm{d}\theta&1&-f_x\mathrm{d}\theta&0\\-f_y\mathrm{d}\theta&f_x\mathrm{d}\theta&1&0\\0&0&0&1\end{bmatrix}-\begin{bmatrix}1&0&0&0\\0&1&0&0\\0&0&1&0\\0&0&0&1\end{bmatrix}$$

计算得

$$\boldsymbol{\Delta}=\begin{bmatrix}0&-f_z\mathrm{d}\theta&f_y\mathrm{d}\theta&d_x\\f_z\mathrm{d}\theta&0&-f_x\mathrm{d}\theta&d_y\\-f_y\mathrm{d}\theta&f_x\mathrm{d}\theta&0&d_z\\0&0&0&0\end{bmatrix} \tag{3-21}$$

因为绕矢量 $\boldsymbol{f}$ 微分旋转 $\mathrm{d}\theta$ 等价于分别绕 x 轴、y 轴和 z 轴微分旋转 δ_x、δ_y 和 δ_z，则 $f_x\mathrm{d}\theta=\delta_x$，$f_y\mathrm{d}\theta=\delta_y$，$f_z\mathrm{d}\theta=\delta_z$，代入式（3-21）得

$$\boldsymbol{\Delta}=\begin{bmatrix}0&-\delta_z&\delta_y&d_x\\\delta_z&0&-\delta_x&d_y\\-\delta_y&\delta_x&0&d_z\\0&0&0&0\end{bmatrix} \tag{3-22}$$

因此，微分变换算子 $\boldsymbol{\Delta}$ 可看成是由等价微分平移矢量 $\boldsymbol{d}$ 和等价微分旋转矢量 $\boldsymbol{\delta}$ 构成，两者的表达式为

$$\begin{cases}\boldsymbol{d}=d_x\boldsymbol{i}+d_y\boldsymbol{j}+d_z\boldsymbol{k}\\ \boldsymbol{\delta}=\delta_x\boldsymbol{i}+\delta_y\boldsymbol{j}+\delta_z\boldsymbol{k}\end{cases} \tag{3-23a}$$

可用列矢量$\boldsymbol{D}$来表达上述两矢量，即

$$\boldsymbol{D}=\begin{bmatrix}d_x\\d_y\\d_z\\\delta_x\\\delta_y\\\delta_z\end{bmatrix}\text{或}\boldsymbol{D}=\begin{bmatrix}\boldsymbol{d}\\\boldsymbol{\delta}\end{bmatrix} \tag{3-23b}$$

$\boldsymbol{D}$称为刚体或坐标系在基础坐标系中的等价微分运动矢量。

同理，可得$^T\boldsymbol{\Delta}$的表达式为

$$^T\boldsymbol{\Delta}=\begin{bmatrix}0 & -^T\delta_z & ^T\delta_y & ^Td_x\\ ^T\delta_z & 0 & -^T\delta_x & ^Td_y\\ -^T\delta_y & ^T\delta_x & 0 & ^Td_z\\ 0 & 0 & 0 & 0\end{bmatrix} \tag{3-24}$$

同样可得

$$\begin{aligned}^T\boldsymbol{d}&={}^Td_x\boldsymbol{i}+{}^Td_y\boldsymbol{j}+{}^Td_z\boldsymbol{k}\\ ^T\boldsymbol{\delta}&={}^T\delta_x\boldsymbol{i}+{}^T\delta_y\boldsymbol{j}+{}^T\delta_z\boldsymbol{k}\end{aligned} \tag{3-25a}$$

$$^T\boldsymbol{D}=\begin{bmatrix}^Td_x\\^Td_y\\^Td_z\\^T\delta_x\\^T\delta_y\\^T\delta_z\end{bmatrix}\text{或}{}^T\boldsymbol{D}=\begin{bmatrix}^T\boldsymbol{d}\\^T\boldsymbol{\delta}\end{bmatrix} \tag{3-25b}$$

$^T\boldsymbol{D}$称为刚体或坐标系在自身坐标系中的等价微分运动矢量。

概括上述分析可以看出，当坐标系$\{T\}$作一般微分运动时，可将其运动等价为：

1）绕通过基础坐标系原点的矢量$\boldsymbol{f}$微分旋转$\mathrm{d}\theta$，而后相对于基础坐标系微分平移$[d_x,d_y,d_z]$所组成的复合运动，复合变换为$\mathrm{Trans}(d_x,d_y,d_z)\ \mathrm{Rot}(\boldsymbol{f},\mathrm{d}\theta)$，$\boldsymbol{T}$左乘该复合变换得到坐标系$\{T\}$新的位姿$\boldsymbol{T}+\mathrm{d}\boldsymbol{T}$，等价微分运动矢量为$\boldsymbol{D}=[\boldsymbol{d}\quad\boldsymbol{\delta}]^{\mathrm{T}}$。

2）相对于坐标系$\{T\}$微分平移$[^Td_x,{}^Td_y,{}^Td_z]$，而后绕通过坐标系$\{T\}$原点的矢量$\boldsymbol{f}_T$微分旋转$\mathrm{d}\theta$所组成的复合运动，复合变换为$\mathrm{Trans}(^Td_x,{}^Td_y,{}^Td_z)\ \mathrm{Rot}(\boldsymbol{f}_T,\mathrm{d}\theta)$，$\boldsymbol{T}$右乘该复合变换得到坐标系$\{T\}$的新位姿$\boldsymbol{T}+\mathrm{d}\boldsymbol{T}$，等价微分运动矢量为$^T\boldsymbol{D}=[^T\boldsymbol{d}\quad {}^T\boldsymbol{\delta}]^{\mathrm{T}}$。

这里应当注意：

1）等价微分旋转 $[\delta_x,\delta_y,\delta_z]$ 或 $[{}^T\delta_x,{}^T\delta_y,{}^T\delta_z]$ 是微小量，但等价微分平移 $[d_x,d_y,d_z]$ 或 $[{}^Td_x,{}^Td_y,{}^Td_z]$ 只有当 Δx、Δy、Δz 为零或 Δx_T、Δy_T、Δz_T 为零时才是微小量。

2）$|\boldsymbol{\delta}|=|\mathrm{d}\theta|$，$|{}^T\boldsymbol{\delta}|=|\mathrm{d}\theta|$，$\boldsymbol{\delta}$、${}^T\boldsymbol{\delta}$ 是矢量，$\mathrm{d}\theta$ 是标量。

例 3-1　已知坐标系 $\{A\}$，其位姿矩阵为

$$\boldsymbol{A}=\begin{bmatrix}0&0&1&8\\1&0&0&2\\0&1&0&5\\0&0&0&1\end{bmatrix}$$

对基础坐标系的微分平移矢量及微分旋转矢量为

$$\boldsymbol{d}=0.01\boldsymbol{i}+0\boldsymbol{j}+0.02\boldsymbol{k}$$

$$\boldsymbol{\delta}=0\boldsymbol{i}+0.01\boldsymbol{j}+0\boldsymbol{k}$$

试求微分变化 $\mathrm{d}\boldsymbol{A}$。

解：依据式（3-22）可得

$$\boldsymbol{\Delta}=\begin{bmatrix}0&0&0.01&0.01\\0&0&0&0\\-0.01&0&0&0.02\\0&0&0&0\end{bmatrix}$$

再由式（3-17）知

$$\mathrm{d}\boldsymbol{A}=\boldsymbol{\Delta A}$$

则微分变化为

$$\mathrm{d}\boldsymbol{A}=\begin{bmatrix}0&0&0.01&0.01\\0&0&0&0\\-0.01&0&0&0.02\\0&0&0&0\end{bmatrix}\begin{bmatrix}0&0&1&8\\1&0&0&2\\0&1&0&5\\0&0&0&1\end{bmatrix}=\begin{bmatrix}0&0.01&0&0.06\\0&0&0&0\\0&0&-0.01&-0.06\\0&0&0&0\end{bmatrix}$$

2. 微分运动的等价变换

依据式（3-17）及式（3-18），可将刚体或坐标系在一个坐标系内的微分变化变换为在另一个坐标系内等效的微分变化。

由式（3-17）及式（3-18）知

$$\mathrm{d}\boldsymbol{T}=\boldsymbol{\Delta T}\text{ 及 }\mathrm{d}\boldsymbol{T}=\boldsymbol{T}\,{}^T\boldsymbol{\Delta}$$

故可得

$$\boldsymbol{\Delta T}=\boldsymbol{T}\,{}^T\boldsymbol{\Delta}$$

即

$${}^T\boldsymbol{\Delta}=\boldsymbol{T}^{-1}\boldsymbol{\Delta T}\tag{3-26}$$

设坐标系 $\{T\}$ 的位姿矩阵为

$$\boldsymbol{T}=\begin{bmatrix} n_x & o_x & a_x & p_x \\ n_y & o_y & a_y & p_y \\ n_z & o_z & a_z & p_z \\ 0 & 0 & 0 & 1 \end{bmatrix} \tag{3-27}$$

则

$$\boldsymbol{T}^{-1}=\begin{bmatrix} n_x & n_y & n_z & -\boldsymbol{p}\bullet\boldsymbol{n} \\ o_x & o_y & o_z & -\boldsymbol{p}\bullet\boldsymbol{o} \\ a_x & a_y & a_z & -\boldsymbol{p}\bullet\boldsymbol{a} \\ 0 & 0 & 0 & 1 \end{bmatrix} \tag{3-28}$$

可推得

$$\begin{aligned} {}^{T}\boldsymbol{\Delta}=\boldsymbol{T}^{-1}\boldsymbol{\Delta}\boldsymbol{T} &= \begin{bmatrix} n_x & n_y & n_z & -\boldsymbol{p}\bullet\boldsymbol{n} \\ o_x & o_y & o_z & -\boldsymbol{p}\bullet\boldsymbol{o} \\ a_x & a_y & a_z & -\boldsymbol{p}\bullet\boldsymbol{a} \\ 0 & 0 & 0 & 1 \end{bmatrix}\begin{bmatrix} 0 & -\delta_z & \delta_y & d_x \\ \delta_z & 0 & -\delta_x & d_y \\ -\delta_y & \delta_x & 0 & d_z \\ 0 & 0 & 0 & 0 \end{bmatrix}\begin{bmatrix} n_x & o_x & a_x & p_x \\ n_y & o_y & a_y & p_y \\ n_z & o_z & a_z & p_z \\ 0 & 0 & 0 & 1 \end{bmatrix} \\ &= \begin{bmatrix} \boldsymbol{n}\bullet(\boldsymbol{\delta}\times\boldsymbol{n}) & \boldsymbol{n}\bullet(\boldsymbol{\delta}\times\boldsymbol{o}) & \boldsymbol{n}\bullet(\boldsymbol{\delta}\times\boldsymbol{a}) & \boldsymbol{n}\bullet(\boldsymbol{\delta}\times\boldsymbol{p}+\boldsymbol{d}) \\ \boldsymbol{o}\bullet(\boldsymbol{\delta}\times\boldsymbol{n}) & \boldsymbol{o}\bullet(\boldsymbol{\delta}\times\boldsymbol{o}) & \boldsymbol{o}\bullet(\boldsymbol{\delta}\times\boldsymbol{a}) & \boldsymbol{o}\bullet(\boldsymbol{\delta}\times\boldsymbol{p}+\boldsymbol{d}) \\ \boldsymbol{a}\bullet(\boldsymbol{\delta}\times\boldsymbol{n}) & \boldsymbol{a}\bullet(\boldsymbol{\delta}\times\boldsymbol{o}) & \boldsymbol{a}\bullet(\boldsymbol{\delta}\times\boldsymbol{a}) & \boldsymbol{a}\bullet(\boldsymbol{\delta}\times\boldsymbol{p}+\boldsymbol{d}) \\ 0 & 0 & 0 & 0 \end{bmatrix} \end{aligned} \tag{3-29}$$

由三矢量相乘的性质 $\boldsymbol{a}\bullet(\boldsymbol{b}\times\boldsymbol{c})=\boldsymbol{b}\bullet(\boldsymbol{c}\times\boldsymbol{a})$ 及 $\boldsymbol{a}\bullet(\boldsymbol{a}\times\boldsymbol{c})=0$，将式（3-29）变为

$${}^{T}\boldsymbol{\Delta}=\boldsymbol{T}^{-1}\boldsymbol{\Delta}\boldsymbol{T}=\begin{bmatrix} 0 & -\boldsymbol{\delta}\bullet\boldsymbol{a} & \boldsymbol{\delta}\bullet\boldsymbol{o} & \boldsymbol{\delta}\bullet(\boldsymbol{p}\times\boldsymbol{n})+\boldsymbol{d}\bullet\boldsymbol{n} \\ \boldsymbol{\delta}\bullet\boldsymbol{a} & 0 & -\boldsymbol{\delta}\bullet\boldsymbol{n} & \boldsymbol{\delta}\bullet(\boldsymbol{p}\times\boldsymbol{o})+\boldsymbol{d}\bullet\boldsymbol{o} \\ -\boldsymbol{\delta}\bullet\boldsymbol{o} & \boldsymbol{\delta}\bullet\boldsymbol{n} & 0 & \boldsymbol{\delta}\bullet(\boldsymbol{p}\times\boldsymbol{a})+\boldsymbol{d}\bullet\boldsymbol{a} \\ 0 & 0 & 0 & 0 \end{bmatrix} \tag{3-30}$$

使式（3-24）与式（3-30）各元素对应相等，可得

$$\begin{cases} {}^{T}d_x=\boldsymbol{\delta}\bullet(\boldsymbol{p}\times\boldsymbol{n})+\boldsymbol{d}\bullet\boldsymbol{n}=\boldsymbol{n}\bullet[(\boldsymbol{\delta}\times\boldsymbol{p})+\boldsymbol{d}] \\ {}^{T}d_y=\boldsymbol{\delta}\bullet(\boldsymbol{p}\times\boldsymbol{o})+\boldsymbol{d}\bullet\boldsymbol{o}=\boldsymbol{o}\bullet[(\boldsymbol{\delta}\times\boldsymbol{p})+\boldsymbol{d}] \\ {}^{T}d_z=\boldsymbol{\delta}\bullet(\boldsymbol{p}\times\boldsymbol{a})+\boldsymbol{d}\bullet\boldsymbol{a}=\boldsymbol{a}\bullet[(\boldsymbol{\delta}\times\boldsymbol{p})+\boldsymbol{d}] \end{cases} \tag{3-31a}$$

$${}^{T}\delta_x=\boldsymbol{\delta}\bullet\boldsymbol{n}\ ,\ {}^{T}\delta_y=\boldsymbol{\delta}\bullet\boldsymbol{o}\ ,\ {}^{T}\delta_z=\boldsymbol{\delta}\bullet\boldsymbol{a} \tag{3-31b}$$

式中，$\boldsymbol{n}$、$\boldsymbol{o}$、$\boldsymbol{a}$ 和 $\boldsymbol{p}$ 为位姿矩阵 $\boldsymbol{T}$ 的四个列矢量。

进一步由式（3-31a）及式（3-31b）可得微分运动矢量 ${}^{T}\boldsymbol{D}$ 和 $\boldsymbol{D}$ 的关系为

$$\begin{bmatrix} {}^{T}d_x \\ {}^{T}d_y \\ {}^{T}d_z \\ {}^{T}\delta_x \\ {}^{T}\delta_y \\ {}^{T}\delta_z \end{bmatrix} = \begin{bmatrix} n_x & n_y & n_z & (\boldsymbol{p}\times\boldsymbol{n})_x & (\boldsymbol{p}\times\boldsymbol{n})_y & (\boldsymbol{p}\times\boldsymbol{n})_z \\ o_x & o_y & o_z & (\boldsymbol{p}\times\boldsymbol{o})_x & (\boldsymbol{p}\times\boldsymbol{o})_y & (\boldsymbol{p}\times\boldsymbol{o})_z \\ a_x & a_y & a_z & (\boldsymbol{p}\times\boldsymbol{a})_x & (\boldsymbol{p}\times\boldsymbol{a})_y & (\boldsymbol{p}\times\boldsymbol{a})_z \\ 0 & 0 & 0 & n_x & n_y & n_z \\ 0 & 0 & 0 & o_x & o_y & o_z \\ 0 & 0 & 0 & a_x & a_y & a_z \end{bmatrix} \begin{bmatrix} d_x \\ d_y \\ d_z \\ \delta_x \\ \delta_y \\ \delta_z \end{bmatrix} \tag{3-32}$$

因此，利用式（3-31）及式（3-32）即可将对基础坐标系的微分变化变换为对坐标系 $\{T\}$ 的微分变化。需要说明一点，式（3-31）及式（3-32）同样适用于坐标系 $\{T\}$ 与其他动坐标系之间的等价微分运动矢量的计算，只是计算时坐标系 $\{T\}$ 的位姿矩阵必须使用其相对于其他动坐标系的位姿矩阵 ${}^{x}\boldsymbol{T}$。

例 3-2　已知坐标系 $\{A\}$ 及对基础坐标系的微分平移 $\boldsymbol{d}$ 和微分旋转 $\boldsymbol{\delta}$，同例 3-1。试求对坐标系 $\{A\}$ 的等价微分平移和微分旋转。

解：由例 3-1 知，坐标系 $\{A\}$ 的位姿矩阵为

$$\boldsymbol{A} = \begin{bmatrix} 0 & 0 & 1 & 8 \\ 1 & 0 & 0 & 2 \\ 0 & 1 & 0 & 5 \\ 0 & 0 & 0 & 1 \end{bmatrix}$$

则有

$$\boldsymbol{n} = 0\boldsymbol{i} + 1\boldsymbol{j} + 0\boldsymbol{k}$$
$$\boldsymbol{o} = 0\boldsymbol{i} + 0\boldsymbol{j} + 1\boldsymbol{k}$$
$$\boldsymbol{a} = 1\boldsymbol{i} + 0\boldsymbol{j} + 0\boldsymbol{k}$$
$$\boldsymbol{p} = 8\boldsymbol{i} + 2\boldsymbol{j} + 5\boldsymbol{k}$$

由题知，坐标系 $\{A\}$ 对基础坐标系的微分平移与微分旋转为

$$\boldsymbol{d} = 0.01\boldsymbol{i} + 0\boldsymbol{j} + 0.02\boldsymbol{k}$$
$$\boldsymbol{\delta} = 0\boldsymbol{i} + 0.01\boldsymbol{j} + 0\boldsymbol{k}$$

可计算出

$$\boldsymbol{\delta} \times \boldsymbol{p} = \begin{vmatrix} \boldsymbol{i} & \boldsymbol{j} & \boldsymbol{k} \\ 0 & 0.01 & 0 \\ 8 & 2 & 5 \end{vmatrix} = 0.05\boldsymbol{i} + 0\boldsymbol{j} - 0.08\boldsymbol{k}$$

则有

$$\boldsymbol{\delta} \times \boldsymbol{p} + \boldsymbol{d} = 0.06\boldsymbol{i} + 0\boldsymbol{j} - 0.06\boldsymbol{k}$$

依式（3-31a）及式（3-31b），可求得对坐标系 $\{A\}$ 的等价微分平移和微分旋转，即

$${}^{A}\boldsymbol{d} = 0\boldsymbol{i} - 0.06\boldsymbol{j} + 0.06\boldsymbol{k}\,, \quad {}^{A}\boldsymbol{\delta} = 0.01\boldsymbol{i} + 0\boldsymbol{j} + 0\boldsymbol{k}$$

现依据式（3-18）来计算 $\mathrm{d}\boldsymbol{A}$，与例 3-1 进行对比，以验证所求得的等价微分平移 ${}^{A}\boldsymbol{d}$

和微分旋转 ${}^{A}\boldsymbol{\delta}$ 的正确性。

由所求得的 ${}^{A}\boldsymbol{d}$ 和 ${}^{A}\boldsymbol{\delta}$，依式（3-24）有

$$
{}^{A}\boldsymbol{\Delta}=\begin{bmatrix} 0 & 0 & 0 & 0 \\ 0 & 0 & -0.01 & -0.06 \\ 0 & 0.01 & 0 & 0.06 \\ 0 & 0 & 0 & 0 \end{bmatrix}
$$

则由式（3-18）可得

$$
\mathrm{d}\boldsymbol{A}=\boldsymbol{A}\,{}^{A}\boldsymbol{\Delta}=\begin{bmatrix} 0 & 0 & 1 & 8 \\ 1 & 0 & 0 & 2 \\ 0 & 1 & 0 & 5 \\ 0 & 0 & 0 & 1 \end{bmatrix}\begin{bmatrix} 0 & 0 & 0 & 0 \\ 0 & 0 & -0.01 & -0.06 \\ 0 & 0.01 & 0 & 0.06 \\ 0 & 0 & 0 & 0 \end{bmatrix}
$$

计算得

$$
\mathrm{d}\boldsymbol{A}=\begin{bmatrix} 0 & 0.01 & 0 & 0.06 \\ 0 & 0 & 0 & 0 \\ 0 & 0 & -0.01 & -0.06 \\ 0 & 0 & 0 & 0 \end{bmatrix}
$$

所得结果与例 3-1 相同。可见所求得的等价微分平移 ${}^{A}\boldsymbol{d}$ 和微分旋转 ${}^{A}\boldsymbol{\delta}$ 是正确的。

3.3.4 机器人的雅可比矩阵

在 3.3.3 节中了解了机器人的微分运动，这一节讨论机器人末端执行器速度与关节速度之间的映射关系。反映二者之间关系的变换矩阵称为雅可比矩阵。

机器人雅可比矩阵不仅反映了末端执行器速度与关节速度的映射关系，同时也揭示了二者之间力的传递关系，为机器人的静力计算以及速度、加速度计算提供了便捷。

本书中用六维列矢量 $\boldsymbol{X}$ 来表示机器人末端执行器在基础坐标系下的线位移和角位移，即

$$
\boldsymbol{X}=[x_{ex}\quad x_{ey}\quad x_{ez}\quad \phi_{ex}\quad \phi_{ey}\quad \phi_{ez}]^{\mathrm{T}} \tag{3-33}
$$

式中，矢量 $\boldsymbol{X}$ 称为广义位移向量；x_{ex},x_{ey},x_{ez} 表示末端执行器沿基础坐标系 x,y,z 轴的线位移；$\phi_{ex},\phi_{ey},\phi_{ez}$ 表示末端执行器绕基础坐标系 x,y,z 轴的角位移。

对于 n 自由度机器人，用广义关节变量 $\boldsymbol{q}$ 来表示各关节变量，$\boldsymbol{q}=[q_1\quad q_2\quad \cdots\quad q_n]^{\mathrm{T}}$。若关节为转动关节时，$q_i=\theta_i$；若关节为移动关节时，$q_i=d_i$。则末端执行器的运动方程可表达为

$$
\boldsymbol{X}=\boldsymbol{\varPhi}(\boldsymbol{q}) \tag{3-34}
$$

将式（3-34）对时间求导，可得出

$$
\dot{\boldsymbol{X}}=\boldsymbol{J}(\boldsymbol{q})\dot{\boldsymbol{q}} \tag{3-35}
$$

式中，$\dot{\boldsymbol{X}}$称为末端执行器的广义速度，简称操作速度；$\dot{\boldsymbol{q}}$为关节速度；$\boldsymbol{J}(\boldsymbol{q})$为机器人的雅可比矩阵，是$6\times n$的偏导数矩阵，其具体表达式为

$$\boldsymbol{J}(\boldsymbol{q})=\begin{bmatrix} \dfrac{\partial x_{ex}}{\partial q_1} & \dfrac{\partial x_{ex}}{\partial q_2} \cdots \dfrac{\partial x_{ex}}{\partial q_n} \\ \dfrac{\partial x_{ey}}{\partial q_1} & \dfrac{\partial x_{ey}}{\partial q_2} \cdots \dfrac{\partial x_{ey}}{\partial q_n} \\ \dfrac{\partial x_{ez}}{\partial q_1} & \dfrac{\partial x_{ez}}{\partial q_2} \cdots \dfrac{\partial x_{ez}}{\partial q_n} \\ \dfrac{\partial \phi_{ex}}{\partial q_1} & \dfrac{\partial \phi_{ex}}{\partial q_2} \cdots \dfrac{\partial \phi_{ex}}{\partial q_n} \\ \dfrac{\partial \phi_{ey}}{\partial q_1} & \dfrac{\partial \phi_{ey}}{\partial q_2} \cdots \dfrac{\partial \phi_{ey}}{\partial q_n} \\ \dfrac{\partial \phi_{ez}}{\partial q_1} & \dfrac{\partial \phi_{ez}}{\partial q_2} \cdots \dfrac{\partial \phi_{ez}}{\partial q_n} \end{bmatrix} \tag{3-36}$$

可以看出，对于给定的$\boldsymbol{q}\in\mathbf{R}^n$，雅可比矩阵$\boldsymbol{J}(\boldsymbol{q})$是从关节速度$\dot{\boldsymbol{q}}$向末端执行器速度$\dot{\boldsymbol{X}}$映射的变换矩阵，其建立了二者之间的关系。

式（3-35）中广义速度$\dot{\boldsymbol{X}}$是 6 维列矢量，由线速度$\boldsymbol{v}_e$和角速度$\boldsymbol{\omega}_e$组成，即

$$\dot{\boldsymbol{X}}=\begin{bmatrix}\boldsymbol{v}_e\\ \boldsymbol{\omega}_e\end{bmatrix}=\begin{bmatrix}\dfrac{\mathrm{d}x_{ex}}{\mathrm{d}t} & \dfrac{\mathrm{d}x_{ey}}{\mathrm{d}t} & \dfrac{\mathrm{d}x_{ez}}{\mathrm{d}t} & \dfrac{\mathrm{d}\phi_{ex}}{\mathrm{d}t} & \dfrac{\mathrm{d}\phi_{ey}}{\mathrm{d}t} & \dfrac{\mathrm{d}\phi_{ez}}{\mathrm{d}t}\end{bmatrix}^{\mathrm{T}} \tag{3-37a}$$

式中

$$\boldsymbol{v}_e=\begin{bmatrix}\dfrac{\mathrm{d}x_{ex}}{\mathrm{d}t} & \dfrac{\mathrm{d}x_{ey}}{\mathrm{d}t} & \dfrac{\mathrm{d}x_{ez}}{\mathrm{d}t}\end{bmatrix}^{\mathrm{T}},\qquad \boldsymbol{\omega}_e=\begin{bmatrix}\dfrac{\mathrm{d}\phi_{ex}}{\mathrm{d}t} & \dfrac{\mathrm{d}\phi_{ey}}{\mathrm{d}t} & \dfrac{\mathrm{d}\phi_{ez}}{\mathrm{d}t}\end{bmatrix}^{\mathrm{T}} \tag{3-37b}$$

因

$$\dot{\boldsymbol{X}}=\begin{bmatrix}\boldsymbol{v}_e\\ \boldsymbol{\omega}_e\end{bmatrix}=\lim_{\Delta t\to 0}\frac{1}{\Delta t}\begin{bmatrix}\boldsymbol{d}_{\mathrm{e}}\\ \boldsymbol{\delta}_{\mathrm{e}}\end{bmatrix} \tag{3-38}$$

式中，$\boldsymbol{d}_e$、$\boldsymbol{\delta}_e$是末端执行器在基础坐标系中的微小线位移矢量和微小角位移矢量，二者合并用$\boldsymbol{D}_e$表示，即

$$\boldsymbol{D}_e=\begin{bmatrix}\boldsymbol{d}_e\\ \boldsymbol{\delta}_e\end{bmatrix} \tag{3-39}$$

$\boldsymbol{D}_e$为末端执行器的实际微小位移矢量。$\boldsymbol{D}_e$与前述的微分运动矢量$\boldsymbol{D}$是不同的，微分运动矢量$\boldsymbol{D}$是末端执行器产生的运动，包含微分平移运动$\boldsymbol{d}$及微分旋转运动$\boldsymbol{\delta}$，由于微分旋转运动也会产生线位移，因此微分运动矢量$\boldsymbol{D}$后产生的实际微小位移矢量则为$\boldsymbol{D}_e$，即

$$\boldsymbol{D}=\begin{bmatrix}\boldsymbol{d}\\ \boldsymbol{\delta}\end{bmatrix},\quad \boldsymbol{D}_e=\begin{bmatrix}\boldsymbol{d}_e\\ \boldsymbol{\delta}_e\end{bmatrix}=\begin{bmatrix}\boldsymbol{d}+\boldsymbol{d}'\\ \boldsymbol{\delta}\end{bmatrix} \tag{3-40}$$

式中，$\boldsymbol{d}'$ 为微分旋转 $\boldsymbol{\delta}$ 后所产生的线位移。

由式（3-38）得

$$\boldsymbol{D}_e=\begin{bmatrix}\boldsymbol{d}_e\\ \boldsymbol{\delta}_e\end{bmatrix}=\lim_{\Delta t\to 0}\dot{\boldsymbol{X}}\Delta t=\dot{\boldsymbol{X}}\mathrm{d}t \tag{3-41}$$

将式（3-35）代入式（3-41），则有

$$\boldsymbol{D}_e=\boldsymbol{J}(\boldsymbol{q})\mathrm{d}\boldsymbol{q} \tag{3-42}$$

式（3-35）和式（3-41）是计算雅可比矩阵的基本公式。除此之外，还可采用由惠特尼（Whitney）提出的矢量积方法，此方法是直接构造雅可比矩阵的方法，是建立在各运动坐标系概念基础上的，在此不再赘述。下面采用位姿矩阵微分的方法来求解雅可比矩阵。

将位姿矩阵 $\boldsymbol{T}_n$（关节变量函数表达式）对各关节变量微分得到 $\mathrm{d}\boldsymbol{T}_n$，取 $\mathrm{d}\boldsymbol{T}_n$ 矩阵中第四列的前三行即可得到手部沿基础坐标系各坐标轴的实际微小平移量 $\boldsymbol{d}_e$，即

$$\boldsymbol{d}_e=\begin{bmatrix}d_{ex}\\ d_{ey}\\ d_{ez}\end{bmatrix} \tag{3-43}$$

由式（3-28）计算 $\boldsymbol{T}_n$ 的逆矩阵，得

$$(\boldsymbol{T}_n)^{-1}=\begin{bmatrix}n_x & n_y & n_z & -\boldsymbol{p}\cdot\boldsymbol{n}\\ o_x & o_y & o_z & -\boldsymbol{p}\cdot\boldsymbol{o}\\ a_x & a_y & a_z & -\boldsymbol{p}\cdot\boldsymbol{a}\\ 0 & 0 & 0 & 1\end{bmatrix} \tag{3-44}$$

式中，$\boldsymbol{n}$、$\boldsymbol{o}$、$\boldsymbol{a}$ 和 $\boldsymbol{p}$ 为位姿矩阵 $\boldsymbol{T}_n$ 中的列矢量。则根据式（3-17）可计算出

$$\Delta=\mathrm{d}\boldsymbol{T}_n\cdot(\boldsymbol{T}_n)^{-1} \tag{3-45}$$

对照式（3-22），得 Δ 的表达式为

$$\Delta=\begin{bmatrix}0 & -\delta_z & \delta_y & d_x\\ \delta_z & 0 & -\delta_x & d_y\\ -\delta_y & \delta_x & 0 & d_z\\ 0 & 0 & 0 & 0\end{bmatrix} \tag{3-46}$$

按照对应项，可得到 $\boldsymbol{d}_x$、$\boldsymbol{d}_y$、$\boldsymbol{d}_z$ 及 $\boldsymbol{\delta}_x$、$\boldsymbol{\delta}_y$、$\boldsymbol{\delta}_z$ 的具体表达式，即求得了手部在基础坐标系中的微分平移及旋转运动矢量 $\boldsymbol{d}$ 和 $\boldsymbol{\delta}$，有

$$\boldsymbol{d}=\begin{bmatrix}d_x\\ d_y\\ d_z\end{bmatrix},\quad \boldsymbol{\delta}=\begin{bmatrix}\delta_x\\ \delta_y\\ \delta_z\end{bmatrix} \tag{3-47}$$

微分旋转运动 $\boldsymbol{\delta}$ 即为手部坐标系绕基础坐标系各坐标轴的实际微小转动量 $\boldsymbol{\delta}_e$，即

$$\boldsymbol{\delta}_e=\begin{bmatrix}\delta_{ex}\\ \delta_{ey}\\ \delta_{ez}\end{bmatrix}=\begin{bmatrix}\delta_x\\ \delta_y\\ \delta_z\end{bmatrix} \tag{3-48}$$

合并式（3-43）及式（3-48），即可求得

$$\boldsymbol{D}_e=\begin{bmatrix}\boldsymbol{d}_e\\ \boldsymbol{\delta}_e\end{bmatrix} \tag{3-49}$$

至此，求得了各关节同时运动时手部坐标系在基础坐标系中的实际微小位移量 $\boldsymbol{D}_e$。再依据式（3-42）即可求得雅可比矩阵 $\boldsymbol{J}(\boldsymbol{q})$。注意 $\boldsymbol{d}_e$ 与 $\boldsymbol{d}$ 的不同。

下面通过例子来进一步了解雅可比矩阵的微分法求解过程。

例 3-3　如图 3-3 所示的一个 3 自由度机器人，求其雅可比矩阵 $\boldsymbol{J}(\boldsymbol{q})$。

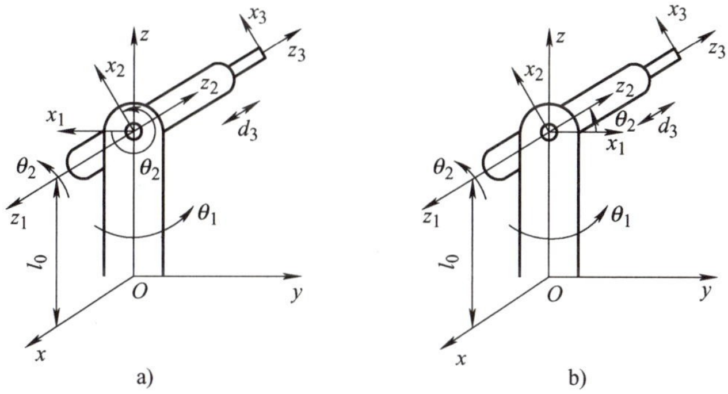

图 3-3　3 自由度机器人及坐标系

解： 如果 D–H 坐标系的建立如图 3-3a 所示，则其参数见表 3-2。

表 3-2　3 自由度机器人的 D–H 参数（一）

杆	变量	α	d	a	$\cos\alpha$	$\sin\alpha$
1	$q_1=\theta_1$	–90°	l_0	0	0	–1
2	$q_2=\theta_2$	90°	0	0	0	1
3	0	0	$q_3=d_3$（变量）	0	1	0

如果 D–H 坐标系的建立如图 3-3b 所示，则其参数见表 3-3。这里需说明，为了直观表达杆 2 的转角，选择 θ_2 为从 x_1 轴转到杆 2 的位置，而并未选择从 x_1 轴到 x_2 轴，这样依照 D–H 法则，表 3-2 中杆 2 的变量就应填写为 $\theta_2+90°$。

表 3-3　3 自由度机器人的 D–H 参数（二）

杆	变量	α	d	a	$\cos\alpha$	$\sin\alpha$
1	$q_1=\theta_1$	90°	l_0	0	0	1
2	$q_2=\theta_2+90°$	90°	0	0	0	1
3	0	0	$q_3=d_3$（变量）	0	1	0

另外需强调，不同的D–H坐标系建立方法及不同的角度表达方法，会使坐标变换矩阵及雅可比矩阵的表达式产生不同，但不会影响相同运动状态下的计算结果。下面分别进行求解及说明，其中：s_i 和 c_i 分别表示关节角 θ_i 所对应的正弦值和余弦值，以下类同。

依照图 3-3a 所建立的坐标系及参数表 3-2，写出相邻连杆间的坐标变换矩阵为

$$A_1=\begin{bmatrix}c_1 & 0 & -s_1 & 0\\ s_1 & 0 & c_1 & 0\\ 0 & -1 & 0 & l_0\\ 0 & 0 & 0 & 1\end{bmatrix},\ A_2=\begin{bmatrix}c_2 & 0 & s_2 & 0\\ s_2 & 0 & -c_2 & 0\\ 0 & 1 & 0 & 0\\ 0 & 0 & 0 & 1\end{bmatrix},\ A_3=\begin{bmatrix}1 & 0 & 0 & 0\\ 0 & 1 & 0 & 0\\ 0 & 0 & 1 & d_3\\ 0 & 0 & 0 & 1\end{bmatrix}$$

则各连杆的位姿矩阵为

$$T_1^0=A_1=\begin{bmatrix}c_1 & 0 & -s_1 & 0\\ s_1 & 0 & c_1 & 0\\ 0 & -1 & 0 & l_0\\ 0 & 0 & 0 & 1\end{bmatrix},\ T_2^0=A_1A_2=\begin{bmatrix}c_1c_2 & -s_1 & c_1s_2 & 0\\ s_1c_2 & c_1 & s_1s_2 & 0\\ -s_2 & 0 & c_2 & l_0\\ 0 & 0 & 0 & 1\end{bmatrix},$$

$$T_3^0=A_1A_2A_3=\begin{bmatrix}c_1c_2 & -s_1 & c_1s_2 & d_3c_1s_2\\ s_1c_2 & c_1 & s_1s_2 & d_3s_1s_2\\ -s_2 & 0 & c_2 & d_3c_2+l_0\\ 0 & 0 & 0 & 1\end{bmatrix} \tag{3-50}$$

依照图 3-3b 所建立的坐标系及参数表 3-3，写出相邻连杆间的坐标变换矩阵为

$$A_1=\begin{bmatrix}c_1 & 0 & s_1 & 0\\ s_1 & 0 & -c_1 & 0\\ 0 & 1 & 0 & l_0\\ 0 & 0 & 0 & 1\end{bmatrix},\ A_2=\begin{bmatrix}-s_2 & 0 & c_2 & 0\\ c_2 & 0 & s_2 & 0\\ 0 & 1 & 0 & 0\\ 0 & 0 & 0 & 1\end{bmatrix},\ A_3=\begin{bmatrix}1 & 0 & 0 & 0\\ 0 & 1 & 0 & 0\\ 0 & 0 & 1 & d_3\\ 0 & 0 & 0 & 1\end{bmatrix}$$

则各连杆的位姿矩阵为

$$T_1^0=A_1=\begin{bmatrix}c_1 & 0 & s_1 & 0\\ s_1 & 0 & -c_1 & 0\\ 0 & -1 & 0 & l_0\\ 0 & 0 & 0 & 1\end{bmatrix},\ T_2^0=A_1A_2=\begin{bmatrix}-c_1s_2 & s_1 & c_1c_2 & 0\\ -s_1s_2 & -c_1 & s_1c_2 & 0\\ c_2 & 0 & s_2 & l_0\\ 0 & 0 & 0 & 1\end{bmatrix},$$

$$T_3^0=A_1A_2A_3=\begin{bmatrix}-c_1s_2 & s_1 & c_1c_2 & d_3c_1c_2\\ -s_1s_2 & -c_1 & s_1c_2 & d_3s_1c_2\\ c_2 & 0 & s_2 & d_3s_2+l_0\\ 0 & 0 & 0 & 1\end{bmatrix} \tag{3-51}$$

（1）以图 3-3a 所示的坐标系建立方法为例

将式（3-50）的 T_3^0 对各关节变量求微分，得

$$
\mathrm{d}\boldsymbol{T}_3^0=\begin{bmatrix} s_1c_2\mathrm{d}\theta_1-c_1s_2\mathrm{d}\theta_2 & -c_1\mathrm{d}\theta_1 & -s_1s_2\mathrm{d}\theta_1+c_1c_2\mathrm{d}\theta_2 & -d_3s_1s_2\mathrm{d}\theta_1+d_3c_1c_2\mathrm{d}\theta_2+c_1s_2\mathrm{d}d_3 \\ c_1c_2\mathrm{d}\theta_1-s_1s_2\mathrm{d}\theta_2 & -s_1\mathrm{d}\theta_1 & c_1s_2\mathrm{d}\theta_1+s_1c_2\mathrm{d}\theta_2 & d_3c_1s_2\mathrm{d}\theta_1+d_3s_1c_2\mathrm{d}\theta_2+s_1s_2\mathrm{d}d_3 \\ -c_2\mathrm{d}\theta_2 & 0 & -s_2\mathrm{d}\theta_2 & -d_3s_2\mathrm{d}\theta_2+c_2\mathrm{d}d_3 \\ 0 & 0 & 0 & 0 \end{bmatrix} \tag{3-52}
$$

取式（3-52）矩阵中第四列的前三行即可得到手部坐标系沿基础坐标系各坐标轴的微小平移量 $\boldsymbol{d}_e$，即

$$
\boldsymbol{d}_e=\begin{bmatrix} d_{ex} \\ d_{ey} \\ d_{ez} \end{bmatrix}=\begin{bmatrix} -d_3s_1s_2\mathrm{d}\theta_1+d_3c_1c_2\mathrm{d}\theta_2+c_1s_2\mathrm{d}d_3 \\ d_3c_1s_2\mathrm{d}\theta_1+d_3s_1c_2\mathrm{d}\theta_2+s_1s_2\mathrm{d}d_3 \\ -d_3s_2\mathrm{d}\theta_2+c_2\mathrm{d}d_3 \end{bmatrix} \tag{3-53}
$$

依式（3-28）计算 $\boldsymbol{T}_3^0$ 的逆矩阵，得

$$
(\boldsymbol{T}_3^0)^{-1}=\begin{bmatrix} c_1c_2 & s_1c_2 & -s_2 & l_0s_2 \\ -s_1 & c_1 & 0 & 0 \\ c_1s_2 & s_1s_2 & c_2 & -d_3-c_2l_0 \\ 0 & 0 & 0 & 1 \end{bmatrix} \tag{3-54}
$$

则由式（3-45）、式（3-52）及式（3-54）可求出

$$
\begin{aligned}
\boldsymbol{\Delta}&=\mathrm{d}\boldsymbol{T}_3^0\cdot(\boldsymbol{T}_3^0)^{-1} \\
&=\begin{bmatrix} -s_1c_2\mathrm{d}\theta_1-c_1s_2\mathrm{d}\theta_2 & -c_1\mathrm{d}\theta_1 & -s_1s_2\mathrm{d}\theta_1+c_1c_2\mathrm{d}\theta_2 & -d_3s_1s_2\mathrm{d}\theta_1+d_3c_1c_2\mathrm{d}\theta_2+c_1s_2\mathrm{d}d_3 \\ c_1c_2\mathrm{d}\theta_1-s_1s_2\mathrm{d}\theta_2 & -s_1\mathrm{d}\theta_1 & c_1s_2\mathrm{d}\theta_1+s_1c_2\mathrm{d}\theta_2 & d_3c_1s_2\mathrm{d}\theta_1+d_3s_1c_2\mathrm{d}\theta_2+s_1s_2\mathrm{d}d_3 \\ -c_2\mathrm{d}\theta_2 & 0 & -s_2\mathrm{d}\theta_2 & -d_3s_2\mathrm{d}\theta_2+c_2\mathrm{d}d_3 \\ 0 & 0 & 0 & 0 \end{bmatrix} \\
&\quad\begin{bmatrix} c_1c_2 & s_1c_2 & -s_2 & l_0s_2 \\ -s_1 & c_1 & 0 & 0 \\ c_1s_2 & s_1s_2 & c_2 & -d_3-c_2l_0 \\ 0 & 0 & 0 & 1 \end{bmatrix}=\begin{bmatrix} 0 & -\mathrm{d}\theta_1 & c_1\mathrm{d}\theta_2 & -c_1l_0\mathrm{d}\theta_2+c_1s_2\mathrm{d}d_3 \\ \mathrm{d}\theta_1 & 0 & s_1\mathrm{d}\theta_2 & -s_1l_0\mathrm{d}\theta_2+s_1s_2\mathrm{d}d_3 \\ -c_1\mathrm{d}\theta_2 & -s_1\mathrm{d}\theta_2 & 0 & c_2\mathrm{d}d_3 \\ 0 & 0 & 0 & 0 \end{bmatrix}
\end{aligned} \tag{3-55}
$$

因

$$
\boldsymbol{\Delta}=\begin{bmatrix} 0 & -\delta_z & \delta_y & d_x \\ \delta_z & 0 & -\delta_x & d_y \\ -\delta_y & \delta_x & 0 & d_z \\ 0 & 0 & 0 & 0 \end{bmatrix} \tag{3-56}
$$

对照式（3-55）及式（3-56）对应元素，即可求得手部在基础坐标系中的微分平移及旋转运动矢量 $\boldsymbol{d}$ 和 $\boldsymbol{\delta}$，即

$$
\boldsymbol{d}=\begin{bmatrix} d_x \\ d_y \\ d_z \end{bmatrix}=\begin{bmatrix} -c_1l_0\mathrm{d}\theta_2+c_1s_2\mathrm{d}d_3 \\ -s_1l_0\mathrm{d}\theta_2+s_1s_2\mathrm{d}d_3 \\ c_2\mathrm{d}d_3 \end{bmatrix},\quad \boldsymbol{\delta}=\begin{bmatrix} \delta_x \\ \delta_y \\ \delta_z \end{bmatrix}=\begin{bmatrix} -s_1\mathrm{d}\theta_2 \\ c_1\mathrm{d}\theta_2 \\ \mathrm{d}\theta_1 \end{bmatrix} \tag{3-57}
$$

微分旋转运动 $\boldsymbol{\delta}$ 即为手部坐标系绕基础坐标系各坐标轴的实际微小转动量 $\boldsymbol{\delta}_e$，即

$$\boldsymbol{\delta}_e = \begin{bmatrix} \delta_{ex} \\ \delta_{ey} \\ \delta_{ez} \end{bmatrix} = \begin{bmatrix} \delta_x \\ \delta_y \\ \delta_z \end{bmatrix} = \begin{bmatrix} -s_1 \mathrm{d}\theta_2 \\ c_1 \mathrm{d}\theta_2 \\ \mathrm{d}\theta_1 \end{bmatrix} \tag{3-58}$$

应注意到：实际微小平移量 $\boldsymbol{d}_e$ 不仅包含微分平移运动量 $\boldsymbol{d}$，而且包含了由于微分旋转运动 $\boldsymbol{\delta}$ 而产生的微小平移量 $\boldsymbol{d}'$，$\boldsymbol{d}_e = \boldsymbol{d} + \boldsymbol{d}'$。

合并式（3-53）及式（3-58），得

$$\boldsymbol{D}_e = \begin{bmatrix} d_{ex} \\ d_{ey} \\ d_{ez} \\ \delta_{ex} \\ \delta_{ey} \\ \delta_{ez} \end{bmatrix} = \begin{bmatrix} -d_3 s_1 s_2 \mathrm{d}\theta_1 + d_3 c_1 c_2 \mathrm{d}\theta_2 + c_1 s_2 \mathrm{d}d_3 \\ d_3 c_1 s_2 \mathrm{d}\theta_1 + d_3 s_1 c_2 \mathrm{d}\theta_2 + s_1 s_2 \mathrm{d}d_3 \\ -d_3 s_2 \mathrm{d}\theta_2 + c_2 \mathrm{d}d_3 \\ -s_1 \mathrm{d}\theta_2 \\ c_1 \mathrm{d}\theta_2 \\ \mathrm{d}\theta_1 \end{bmatrix} = \begin{bmatrix} -s_1 s_2 d_3 & c_1 c_2 d_3 & c_1 s_2 \\ c_1 s_2 d_3 & s_1 c_2 d_3 & s_1 s_2 \\ 0 & -s_2 d_3 & c_2 \\ 0 & -s_1 & 0 \\ 0 & c_1 & 0 \\ 1 & 0 & 0 \end{bmatrix} \begin{bmatrix} \mathrm{d}\theta_1 \\ \mathrm{d}\theta_2 \\ \mathrm{d}d_3 \end{bmatrix} \tag{3-59}$$

由式（3-59）可求出雅可比矩阵 $\boldsymbol{J}(\boldsymbol{q})$，表达式为

$$\boldsymbol{J}(\boldsymbol{q}) = \begin{bmatrix} -s_1 s_2 d_3 & c_1 c_2 d_3 & c_1 s_2 \\ c_1 s_2 d_3 & s_1 c_2 d_3 & s_1 s_2 \\ 0 & -s_2 d_3 & c_2 \\ 0 & -s_1 & 0 \\ 0 & c_1 & 0 \\ 1 & 0 & 0 \end{bmatrix} \tag{3-60}$$

当 $\theta_1 = -90°$、$\theta_2 = 270°$、$d_3 = d_3$ 时，此状态下的雅可比矩阵 $\boldsymbol{J}(\boldsymbol{q})$ 为

$$\boldsymbol{J}(\boldsymbol{q}) = \begin{bmatrix} -d_3 & 0 & 0 \\ 0 & 0 & 1 \\ 0 & d_3 & 0 \\ 0 & 1 & 0 \\ 0 & 0 & 0 \\ 1 & 0 & 0 \end{bmatrix} \tag{3-61}$$

（2）以图 3-3b 所示的坐标系建立方法为例

将式（3-51）中 $\boldsymbol{T}_3^0$ 对各关节变量求微分，得

$$\mathrm{d}\boldsymbol{T}_3^0 = \begin{bmatrix} s_1 s_2 \mathrm{d}\theta_1 - c_1 c_2 \mathrm{d}\theta_2 & c_1 \mathrm{d}\theta_1 & -s_1 c_2 \mathrm{d}\theta_1 - c_1 s_2 \mathrm{d}\theta_2 & -d_3 s_1 c_2 \mathrm{d}\theta_1 - d_3 c_1 s_2 \mathrm{d}\theta_2 + c_1 c_2 \mathrm{d}d_3 \\ -c_1 s_2 \mathrm{d}\theta_1 - s_1 c_2 \mathrm{d}\theta_2 & s_1 \mathrm{d}\theta_1 & c_1 c_2 \mathrm{d}\theta_1 - s_1 s_2 \mathrm{d}\theta_2 & d_3 c_1 c_2 \mathrm{d}\theta_1 - d_3 s_1 s_2 \mathrm{d}\theta_2 + s_1 c_2 \mathrm{d}d_3 \\ -s_2 \mathrm{d}\theta_2 & 0 & c_2 \mathrm{d}\theta_2 & d_3 c_2 \mathrm{d}\theta_2 + s_2 \mathrm{d}d_3 \\ 0 & 0 & 0 & 0 \end{bmatrix} \tag{3-62}$$

取式（3-62）矩阵中第四列的前三行即可得到手部坐标系沿基础坐标系各坐标轴的微

小平移量 $\boldsymbol{d}_e$，即

$$\boldsymbol{d}_e=\begin{bmatrix} d_{ex}\\ d_{ey}\\ d_{ez}\end{bmatrix}=\begin{bmatrix} -d_3s_1c_2\mathrm{d}\theta_1-d_3c_1s_2\mathrm{d}\theta_2+c_1c_2\mathrm{d}d_3\\ d_3c_1c_2\mathrm{d}\theta_1-d_3s_1s_2\mathrm{d}\theta_2+s_1c_2\mathrm{d}d_3\\ d_3c_2\mathrm{d}\theta_2+s_2\mathrm{d}d_3\end{bmatrix} \tag{3-63}$$

依式（3-28）计算 $\boldsymbol{T}_3^0$ 的逆矩阵

$$(\boldsymbol{T}_3^0)^{-1}=\begin{bmatrix} -c_1s_2 & -s_1s_2 & c_2 & -l_0c_2\\ s_1 & -c_1 & 0 & 0\\ c_1c_2 & s_1c_2 & s_2 & -d_3-s_2l_0\\ 0 & 0 & 0 & 1\end{bmatrix} \tag{3-64}$$

则由式（3-45）、式（3-62）及式（3-64）可求得

$$\begin{aligned}\boldsymbol{\Delta}&=\mathrm{d}\boldsymbol{T}_3^0\bullet(\boldsymbol{T}_3^0)^{-1}\\ &=\begin{bmatrix} s_1s_2\mathrm{d}\theta_1-c_1c_2\mathrm{d}\theta_2 & c_1\mathrm{d}\theta_1 & -s_1c_2\mathrm{d}\theta_1-c_1s_2\mathrm{d}\theta_2 & -d_3s_1c_2\mathrm{d}\theta_1-d_3c_1s_2\mathrm{d}\theta_2+c_1c_2\mathrm{d}d_3\\ -c_1s_2\mathrm{d}\theta_1-s_1c_2\mathrm{d}\theta_2 & s_1\mathrm{d}\theta_1 & c_1c_2\mathrm{d}\theta_1-s_1s_2\mathrm{d}\theta_2 & d_3c_1c_2\mathrm{d}\theta_1-d_3s_1s_2\mathrm{d}\theta_2+s_1c_2\mathrm{d}d_3\\ -s_2\mathrm{d}\theta_2 & 0 & c_2\mathrm{d}\theta_2 & d_3c_2\mathrm{d}\theta_2+s_2\mathrm{d}d_3\\ 0 & 0 & 0 & 0\end{bmatrix}\\ &\quad\begin{bmatrix} -c_1s_2 & -s_1s_2 & c_2 & -l_0c_2\\ s_1 & -c_1 & 0 & 0\\ c_1c_2 & s_1c_2 & s_2 & -d_3-s_2l_0\\ 0 & 0 & 0 & 1\end{bmatrix}\\ &=\begin{bmatrix} 0 & -\mathrm{d}\theta_1 & -c_1\mathrm{d}\theta_2 & c_1l_0\mathrm{d}\theta_2+c_1c_2\mathrm{d}d_3\\ \mathrm{d}\theta_1 & 0 & -s_1\mathrm{d}\theta_2 & s_1l_0\mathrm{d}\theta_2+s_1c_2\mathrm{d}d_3\\ c_1\mathrm{d}\theta_2 & s_1\mathrm{d}\theta_2 & 0 & s_2\mathrm{d}d_3\\ 0 & 0 & 0 & 0\end{bmatrix}\end{aligned} \tag{3-65}$$

因

$$\boldsymbol{\Delta}=\begin{bmatrix} 0 & -\delta_z & \delta_y & d_x\\ \delta_z & 0 & -\delta_x & d_y\\ -\delta_y & \delta_x & 0 & d_z\\ 0 & 0 & 0 & 0\end{bmatrix} \tag{3-66}$$

对照式（3-65）及式（3-66）对应元素，即可求得手部在基础坐标系中的微分平移及旋转运动矢量 $\boldsymbol{d}$ 和 $\boldsymbol{\delta}$，即

$$\boldsymbol{d}=\begin{bmatrix} d_x\\ d_y\\ d_z\end{bmatrix}=\begin{bmatrix} c_1l_0\mathrm{d}\theta_2+c_1c_2\mathrm{d}d_3\\ s_1l_0\mathrm{d}\theta_2+s_1c_2\mathrm{d}d_3\\ s_2\mathrm{d}d_3\end{bmatrix},\quad \boldsymbol{\delta}=\begin{bmatrix} \delta_x\\ \delta_y\\ \delta_z\end{bmatrix}=\begin{bmatrix} s_1\mathrm{d}\theta_2\\ -c_1\mathrm{d}\theta_2\\ \mathrm{d}\theta_1\end{bmatrix} \tag{3-67}$$

微分旋转运动 $\boldsymbol{\delta}$ 即为手部坐标系绕基础坐标系各坐标轴的实际微小转动量 $\boldsymbol{\delta}_e$，即

$$\boldsymbol{\delta}_e = \begin{bmatrix} \delta_{ex} \\ \delta_{ey} \\ \delta_{ez} \end{bmatrix} = \begin{bmatrix} \delta_x \\ \delta_y \\ \delta_z \end{bmatrix} = \begin{bmatrix} s_1 \mathrm{d}\theta_2 \\ -c_1 \mathrm{d}\theta_2 \\ \mathrm{d}\theta_1 \end{bmatrix} \tag{3-68}$$

合并式（3-63）及式（3-68），得

$$\boldsymbol{D}_e = \begin{bmatrix} d_{ex} \\ d_{ey} \\ d_{ez} \\ \delta_{ex} \\ \delta_{ey} \\ \delta_{ez} \end{bmatrix} = \begin{bmatrix} -d_3 s_1 c_2 \mathrm{d}\theta_1 - d_3 c_1 s_2 \mathrm{d}\theta_2 + c_1 c_2 \mathrm{d}d_3 \\ d_3 c_1 c_2 \mathrm{d}\theta_1 - d_3 s_1 s_2 \mathrm{d}\theta_2 + s_1 c_2 \mathrm{d}d_3 \\ d_3 c_2 \mathrm{d}\theta_2 + s_2 \mathrm{d}d_3 \\ s_1 \mathrm{d}\theta_2 \\ -c_1 \mathrm{d}\theta_2 \\ \mathrm{d}\theta_1 \end{bmatrix} = \begin{bmatrix} -s_1 c_2 d_3 & -c_1 s_2 d_3 & c_1 c_2 \\ c_1 c_2 d_3 & -s_1 s_2 d_3 & s_1 c_2 \\ 0 & c_2 d_3 & s_2 \\ 0 & s_1 & 0 \\ 0 & -c_1 & 0 \\ 1 & 0 & 0 \end{bmatrix} \begin{bmatrix} \mathrm{d}\theta_1 \\ \mathrm{d}\theta_2 \\ \mathrm{d}d_3 \end{bmatrix} \tag{3-69}$$

由式（3-69）可求出雅可比矩阵 $\boldsymbol{J}(\boldsymbol{q})$，表达式为

$$\boldsymbol{J}(\boldsymbol{q}) = \begin{bmatrix} -s_1 c_2 d_3 & -c_1 s_2 d_3 & c_1 c_2 \\ c_1 c_2 d_3 & -s_1 s_2 d_3 & s_1 c_2 \\ 0 & c_2 d_3 & s_2 \\ 0 & s_1 & 0 \\ 0 & -c_1 & 0 \\ 1 & 0 & 0 \end{bmatrix} \tag{3-70}$$

当 $\theta_1 = 90°$、$\theta_2 = 0°$、$d_3 = d_3$ 时，此状态下的雅可比矩阵 $\boldsymbol{J}(\boldsymbol{q})$ 为

$$\boldsymbol{J}(\boldsymbol{q}) = \begin{bmatrix} -d_3 & 0 & 0 \\ 0 & 0 & 1 \\ 0 & d_3 & 0 \\ 0 & 1 & 0 \\ 0 & 0 & 0 \\ 1 & 0 & 0 \end{bmatrix} \tag{3-71}$$

可以看出，由于图 3-3a 中当 $\theta_1 = -90°$、$\theta_2 = 270°$、$d_3 = d_3$ 时的机器人状态与图 3-3b 中当 $\theta_1 = 90°$，$\theta_2 = 0°$，$d_3 = d_3$ 时的机器人状态相同，因此式（3-61）与式（3-71）的 $\boldsymbol{J}(\boldsymbol{q})$ 相同。说明不同的坐标系建立方法，其雅可比矩阵表达式虽然不同，但同状态下的 $\boldsymbol{J}(\boldsymbol{q})$ 一定是相同的。

3.4 机器人正运动学实践

将 2.3 节介绍的轮式仿人机器人分为主作业系统、感知系统和辅助作业系统。针对具体作业，该机器人首先通过感知系统获取外界目标物和障碍物的位姿信息，然后通过主作业系统和辅助作业系统运动完成作业任务。其中，感知系统一共有 9 个自由度，分别为移动机器人（3 个自由度）、机器人脚部旋转关节（1 个自由度）、腰部 3–RPS 并联机构（3 个

自由度）、机器人头部俯仰和旋转关节（2 个自由度）；主作业系统有 13 个自由度，分别为移动机器人（3 个自由度）、机器人脚部旋转关节（1 个自由度）、腰部 3-RPS 并联机构（3 个自由度）、机器人右作业臂（6 个自由度）；辅助作业系统包括机器人左作业臂的 6 个自由度。

对机器人系统进行运动学分析，首先需要建立运动学模型。本书根据 Modified-DH 法，对机器人各个系统建立运动学模型，如图 3-4 所示。

图 3-4 中，坐标系 $\{A\}$ 为目标物 A 的坐标系。轮式仿人机器人使用的双目摄像头有其自身的基础坐标系，记为坐标系 $\{C\}$，且该坐标系的原点位于机器人左眼位置处。此外，将选定的大地坐标系 $\{G\}$ 作为整个感知系统和主作业系统的基础坐标系，且在机器人开始运动之前，移动机器人的中心点与坐标系 $\{G\}$ 的原点重合。同时，辅助作业系统在与主作业系统协调完成作业任务时，只需要机器人系统的辅助作业臂进行动作，故将辅助作业系统的基础坐标系选定于机器人胸部中心处，记为坐标系 $\{O\}$。坐标系 $\{W\}$、坐标系 $\{H\}$ 分别表示机器人腰部坐标系和头部中心坐标系。

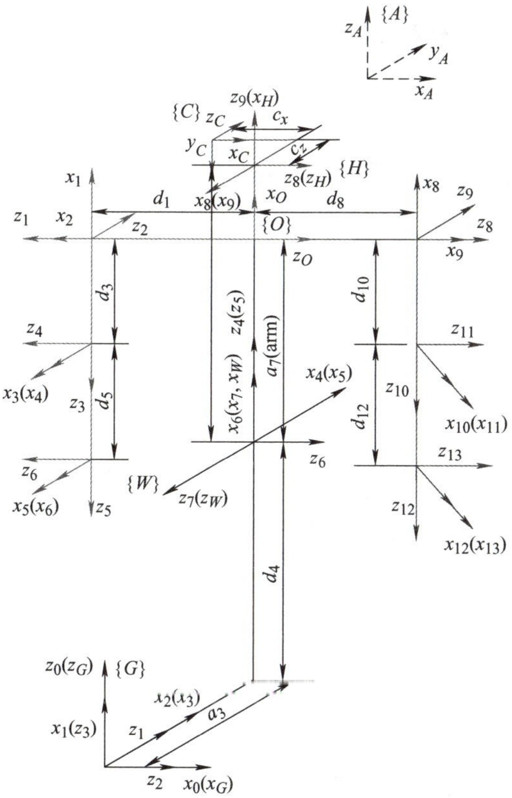

图 3-4　机器人系统整体模型

下文中，将分别对主作业系统、感知系统、辅助作业系统进行分析。为了区分 3 个系统不同的坐标系，主作业系统的各个关节坐标系及其对应的关节角依次分别定义为 $\{i_m\}$、$\theta_{i_m}(i=1,2,\cdots,13)$；感知系统的各个关节坐标系及其对应的关节角依次分别定义为 $\{i\}$、$\theta_i(i=1,2,\cdots,9)$；辅助作业系统的各个关节坐标系及其对应的关节角依次分别定义为 $\{i_a\}$、$\theta_{i_a}(i=1,2,\cdots,6)$。

3.4.1 轮式仿人机器人主作业系统正运动学实践

根据图 3-5a，将主作业系统运动学模型从图 3-4 中分离出来，如图 3-5b 所示。

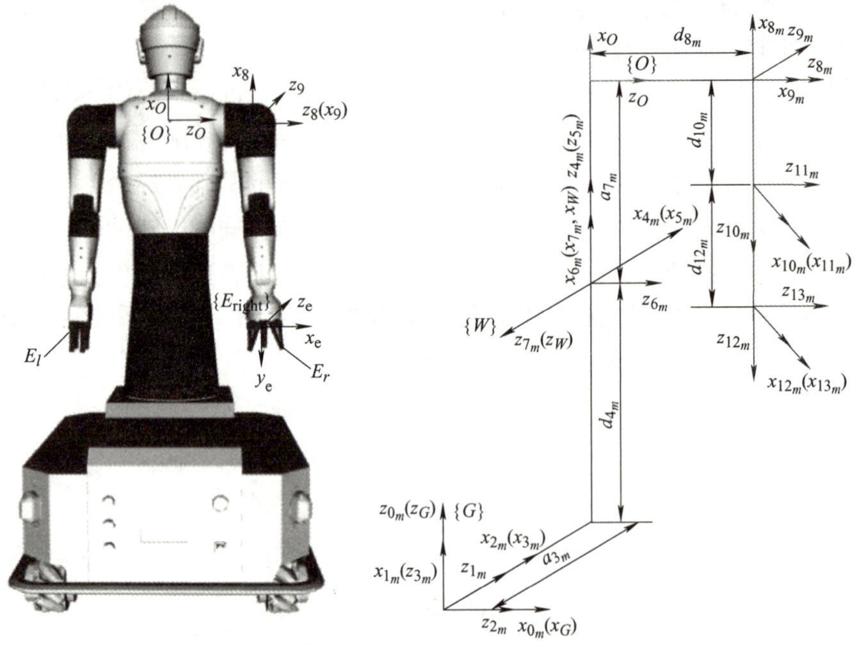

a) 轮式仿人机器人三维模型　　b) 轮式仿人机器人主作业系统运动学模型

图 3-5　主作业系统运动学模型

根据主作业系统的运动学模型以及相应的轮式仿人机器人机械结构参数即可建立机器人主作业系统的 D–H 参数表，见表 3-4。

表 3-4　主作业系统的 D–H 参数

连杆 i_m	关节角 θ_{i_m}	扭转角 $\alpha_{(i-1)_m}$	连杆长度 $a_{(i-1)_m}$	连杆偏移量 d_{i_m} /mm	θ_{i_m} 的范围
1_m	−90°	−90°	0	$d_{1_m}=d_y$（变量）	—
2_m	−90°	−90°	0	$d_{2_m}=d_x$（变量）	—
3_m	θ_{3_m}	−90°	0	0	−180° ~ 180°
4_m	θ_{4_m}	0°	$a_{3_m}=186\text{mm}$	d_{4_m}	−180° ~ 180°
5_m	0°	0°	0	$d_{5_m}=h_z$（变量）	—
6_m	$\theta_{6_m}+90°$	90°	0	0	−45° ~ 45°
7_m	θ_{7_m}	−90°	0	0	−45° ~ 45°
8_m	θ_{8_m}	90°	$a_{7_m}=275\text{mm}$	d_{8_m}	−120° ~ 120°
9_m	$\theta_{9_m}+90°$	90°	0	0	−120° ~ 0°
10_m	$\theta_{10_m}-90°$	90°	0	d_{10_m}	−90° ~ 90°
11_m	θ_{11_m}	−90°	0	0	−10° ~ 90°
12_m	θ_{12_m}	−90°	0	d_{12_m}	−90° ~ 90°
13_m	θ_{13_m}	90°	0	0	−15° ~ 15°

表中，d_x 代表小车沿基础坐标系 x 轴方向移动的距离；d_y 代表小车沿基础坐标系 y 轴方向移动的距离；h_z 代表并联机构竖直方向移动的距离；a_{3_m} 代表小车中心到机器人脚部中心的距离；d_{4_m} 代表机器人脚部中心到腰部中心的距离；a_{7_m} 表示腰部中心到机器人胸部中心的距离；d_{8_m} 表示胸部中心到机器人主作业臂肩部的距离；d_{10_m} 表示主作业臂肩部到主作业臂肘部的距离。此外，表 3-4 中的 d_{12_m} 表示肘部中心到末端执行器中心的距离。根据表 3-4，可得主作业系统各个连杆的齐次变换矩阵 ${}^{(i-1)_m}_{i_m}\boldsymbol{T}$，即

$$
{}^{0_m}_{1_m}\boldsymbol{T}=\begin{bmatrix}0&1&0&0\\0&0&1&d_y\\1&0&0&0\\0&0&0&1\end{bmatrix},\quad
{}^{1_m}_{2_m}\boldsymbol{T}=\begin{bmatrix}0&1&0&0\\0&0&1&d_x\\1&0&0&0\\0&0&0&1\end{bmatrix},\quad
{}^{2_m}_{3_m}\boldsymbol{T}=\begin{bmatrix}c_{3_m}&-s_{3_m}&0&0\\0&0&1&0\\-s_{3_m}&-c_{3_m}&0&0\\0&0&0&1\end{bmatrix}
$$

$$
{}^{3_m}_{4_m}\boldsymbol{T}=\begin{bmatrix}c_{4_m}&-s_{4_m}&0&a_{3_m}\\s_{4_m}&c_{4_m}&0&0\\0&0&1&d_{4_m}\\0&0&0&1\end{bmatrix},\quad
{}^{4_m}_{5_m}\boldsymbol{T}=\begin{bmatrix}1&0&0&0\\0&1&0&0\\0&0&1&h_z\\0&0&0&1\end{bmatrix},\quad
{}^{5_m}_{6_m}\boldsymbol{T}=\begin{bmatrix}-s_{6_m}&-c_{6_m}&0&0\\0&0&-1&0\\c_{6_m}&-s_{6_m}&0&0\\0&0&0&1\end{bmatrix}
$$

$$
{}^{6_m}_{7_m}\boldsymbol{T}=\begin{bmatrix}c_{7_m}&-s_{7_m}&0&0\\0&0&1&0\\-s_{7_m}&-c_{7_m}&0&0\\0&0&0&1\end{bmatrix},\quad
{}^{7_m}_{8_m}\boldsymbol{T}=\begin{bmatrix}c_{8_m}&-s_{8_m}&0&a_{7_m}\\0&0&-1&-d_{8_m}\\s_{8_m}&c_{8_m}&0&0\\0&0&0&1\end{bmatrix},\quad
{}^{8_m}_{9_m}\boldsymbol{T}=\begin{bmatrix}-s_{9_m}&-c_{9_m}&0&0\\0&0&-1&0\\c_{9_m}&-s_{9_m}&0&0\\0&0&0&1\end{bmatrix}
\tag{3-72}
$$

$$
{}^{9_m}_{10_m}\boldsymbol{T}=\begin{bmatrix}-s_{10_m}&-c_{10_m}&0&0\\0&0&1&d_{10_m}\\-c_{10_m}&s_{10_m}&0&0\\0&0&0&1\end{bmatrix},\quad
{}^{10_m}_{11_m}\boldsymbol{T}=\begin{bmatrix}s_{11_m}&c_{11_m}&0&0\\0&0&-1&0\\-c_{11_m}&s_{11_m}&0&0\\0&0&0&1\end{bmatrix},\quad
{}^{11_m}_{12_m}\boldsymbol{T}=\begin{bmatrix}c_{12_m}&-s_{12_m}&0&0\\0&0&-1&0\\s_{12_m}&c_{12_m}&0&0\\0&0&0&1\end{bmatrix}
$$

由图 3-5 中模型可得，最后一个坐标系 $\{13_m\}$ 的原点位于腕部中心，故需要将末端执行器坐标系变换到与末端执行器中心坐标系 $\{13'_m\}$ 重合。变换过程是将坐标系 $\{13_m\}$ 先绕 z 轴旋转 90°，再绕 x 轴旋转 90°，最后沿变换后坐标系的 y 轴方向平移 d_{13_m} 到坐标系 $\{13'_m\}$。其中，s_{i_m} 为 $\sin\theta_{i_m}$ 的简写，c_{i_m} 为 $\cos\theta_{i_m}$ 的简写，以下类同，得到末端执行器中心相对于基础坐标系 $\{0_m\}$（大地坐标系 $\{G\}$）的位姿 ${}^{0_m}_{13'_m}\boldsymbol{T}$ 为

$$
{}^{0_m}_{13'_m}\boldsymbol{T}={}^{0_m}_{13_m}\boldsymbol{T}\boldsymbol{R}_Z(90°)\boldsymbol{R}_X(90°)\boldsymbol{D}_Y(d_{13_m})
\tag{3-73}
$$

$$
{}^{0_m}_{13_m}\boldsymbol{T}={}^{0_m}_{1_m}\boldsymbol{T}\,{}^{1_m}_{2_m}\boldsymbol{T}\,{}^{2_m}_{3_m}\boldsymbol{T}\,{}^{3_m}_{4_m}\boldsymbol{T}\,{}^{4_m}_{5_m}\boldsymbol{T}\,{}^{5_m}_{6_m}\boldsymbol{T}\,{}^{6_m}_{7_m}\boldsymbol{T}\,{}^{7_m}_{8_m}\boldsymbol{T}\,{}^{8_m}_{9_m}\boldsymbol{T}\,{}^{9_m}_{10_m}\boldsymbol{T}\,{}^{10_m}_{11_m}\boldsymbol{T}\,{}^{11_m}_{12_m}\boldsymbol{T}\,{}^{12_m}_{13_m}\boldsymbol{T}
\tag{3-74}
$$

其中，$d_{13_m}=300\text{mm}$。当已知主作业系统各个关节运动的角度值时，就可以根据式（3-73）和式（3-74）确定出其末端执行器相对于基础坐标系的位姿信息。

3.4.2　轮式仿人机器人感知系统正运动学实践

感知系统的主要作用：将通过摄像头获取到的目标位姿变换到相对于基础坐标系中的位姿。但是，摄像头得到的目标物 A 的位姿是相对于摄像头基础坐标系 $\{C\}$ 而言的。因

此，本书需要在此基础上，将双目摄像头获取到的位姿通过感知系统变换到大地坐标系 $\{G\}$ 中，这样便可确定出目标物在环境中的位姿信息。另外，为了辅助作业臂末端执行器能够成功到达目标点，还需要将摄像头获取到的目标物位姿转换到基础坐标系 $\{O\}$ 中。

1. 目标物 A 在大地坐标系 $\{G\}$ 中的位姿变换

根据图 3-4，将感知系统的运动学模型分离出来。感知系统模型如图 3-6 所示。

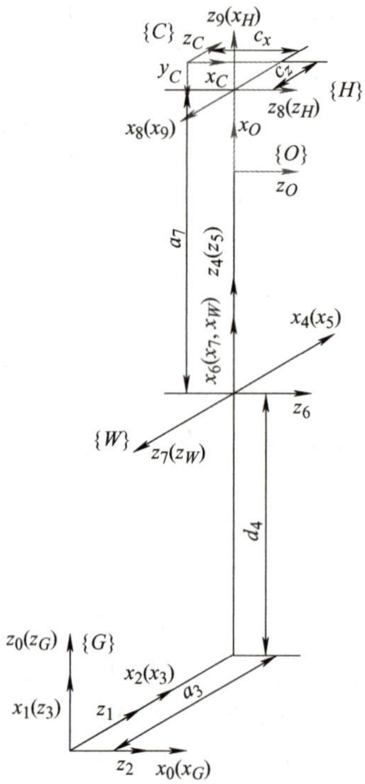

图 3-6　感知系统模型

根据图 3-6 中的模型，得到感知系统的 D–H 参数见表 3-5。

表 3-5　感知系统的 D–H 参数

连杆 i	关节角 θ_i	扭转角 α_{i-1}	连杆长度 a_{i-1}	连杆偏移量 d_i	θ_i 的范围
1	−90°	−90°	0	$d_1 = d_y$（变量）	常数
2	−90°	−90°	0	$d_2 = d_x$（变量）	常数
3	θ_3	−90°	0	0	−180° ～ 180°
4	θ_4	0°	$a_3 = 186\text{mm}$	$d_4 = 454\text{mm}$	−180° ～ 180°
5	0°	0°	0	$d_5 = h_z$（变量）	常数
6	$\theta_6 + 90°$	90°	0	0	−60° ～ 60°
7	θ_7	−90°	0	0	−60° ～ 60°
8	$\theta_8 + 90°$	90°	a_7=505mm	0	−20° ～ 60°
9	θ_9	90°	0	0	−90° ～ 90°

表中，d_x、d_y、h_z 与主作业系统模型中的 d_x、d_y、h_z 含义相同；a_3、d_4 与主作业系统模型中的 a_{3_m}、a_{4_m} 含义相同；a_7 代表腰部中心到机器人头部中心的距离。根据建立的参数表，可得到各个连杆的变换矩阵 ${}^{i-1}_{i}\boldsymbol{T}$ 为

$$
\begin{gathered}
{}^{0}_{1}\boldsymbol{T}=\begin{bmatrix}0&1&0&0\\0&0&1&d_y\\1&0&0&0\\0&0&0&1\end{bmatrix},\quad
{}^{1}_{2}\boldsymbol{T}=\begin{bmatrix}0&1&0&0\\0&0&1&d_x\\1&0&0&0\\0&0&0&1\end{bmatrix},\quad
{}^{2}_{3}\boldsymbol{T}=\begin{bmatrix}c_3&-s_3&0&0\\0&0&1&0\\-s_3&-c_3&0&0\\0&0&0&1\end{bmatrix}\\
{}^{3}_{4}\boldsymbol{T}=\begin{bmatrix}c_4&-s_4&0&a_3\\s_4&c_4&0&0\\0&0&1&d_4\\0&0&0&1\end{bmatrix},\quad
{}^{4}_{5}\boldsymbol{T}=\begin{bmatrix}1&0&0&0\\0&1&0&0\\0&0&1&h_z\\0&0&0&1\end{bmatrix},\quad
{}^{5}_{6}\boldsymbol{T}=\begin{bmatrix}-s_6&-c_6&0&0\\0&0&-1&0\\c_6&-s_6&0&0\\0&0&0&1\end{bmatrix}\\
{}^{6}_{7}\boldsymbol{T}=\begin{bmatrix}c_7&-s_7&0&0\\0&0&1&0\\-s_7&-c_7&0&0\\0&0&0&1\end{bmatrix},\quad
{}^{7}_{8}\boldsymbol{T}=\begin{bmatrix}-s_8&-c_8&0&a_7\\0&0&-1&0\\c_8&-s_8&0&0\\0&0&0&1\end{bmatrix},\quad
{}^{8}_{9}\boldsymbol{T}=\begin{bmatrix}c_9&-s_9&0&0\\0&0&-1&0\\s_9&c_9&0&0\\0&0&0&1\end{bmatrix}
\end{gathered}
\tag{3-75}
$$

根据式（3-75），可得到机器人头部中心相对于大地坐标系的位姿 ${}^{0}_{9}\boldsymbol{T}$ 为

$$
{}^{0}_{9}\boldsymbol{T}={}^{0}_{1}\boldsymbol{T}\,{}^{1}_{2}\boldsymbol{T}\,{}^{2}_{3}\boldsymbol{T}\,{}^{3}_{4}\boldsymbol{T}\,{}^{4}_{5}\boldsymbol{T}\,{}^{5}_{6}\boldsymbol{T}\,{}^{6}_{7}\boldsymbol{T}\,{}^{7}_{8}\boldsymbol{T}\,{}^{8}_{9}\boldsymbol{T} \tag{3-76}
$$

感知系统一共有 9 个自由度，且其末端执行器位于机器人头部中心。坐标系 $\{C\}$ 是摄像头自身的基础坐标系，x_C、y_C、z_C 坐标轴如图 3-6 所示。通过模型，可得到摄像头坐标系 $\{C\}$ 与第 9 个关节坐标系的关系 ${}^{9}_{C}\boldsymbol{T}$ 为

$$
\begin{aligned}
{}^{9}_{C}\boldsymbol{T}&=\boldsymbol{R}_Z(90°)\boldsymbol{R}_X(-90°)\boldsymbol{D}_X(-c_x)\boldsymbol{D}_Z(c_z)\\
&=\begin{bmatrix}0&-1&0&0\\1&0&0&0\\0&0&1&0\\0&0&0&1\end{bmatrix}\begin{bmatrix}1&0&0&0\\0&0&1&0\\0&-1&0&0\\0&0&0&1\end{bmatrix}\begin{bmatrix}1&0&0&-c_x\\0&1&0&0\\0&0&1&c_z\\0&0&0&1\end{bmatrix}\begin{bmatrix}1&0&0&0\\0&1&0&0\\0&0&1&c_z\\0&0&0&1\end{bmatrix}\\
&=\begin{bmatrix}0&0&-1&-c_z\\1&0&0&-c_x\\0&-1&0&0\\0&0&0&1\end{bmatrix}
\end{aligned}
\tag{3-77}
$$

式中，$c_x = 32.5\text{mm}$，表示摄像头坐标系原点（位于机器人左眼）与双目中心左右相差的距离；$c_z = 68.5\text{mm}$，表示双目中心到头部中心前后的距离。

双目摄像头相对于大地坐标系的位姿 ${}^{G}_{C}\boldsymbol{T}$ 为

$$
{}^{G}_{C}\boldsymbol{T}={}^{0}_{9}\boldsymbol{T}\,{}^{9}_{C}\boldsymbol{T}={}^{0}_{1}\boldsymbol{T}\,{}^{1}_{2}\boldsymbol{T}\,{}^{2}_{3}\boldsymbol{T}\,{}^{3}_{4}\boldsymbol{T}\,{}^{4}_{5}\boldsymbol{T}\,{}^{5}_{6}\boldsymbol{T}\,{}^{6}_{7}\boldsymbol{T}\,{}^{7}_{8}\boldsymbol{T}\,{}^{8}_{9}\boldsymbol{T}\,{}^{9}_{C}\boldsymbol{T} \tag{3-78}
$$

根据式（3-78），当给定机器人感知系统中各关节旋转的角度和移动的距离时，可求

出机器人头部在大地坐标系中的位姿 ${}^{0}_{9}\boldsymbol{T}$，进而求出双目摄像头在大地坐标系中的位姿 ${}^{G}_{C}\boldsymbol{T}$。在此基础上，便解决了目标“在哪儿”的问题。本书中，将双目摄像头获取到的目标物 A 的位姿记为 ${}^{C}_{A}\boldsymbol{T}$，则可得到目标物 A 在大地坐标系 $\{G\}$ 中的位姿 ${}^{G}_{A}\boldsymbol{T}$ 为

$$
{}^{G}_{A}\boldsymbol{T}={}^{G}_{C}\boldsymbol{T}\,{}^{C}_{A}\boldsymbol{T} \tag{3-79}
$$

2. 目标物 A 在胸部中心坐标系 $\{O\}$ 中的位姿变换

机器人头部有上下俯仰和左右旋转两个关节，可以带动摄像头运动，增加其扫描的空间范围。如果将摄像头获取到的目标物的位姿记为 $\boldsymbol{T}_{\text{camera}}$，则需要经过头部的两个旋转关节才能将 $\boldsymbol{T}_{\text{camera}}$ 变换到胸部中心坐标系 $\{O\}$ 中。根据模型可知，机器人头部可以分别绕着坐标系 $\{H\}$ 的 x_H 轴、z_H 轴进行旋转。图 3-7 显示了摄像头坐标系 $\{C\}$、头部中心坐标系 $\{H\}$、胸部中心坐标系 $\{O\}$ 之间的坐标关系。

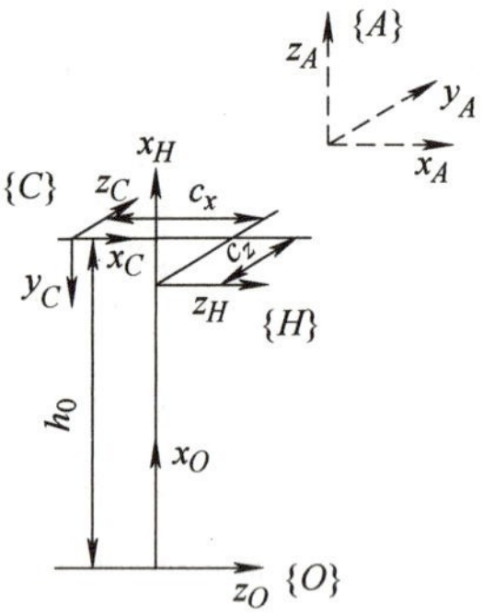

图 3-7　转换关系示意图

根据图 3-7，可知变换步骤如下：

1）头部绕坐标系 $\{H\}$ 有俯仰、左右偏转两个关节，绕 x_H 轴旋转 α_2（逆时针转头为正），再绕 z_H 轴旋转 α_1（仰头为正），变换关系记为 $\boldsymbol{T}_h$，即

$$
\boldsymbol{T}_h=\mathrm{Rot}(z_H,\alpha_1)\mathrm{Rot}(x_H,\alpha_2)=\begin{bmatrix} c\alpha_1 & -s\alpha_1 c\alpha_2 & s\alpha_1 s\alpha_2 & 0\\ s\alpha_1 & c\alpha_1 c\alpha_2 & -c\alpha_1 s\alpha_2 & 0\\ 0 & s\alpha_2 & c\alpha_2 & 0\\ 0 & 0 & 0 & 1 \end{bmatrix} \tag{3-80}
$$

式中，s 为 sin 的简写；c 为 cos 的简写，以下类同。

2）由图 3-7 可得，坐标系 $\{H\}$ 与坐标系 $\{C\}$ 之间，各坐标轴的方向均一致，原点在相同 x 轴方向上且相差一定距离，该距离记为 $h_0=230\text{mm}$。故得到头部中心坐标系 $\{H\}$ 相对于胸部中心坐标系 $\{O\}$ 的位姿 ${}^{O}_{H}\boldsymbol{T}$，即

$$
{}^{O}_{H}\boldsymbol{T}=\begin{bmatrix} c\alpha_1 & -s\alpha_1 c\alpha_2 & s\alpha_1 s\alpha_2 & h_0\\ s\alpha_1 & c\alpha_1 c\alpha_2 & -c\alpha_1 s\alpha_2 & 0\\ 0 & s\alpha_2 & c\alpha_2 & 0\\ 0 & 0 & 0 & 1 \end{bmatrix} \tag{3-81}
$$

3）将摄像头坐标系 $\{C\}$ 变换到头部中心坐标系 $\{H\}$ 中，变换关系 ${}^{H}_{C}\boldsymbol{T}$ 为

$$
{}^{H}_{C}\boldsymbol{T}=\boldsymbol{R}_Z(90°)\boldsymbol{R}_Y(-90°)\boldsymbol{D}_X(-c_x)\boldsymbol{D}_Z(c_z)=\begin{bmatrix} 0 & -1 & 0 & 0\\ 0 & 0 & -1 & -c_z\\ 1 & 0 & 0 & -c_x\\ 0 & 0 & 0 & 1 \end{bmatrix} \tag{3-82}
$$

式（3-82）中的 c_x、c_z 与式（3-77）中的 c_x、c_z 含义相同。

4）根据以上 3 个步骤，得到摄像头通过头部两个旋转关节变换到胸部中心坐标系

$\{O\}$ 的位姿关系 ${}_C^O\boldsymbol{T}$ 为

$$
{}_C^O\boldsymbol{T}={}_H^O\boldsymbol{T}\,{}_C^H\boldsymbol{T}=\begin{bmatrix} s\alpha_1 s\alpha_2 & -c\alpha_1 & s\alpha_1 c\alpha_2 & h_0+c_z s\alpha_1 c\alpha_2-c_x s\alpha_1 s\alpha_2 \\ -c\alpha_1 s\alpha_2 & -s\alpha_1 & -c\alpha_1 c\alpha_2 & -c_z c\alpha_1 c\alpha_2+c_x c\alpha_1 s\alpha_2 \\ c\alpha_2 & 0 & -s\alpha_2 & -c_z s\alpha_2-c_x c\alpha_2 \\ 0 & 0 & 0 & 1 \end{bmatrix} \tag{3-83}
$$

5）综合以上所有步骤，可得到目标物 A 相对于胸部中心坐标系 $\{O\}$ 的位姿 ${}_A^O\boldsymbol{T}$ 为

$$
{}_A^O\boldsymbol{T}={}_C^O\boldsymbol{T}\bullet\boldsymbol{T}_{\text{camera}} \tag{3-84}
$$

3.4.3　轮式仿人机器人辅助作业系统正运动学实践

辅助作业系统为轮式仿人机器人的一条臂，因此，当主作业系统的腰部及以下关节值确定后，结合单臂运动学，两条臂可以在运动范围内各自作业或共同作业。为方便计算，将轮式仿人机器人的胸部中心坐标系 $\{O\}$ 记为单臂操作链的基础坐标系。根据 Modified DH 法，辅助作业系统运动学模型如图 3-8 所示。

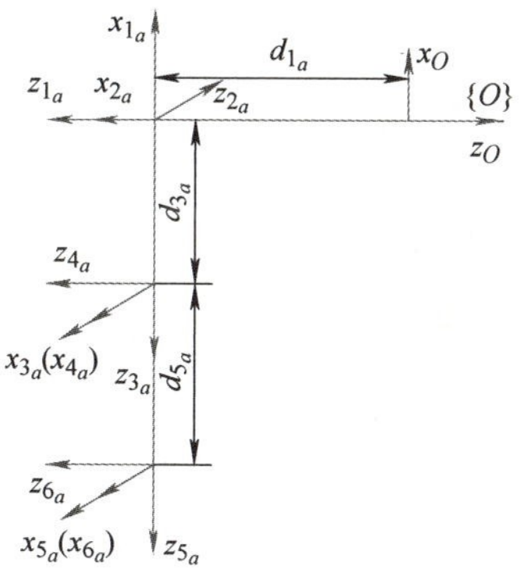

图 3-8　辅助作业系统运动学模型

根据图 3-8，可得到辅助作业系统的 D–H 参数，见表 3-6。

表 3-6　辅助作业系统的 D–H 参数

连杆 i_a	关节角 θ_{i_a}	扭转角 $\alpha_{(i-1)_a}$	连杆长度 $a_{(i-1)_a}$	连杆偏移量 d_{i_a}	θ_{i_a} 的范围
1_a	θ_{1_a}	180°	0	d_{1_a}	−120° ～ 120°
2_a	$\theta_{2_a}-90°$	−90°	0	0	0° ～ 120°
3_a	$\theta_{3_a}+90°$	−90°	0	$-d_{3_a}$	−90° ～ 90°
4_a	θ_{4_a}	90°	0	0	−10° ～ 90°
5_a	θ_{5_a}	90°	0	d_{5_a}	−90° ～ 90°
6_a	θ_{6_a}	−90°	0	0	−15° ～ 15°

表中，d_{1_a} 表示胸部中心到机器人辅助作业臂肩部的距离；d_{3_a} 表示辅助作业臂肩部到辅助作业臂肘部的距离；d_{5_a} 表示肘部中心到末端执行器手腕的距离。根据表 3-6，可得到

辅助作业系统各个连杆的齐次变换矩阵 ${}^{(i-1)_a}_{i_a}\boldsymbol{T}$ 为

$$
{}^{0_a}_{1_a}\boldsymbol{T}=\begin{bmatrix} c_{1_a} & -s_{1_a} & 0 & 0 \\ -s_{1_a} & -c_{1_a} & 0 & 0 \\ 0 & 0 & -1 & -d_{1_a} \\ 0 & 0 & 0 & 1 \end{bmatrix},\ {}^{1_a}_{2_a}\boldsymbol{T}=\begin{bmatrix} s_{2_a} & c_{2_a} & 0 & 0 \\ 0 & 0 & 1 & 0 \\ c_{2_a} & -s_{2_a} & 0 & 0 \\ 0 & 0 & 0 & 1 \end{bmatrix},\ {}^{2_a}_{3_a}\boldsymbol{T}=\begin{bmatrix} s_{3_a} & c_{3_a} & 0 & 0 \\ 0 & 0 & -1 & -d_{3_a} \\ -c_{3_a} & s_{3_a} & 0 & 0 \\ 0 & 0 & 0 & 1 \end{bmatrix}
$$

$$
{}^{3_a}_{4_a}\boldsymbol{T}=\begin{bmatrix} c_{4_a} & -s_{4_a} & 0 & 0 \\ 0 & 0 & 1 & 0 \\ -s_{4_a} & -c_{4_a} & 0 & 0 \\ 0 & 0 & 0 & 1 \end{bmatrix},\ {}^{4_a}_{5_a}\boldsymbol{T}=\begin{bmatrix} c_{5_a} & -s_{5_a} & 0 & 0 \\ 0 & 0 & -1 & -d_{5_a} \\ s_{5_a} & c_{5_a} & 0 & 0 \\ 0 & 0 & 0 & 1 \end{bmatrix},\ {}^{5_a}_{6_a}\boldsymbol{T}=\begin{bmatrix} c_{6_a} & -s_{6_a} & 0 & 0 \\ 0 & 0 & 1 & 0 \\ -s_{6_a} & -c_{6_a} & 0 & 0 \\ 0 & 0 & 0 & 1 \end{bmatrix} \tag{3-85}
$$

式中，s_{i_a} 为 $\sin\theta_{i_a}$ 的简写，c_{i_a} 为 $\cos\theta_{i_a}$ 的简写，以下类同。

若将机器人辅助作业臂手腕沿着其固连坐标系 y 轴负方向平移 $d=30\text{mm}$ 后变换到末端执行器的中心，则末端执行器中心相对于胸部中心坐标系的位姿 ${}^{0_a}_{p_a}\boldsymbol{T}$ 为

$$
{}^{0_a}_{p_a}\boldsymbol{T}={}^{0_a}_{6_a}\boldsymbol{T}\boldsymbol{D}_Y(-d)={}^{0_a}_{1_a}\boldsymbol{T}\,{}^{1_a}_{2_a}\boldsymbol{T}\,{}^{2_a}_{3_a}\boldsymbol{T}\,{}^{3_a}_{4_a}\boldsymbol{T}\,{}^{4_a}_{5_a}\boldsymbol{T}\,{}^{5_a}_{6_a}\boldsymbol{T}\boldsymbol{D}_Y(-d) \tag{3-86}
$$

所以，当已知机器人辅助作业系统各个关节运动的角度值时，就可以根据式（3-86）得到辅助作业臂末端执行器的位姿信息。

3.4.4 并联机器人正运动学实践

机器人位置和姿态的空间描述有三种，即驱动器空间描述、关节空间描述和工作空间（操作空间）描述。3.4.1 ～ 3.4.3 节中，我们将机器人腰部运动关节在整个机器人关节空间中等效为两个转动关节和一个移动关节。然而，组成腰部运动关节的 3-RPS 并联机器人，由动平台和定平台通过 3 个串联分支链接，每个分支由电机、丝杠副及相关链接件组成。因此，根据并联机器人电机驱动 3 个串联分支运动并不能直接得出其动平台的运动状态，通过 3 个电机分别驱动 3 个串联分支使动平台运动，并在关节空间中可以将其等效为两个转动关节和一个移动关节。所以需要将 3 个串联分支的运动转换成动平台的运动状态，该过程也称为并联机器人的正运动学。3-RPS 并联机器人的简化结构如图 3-9 所示。

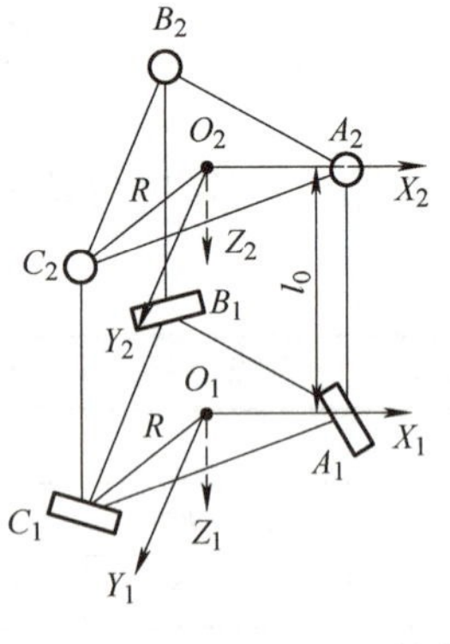

图 3-9　3-RPS 并联机器人的简化结构

图 3-9 中，并联机器人的下层为定平台，固定在定平台的电机呈 120° 均匀分布，且运动副之间的连线构成等边三角形；上层动平台通过球铰与串联分支相连，3 个串联分支联合带动上层动平台运动，且定平台与动平台平面均为圆面，半径均为 R。同时，连接固连在定平台与动平台的 3 个串联分支初始长度 l_0=425mm 。

根据并联机构在机器人上的安装结构，在动平台、定平台上，以等边三角形的几何中

心为坐标原点，分别建立坐标系 $O_1X_1Y_1Z_1$ 、 $O_2X_2Y_2Z_2$ ，如图 3-9 所示。其中， X_i 轴方向为 O_i 点到顶点 A_i 的连线方向， Y_i 轴方向为从 O_i 点出发与向量 $\overrightarrow{B_iC_i}$ 平行的方向， Z_i 轴方向为垂直于等边三角形平面向下的方向，其中 $i=1,2$ 。

因此，可以得到 3–RPS 并联机构在初始状态时，动平台、定平台内接等边三角形的顶点在其对应坐标系 $O_iX_iY_iZ_i$ 中的位置坐标为

$$\begin{cases} A_i=(R,0,0) \\ B_i=\left(-\dfrac{R}{2},-\dfrac{\sqrt{3}R}{2},0\right), \quad i=1,2 \\ C_i=\left(-\dfrac{R}{2},\dfrac{\sqrt{3}R}{2},0\right) \end{cases} \tag{3-87}$$

3-RPS 并联机构在初始状态时，动平台坐标系 $O_2X_2Y_2Z_2$ 的原点 O_2 在坐标系 $O_1X_1Y_1Z_1$ 中的位置坐标为

$$O_2=(0,0,-l_0) \tag{3-88}$$

设三条串联分支 A_1A_2' 、 B_1B_2' 、 C_1C_2' 伸缩之后的长度分别为 l_1 、 l_2 和 l_3 ，对定平台的倾斜角分别为 ϕ_1 、 ϕ_2 、 ϕ_3 ，并联机构串联分支结构如图 3-10 所示。

在图 3-10 中，串联分支驱动动平台运动之后， A_1A_2' 、 B_1B_2' 、 C_1C_2' 三条串联分支在定平台上的投影随着串联分支与定平台倾斜角 ϕ_1 、 ϕ_2 、 ϕ_3 的改变而变化的同时，分别在线段 O_1A_1 、 O_1B_1 、 O_1C_1 上滑动。

因此，在串联分支伸缩后，结合式（3-87），得到动平台三个顶点 A_2' 、 B_2' 、 C_2' 在坐标系 $O_1X_1Y_1Z_1$ 的位置坐标分别为

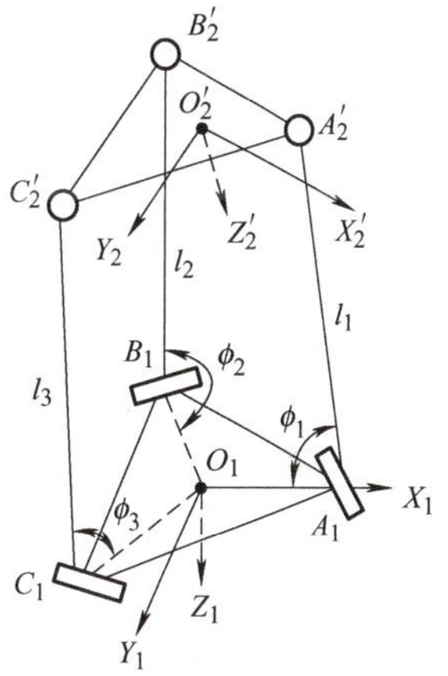

图 3-10　并联机构串联分支结构

$$A_2':\begin{cases} X_{A_2'}=R-l_1\cos\phi_1 \\ Y_{A_2'}=0 \\ Z_{A_2'}=-l_1\sin\phi_1 \end{cases} \tag{3-89}$$

$$B_2':\begin{cases} X_{B_2'}=-\dfrac{R}{2}+l_2\cos\phi_2\cos 60^\circ \\ Y_{B_2'}=-\dfrac{\sqrt{3}R}{2}+l_2\sin\phi_2\sin 60^\circ \\ Z_{B_2'}=-l_2\sin\phi_2 \end{cases} \tag{3-90}$$

$$C_2':\begin{cases}X_{C_2'}=-\dfrac{R}{2}+l_3\cos\phi_3\cos60^\circ\\ Y_{C_2'}=\dfrac{\sqrt{3}R}{2}-l_3\sin\phi_3\sin60^\circ\\ Z_{C_2'}=-l_3\sin\phi_3\end{cases}\tag{3-91}$$

又已知等边三角形的边长为$\sqrt{3}R$，则有

$$\begin{cases}|A_2'B_2'|=\sqrt{3}R\\ |A_2'C_2'|=\sqrt{3}R\\ |B_2'C_2'|=\sqrt{3}R\end{cases}\tag{3-92}$$

将式（3-89）～式（3-91）代入式（3-92）中，即可得到三个串联分支相对于定平台的倾斜角ϕ_1、ϕ_2、ϕ_3。该方程是以倾斜角ϕ_1、ϕ_2、ϕ_3为自变量的超越方程，求解过程较为复杂。这里只用到并联机构从关节空间变换到驱动器空间的运算过程，故不再赘述该超越方程详细的求解过程。

此外，由于动平台的内接三角形为等边三角形，因此动平台坐标系$O_2X_2Y_2Z_2$的原点O_2为该等边三角形的重心。当动平台运动后，其原点记为O_2'，O_2'在坐标系$O_1X_1Y_1Z_1$中的坐标为

$$O_2':\begin{cases}X_{O_2'}=\dfrac{1}{3}(X_{A_2'}+X_{B_2'}+X_{C_2'})\\ Y_{O_2'}=\dfrac{1}{3}(Y_{A_2'}+Y_{B_2'}+Y_{C_2'})\\ Z_{O_2'}=\dfrac{1}{3}(Z_{A_2'}+Z_{B_2'}+Z_{C_2'})\end{cases}\tag{3-93}$$

故可得到动平台坐标系X、Y、Z三轴的方向余弦，即

$$\begin{cases}\boldsymbol{u}_X=\dfrac{1}{|O_2'A_2'|}\left[(X_{A_2'}-X_{O_2'})\boldsymbol{i}+(Y_{A_2'}-Y_{O_2'})\boldsymbol{j}+(Z_{A_2'}-Z_{O_2'})\boldsymbol{k}\right]\\ \boldsymbol{u}_Y=\dfrac{1}{|B_2'C_2'|}\left[(X_{C_2'}-X_{B_2'})\boldsymbol{i}+(Y_{C_2'}-Y_{B_2'})\boldsymbol{j}+(Z_{C_2'}-Z_{B_2'})\boldsymbol{k}\right]\\ \boldsymbol{u}_Z=\boldsymbol{u}_X\times\boldsymbol{u}_Y\end{cases}\tag{3-94}$$

为简化书写，将式（3-94）记为

$$\begin{cases}\boldsymbol{u}_X=u_{x1}\boldsymbol{i}+u_{x2}\boldsymbol{j}+u_{x3}\boldsymbol{k}\\ \boldsymbol{u}_Y=u_{y1}\boldsymbol{i}+u_{y2}\boldsymbol{j}+u_{y3}\boldsymbol{k}\\ \boldsymbol{u}_Z=u_{z1}\boldsymbol{i}+u_{z2}\boldsymbol{j}+u_{z3}\boldsymbol{k}\end{cases}\tag{3-95}$$

综上，根据式（3-93）和式（3-95）可得到动平台在定平台坐标系$O_1X_1Y_1Z_1$中的位姿矩阵${}^{O_1}_{O_2}\boldsymbol{T}$为

$$
{}^{O_1}_{O_2}\boldsymbol{T}=\begin{bmatrix} u_{x1} & u_{y1} & u_{z1} & X_{O_2'} \\ u_{x2} & u_{y2} & u_{z2} & Y_{O_2'} \\ u_{x3} & u_{y3} & u_{z3} & Z_{O_2'} \\ 0 & 0 & 0 & 1 \end{bmatrix} \tag{3-96}
$$

3.4.5　移动机器人正运动学实践

为了便于建模，根据实际情况可假设移动机器人是刚体，不考虑形变，其在平坦规则的表面运动，且与工作表面有足够的摩擦力，轮体不会出现打滑现象，同时四个全方位轮正常运转。四个麦克纳姆轮在平面上两两镜像组合。每个全方位轮都通过减速器由一台直流电机独立驱动，移动机器人的移动方向和速度就是组合麦克纳姆轮最终合成的速度。四个全方位轮安装在移动机器人底盘四角，两两镜像对称，在平面上通过合理控制、改变各轮转速可以完成移动机器人的全向运动，如图 3-11 所示。

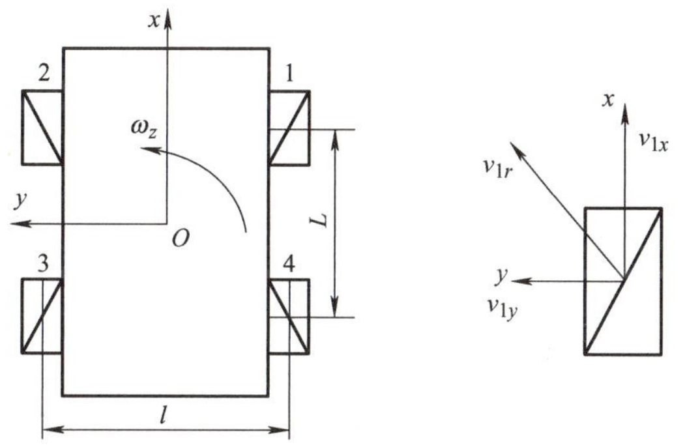

a) 移动机器人的运动学模型　　b) 以轮1为例

图 3-11　移动机器人运动学分析

为了对全向移动机器人进行运动控制，需要对其进行运动模型分析，建立正运动学模型。首先建立移动机器人的运动学模型，以车架和轮子整体布局为依据，建立如图 3-11a 所示的坐标系统。其中，坐标原点在移动机器人的中心，x 轴垂直向上，y 轴水平向左，逆时针方向为旋转正向。

在 xOy 平面内，第二象限内的轮子为轮 1，逆时针方向标记轮 2 到轮 4，每个轮子的角速度分别为 ω_1、ω_2、ω_3、ω_4，线速度为 v_1、v_2、v_3、v_4，移动机器人的轴间距为 L，轮间距为 l，麦克纳姆轮的半径为 R，机器人速度为 v_x、v_y 和 ω_z。由 $v_i=\omega_i R$ 可以算出轮子的特性，其中 v_{ir} 是轮心与小辊子中心的相对速度；整体考虑机器人，可以解出每个轮子和机器人速度的关系，求出每个轮子的 v_{ix} 和 v_{iy}，以图 3-11b 轮 1 为例，可以得到

$$
\begin{cases} v_{1x}=v_1+v_{1r} \\ v_{1y}=-v_{1r} \\ v_{1x}=v_x+\omega_z L/2 \\ v_{1y}=v_y+\omega_z l/2 \end{cases} \tag{3-97}
$$

所以当单独考虑每个轮子时，可以得到方程组

$$\begin{cases} v_{1x}=v_1+v_{1r} \ , \quad v_{1y}=-v_{1r} \\ v_{2x}=v_2+v_{2r} \ , \quad v_{2y}=+v_{2r} \\ v_{3x}=v_3+v_{3r} \ , \quad v_{3y}=-v_{3r} \\ v_{4x}=v_4+v_{4r} \ , \quad v_{4y}=+v_{4r} \end{cases} \tag{3-98}$$

整体考虑时，可以解出每个轮子和车体速度的关系，求出每个轮子的 v_{ix} 和 v_{iy}，为

$$\begin{cases} v_{1x}=v_x+\omega_z L/2, \quad v_{1y}=v_y+\omega_z l/2 \\ v_{2x}=v_x-\omega_z L/2, \quad v_{2y}=v_y+\omega_z l/2 \\ v_{3x}=v_x-\omega_z L/2, \quad v_{3y}=v_y+\omega_z l/2 \\ v_{4x}=v_x+\omega_z L/2, \quad v_{4y}=v_y+\omega_z l/2 \end{cases} \tag{3-99}$$

整理可以得到机器人正运动学方程为

$$\begin{cases} v_x=(\omega_1+\omega_2+\omega_3+\omega_4)R/4 \\ v_y=(\omega_1-\omega_2+\omega_3-\omega_4)R/4 \\ \omega_z=\dfrac{R}{2(L+l)}(\omega_1+\omega_2+\omega_3+\omega_4) \end{cases} \tag{3-100}$$

$$\begin{bmatrix} v_x \\ v_y \\ \omega_z \end{bmatrix}=\frac{R}{4}\begin{bmatrix} 1 & 1 & 1 & 1 \\ 1 & -1 & 1 & -1 \\ \dfrac{2}{L+l} & \dfrac{2}{L+l} & \dfrac{2}{L+l} & \dfrac{2}{L+l} \end{bmatrix}\begin{bmatrix} \omega_1 \\ \omega_2 \\ \omega_3 \\ \omega_4 \end{bmatrix} \tag{3-101}$$

3.5 轮式仿人机器人正运动学训练

3.5.1 正运动学参数级训练

在 3.4.1 节中，本书利用 Modified-DH 法完成了机器人主作业系统的运动学建模，根据机器人的几何和关节参数，可以获取每个关节的变换矩阵。这些变换矩阵描述了每个关节坐标系相对于前一个关节坐标系的变换。从基础坐标系开始，通过将每个关节的变换矩阵进行连乘，计算出每个关节坐标系相对于基础坐标系的变换矩阵。本节针对机器人主作业系统，以计算末端执行器的位姿为例，在 2.3 节实践平台上设计如下的正运动学参数级训练（训练过程详见码 3-1）。

码 3-1【视频讲解】正运动学参数级训练

第一步，打开终端，运行 roscore，如图 3-12 所示。

第二步，启动轮式仿人机器人仿真操作界面，在界面的右侧“仿真器”中找到“启动仿真”。此时，单击右侧“启动仿真”，等待系统提示即可开始仿真，如图 3-13 所示。

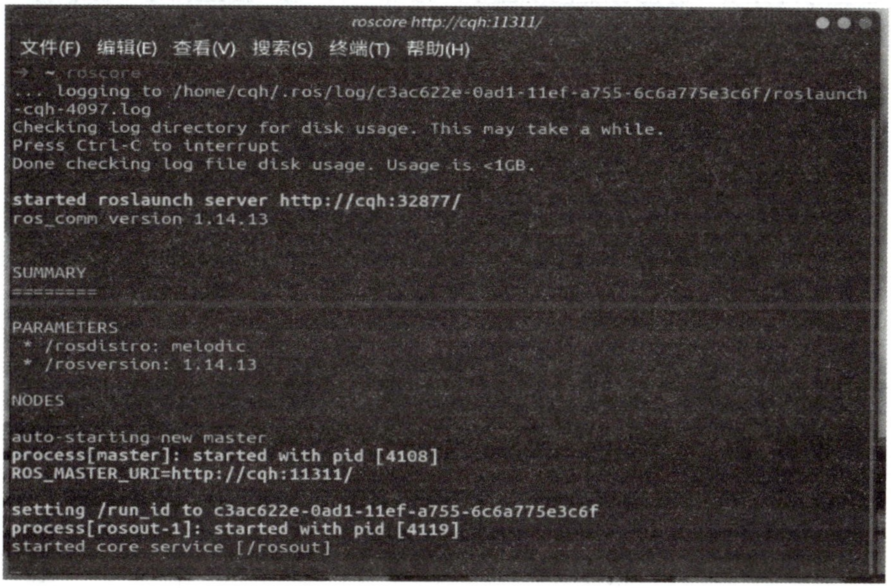

图 3-12　运行 roscore

第三步，等待系统提示后即可进行仿真，单击“OK”按钮，如图 3-14 所示。

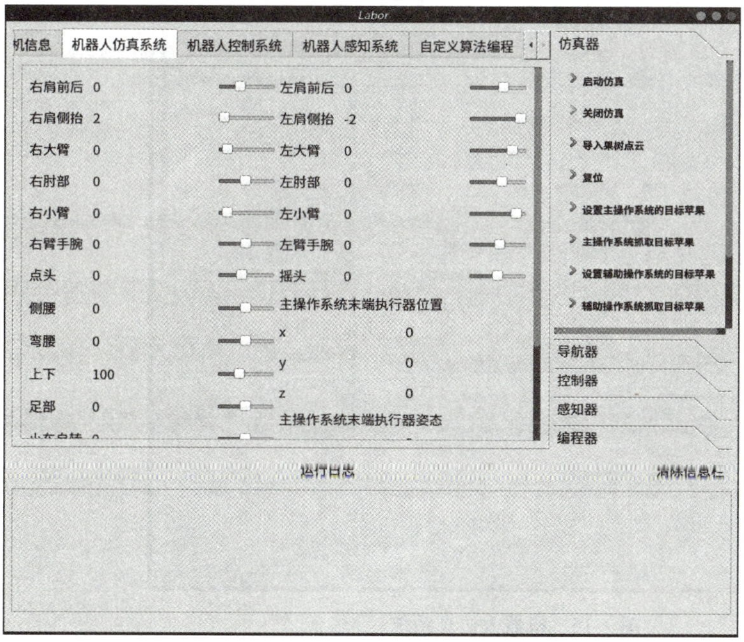

图 3-13　启动仿真

图 3-14　单击 OK 按钮

第四步，单击仿真界面上方的“机器人仿真系统”，如图 3-15 所示，通过移动主界面滑条或者改写编辑框中的数字来改变机器人主作业系统不同关节的基本信息。系统包含的关节基本信息见表 3-7。

表 3-7　机器人主作业系统各关节基本信息

关节名称	关节最小值	关节最大值	单位
小车前后	−1	1	m
小车左右	−1	1	m
小车自旋	−3.14	3.14	rad
足部	−1.57	1.57	rad
腰部上下	0	0.3	m
腰部前后	−0.5236	0.5236	rad
腰部左右	−0.5236	0.5236	rad
右肩前后	−2.0944	2.0944	rad
右肩侧抬	−2.0944	2.0944	rad
右大臂	−1.5708	1.5708	rad
右肘部	0	2.3562	rad
右小臂	−1.5708	1.5708	rad
右手腕	−1.5708	1.5708	rad

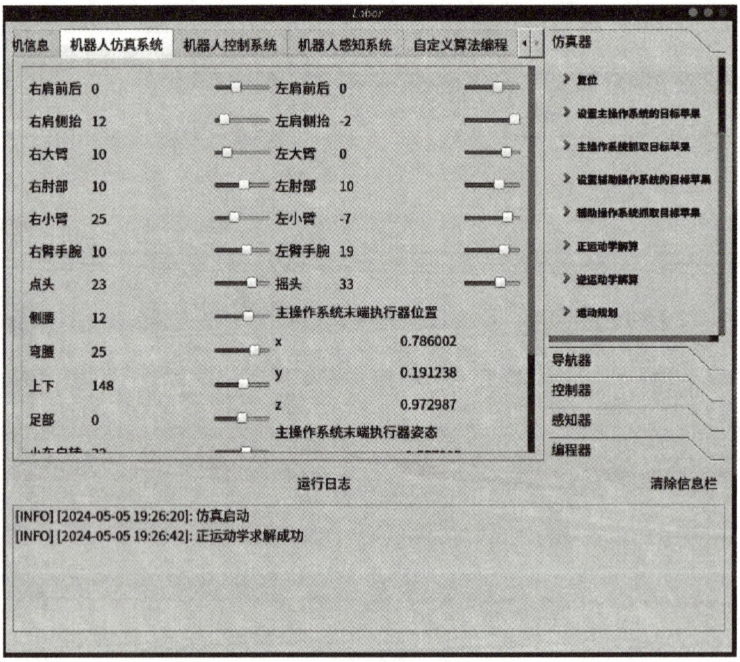

图 3-15　机器人仿真系统

第五步，操作完成后，单击右侧“正运动学解算”，计算主作业系统正运动学。若求解成功，界面下方运行日志会显示正运动学求解成功，“机器人仿真系统”页面显示主作业系统相对于基础坐标系的位置与姿态，如图 3-16 所示；若求解失败，界面下方运行日志显示正运动学求解失败。

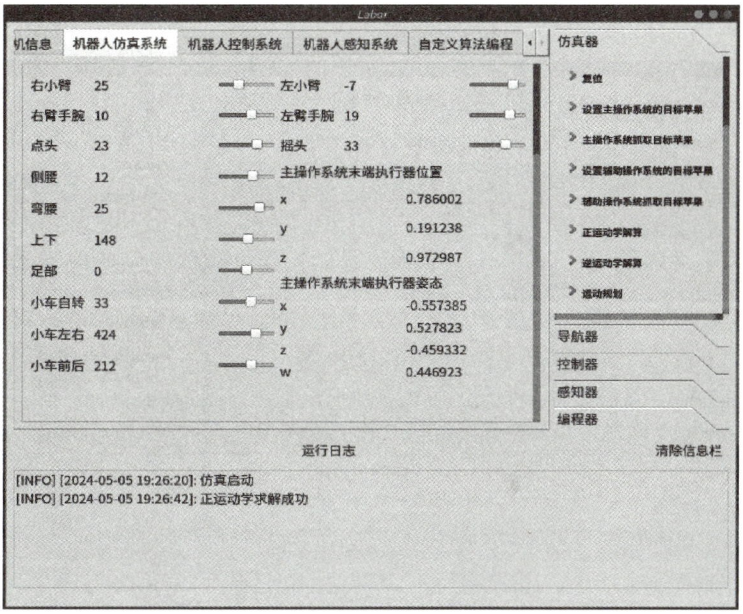

图 3-16　正运动学仿真

3.5.2　正运动学编程级训练

通过界面给出的窗口，读者可以自定义正运动学算法来计算主作业系统正运动学。具体操作过程见码 3-2。

码 3-2【视频讲解】正运动学编程级训练

第一步，打开终端，运行 roscore，如图 3-17 所示。

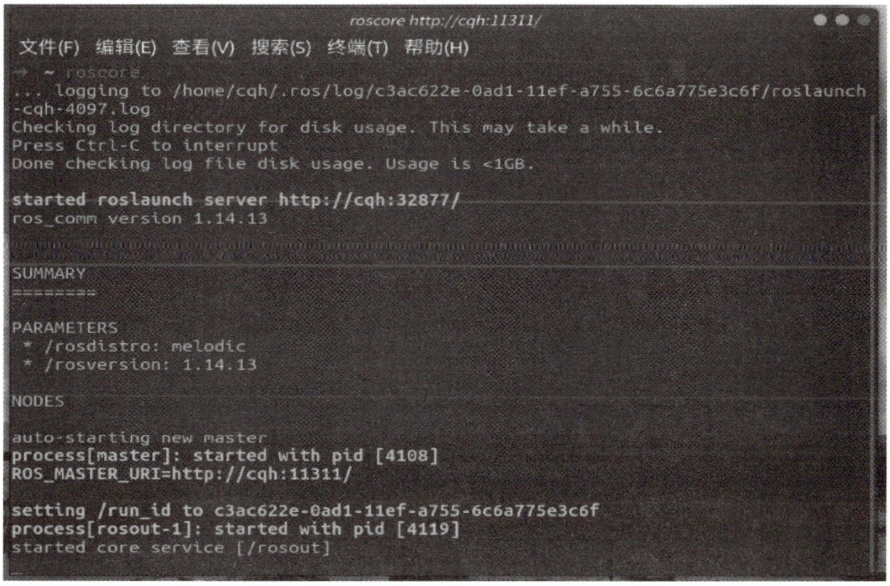

图 3-17　运行 roscore

第二步，启动轮式仿人机器人本地仿真操作界面，单击右侧“启动仿真”，如图 3-18 所示。

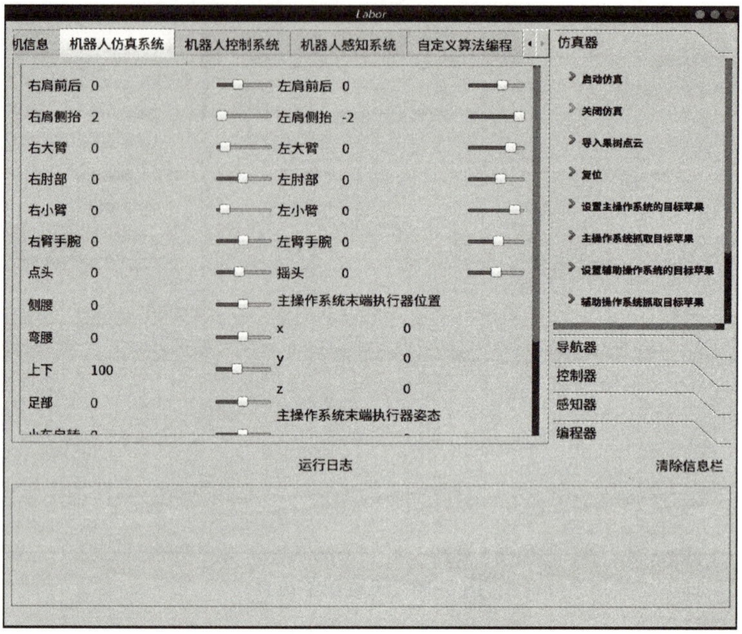

图 3-18　启动仿真

第三步，等待系统提示后即可进行仿真，单击 OK 按钮，如图 3-19 所示。

第四步，单击“自定义算法编程”页面进入正运动学编程，修改 fk () 函数，如图 3-20 所示。

图 3-19　单击 OK 按钮

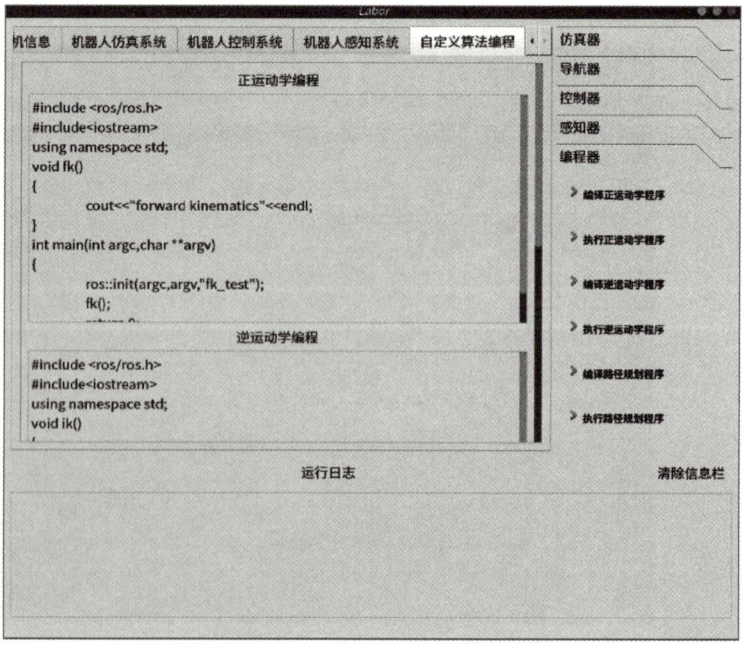

图 3-20　自定义编程

第五步，单击右侧“编译正运动学程序”，系统会自动弹出窗口显示编译过程。若编译成功，单击“执行正运动学程序”，等待终端窗口执行程序，打印输出；若编译失败，读者需要根据终端提示信息，自行检查程序内容，如图 3-21 所示。

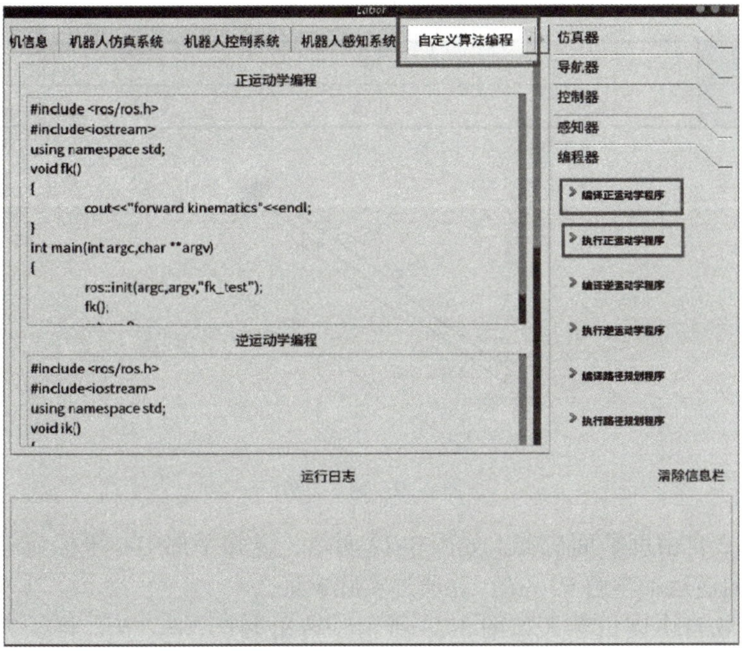

图 3-21　正运动学编程界面

本章小结

本章讨论了机器人正运动学问题。首先介绍了机器人正运动学解决的问题，通过 D–H 方法和非 D–H 方法介绍了机器人坐标系的建立，并讨论了连杆变换等知识。接着详细讨论了机器人正运动学相关知识，包括正运动学的表示、方程建立、微分运动方程及雅可比矩阵。

在上述理论讨论的基础上，介绍了机器人正运动学实践，包括轮式仿人机器人主作业系统、感知系统、辅助作业系统的正运动学实践，以及并联机器人、移动机器人正运动学实践。

最后给出了轮式仿人机器人正运动学训练过程，包括正运动学参数级训练和编程级训练。

通过本章学习，希望读者了解机器人运动学研究的相关问题；了解连杆坐标系、连杆运动学参数、D–H 参数分析和连杆变换相关知识；掌握机器人正运动学相关方程的分析，以及正运动学方程的建立、求解等；掌握机器人雅可比矩阵的分析和计算。

习题

3-1　简述机器人 D–H 坐标系的建立方法。

3-2 如图 3-22 所示，2 自由度平面机器人的关节 1 为转动关节，关节 2 为移动关节，关节变量分别为 θ_1、d_2。

1）建立关节坐标系，并写出该机器人的运动学方程。

2）按下列关节变量参数求出手部中心的位置。

θ_1	0°	30°	45°	90°
d_2/m	0.30	0.50	0.80	1.00

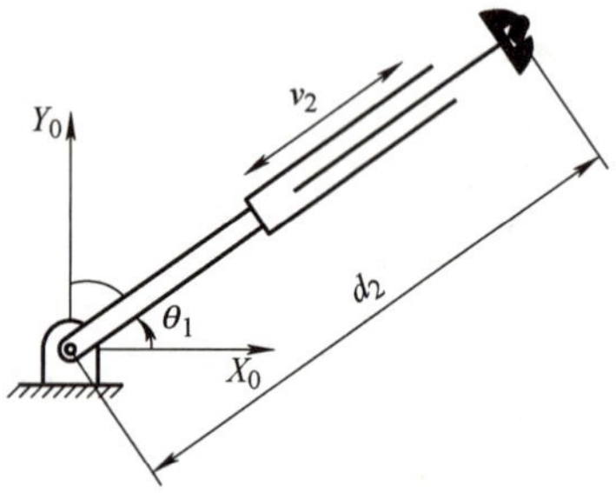

图 3-22　题 3-2 图

3-3 一个 2 自由度平面机器人如图 3-22 所示，已知手部中心坐标为 X_0、Y_0。求该机器人运动方程的逆运动学解 θ_1、d_2，并通过实践验证。

3-4 一个 3 自由度机器人如图 3-23 所示，转角为 θ_1、θ_2、θ_3，杆长为 l_1 和 l_2，手部中心离手腕中心的距离为 H，试建立连杆坐标系，推导出该机器人的运动学方程，并通过实践验证。

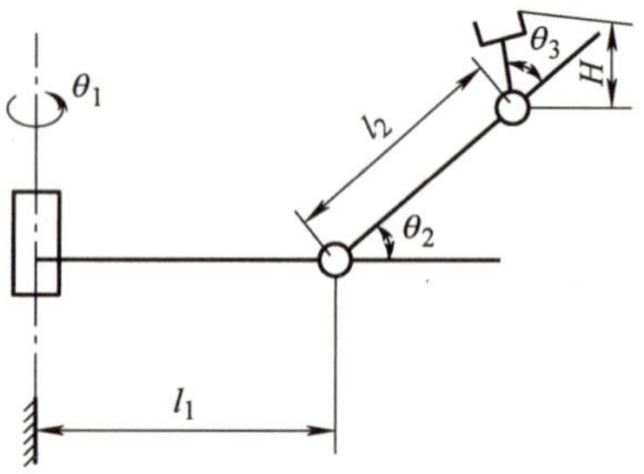

图 3-23　题 3-4 图

第 4 章　机器人逆运动学理论与实践

导读

逆运动学问题是机器人的核心问题之一，即已知机器人连杆的几何参数，给定机器人末端执行器相对于参考坐标系的期望位置和姿态（位姿），求机器人能够达到预期位姿的关节变量值。采用轮式仿人机器人逆运动学实践案例和训练，让读者对机器人逆运动学有一个由浅入深的了解，更好地理解机器人逆运动学的概念。

本章知识点

- 机器人逆运动学的求解问题
- 机器人逆运动学求解方法
- 机器人逆运动学实践案例
- 轮式仿人机器人逆运动学训练

码 4-1【视频讲解】机器人逆运动学概述

4.1　机器人逆运动学的求解问题

第 3 章从理论和实践两方面阐述了机器人正运动学，即机器人正运动学求解问题，本章将探讨机器人逆运动学，即机器人逆运动学求解问题。

对于具有 n 个自由度的机器人，运动学方程可以写为

$$\begin{bmatrix} n_x & o_x & a_x & p_x \\ n_y & o_y & a_y & p_y \\ n_z & o_z & a_z & p_z \\ 0 & 0 & 0 & 1 \end{bmatrix} = \boldsymbol{A}_1\boldsymbol{A}_2\boldsymbol{A}_3\cdots\boldsymbol{A}_{n-1}\boldsymbol{A}_n \tag{4-1}$$

式（4-1）左边表示末端执行器相对于基础坐标系的位姿，是已知的。已知末端执行器的位姿来计算式（4-1）右边矩阵中的相应关节变量值的过程称为机器人逆运动学，也称为逆运动学求解。

4.2 机器人逆运动学求解方法

1. 多解性

机器人逆运动学求解具有多解性，如图 4-1 所示，对于给定的手部位置和姿态，其关节角变量值具有两组解，这两种关节角组合方式均可使手部实现目标位姿。

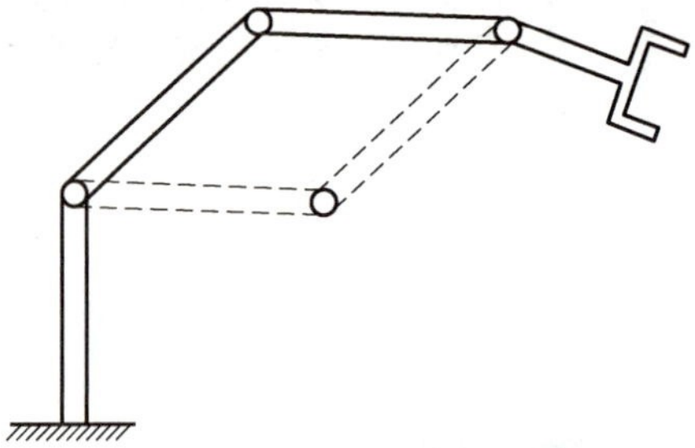

图 4-1 机器人逆运动学求解的多解性

（1）机器人逆运动学求解产生多解的原因

1）求解反三角函数方程时产生的结构上无法实现的多余解。

2）机器人结构上存在关节角的多种组合方式（多解）来实现目标位姿。

虽然机器人逆运动学求解往往产生多解，但对于一个真实的机器人，通常只有一组解是最优的，为此必须做出判断，以选择合适的解。

（2）剔除多余解的一般方法

1）根据一些参数要求（如杆长不为负），剔除在反三角函数求解时的关节角多余解。

2）根据关节的运动空间剔除物理上无法实现的关节角多余解。

3）根据避障要求，剔除受障碍物限制的关节角多余解。

4）根据关节运动过程，选择一个距离最近、最易实现的解。

5）逐级剔除多余解。

2. 可解性

机器人的可解性是指能否求得机器人逆运动学的解析式。

所有具有转动和移动关节的机器人系统，在一个单一串联链中共有 6 个自由度（或小于 6 个自由度）时是可解的。要使机器人有解析解，设计时就要使机器人的结构尽量简单，而且尽量满足有若干个相交的关节轴或许多 α_i 等于 0° 或 ±90° 的特殊条件。

3. 逆运动学求解方法

机器人逆运动学求解方法较多，较为典型的有 3 种：数值法、几何法和解析法。机器人逆运动学求解方法与机器人的结构有很大关系，需要根据不同的机器人结构选择合适的逆运动学求解方法。如果机器人结构较为简单，可以采用几何法求解。根据 Pieper 准则，如果机器人的 3 个相邻关节轴交于一点或三轴线平行，则可以使用解析法求解。但是如果机器人的结构不满足这一准则，则无法求得解析解，此时只能使用数值法来获取逆运动学解。此外，冗余机器人（关节空间自由度大于任务空间需要的自由度）的逆运动学存在无穷多解，通常也只能通过数值法来求解其逆运动学问题。下面详细介绍这 3 种逆运动学求解方法。

4.2.1 机器人逆运动学的数值解法

对于逆运动学的求解，虽然通过式（4-1）可得到 12 个方程式，但如果对 12 个方程式联立求解，由于方程表达式的复杂性，其解析解往往很难求出，因此一般不采用联立方程的求解方法。

逆运动学的求解通常采用一系列变换矩阵的逆 A_i^{-1} 左乘，然后找出右端为常数或简单表达式的元素，并令这些元素与左端对应元素相等，这样就可以得到一个可以求解的三角函数方程，进而求得对应的关节角。以此类推，最终求解出每一个关节变量值。

逆运动学的数值解法种类较多，如前向后向到达逆运动学求解算法、神经网络逆运动学求解算法、遗传算法逆运动学求解算法、粒子群逆运动学求解算法等，本节主要介绍前向后向到达逆运动学求解算法，其他解法可以参阅相关参考文献。

前向后向到达逆运动学求解算法（Forward and Backward Reaching Inverse Kinematics，FABRIK）也是一种启发式的逆运动学算法。FABRIK 将从末端执行器至基础坐标迭代一次，此后再从基础坐标向末端执行器迭代。FABRIK 用 P_i（i=1，2，…，n）表示第 i 个关节的位置，P_1 为第 1 个关节的位置，P_n 为第 n 个关节的位置，同时也认为是末端执行器的位置。考虑到机器人是具有单一末端执行器的串联机器人，P_{d} 为目标位置，FABRIK 算法的具体执行过程如下：

首先计算当前机器人各个关节之间的欧氏距离，即 $d_i = |P_{i+1} - P_i| (i=1,2,\cdots,n)$。然后，计算关节 1 的位置 P_1 与目标位置 P_{d} 之间的距离 dist，若 $\mathrm{dist} < \sum_{1}^{n-1} d_i$，则目标点是处于可达范围内的；否则，目标点是不可达的。图 4-2 所示是一个 4 自由度机器人使用 FABRIK 算法进行逆运动学迭代求解的过程，下面结合此图来讲解算法的运行过程。

对于目标点是可达的情况，一次迭代过程包含两个阶段。机器人的初始状态如图 4-2a 所示。在第一个阶段，算法从末端执行器往前逐步估计各个关节的位置。首先，令末端执行器 P_n（图中 n=4）的新位置为目标位置，并标记为 P_n'，如图 4-2b 所示。此后，如图 4-2c 所示，令 l_{n-1} 为 P_n' 和 P_{n-1} 的连线，连线上距离 P_n' 的距离为 d_{n-1} 的位置是新的第 $n-1$ 个关节的位置，记为 P_{n-1}'。此后，按照同样的方法，依次确定新的关节位置，直至设置关节 1 的位置 P_1'。由图 4-2d 可以看出，迭代后的关节 1 的位置已经发生了变更，不在原始的位置。因为关节 1 通常也是基础坐标系的位置，其位置不会改变，因此在第二个阶段，如图 4-2e 所示，设置关节 1 的新位置 P_1'' 与 P_1 重合，此后依次按照同样的方法设置关节之间的连线并根据关节之间的距离设置新的关节位置，直到计算出新的末端执行器的位置 P_n''，完成一次迭代计算过程。

对于目标不可达的情况，同样采用目标可达的迭代流程，但是由于末端执行器无法到达目标位置，需要设置一定的误差范围作为停止迭代的条件，或者设置最大迭代次数以保证算法中止。

上文讨论的是 FABRIK 算法应用的单一末端执行器且无约束的情形，通常机器人的末端执行器还需要满足目标朝向。FABRIK 算法中将目标朝向看作一个姿态约束，并将其增加到迭代的过程中，使机器人的每一个关节都可以满足关节限制和朝向的要求。此外，FABRIK 算法还可以应用于多末端执行器机器人的情况，具体内容可以查阅相关参考文献。

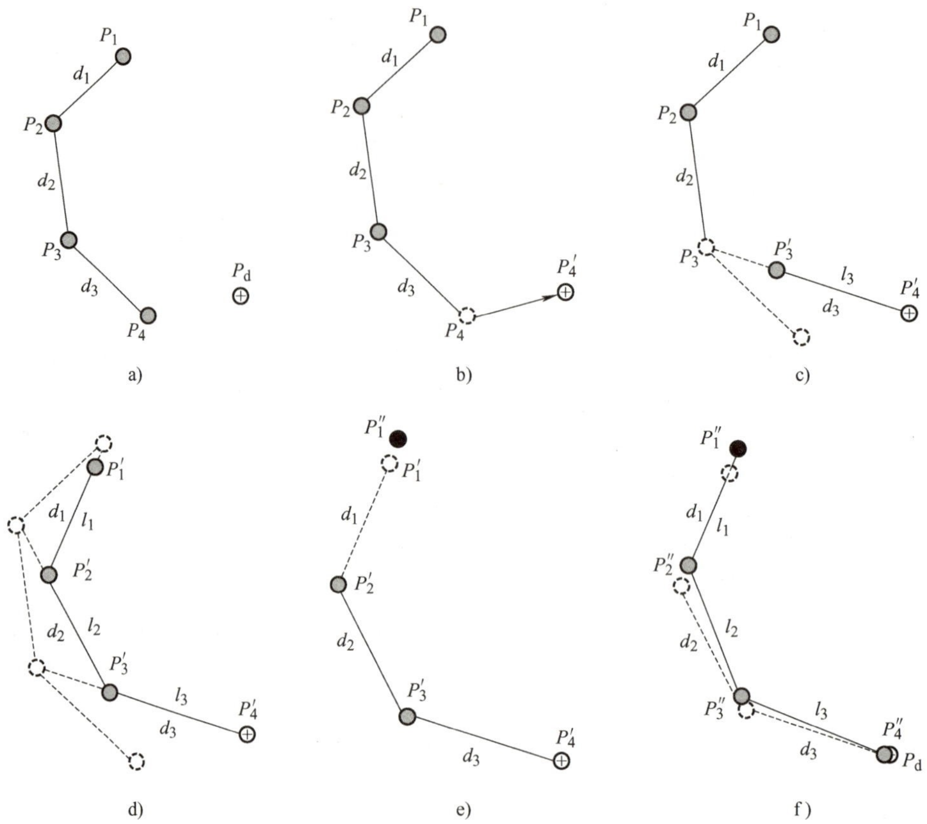

图 4-2　FABRIK 算法迭代示例

4.2.2　机器人逆运动学的几何解法

以平面三连杆机器人（见图 4-3）为例，根据 3.2 节建立其坐标系，如图 4-4 所示，并通过 3.2 节的 D–H 方法建立连杆参数，见表 4-1。

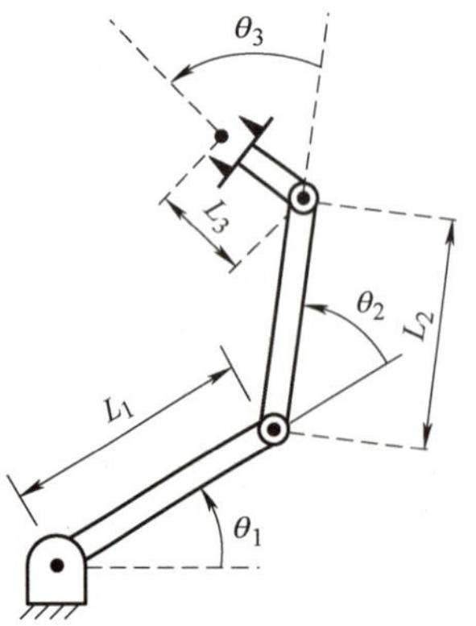

图 4-3　一个平面三连杆机器人

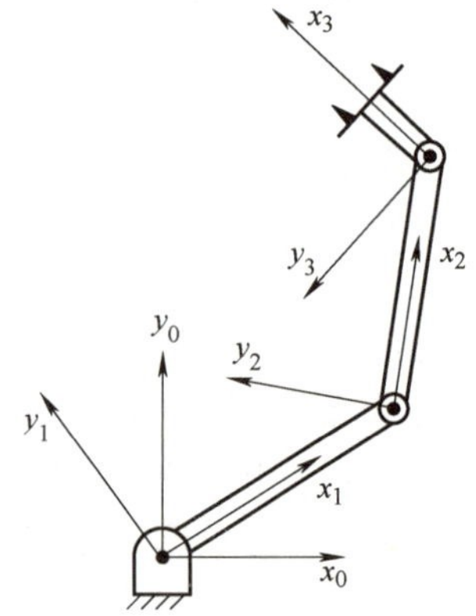

图 4-4　三连杆机器人连杆坐标系的设置

表 4-1　三连杆机器人对应的 D-H 参数表

i	α_{i-1}	a_{i-1}	d_i	θ_i
1	0	0	0	θ_1
2	0	L_1	0	θ_2
3	0	L_2	0	θ_3

在几何解法中，为求出机器人逆运动学的解，需将机器人的空间几何参数分解成平面几何参数。几何解法对于少自由度机器人，或当连杆参数满足一些特定取值时（如当 α_1 =0 或 ± 90° 时），求解其逆运动学是相当容易的。对于如图 4-3 所示的平面三连杆机器人，如果不考虑最后一根连杆代表的末端执行器，则机器人可以简化为如图 4-5 所示的平面二连杆机器人。只要前两根连杆能够到达指定的位置 P，末端执行器即能达到所需的位姿。通过平面几何关系可以直接求解 θ_1 和 θ_2。

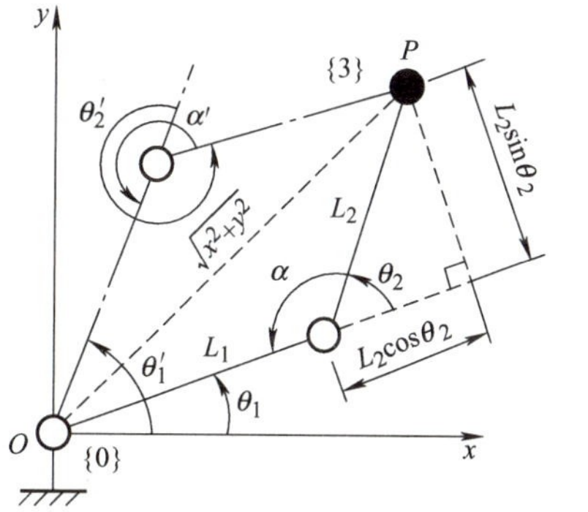

图 4-5　平面二连杆机器人的逆运动学求解

在图 4-5 中，L_1、L_2 以及连接坐标系 {0} 原点和坐标系 {3} 原点的连线组成了一个三角形。图中连线 OP 与 L_1、L_2 位置对称的一组点画线表示该三角形的另一种可能的位形，该组位形同样可以达到坐标系 {3} 的位置。

对于实线表示的三角形（图 4-5 中下部的机器人位形），根据余弦定理可以得到

$$x^2 + y^2 = L_1^2 + L_2^2 - 2L_1L_2\cos\alpha \tag{4-2}$$

即有

$$\alpha = \arccos\left(\frac{L_1^2 + L_2^2 - x^2 - y^2}{2L_1L_2}\right) \tag{4-3}$$

为使该三角形成立，到目标点的距离 $x^2 + y^2$ 必须小于或等于二连杆的长度之和 $L_1 + L_2$。可对上述条件进行计算以校核该解是否存在。当目标点超出机器人的工作空间时，不满足该条件，此时逆运动学无解。

求得连杆 L_1 和 L_2 之间的夹角 α 后，即可通过平面几何关系求出 θ_1 和 θ_2：

$$\theta_2 = \pi - \alpha \tag{4-4}$$

$$\theta_1 = \arctan\left(\frac{y}{x}\right) - \arctan\left(\frac{L_2\sin\theta_2}{L_1 + L_2\cos\theta_2}\right) \tag{4-5}$$

如图 4-5 所示，当 $\alpha' = -\alpha$ 时，机器人有另外一组对称的解，即

$$\theta_2' = \pi + \alpha \tag{4-6}$$

$$\theta_1' = \arctan\left(\frac{y}{x}\right) + \arctan\left(\frac{L_2 \sin\theta_2}{L_1 + L_2 \cos\theta_2}\right) \tag{4-7}$$

平面内的角度可以直接相加，因此三根连杆的角度之和即为最后一根连杆的方位角，即

$$\theta_1 + \theta_2 + \theta_3 = \phi \tag{4-8}$$

由式（4-8）可以求解出 θ_3，即

$$\theta_3 = \phi - \theta_1 - \theta_2 \tag{4-9}$$

至此，用几何解法得到了这个机器人逆运动学的全部解。

4.2.3 机器人逆运动学的解析解法

以平面三连杆机器人（见图 4-3）为例，采用 3.2 节理论建立如图 4-4 所示的坐标系，采用 3.2 节的 D–H 方法建立各连杆参数表（见表 4-1）。按照 3.3 节理论，应用表 4-1 中连杆参数很容易求得该机器人的正运动学矩阵为

$${}_W^B\boldsymbol{T} = {}_3^0\boldsymbol{T} = \begin{bmatrix} c_{123} & -s_{123} & 0 & L_1c_1 + L_2c_{12} \\ s_{123} & c_{123} & 0 & L_1s_1 + L_2s_{12} \\ 0 & 0 & 1 & 0 \\ 0 & 0 & 0 & 1 \end{bmatrix} \tag{4-10}$$

式中，c_{123} 是 $\cos(\theta_1+\theta_2+\theta_3)$ 的简写；s_{123} 是 $\sin(\theta_1+\theta_2+\theta_3)$ 的简写；s_i 和 c_i 则表示关节角 θ_i 所对应的正弦值和余弦值，下文类同。

为了集中讨论逆运动学问题，假设目标点的位姿已经确定，即已知腕部坐标系相对于基础坐标系的变换 ${}_W^B\boldsymbol{T}$。通过 3 个变量 x、y 和 ϕ 可以确定目标点的位姿，其中 x、y 是目标点在基础坐标系下的笛卡儿坐标，ϕ 是连杆 3 在平面内的方位角（相对于基础坐标系 x 轴正方向），则目标点相对于基础坐标系的变换矩阵为

$${}_W^B\boldsymbol{T} = \begin{bmatrix} c_\phi & -s_\phi & 0 & x \\ s_\phi & c_\phi & 0 & y \\ 0 & 0 & 1 & 0 \\ 0 & 0 & 0 & 1 \end{bmatrix} \tag{4-11}$$

式中，c_ϕ 是 $\cos\phi$ 的简写；s_ϕ 是 $\sin\phi$ 的简写，以下类同。令式（4-10）和式（4-11）相等，即对应位置的元素相等，可以得到 4 个非线性方程，进而求出 θ_1、θ_2 和 θ_3，即

$$c_\phi = c_{123} \tag{4-12}$$

$$s_\phi = s_{123} \tag{4-13}$$

$$\begin{cases} x = L_1c_1 + L_2c_{12} \\ y = L_1s_1 + L_2s_{12} \end{cases} \tag{4-14}$$

现在用解析方法求解式（4-12）～式（4-14）。将式（4-14）平方后相加，得到

$$x^2+y^2=L_1^2+L_2^2+2L_1L_2c_2 \tag{4-15}$$

由式（4-15）可以求解 c_2，即

$$c_2=\frac{x^2+y^2-L_1^2-L_2^2}{2L_1L_2} \tag{4-16}$$

式（4-16）有解的条件是其右边的值必须在 −1 和 1 之间。在本解法中，该约束条件可用来检查解是否存在。如果不满足约束条件，则表明目标点超出了机器人的可达工作空间，机器人无法达到该目标点，其逆运动学无解。

假设目标点在机器人的工作空间内，则 s_2 的表达式为

$$s_2=\pm\sqrt{1-c_2^2} \tag{4-17}$$

根据式（4-16）和式（4-17），应用双变量反正切函数计算 θ_2，可得

$$\theta_2=\arctan 2(s_2,c_2) \tag{4-18}$$

式（4-18）有“正”“负”两组解，对应了该例中逆运动学的两组不同的解。

求出 θ_2 后，可以根据式（4-14）求出 θ_1。将式（4-14）写成如下形式

$$\begin{cases}x=k_1c_1-k_2s_1\\ y=k_1s_1+k_2c_1\end{cases} \tag{4-19}$$

式中，

$$\begin{cases}k_1=L_1+L_2c_2\\ k_2=L_2s_2\end{cases} \tag{4-20}$$

为了求解这种形式的方程，可进行如下的变量代换，令

$$r=\sqrt{k_1^2+k_2^2} \tag{4-21}$$

并且

$$\gamma=\arctan 2(k_2,k_1) \tag{4-22}$$

则

$$\begin{cases}k_1=r\cos\gamma\\ k_2=r\sin\gamma\end{cases} \tag{4-23}$$

式（4-19）和式（4-23）可以写成

$$\begin{cases}\dfrac{x}{r}=\cos\gamma\cos\theta_1-\sin\gamma\sin\theta_1\\ \dfrac{y}{r}=\cos\gamma\sin\theta_1+\sin\gamma\cos\theta_1\end{cases} \tag{4-24}$$

即有

$$\begin{cases}\cos(\gamma+\theta_1)=\dfrac{x}{r}\\ \sin(\gamma+\theta_1)=\dfrac{y}{r}\end{cases} \tag{4-25}$$

利用双变量反正切函数，可得

$$\gamma+\theta_1=\arctan 2\left(\frac{y}{r},\frac{x}{r}\right)=\arctan 2(y,x) \tag{4-26}$$

从而

$$\theta_1=\arctan 2(y,x)-\arctan 2(k_2,k_1) \tag{4-27}$$

注意，θ_2 符号的选取将导致 k_2 符号的变化，因此会影响 θ_1 的结果。应用式（4-21）～式（4-23）进行变换求解的方法经常出现在求解逆运动学的问题中，即式（4-19a）或式（4-19b）类型方程的求解方法。如果这里 $x=y=0$，则式（4-27）的值不能确定，此时 θ_1 可取任何值。

最后，根据式（4-12）和式（4-13）能够求出 θ_1、θ_2 以及 θ_3 的和为

$$\theta_1+\theta_2+\theta_3=\arctan 2(s_\phi,c_\phi)=\phi \tag{4-28}$$

由于已经求得了 θ_1 和 θ_2，从而可以解出 θ_3 为

$$\theta_3=\phi-\theta_1-\theta_2 \tag{4-29}$$

至此，通过解析方法完成了平面三连杆机器人的逆运动学求解。对于平面三连杆机器人，共有两组可能的逆运动学的解。

解析方法是求解逆运动学的基本方法之一，在求解方程时，解的形式已经确定。可以看出，对于许多常见的代数问题，经常会出现几种固定形式的超越方程。

4.2.4　机器人逆雅可比矩阵

三维空间运动的机器人的雅可比矩阵 $\boldsymbol{J}(\boldsymbol{q})$ 的维数是 $6\times n$，n 为关节数目。对于 6 自由度机器人，关节数 $n=6$，$\boldsymbol{J}(\boldsymbol{q})$ 变为 6×6 方阵，则可以直接求其逆。

对于 2 自由度的平面运动机器人，关节数 $n=2$，失去了 4 个自由度，其雅可比矩阵 $\boldsymbol{J}(\boldsymbol{q})$ 变为 2×2 方阵，也可以直接求其逆。

当 $\boldsymbol{J}(\boldsymbol{q})$ 为方阵时，由矩阵理论知

$$\boldsymbol{J}(\boldsymbol{q})^{-1}=\frac{\mathrm{adj}[\boldsymbol{J}(\boldsymbol{q})]}{\det[\boldsymbol{J}(\boldsymbol{q})]} \tag{4-30}$$

式中，$\mathrm{adj}[\boldsymbol{J}(\boldsymbol{q})]$ 为 $\boldsymbol{J}(\boldsymbol{q})$ 的伴随矩阵；$\det[\boldsymbol{J}(\boldsymbol{q})]$ 是 $\boldsymbol{J}(\boldsymbol{q})$ 的行列式。

$\boldsymbol{J}(\boldsymbol{q})$ 是关节角函数，在某些关节角处，会导致 $\det[\boldsymbol{J}(\boldsymbol{q})]=0$，这些关节角被称为机器人的奇异点。在奇异点处，因式（4-30）的分母为零，故 $\boldsymbol{J}(\boldsymbol{q})^{-1}$ 不存在。

为了使机器人路径在运动空间里有更灵活的选择性，常设计其关节数大于自由度，称

为冗余自由度。另外，当关节数小于自由度时，导致 $J(q)$ 不是方阵，此时如果用到雅可比矩阵的逆，就应用到它的伪逆。

我们用 $J(q)^+$ 表示伪逆，由矩阵论理论知

$$J(q)^+ = J(q)^{\mathrm{T}}[J(q)J(q)^{\mathrm{T}}]^{-1} \tag{4-31}$$

式中，$J(q)$ 为雅可比矩阵，维数为 $6\times n(n\neq 6)$；$J(q)^{\mathrm{T}}$ 为 $J(q)$ 的转置矩阵。

4.3 机器人逆运动学实践案例

4.3.1 轮式仿人机器人主作业系统逆运动学求解实践

根据 3.4 节知，轮式仿人机器人主作业系统的自由度个数为 13，采用几何法、数值法、以及常规解析法进行求解时运算量十分庞大且复杂，因而本书采用“模型分离法”与后向到达求解法、解析法相结合的方法来求解该机器人的逆运动学。

根据轮式仿人机器人的机械构型，选取腰部坐标系 $\{W\}$ 的原点 W 作为分离点，进而将机器人运动链分为上、下两部分，此时上部分运动链有 6 个自由度，下部分有 7 个自由度，如图 4-6 所示。

首先假设上部分末端执行器已成功到达目标点坐标系 $\{T\}$，此时机器人处于分离状态，即上部分状态改变而下部分仍位于原状态。由于此时分离点位姿信息不确定，将该部分的首末两端进行颠倒，即将末端执行器作为基点，分离点 W 作为末端，通过末端执行器到分离点的运动学模型进行正运动学计算，得到 W 的位姿；结合末端执行器的目标位姿信息，即目标点的位姿矩阵 ${}_{T}^{G}\boldsymbol{T}$，通过坐标变换将 W 变换到在基础坐标系 $\{G\}$ 中的位姿矩阵 ${}_{W}^{G}\boldsymbol{T}$。为了实现两部分的合并，需要通过对模型下部分进行逆运动学求解，使其“末端执行器”，即分离处运动至期望位姿矩阵 ${}_{W}^{G}\boldsymbol{T}$ 处，进而实现上、下两部分的成功对接。

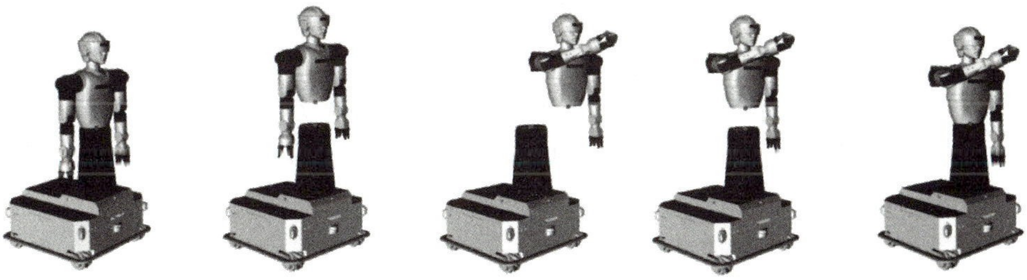

图 4-6　模型分离法示意图

假设上部分末端执行器到达目标位置时，本书采用反向随机旋转法来求解上部分各个关节的运动值，从而得到悬浮状态时分离点 W 的位姿，算法示意图如图 4-7 所示。图中元素分别为主作业臂运动链上部分简化模型、空间障碍物以及目标物体位姿，L 和 X 分别表示机械臂初始状态下的连杆和关节，L' 和 X' 为求解后的连杆和关节，l 表示连杆长度。

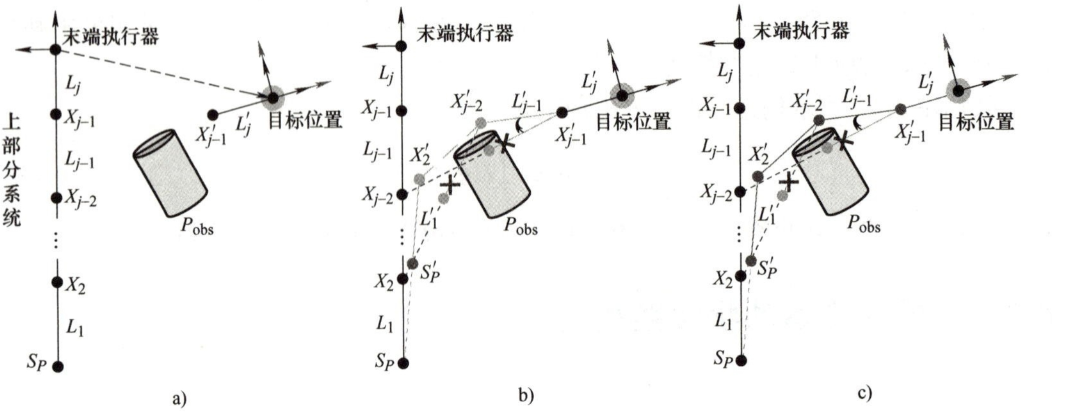

图 4-7　反向随机旋转法示意图

首先，令末端执行器与目标期望位姿完全重合，如图 4-7a 所示，则最后一个连杆和关节的空间位置确定，依次连接目标物体中心点与 X_{j-1}，其中 2≤j≤6，通过连杆 L_j 的长度 l_j 来确定目标点与关节 X_{j-1} 所连线段上关节 X'_{j-1} 的位置。在此过程中进行碰撞检测，若发生碰撞，如图 4-7b 所示，则将连接 L_{j-1} 和 L_{j-2} 两个连杆的关节 X'_{j-2} 进行随机旋转，直到不存在碰撞风险。然后继续进行后续关节位置的确定，最终获得上半部分的无碰构型，如图 4-7c。最后，根据目标位姿以及上部分系统中各个连杆的位置信息来获得机器人上部分逆运动学的解，并求得分离点 W 在全局基础坐标系 $\{G\}$ 下的位姿。

然后，由于轮式仿人机器人上下两部分是一体，所以上下两部分必须合并，为了实现主作业系统“模型分离”后的“合并”，需要模型下部分的分离处运动至分离点 W 的位姿处。模型下部分包含 7 个自由度，从理论上讲，冗余机器人没有固定解且通过解析法求解比较复杂。但是，该机器人平台拥有独特的机械设计结构，在下部分的 7 个自由度中，移动机器人的两个移动关节和腰部的升降仅与位置有关，即三个移动关节具有唯一解。因此，对其余旋转关节进行求解时，腰部旋转关节具有唯一表达，即上部分的分离点 W 在大地坐标系 $\{G\}$ 下的位姿为下部分的目标位姿，采用 4.2.3 节的解析法可求解下部分逆运动学的解。但是，求解过程中只能获得移动机器人底盘和足部旋转关节的角度和，即二者具有无数组合解。为了便于计算，在求解下部分逆运动学时，本书设定足部旋转关节的优先级高于移动底盘旋转关节的优先级。具体地，若移动机器人底盘和足部的关节角度和在足部旋转关节的关节限度内，则进行足部旋转关节的转动；若超过关节限度，则将超过限度的角度值赋给移动机器人底盘的旋转关节进行转动。

通过感知系统得到目标物 A 在基础坐标系 $\{G\}$ 中的位姿，可求解出当腰部“悬浮”时，相对于基础坐标系 $\{G\}$ 的位姿 ${}_W^G\boldsymbol{T}_{\text{float}}$，即

$$
{}_W^G\boldsymbol{T}_{\text{float}} = {}_A^G\boldsymbol{T}\,{}_W^A\boldsymbol{T} \tag{4-32}
$$

为了让机器人下部分末端执行器能与“悬浮”的上部分首端完成对接，需要对下部分模型进行逆运动学分析，且目标位姿为 ${}_W^G\boldsymbol{T}_{\text{float}}$。移动机器人到腰部的运动学模型如图 4-8 所示。

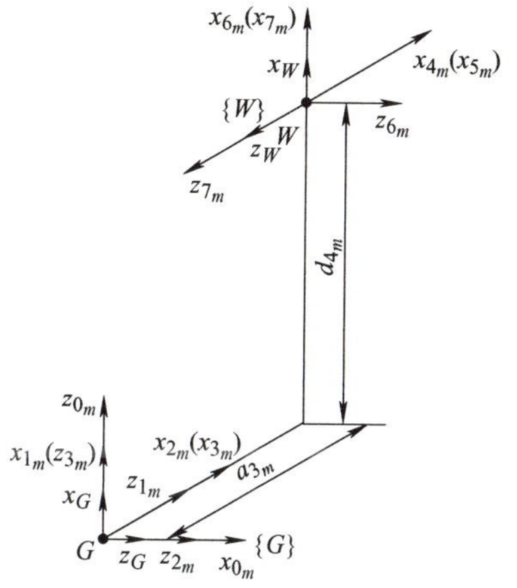

图 4-8 移动机器人到腰部的运动学模型

移动机器人到腰部的运动学模型的 D–H 参数见表 4-2。

表 4-2 移动机器人到腰部的运动学模型的 D–H 参数

连杆 i_m	关节角 θ_{i_m}	扭转角 $\alpha_{(i-1)_m}$	连杆长度 $a_{(i-1)_m}$	连杆偏移量 d_{i_m}	θ_{i_m} 的范围
1_m	−90°	−90°	0	$d_{1_m}=d_y$（变量）	常数
2_m	−90°	−90°	0	$d_{2_m}=d_x$（变量）	常数
3_m	θ_{3_m}	−90°	0	0	−180° ～ 180°
4_m	θ_{4_m}	0°	$a_{3_m}=186\text{mm}$	$d_{4_m}=545\text{mm}$	−180° ～ 180°
5_m	0°	0°	0	$d_{5_m}=h_z$（变量）	常数
6_m	$\theta_{6_m}+90°$	90°	0	0	−60° ～ 60°
7_m	θ_{7_m}	−90°	0	0	−60° ～ 60°

该模型中各个关节的变换矩阵为式（3-72）中的前 7 个矩阵。且该模型中最后一个关节坐标系 $\{7_m\}$ 与腰部坐标系 $\{W\}$ 是重合的，其变换关系为单位矩阵 $\boldsymbol{I}$，即

$$ {}^{7_m}_{W}\boldsymbol{T}=\boldsymbol{I}_{4\times4} \tag{4-33}$$

所以，机器人下部分末端执行器 W 相对于基础坐标系 $\{G\}$ 的位姿 ${}^{G}_{W}\boldsymbol{T}$ 为

$$ {}^{G}_{W}\boldsymbol{T}={}^{0_m}_{1_m}\boldsymbol{T}\,{}^{1_m}_{2_m}\boldsymbol{T}\,{}^{2_m}_{3_m}\boldsymbol{T}\,{}^{3_m}_{4_m}\boldsymbol{T}\,{}^{4_m}_{5_m}\boldsymbol{T}\,{}^{5_m}_{6_m}\boldsymbol{T}\,{}^{6_m}_{7_m}\boldsymbol{T}\,{}^{7_m}_{W}\boldsymbol{T} \tag{4-34}$$

为了求得移动机器人到腰部各个关节的运动量，设目标位姿 ${}^{G}_{W}\boldsymbol{T}_{\text{float}}$ 已知，将其记为

$$ {}^{G}_{W}\boldsymbol{T}_{\text{float}}=\begin{bmatrix} a_{11} & a_{12} & a_{13} & p_x \\ a_{21} & a_{22} & a_{23} & p_y \\ a_{31} & a_{32} & a_{33} & p_z \\ 0 & 0 & 0 & 1 \end{bmatrix} \tag{4-35}$$

则根据 ${}^{G}_{W}\boldsymbol{T}={}^{G}_{W}\boldsymbol{T}_{\text{float}}$ 得

$$\begin{cases} a_{11}=c_{7_m}s_{6_m}(c_{3_m}s_{4_m}+c_{4_m}s_{3_m})-s_{7_m}(c_{3_m}c_{4_m}-s_{3_m}s_{4_m}) \\ a_{21}=-s_{7_m}(c_{3_m}s_{4_m}+c_{4_m}s_{3_m})-c_{7_m}s_{6_m}(c_{3_m}c_{4_m}-s_{3_m}s_{4_m}) \\ a_{31}=c_{6_m}c_{7_m} \\ a_{12}=-c_{7_m}(c_{3_m}c_{4_m}-s_{3_m}s_{4_m})-s_{6_m}s_{7_m}(c_{3_m}s_{4_m}+c_{4_m}s_{3_m}) \\ a_{22}=s_{6_m}s_{7_m}(c_{3_m}c_{4_m}-s_{3_m}s_{4_m})-c_{7_m}(c_{3_m}s_{4_m}+c_{4_m}s_{3_m}) \\ a_{32}=-c_{6_m}s_{7_m} \\ a_{13}=c_{6_m}(c_{3_m}s_{4_m}+c_{4_m}s_{3_m}) \\ a_{23}=-c_{6_m}(c_{3_m}c_{4_m}-s_{3_m}s_{4_m}) \\ a_{33}=-s_{6_m} \\ p_x=d_x-a_{3_m}s_{3_m} \\ p_y=d_y+a_{3_m}c_{3_m} \\ p_z=d_{4_m}+h_z \end{cases} \tag{4-36}$$

经过验证，选取其中一组符合关节限度范围内的角度值，即

$$\begin{cases} \theta_{7_m}=a\tan[2(-a_{32},a_{31})] \\ \theta_{6_m}=a\tan[2(-a_{33},a_{31}/c_{7_m})] \\ \theta_{3_m}+\theta_{4_m}=a\tan[2(a_{13}/c_{6_m},a_{23}/-c_{6_m})] \\ d_x=p_x+a_{3_m}s_{3_m} \\ d_y=p_y-a_{3_m}c_{3_m} \\ h_z=p_z-d_{4_m} \end{cases} \tag{4-37}$$

其中，机器人腰部弯腰、侧腰两个旋转关节 θ_{6_m}、θ_{7_m} 的角度范围均为 $[-60°,60°]$，故式（4-37）中的 c_{6_m}、c_{7_m} 均不等于 0。

同时，在该模型中，只能得到 θ_3、θ_4 角度之和。故在本书中，当两角度之和超出机器人脚部旋转的最大限度时，移动机器人也需要旋转一定的角度；当两角度之和没有超出机器人脚部旋转的最大限度时，机器人脚部的转动优先，移动机器人不进行转动。

综上所述，对于主作业系统的求解，首先需要提供主作业臂末端执行器的目标位姿信息以及机器人所处的环境信息。然后，通过“模型分离法”从腰部对机器人进行分离，分离后的上部分模型利用反向随机旋转法求解出无碰撞的目标构型，并在该构型的基础上通过解析法求解出下部分逆运动学的解。最后，将二者结合即可得到给定末端执行器期望位姿时机器人的目标构型。该过程有多组解，可利用碰撞检测器选解以获得机器人最终的无碰撞目标构型。求解示意图如图 4-9 所示。

4.3.2 轮式仿人机器人辅助作业系统逆运动学求解实践

2.3.4 节中介绍的轮式仿人机器人有两个臂，主作业臂和辅助作业臂，其中辅助作业臂有 6 个自由度，其运动学模型如图 3-8 所示。辅助作业臂在其可达空间中可独立完成作

业任务或与主作业臂协作完成任务。对于 6 自由度串联机器人的构型求解，由于其机械结构不满足 Pieper 法则，即不满足三个相邻关节的关节轴互相平行或交于一点，导致无法仅通过解析法求出其逆运动学求解的表达式。因此，本书采用解析法对辅助作业臂进行逆运动学求解。

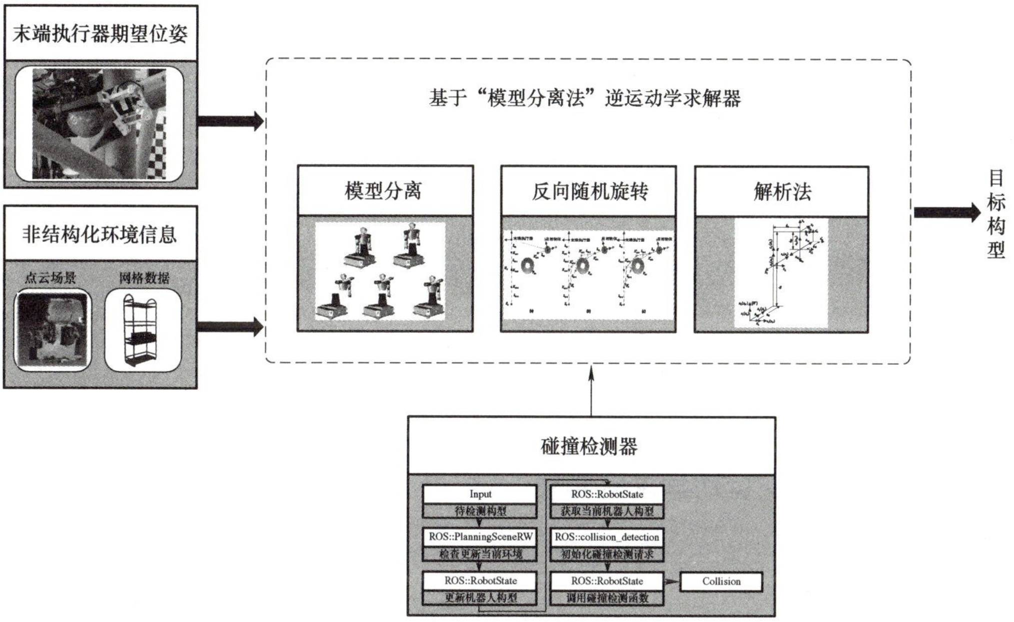

图 4-9　主作业系统逆运动学求解示意图

与主作业系统中上部分逆运动学求解的前提一样，需要在进行辅助作业臂逆运动学求解前获取其末端执行器的目标位置和姿态 ${}^{O}_{T}\boldsymbol{T}$，即

$$
{}^{O}_{T}\boldsymbol{T} = {}^{G}_{O}\boldsymbol{T}^{-1}\,{}^{G}_{T}\boldsymbol{T} = \begin{pmatrix} a_{11} & a_{12} & a_{13} & a_{14} \\ a_{21} & a_{22} & a_{23} & a_{24} \\ a_{31} & a_{32} & a_{33} & a_{34} \\ 0 & 0 & 0 & 1 \end{pmatrix} \tag{4-38}
$$

根据 3.3.2 节建立正运动学模型，要求解末端执行器到达目标位姿时各个关节的运动量，则需要令末端执行器相对于胸部中心的位姿矩阵与其目标位姿矩阵相等，即

$$
{}^{O}_{T}\boldsymbol{T} = {}^{O}_{E_l}\boldsymbol{T} = \begin{pmatrix} a_{11} & a_{12} & a_{13} & a_{14} \\ a_{21} & a_{22} & a_{23} & a_{24} \\ a_{31} & a_{32} & a_{33} & a_{34} \\ 0 & 0 & 0 & 1 \end{pmatrix} = {}^{O}_{1}\boldsymbol{T}\,{}^{1}_{2}\boldsymbol{T}\,{}^{2}_{3}\boldsymbol{T}\,{}^{3}_{4}\boldsymbol{T}\,{}^{4}_{5}\boldsymbol{T}\,{}^{5}_{6}\boldsymbol{T}\,{}^{6}_{E_l}\boldsymbol{T} \tag{4-39}
$$

通过对式（4-39）中的各对应位置元素的等式进行拆分、化简等运算后，可以得到与机械臂各个关节角度值相关的等式：

$$\begin{cases}a_{32}=c_{6_a}(c_{4_a}s_{2_a}+c_{2_a}s_{3_a}s_{4_a})-s_{6_a}[c_{5_a}(s_{2_a}s_{4_a}-c_{2_a}c_{4_a}s_{3_a})-c_{2_a}c_{3_a}s_{5_a}]\\ a_{34}+da_{32}=-d_{5_a}(c_{4_a}s_{2_a}+c_{2_a}s_{3_a}s_{4_a})-d_{3_a}s_{2_a}-d_{1_a}\\ (a_{14}+da_{12})^2+(a_{24}+da_{22})^2+(a_{34}+da_{32}+d_{1_a})^2=d_{5_a}^2+2c_{4_a}d_{3_a}d_{5_a}+d_{3_a}^2\\ c_{2_a}d_{3_a}s_{1_a}=a_{24}+[a_{22}(d+d_{5_a}c_{6_a})]+a_{21}d_{5_a}s_{6_a}\\ -c_{1_a}c_{2_a}d_{3_a}=a_{14}+[a_{12}(d+d_{5_a}c_{6_a})]+a_{1_a}d_{5_a}s_{6_a}\\ a_{34}+[a_{32}(d+d_{5_a}c_{6_a})]+a_{31}d_{5_a}s_{6_a}=-d_{1_a}-d_{3_a}s_{2_a}\\ d_{3_a}^2=2d_{5_a}[s_{6_a}c_{6_a}d_{5_a}(a_{11}a_{12}+a_{21}a_{22}+a_{31}a_{32})+\\ \quad s_{6_a}(a_{11}a_{12}d+a_{11}a_{14}+a_{21}a_{22}d+a_{21}a_{24}+a_{31}a_{32}d+a_{31}a_{34}+a_{31}d_{1_a})+\\ \quad c_{6_a}({a_{12}}^2d+a_{12}a_{14}+{a_{22}}^2d+a_{22}a_{24}+{a_{32}}^2d+a_{32}a_{34}+a_{32}d_{1_a})]+\\ \quad 2(a_{12}a_{14}d+a_{32}a_{34}d+a_{32}dd_{1_a}+a_{14}^2+a_{22}a_{24}d2a_{34}d_{1_a})+a_{24}^2+a_{34}^2+d_{1_a}^2+d^2+d_{5_a}^2\end{cases} \tag{4-40}$$

式中，a_{ij} 表示目标位姿矩阵中对应元素的值，均为已知值；d、d_{1_a}、d_{3_a}、d_{5_a} 对应于图 3-8 辅助作业臂运动学模型中的对应参数；s_{i_a} 和 c_{i_a} 则分别表示关节角 θ_{i_a} 所对应的正弦值和余弦值，为未知量，通过 s_{i_a}、c_{i_a} 来求解关节变量值 θ_{i_a}。

4.3.3 并联机器人逆运动学求解实践

设并联机器人通过驱动串联分支使得动平台绕 X 轴转 β 角，绕 Y 轴转 α 角，沿 Z 轴方向平移量为 z，需要将旋转变量和平移变量换算到驱动器空间的串联分支运动的长度，如图 3-9 和图 3-10 所示。实质上，该过程为并联机器人从其关节空间变换到驱动器空间的过程。本书将此过程称为并联机器人的逆运动学求解过程。而该动平台的旋转角 β、α 以及其平移距离 z，分别对应机器人主作业系统和感知系统中的 θ_6、θ_7 和 d_5。

根据图 3-9，在并联机器人的初始状态，动平台坐标系 $O_2X_2Y_2Z_2$ 在定平台坐标系 $O_1X_1Y_1Z_1$ 中的初始位姿矩阵 $\boldsymbol{T}_{\text{init}}$ 为

$$\boldsymbol{T}_{\text{init}}=\begin{bmatrix}1&0&0&0\\0&1&0&0\\0&0&1&-l_0\\0&0&0&1\end{bmatrix} \tag{4-41}$$

根据以上旋转关系，当 β、α 和 $d_5=z$ 为已知值时，则可得到变换后的动平台坐标系 $O_2'X_2'Y_2'Z_2'$ 相对于定平台坐标系 $O_1X_1Y_1Z_1$ 的变换矩阵 $\boldsymbol{T}$，即

$$\boldsymbol{T}=\boldsymbol{T}_{\text{init}}\times\boldsymbol{D}_Z(h_0)\boldsymbol{R}_Y(\alpha)\boldsymbol{R}_X(\beta)=\begin{bmatrix}c\beta&s\alpha s\beta&c\alpha s\beta&0\\0&c\alpha&-s\alpha&0\\-s\beta&s\alpha c\beta&c\alpha c\beta&-l_0-d_5\\0&0&0&1\end{bmatrix} \tag{4-42}$$

式中，s 为 sin 的简写，c 为 cos 的简写，以下类同。当动平台只转动时，上、下平台之间的中心距离是不发生改变的，只有动平台有升降运动量 $|d_5|$ 时，两者之间的中心距离才会

发生改变，且其值为初始距离与动平台升降距离之和$|l_0+d_5|$。其中，d_5值可正可负。根据图 3-10，当d_5为负时，表示动平台沿Z_1轴正方向下降；当d_5为正时，表示动平台沿Z_1轴负方向上升。

对于上述变换矩阵 $\boldsymbol{T}$，将其姿态记为 3×3 阶矩阵 $\boldsymbol{T}_{\mathrm{R}}$，位置记为 3×1 阶矩阵 $\boldsymbol{P}$，即

$$\boldsymbol{T}_{\mathrm{R}}=\begin{bmatrix} c\beta & s\alpha s\beta & c\alpha s\beta \\ 0 & c\alpha & -s\alpha \\ -s\beta & s\alpha c\beta & c\alpha c\beta \end{bmatrix},\quad \boldsymbol{P}=\begin{bmatrix} 0 \\ 0 \\ -l_0-d_5 \end{bmatrix} \tag{4-43}$$

将动平台上等边三角形顶点A_2'、B_2'、C_2'在定坐标系$O_1X_1Y_1Z_1$中的位置坐标分别记为

$$\begin{cases} A_2'=(X_{A_2'},Y_{A_2'},Z_{A_2'}) \\ B_2'=(X_{B_2'},Y_{B_2'},Z_{B_2'}) \\ C_2'=(X_{C_2'},Y_{C_2'},Z_{C_2'}) \end{cases} \tag{4-44}$$

因此，根据式（4-44），可得到动平台变换之后A_2'、B_2'、C_2'的位置坐标与初始状态时等边正三角形顶点A_2、B_2、C_2的位置之间的坐标变换关系为

$$\begin{cases} (\boldsymbol{A}_2')^{\mathrm{T}}=\boldsymbol{T}_{\mathrm{R}}\times\boldsymbol{A}_2^{\mathrm{T}}+\boldsymbol{P} \\ (\boldsymbol{B}_2')^{\mathrm{T}}=\boldsymbol{T}_{\mathrm{R}}\times\boldsymbol{B}_2^{\mathrm{T}}+\boldsymbol{P} \\ (\boldsymbol{C}_2')^{\mathrm{T}}=\boldsymbol{T}_{\mathrm{R}}\times\boldsymbol{C}_2^{\mathrm{T}}+\boldsymbol{P} \end{cases} \tag{4-45}$$

即

$$\begin{bmatrix} X_{A_2'} \\ Y_{A_2'} \\ Z_{A_2'} \end{bmatrix}=\boldsymbol{T}_{\mathrm{R}}\times\begin{bmatrix} R \\ 0 \\ 0 \end{bmatrix}+\boldsymbol{P},\quad \begin{bmatrix} X_{B_2'} \\ Y_{B_2'} \\ Z_{B_2'} \end{bmatrix}=\boldsymbol{T}_{\mathrm{R}}\times\begin{bmatrix} -\dfrac{R}{2} \\ -\dfrac{\sqrt{3}R}{2} \\ 0 \end{bmatrix}+\boldsymbol{P},\quad \begin{bmatrix} X_{C_2'} \\ Y_{C_2'} \\ Z_{C_2'} \end{bmatrix}=\boldsymbol{T}_{\mathrm{R}}\times\begin{bmatrix} -\dfrac{R}{2} \\ \dfrac{\sqrt{3}R}{2} \\ 0 \end{bmatrix}+\boldsymbol{P} \tag{4-46}$$

由此便可得到驱动连杆的伸缩量l_1、l_2和l_3为

$$\begin{cases} l_1=|A_2A_2'|-l_0 \\ l_2=|B_2B_2'|-l_0 \\ l_3=|C_2C_2'|-l_0 \end{cases} \tag{4-47}$$

式中，$|A_2A_2'|$、$|B_2B_2'|$、$|C_2C_2'|$分别表示动、定平台上等边三角形顶点之间的距离；l_0为上、下平台之间的初始距离。

将β、α和z分别对应到关节空间θ_6、θ_7和d_5时，可得到驱动连杆的运动值l_1、l_2、l_3为

$$\begin{cases} l_1=\sqrt{(c_6R-R)^2+(-d_5-l_0-s_6R)^2}-l_0 \\ l_2=\sqrt{(0.5R-0.5Rc_6-0.5\sqrt{3}Rs_6s_7)^2+(0.5\sqrt{3}R-0.5\sqrt{3}Rc_7)^2+(-d_5-l+0.5Rs_6-0.5\sqrt{3}Rc_6s_7)^2}-l_0 \\ l_3=\sqrt{(0.5R+0.5\sqrt{3}Rs_6s_7-0.5Rc_6)^2+(0.5\sqrt{3}Rc_7-0.5\sqrt{3}R)^2+(-d_5-l+0.5Rs_6+0.5\sqrt{3}Rc_6s_7)^2}-l_0 \end{cases} \tag{4-48}$$

综上，可将机器人腰部的运动量从其关节空间变换到并联机器人的驱动器空间。

4.3.4 移动机器人逆运动学求解实践

对正运动学公式式（3-100）求逆，可以得到机器人逆运动学方程为

$$\begin{cases} \omega_1=\dfrac{v_x+v_y}{R}+\dfrac{L+l}{2R}\omega_z \\ \omega_2=\dfrac{v_x-v_y}{R}-\dfrac{L+l}{2R}\omega_z \\ \omega_3=\dfrac{v_x+v_y}{R}-\dfrac{L+l}{2R}\omega_z \\ \omega_4=\dfrac{v_x-v_y}{R}+\dfrac{L+l}{2R}\omega_z \end{cases} \Rightarrow \begin{bmatrix} \omega_1 \\ \omega_2 \\ \omega_3 \\ \omega_4 \end{bmatrix}=\frac{1}{R}\begin{bmatrix} 1 & 1 & \dfrac{L+l}{2} \\ 1 & -1 & -\dfrac{L+l}{2} \\ 1 & 1 & -\dfrac{L+l}{2} \\ 1 & -1 & \dfrac{L+l}{2} \end{bmatrix}\begin{bmatrix} v_x \\ v_y \\ \omega_z \end{bmatrix} \tag{4-49}$$

全向移动机器人在作业过程中，通过对其运动学的分析运算，可得到移动机器人横向、纵向所需的移动距离和移动机器人绕自身旋转的角度值。而在移动机器人模型的建立中，只需应用到其逆运动学，将所得的值 d_x、d_y 和 θ_z 微分便可求得 v_x、v_y 和 ω_z，故根据该模型，便可变换到移动机器人的驱动器空间，即得到 ω_1、ω_2、ω_3 和 ω_4 的值。

4.4 轮式仿人机器人逆运动学训练

4.4.1 逆运动学参数级训练

主作业系统有 13 个自由度。一般机器人运动学均通过齐次变换矩阵来表示，且该矩阵有 16 个元素，但含有机器人连杆参数、关节参数的只有 12 个元素。对于多自由度的机器人来说，在求逆运动学时列出含有多个参数的 12 个非线性方程，这些方程的求解十分复杂。所以，本书参考基于太空机器人基座悬浮理论的多自由度机器人运动学建模与求解方法，如 4.3.1 节介绍该机器人主作业系统采用模型分离的方法进行逆运动学求解，即将图 3-5 中的主作业系统运动学模型，从腰部坐标系 $\{W\}$ 处分开，分为移动机器人到机器人腰部、机器人腰部到主作业臂末端执行器上、下两部分，再进行逆运动学求解。其中，腰部坐标系 $\{W\}$ 既在下部分模型中，也附着在上部分模型中。

码 4-2【视频讲解】逆运动学参数级训练

在 2.3 节介绍的实践平台上，轮式仿人机器人仿真操作流程如下（详见码 4-2）：

第一步，打开终端，运行 roscore，其界面如图 4-10 所示。

第二步，进入仿人机器人仿真操作界面，单击右侧“启动仿真”，如图 4-11 所示。

第三步，等待系统提示后即可进行仿真，单击 OK 按钮，如图 4-12 所示。

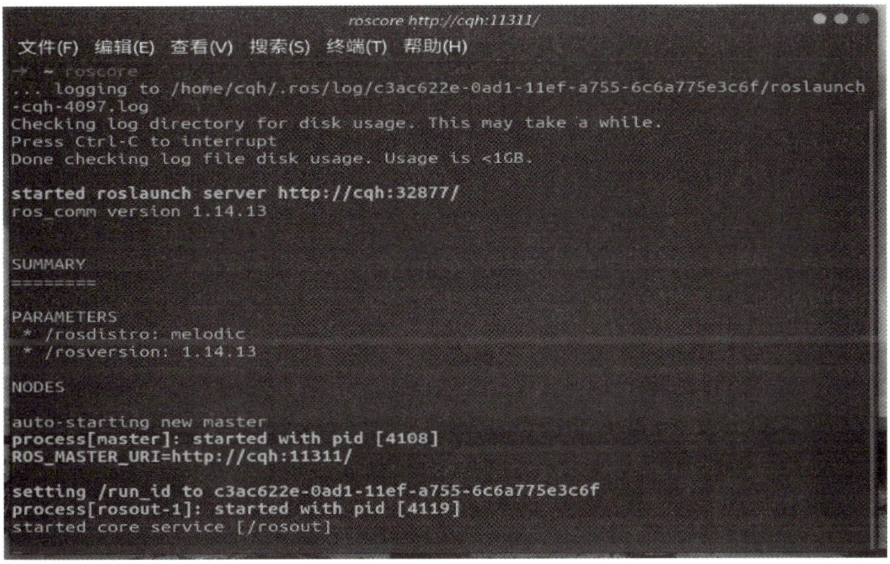

图 4-10　运行 roscore 界面

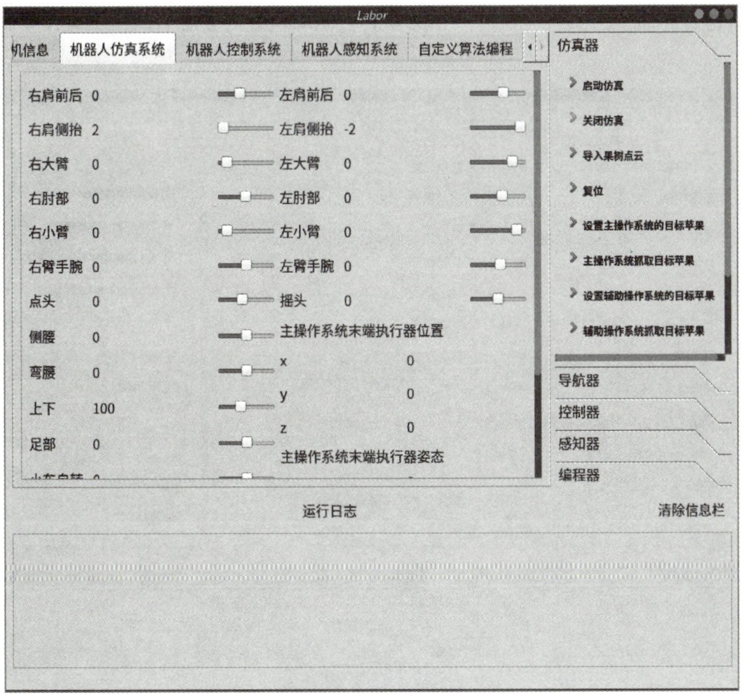

图 4-11　仿真操作界面

第四步，单击仿真界面上方的“机器人仿真系统”页面，填写末端执行器相对于基础坐标系的位置与姿态，如图 4-13 所示。

第五步，单击右侧“逆运动学解算”，计算主操作系统逆运动学。若求解成功，界面下方运行日志显示“逆运动学求解成功”字样。同时，“机器人仿真系统”页面上显示解算出的各关节位置信息，如图 4-14 所示；若求解失败，则该位姿的逆运动学无解。

图 4-12　可以开始仿真界面

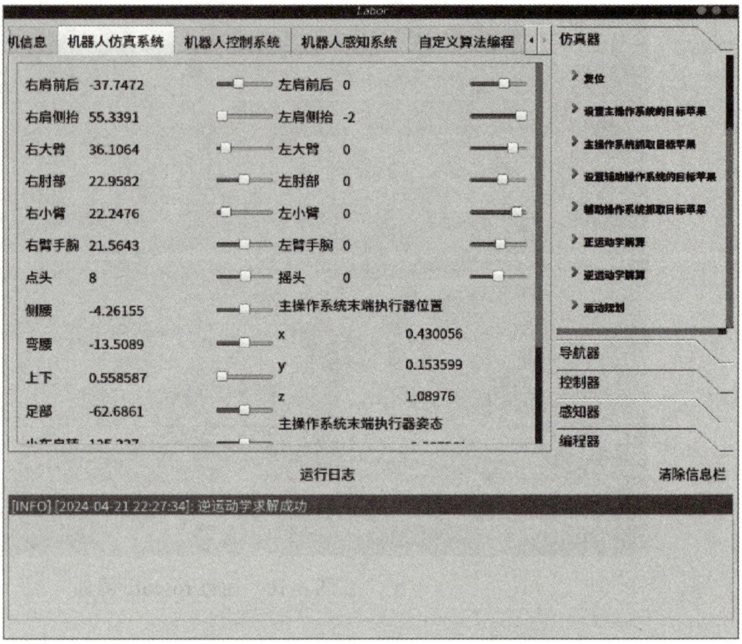

图 4-13　填写位置与姿态后的仿真操作界面

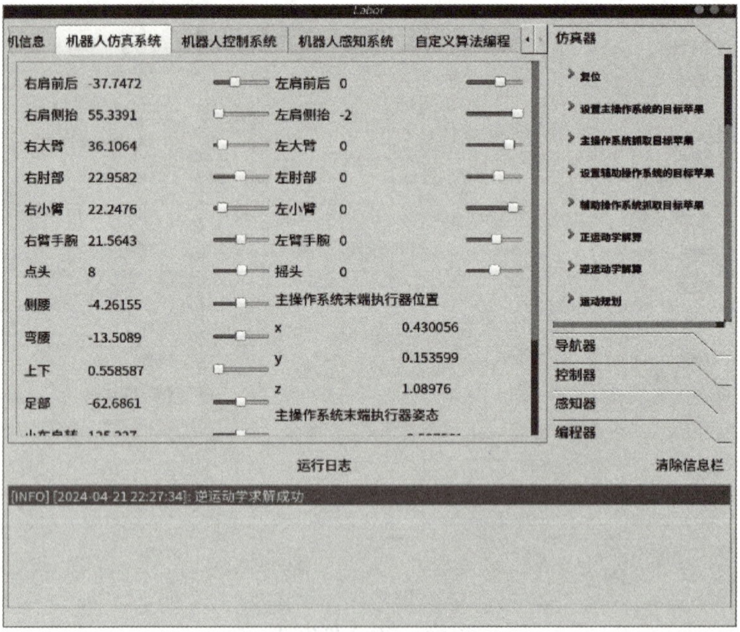

图 4-14　逆运动学求解成功界面

码 4-3【视频讲解】逆运动学编程级训练

4.4.2　逆运动学编程级训练

在 2.3 节介绍的实践平台上，将式（4-37）编写为程序，仿真操作流程如下：

第一步，打开终端，运行 roscore，其界面如图 4-15 所示。

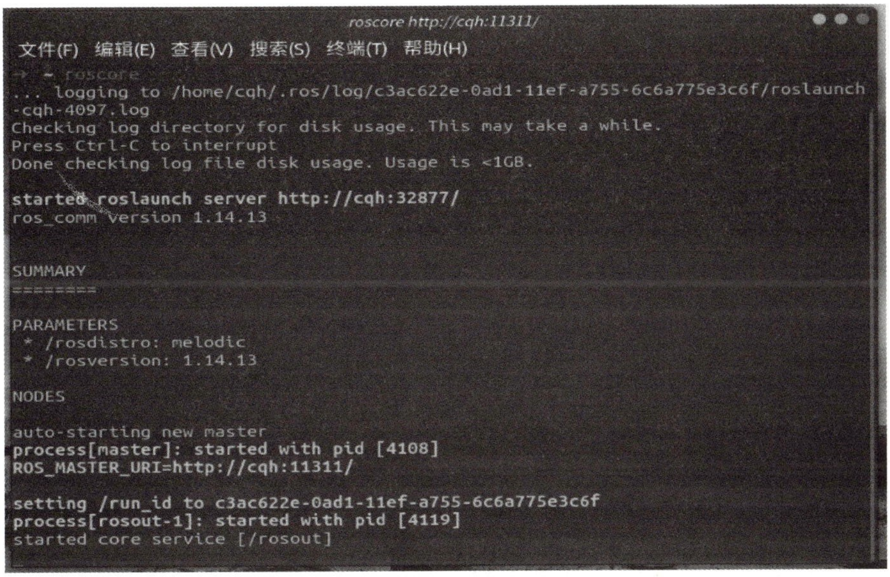

图 4-15　运行 roscore 界面

第二步，启动轮式仿人机器人仿真操作界面，单击右侧“启动仿真”，如图 4-16 所示。

第三步，等待系统提示后即可进行仿真，单击 OK 按钮，如图 4-17 所示。

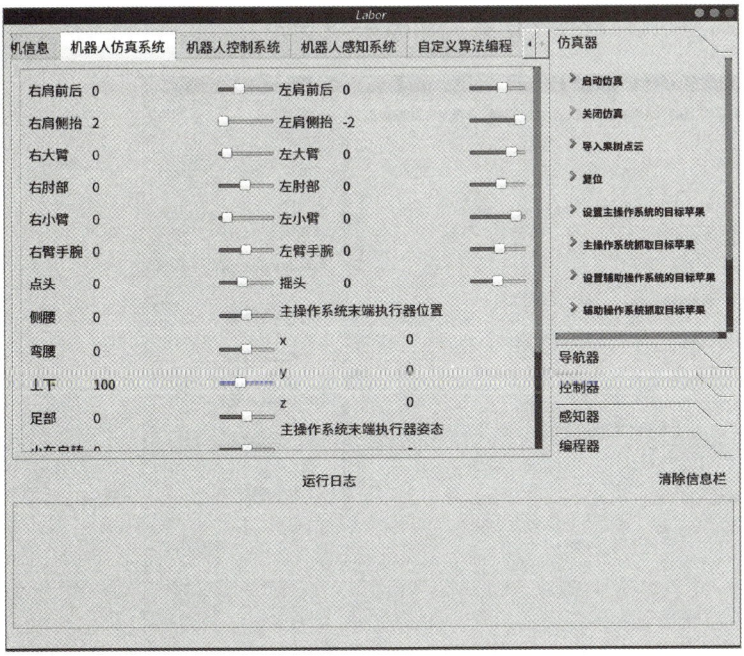

图 4-16　启动仿真

图 4-17　可以开始仿真界面

第四步，单击“自定义算法编程”页面进入逆运动学编程，根据式（4-37）修改 ik（）

函数，填入相应程序，如图 4-18 所示。

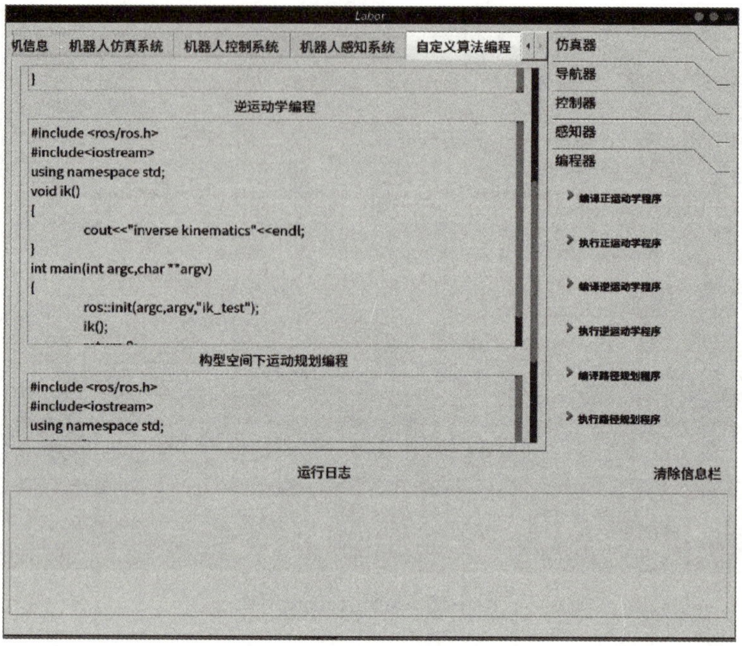

图 4-18　自定义算法编程界面

第五步，单击右侧“编译逆运动学程序”，系统会自动弹出窗口显示编译过程。若编译成功，单击“执行逆运动学程序”，等待终端窗口执行程序，打印输出；若编译失败，读者需要根据终端提示信息，自行检查程序内容，如图 4-19 所示。

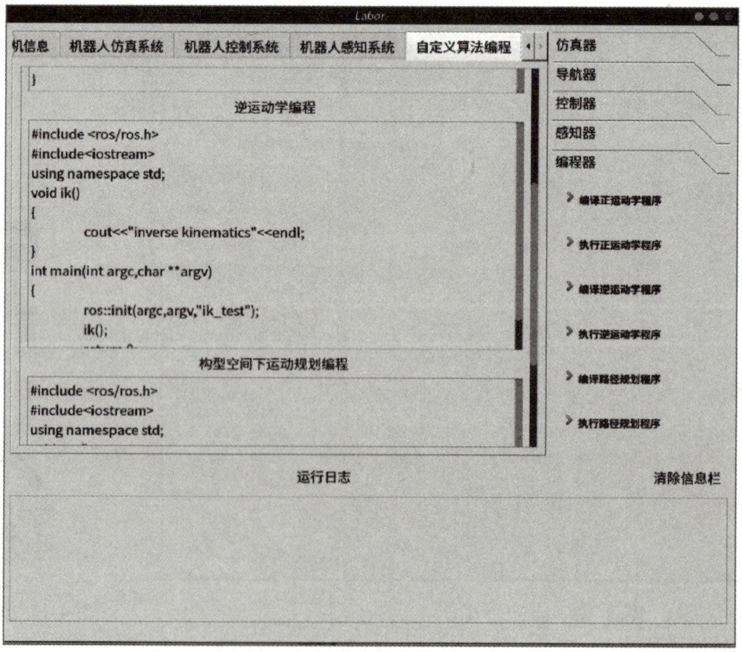

图 4-19　编译检查界面

本章小结

在逆运动学的求解过程中，当机器人系统中的自由度较多时，随着自由度个数的增加，运动学方程中所包含的三角函数多项式呈几何级增加，且运动学方程具有高阶非线性和强耦合性的特征，使其逆运动学求解过程十分复杂。本章针对 13 自由度的主作业系统和不满足 Pieper 准则的 6 自由度的辅助作业臂分别提出了相应的逆运动学求解方法并进行了研究分析，求解出了当末端执行器运动到期望目标位姿时的各个旋转关节或移动关节所需的运动量。另外，还分析了并联机器人的逆运动学求解。

习题

4-1　图 4-20 所示为 2 自由度机械手，两连杆长度均为 0.5m，试建立各连杆坐标系，求出齐次变换矩阵 $\boldsymbol{A}_1$、$\boldsymbol{A}_2$，并对该机械手进行逆运动学求解，完成实践验证。

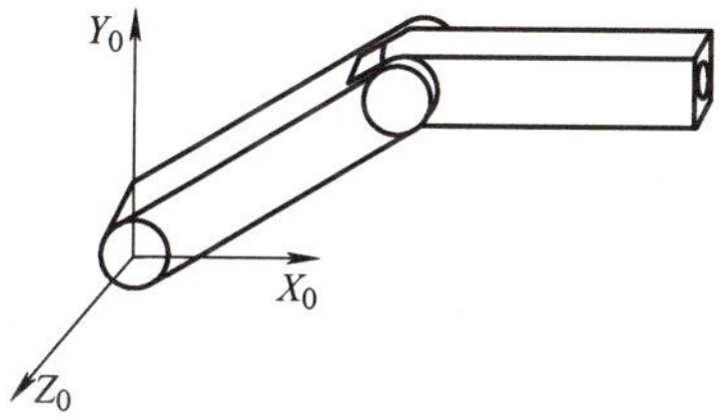

图 4-20　题 4-1 图

4-2　图 4-21 所示为 3 自由度机械手，试建立各连杆的 D–H 坐标系，求出变换矩阵 $\boldsymbol{A}_1$、$\boldsymbol{A}_2$、$\boldsymbol{A}_3$，并完成实践验证。

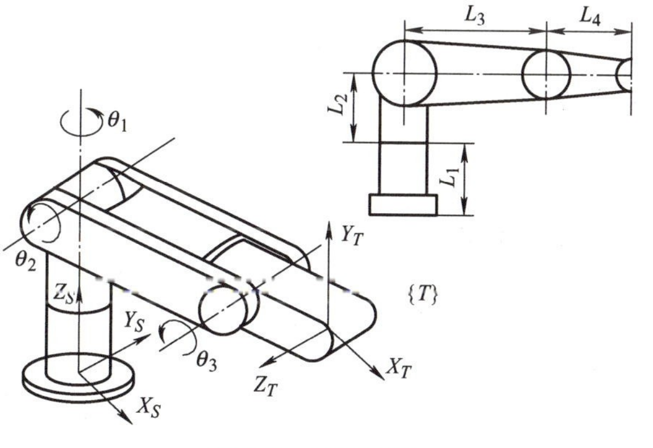

图 4-21　题 4-2 图

4-3　设计并实践 3–RPS 并联型机器人的逆运动学算法。

4-4　解释逆运动学主要解决机器人的哪些问题。

4-5　简述机器人逆运动学方程求解方法。

4-6　简述机器人雅可比矩阵的意义和性质。

第 5 章 机器人力学理论与实践

导读

上一章中对机器人运动学的分析仅限于讨论机器人运动位姿问题，并未涉及机器人运动的力等问题。实际上，机器人的力问题不仅与运动学相对位置有关，还与机器人的结构形式、质量分布、执行机构、传动机构等因素有关。机器人动力学就是研究机器人机构的力和运动之间关系与平衡的学科分支。机器人是一个具有多输入、多输出的复杂运动学系统，存在着复杂的耦合关系和严重的非线性。因此，对于机器人动力学的研究十分必要，也被广泛重视。本章首先分析机器人动力学的基础知识，并在此基础上讨论机器人动力学方程的建立，重点阐述拉格朗日动力学方法，最后通过轮式仿人机器人进行实践和训练。

本章知识点

- 机器人力学解决的问题
- 机器人静力学分析
- 机器人动力学分析
- 轮式仿人机器人力学实践案例
- 轮式仿人机器人力学实践训练

5.1 机器人力学解决的问题

机器人是一种主动机械装置，原则上它的每个自由度都可进行单独运动。从控制观点来看，机器人系统代表冗余的、多变量的和本质非线性的自动控制系统，也代表复杂的力学耦合系统。每个关节控制任务本身就是一个力学任务。因此，研究机器人的力学问题，就是为了进一步为控制服务。

5.2 机器人静力学分析

5.2.1 机器人杆受力分析

现对机器人任一杆 i 的受力状况进行分析。如图 5-1 所示，在杆 i 的两端关节 i 和 $i+1$

上分别建立坐标系 $\{i-1\}$ 和 $\{i\}$，图中各变量含义如下：

$\boldsymbol{f}_{i-1,i}$ 及 $\boldsymbol{n}_{i-1,i}$——杆 $i-1$ 作用在杆 i 上的力和力矩。

$\boldsymbol{f}_{i,i+1}$ 及 $\boldsymbol{n}_{i,i+1}$——杆 i 作用在杆 $i+1$ 上的力和力矩。

$-\boldsymbol{f}_{i,i+1}$ 及 $-\boldsymbol{n}_{i,i+1}$——杆 $i+1$ 作用在杆 i 上的力和力矩。

$\boldsymbol{f}_n$ 及 $\boldsymbol{n}_n$——机器人手部对外界的作用力和力矩。

$-\boldsymbol{f}_n$ 及 $-\boldsymbol{n}_n$——外界对机器人手部的作用力和力矩。

$\boldsymbol{f}_{0,1}$ 及 $\boldsymbol{n}_{0,1}$——机器人机座对杆 1 的作用力和力矩。

$m_i\boldsymbol{g}$——杆 i 的重量，作用在质心 C_i 上。

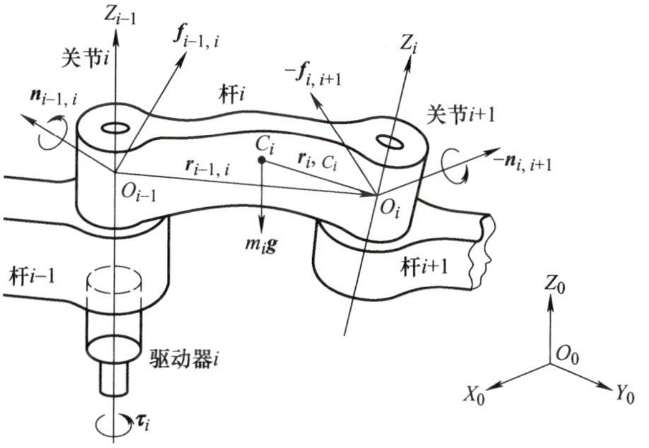

图 5-1　杆 i 的受力分析

当杆 i 受力平衡时，其上所受的合力和合力矩为零，力和力矩的平衡方程式分别为

$$\boldsymbol{f}_{i-1,i}+(-\boldsymbol{f}_{i,i+1})+m_i\boldsymbol{g}=0 \tag{5-1}$$

$$\boldsymbol{n}_{i-1,i}+(-\boldsymbol{n}_{i,i+1})+(\boldsymbol{r}_{i-1,i}+\boldsymbol{r}_{i,C_i})\times\boldsymbol{f}_{i-1,i}+(\boldsymbol{r}_{i,C_i})\times(-\boldsymbol{f}_{i,i+1})=0 \tag{5-2}$$

式中，$\boldsymbol{r}_{i-1,i}$ 为坐标系 $\{i\}$ 的原点相对于坐标系 $\{i-1\}$ 的位置矢量；$\boldsymbol{r}_{i,C_i}$ 为质心相对于坐标系 $\{i\}$ 的位置矢量。

如果已知外界对机器人手部的作用力和力矩，那么可依次从手部向机座计算出各杆上的受力状况。

5.2.2　机器人力雅可比矩阵

机器人作业时其手部把持工具与工件保持一定的接触力（矩），现用 $\boldsymbol{F}$ 表示此接触力（矩），$\boldsymbol{F}$ 是一个 6 维矢量，称为端点广义力，即

$$\boldsymbol{F}=\begin{bmatrix}\boldsymbol{f}_n\\\boldsymbol{n}_n\end{bmatrix}=\begin{bmatrix}f_{nx}\\f_{ny}\\f_{nz}\\n_{nx}\\n_{ny}\\n_{nz}\end{bmatrix} \tag{5-3}$$

式中，$\boldsymbol{f}_n=[f_{nx}\ f_{ny}\ f_{nz}]^{\mathrm{T}}$，表示接触力$\boldsymbol{F}$沿基础坐标系$x$、$y$、$z$轴的三个分力；$\boldsymbol{n}_n=[n_{nx}\ n_{ny}\ n_{nz}]^{\mathrm{T}}$，表示接触力$\boldsymbol{F}$分别绕基础坐标系$x$、$y$、$z$轴的三个分力矩。

如果机器人手端匀速运动或静止，保持与工件接触力恒定，那么各关节需要用多大的力或力矩来平衡这个终端接触力$\boldsymbol{F}$？

设n个关节需要n个驱动力（矩）$\boldsymbol{\tau}_1,\boldsymbol{\tau}_2,\cdots,\boldsymbol{\tau}_n$，合并一起用矢量表示为

$$\boldsymbol{\tau}=\begin{bmatrix}\boldsymbol{\tau}_1\\\boldsymbol{\tau}_2\\\vdots\\\boldsymbol{\tau}_n\end{bmatrix} \tag{5-4}$$

式中，$\boldsymbol{\tau}$为关节力（或力矩）矢量，简称为广义关节力。对于转动关节i，$\boldsymbol{\tau}_i$表示关节驱动力矩，对于移动关节i，$\boldsymbol{\tau}_i$表示关节驱动力，$i=1,2,\cdots,n$。

设想每个关节都有一个微小位移$\delta\boldsymbol{q}_i$，并引起末端产生线位移$\delta\boldsymbol{x}_e$和角位移$\delta\boldsymbol{\phi}_e$，所有关节所做的全部功为

$$\delta W_q=\boldsymbol{\tau}_1\delta\boldsymbol{q}_1+\boldsymbol{\tau}_2\delta\boldsymbol{q}_2+\cdots+\boldsymbol{\tau}_n\delta\boldsymbol{q}_n=\sum_{i=1}^{n}\boldsymbol{\tau}_i\delta\boldsymbol{q}_i \tag{5-5}$$

而机器人手部端点对外界所做的总功为

$$\begin{aligned}\delta W_F&=[f_{nx}\quad f_{ny}\quad f_{nz}]\begin{bmatrix}\delta x_{ex}\\\delta x_{ey}\\\delta x_{ez}\end{bmatrix}+[n_{nx}\quad n_{ny}\quad n_{nz}]\begin{bmatrix}\delta\phi_{ex}\\\delta\phi_{ey}\\\delta\phi_{ez}\end{bmatrix}\\&=\boldsymbol{f}_n^{\mathrm{T}}\delta\boldsymbol{x}_e+\boldsymbol{n}_n^{\mathrm{T}}\delta\boldsymbol{\phi}_e\end{aligned} \tag{5-6}$$

假定关节不存在摩擦，并忽略各杆件的重力，当手部处于静止或匀速运动时，这两个总功应相等，即

$$\delta W_q=\delta W_F \tag{5-7}$$

依式（5-5）及式（5-6）得

$$\sum_{i=1}^{n}\boldsymbol{\tau}_i\delta\boldsymbol{q}_i-(\boldsymbol{f}_n^{\mathrm{T}}\delta\boldsymbol{x}_e+\boldsymbol{n}_n^{\mathrm{T}}\delta\boldsymbol{\phi}_e)=0$$

或表达为

$$\boldsymbol{\tau}^{\mathrm{T}}\delta\boldsymbol{q}-\boldsymbol{F}^{\mathrm{T}}\delta\boldsymbol{X}=0\qquad\left(\delta\boldsymbol{X}=\begin{bmatrix}\delta\boldsymbol{x}_e\\\delta\boldsymbol{\phi}_e\end{bmatrix}_{6\times1}\right) \tag{5-8}$$

由式（3-35）可推得，$\delta \boldsymbol{X} = \boldsymbol{J}\delta \boldsymbol{q}$，代入式（5-8）得

$$(\boldsymbol{\tau}^{\mathrm{T}} - \boldsymbol{F}^{\mathrm{T}}\boldsymbol{J})\delta \boldsymbol{q} = 0 \tag{5-9}$$

因关节位移 $\delta \boldsymbol{q}$ 不为零，因此，对于式（5-9），只有

$$\boldsymbol{\tau}^{\mathrm{T}} - \boldsymbol{F}^{\mathrm{T}}\boldsymbol{J} = 0$$

即

$$\boldsymbol{\tau}^{\mathrm{T}} = \boldsymbol{F}^{\mathrm{T}}\boldsymbol{J} \tag{5-10}$$

式（5-10）两边取转置，得

$$\boldsymbol{\tau} = \boldsymbol{J}^{\mathrm{T}}\boldsymbol{F} \tag{5-11}$$

可看出，利用雅可比矩阵转置就可把末端作用力 $\boldsymbol{F}$ 折算到各关节上。

式（5-11）表示了在平衡状态下，手部端点力 $\boldsymbol{F}$ 和广义关节力（矩）$\boldsymbol{\tau}$ 之间的映射关系。$\boldsymbol{J}^{\mathrm{T}}$ 称为机器人力雅可比矩阵，它是速度雅可比矩阵 $\boldsymbol{J}$ 的转置矩阵。

5.2.3　机器人静力计算

机器人杆件静力计算分为两种情况：

1）已知外界对机器人手部的作用力 $\boldsymbol{F}'$（手部端点力 $\boldsymbol{F} = -\boldsymbol{F}'$），求满足静力平衡条件的关节驱动力矩 $\boldsymbol{\tau}$。这种情况可利用式（5-11）来求解。

2）已知关节驱动力矩 $\boldsymbol{\tau}$，求机器人手部对外界的作用力或外部负载的质量。这种情况是第一种情况的逆解。逆解的表达式为

$$\boldsymbol{F} = (\boldsymbol{J}^{\mathrm{T}})^{-1}\boldsymbol{\tau} \tag{5-12}$$

当机器人的自由度不是 6 时，如自由度大于 6，力雅可比矩阵不再是方阵，此时 $\boldsymbol{J}^{\mathrm{T}}$ 没有逆解。因此，对于第二种情况的求解就相对困难，一般情况下不一定能得到唯一的解。

例 5-1　图 5-2 所示为一个 2 自由度平面关节机器人，两杆长分别为 l_1、l_2。已知手部接触力 $\boldsymbol{F} = [f_x \ \ f_y]^{\mathrm{T}}$，忽略摩擦及杆件重力，分别求出 $\theta_1 = 45°$、$\theta_2 = 45°$（见图 5-2a）时以及 $\theta_1 = 0°$、$\theta_2 = 90°$（见图 5-2b）时的关节力矩。

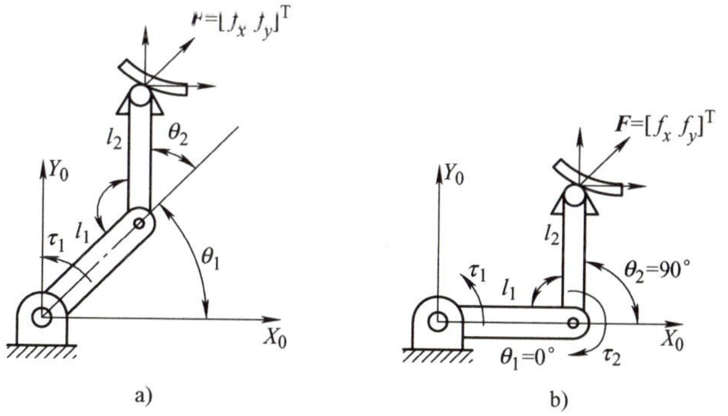

图 5-2　手部端点力 $\boldsymbol{F}$ 与关节力矩 $\boldsymbol{\tau}$

解： 由式（3-36）知，该机器人的速度雅可比矩阵为

$$\boldsymbol{J}=\begin{bmatrix}-l_1 s\theta_1-l_2 s_{12} & -l_2 s_{12}\\ l_1 c\theta_1+l_2 c_{12} & l_2 c_{12}\end{bmatrix}$$

因此其力雅可比矩阵为

$$\boldsymbol{J}^{\mathrm{T}}=\begin{bmatrix}-l_1 s\theta_1-l_2 s_{12} & l_1 c\theta_1+l_2 c_{12}\\ -l_2 s_{12} & l_2 c_{12}\end{bmatrix}$$

由 $\boldsymbol{\tau}=\boldsymbol{J}^{\mathrm{T}}\boldsymbol{F}$ 得

$$\boldsymbol{\tau}=\begin{bmatrix}\tau_1\\ \tau_2\end{bmatrix}=\begin{bmatrix}-l_1 s\theta_1-l_2 s_{12} & l_1 c\theta_1+l_2 c_{12}\\ -l_2 s_{12} & l_2 c_{12}\end{bmatrix}\begin{bmatrix}f_x\\ f_y\end{bmatrix}$$

可计算出

$$\begin{cases}\tau_1=(-l_1 s\theta_1-l_2 s_{12})f_x+(l_1 c\theta_1+l_2 c_{12})f_y\\ \tau_2=-l_2 s_{12}f_x+l_2 c_{12}f_y\end{cases}$$

因此，当 $\theta_1=45°$、$\theta_2=45°$ 时，与手部接触力相对应的关节驱动力矩为

$$\tau_1=\left(-\frac{\sqrt{2}}{2}l_1-l_2\right)f_x+\frac{\sqrt{2}}{2}l_1 f_y,\qquad \tau_2=-l_2 f_x$$

当 $\theta_1=0°$、$\theta_2=90°$ 时，与手部接触力相对应的关节驱动力矩为

$$\tau_1=-l_2 f_x+l_1 f_y,\quad \tau_2=-l_2 f_x$$

5.2.4 机器人的静态特性

稳态（或静态）问题是动态问题的特例。本节将研究机器人的稳态负荷（包括力和力矩）问题，这些问题包括：静力和静力矩的表示、不同坐标系间静负荷的变换、确定机器人静态关节力矩、确定机器人所载物体的质量。

1. 静力和静力矩的表示

如同其他机械装置和运动系统一样，机器人系统中的力和力矩都是矢量，并以固定坐标系描述。用矢量 $\boldsymbol{f}$ 表示力，用 f_x、f_y 和 f_z 表示对于所定义坐标系各轴 x、y 和 z 的分力。同样地，用矢量 $\boldsymbol{m}$ 表示力矩，以 m_x、m_y 和 m_z 表示作用于任何定义的坐标系（而不是基础坐标系）各轴的分力矩。因为作用于物体上的力矩，其结果与作用点无关，所以，只有定义了坐标系才是有意义的。有时，还需同时考虑力和力矩两方面的作用。这时，我们用矢量 $\boldsymbol{F}$ 来表示。即

$$F = \begin{bmatrix} f_x \\ f_y \\ f_z \\ m_x \\ m_y \\ m_z \end{bmatrix} \tag{5-13}$$

例如，作用于某物体的静力和静力矩为 $\boldsymbol{f} = 10\boldsymbol{i} + 0\boldsymbol{j} - 150\boldsymbol{k}, \boldsymbol{m} = 0\boldsymbol{i} - 100\boldsymbol{j} + 0\boldsymbol{k}$，那么可表示为

$$\boldsymbol{F} = \begin{bmatrix} 10 & 0 & -150 & 0 & -100 & 0 \end{bmatrix}^{\mathrm{T}}$$

显然，在这里把力 $\boldsymbol{F}$ 理解为广义力，即包括力和力矩在内。在下文的讨论中，如果没有特别说明，就把力理解为广义力。

2. 不同坐标系间静负荷的变换

讨论不同坐标系间的静力和静力矩变换问题，就是已知两个与一固定物体连在一起的不同坐标系以及作用在第一个坐标系原点的力和力矩，要求出作用在另一个坐标系上的以此新坐标系描述的等效力和等效力矩。等效力和等效力矩意味着它们对物体具有与原力和原力矩同样的外部作用效果。

用虚功法来求解这个问题。

设有一个作用于某个物体的力 $\boldsymbol{F}$，它使物体发生假想的微分位移（虚拟位移）$\boldsymbol{D}$，做出虚功 δW。虚拟位移的极限趋向无穷小，所以系统的能量不变。这样，由许多作用在物体上的力所做的虚功必定为 0。

力 $\boldsymbol{F}$ 所做的虚功为

$$\delta W = \boldsymbol{F}^{\mathrm{T}}\boldsymbol{D} \tag{5-14}$$

式中，$\boldsymbol{D}$ 为表示虚拟位移的微分运动矢量，即

$$\boldsymbol{D} = \begin{bmatrix} d_x & d_y & d_z & \delta_x & \delta_y & \delta_z \end{bmatrix}^{\mathrm{T}}$$

$\boldsymbol{F}$ 为力矢量，即

$$\boldsymbol{F}^{\mathrm{T}} = \begin{bmatrix} f_x & f_y & f_z & m_x & m_y & m_z \end{bmatrix}$$

用坐标系 $\{C\}$ 来描述此物体上某个不同的点。如果作用在该点的力和力矩产生同样的虚拟位移，那么应当做同样的虚功，即

$$\delta W = \boldsymbol{F}^{\mathrm{T}}\boldsymbol{D} = {}^{C}\boldsymbol{F}^{\mathrm{T}C}\boldsymbol{D} \tag{5-15}$$

从而可得

$$\boldsymbol{F}^{\mathrm{T}}\boldsymbol{D} = {}^{C}\boldsymbol{F}^{\mathrm{T}C}\boldsymbol{D} \tag{5-16}$$

式中，坐标系 $\{C\}$ 内的虚拟位移 ${}^{C}\boldsymbol{D}$ 等价于参考坐标系内的虚拟位移 $\boldsymbol{D}$，因而可据式（3-32）求得

$$\begin{bmatrix} {}^C d_x \\ {}^C d_y \\ {}^C d_z \\ {}^C \delta_x \\ {}^C \delta_y \\ {}^C \delta_z \end{bmatrix} = \begin{bmatrix} n_x & n_y & n_z & (\boldsymbol{p}\times\boldsymbol{n})_x & (\boldsymbol{p}\times\boldsymbol{n})_y & (\boldsymbol{p}\times\boldsymbol{n})_z \\ o_x & o_y & o_z & (\boldsymbol{p}\times\boldsymbol{o})_x & (\boldsymbol{p}\times\boldsymbol{o})_y & (\boldsymbol{p}\times\boldsymbol{o})_z \\ a_x & a_y & a_z & (\boldsymbol{p}\times\boldsymbol{a})_x & (\boldsymbol{p}\times\boldsymbol{a})_y & (\boldsymbol{p}\times\boldsymbol{a})_z \\ 0 & 0 & 0 & n_x & n_y & n_z \\ 0 & 0 & 0 & o_x & o_y & o_z \\ 0 & 0 & 0 & a_x & a_y & a_z \end{bmatrix} \begin{bmatrix} d_x \\ d_y \\ d_z \\ \delta_x \\ \delta_y \\ \delta_z \end{bmatrix} \tag{5-17}$$

或记为

$${}^C\boldsymbol{D} = \boldsymbol{J}\boldsymbol{D} \tag{5-18}$$

对于任何虚拟位移 $\boldsymbol{D}$，上述关系都是成立的，于是可得

$$\boldsymbol{F}^{\mathrm{T}} = {}^C\boldsymbol{F}^{\mathrm{T}}\boldsymbol{J} \tag{5-19}$$

稍加变换即可得

$$\boldsymbol{F} = \boldsymbol{J}^{\mathrm{T}\,C}\boldsymbol{F} \tag{5-20}$$

式（5-20）写成矩阵方程为

$$\begin{bmatrix} f_x \\ f_y \\ f_z \\ m_x \\ m_y \\ m_z \end{bmatrix} = \begin{bmatrix} n_x & o_x & a_x & 0 & 0 & 0 \\ n_y & o_y & a_y & 0 & 0 & 0 \\ n_z & o_z & a_z & 0 & 0 & 0 \\ (\boldsymbol{p}\times\boldsymbol{n})_x & (\boldsymbol{p}\times\boldsymbol{o})_x & (\boldsymbol{p}\times\boldsymbol{a})_x & n_x & o_x & a_x \\ (\boldsymbol{p}\times\boldsymbol{n})_y & (\boldsymbol{p}\times\boldsymbol{o})_y & (\boldsymbol{p}\times\boldsymbol{a})_y & n_y & o_y & a_y \\ (\boldsymbol{p}\times\boldsymbol{n})_z & (\boldsymbol{p}\times\boldsymbol{o})_z & (\boldsymbol{p}\times\boldsymbol{a})_z & n_z & o_z & a_z \end{bmatrix} \begin{bmatrix} {}^C f_x \\ {}^C f_y \\ {}^C f_z \\ {}^C m_x \\ {}^C m_y \\ {}^C m_z \end{bmatrix} \tag{5-21}$$

对式（5-21）求逆可得

$$\begin{bmatrix} {}^C f_x \\ {}^C f_y \\ {}^C f_z \\ {}^C m_x \\ {}^C m_y \\ {}^C m_z \end{bmatrix} = \begin{bmatrix} n_x & n_y & n_z & 0 & 0 & 0 \\ o_x & o_y & o_z & 0 & 0 & 0 \\ a_x & a_y & a_z & 0 & 0 & 0 \\ (\boldsymbol{p}\times\boldsymbol{n})_x & (\boldsymbol{p}\times\boldsymbol{n})_y & (\boldsymbol{p}\times\boldsymbol{n})_z & n_x & n_y & n_z \\ (\boldsymbol{p}\times\boldsymbol{o})_y & (\boldsymbol{p}\times\boldsymbol{o})_y & (\boldsymbol{p}\times\boldsymbol{o})_z & o_x & o_y & o_z \\ (\boldsymbol{p}\times\boldsymbol{a})_y & (\boldsymbol{p}\times\boldsymbol{a})_y & (\boldsymbol{p}\times\boldsymbol{a})_z & a_x & a_y & a_z \end{bmatrix} \begin{bmatrix} f_x \\ f_y \\ f_z \\ m_x \\ m_y \\ m_z \end{bmatrix} \tag{5-22}$$

再将式（5-22）左边和右边的前三行与后三行进行交换，有

$$\begin{bmatrix} {}^C m_x \\ {}^C m_y \\ {}^C m_z \\ {}^C f_x \\ {}^C f_y \\ {}^C f_z \end{bmatrix} = \begin{bmatrix} n_x & n_y & n_z & (\boldsymbol{p}\times\boldsymbol{n})_x & (\boldsymbol{p}\times\boldsymbol{n})_y & (\boldsymbol{p}\times\boldsymbol{n})_z \\ o_x & o_y & o_z & (\boldsymbol{p}\times\boldsymbol{o})_x & (\boldsymbol{p}\times\boldsymbol{o})_y & (\boldsymbol{p}\times\boldsymbol{o})_z \\ a_x & a_y & a_z & (\boldsymbol{p}\times\boldsymbol{a})_x & (\boldsymbol{p}\times\boldsymbol{a})_y & (\boldsymbol{p}\times\boldsymbol{a})_z \\ 0 & 0 & 0 & n_x & n_y & n_z \\ 0 & 0 & 0 & o_x & o_y & o_z \\ 0 & 0 & 0 & a_x & a_y & a_z \end{bmatrix} \begin{bmatrix} m_x \\ m_y \\ m_z \\ f_x \\ f_y \\ f_z \end{bmatrix} \tag{5-23}$$

比较式（5-22）和式（5-17）可见，两式右边的第一个矩阵，即雅可比矩阵是相同的。

因此，不同坐标系间的力和力矩变换可用与微分平移变换及微分旋转变换一样的方法进行。因此，据式（3-31）～式（3-32）进行推论，能够得到

$$\begin{cases} {}^{C}m_x = \boldsymbol{n} \cdot [(\boldsymbol{f} \times \boldsymbol{p}) + \boldsymbol{m}] \\ {}^{C}m_y = \boldsymbol{o} \cdot [(\boldsymbol{f} \times \boldsymbol{p}) + \boldsymbol{m}] \\ {}^{C}m_z = \boldsymbol{a} \cdot [(\boldsymbol{f} \times \boldsymbol{p}) + \boldsymbol{m}] \end{cases} \tag{5-24}$$

$$\begin{cases} {}^{C}f_x = \boldsymbol{n} \cdot \boldsymbol{f} \\ {}^{C}f_y = \boldsymbol{o} \cdot \boldsymbol{f} \\ {}^{C}f_z = \boldsymbol{a} \cdot \boldsymbol{f} \end{cases} \tag{5-25}$$

式中，$\boldsymbol{n}$、$\boldsymbol{o}$、$\boldsymbol{a}$ 和 $\boldsymbol{p}$ 分别为微分坐标变换的列矢量。用与微分平移一样的方法进行力变换，而用与微分旋转一样的方法进行力矩变换。

3. 确定机器人静态关节力矩

现在，已能进行不同坐标系间力和力矩的变换。下面要用这种变换来计算与坐标系 $\{T_6\}$ 中所加的力和力矩有关的等效关节力矩和力。再次采用虚功法来计算广义关节力。

令加于坐标系 $\{T_6\}$ 的力和力矩所做的虚功等于各关节上所做的虚功。这一关系可表示为

$$\delta W = {}^{T_6}\boldsymbol{F}^{\mathrm{T}}\,{}^{T_6}\boldsymbol{D} = \boldsymbol{\tau}^{\mathrm{T}}\boldsymbol{Q} \tag{5-26}$$

式中，$\boldsymbol{\tau}$ 为广义关节的列矢量，对于旋转关节为力矩，对于平移关节为力；$\boldsymbol{Q}$ 为关节虚拟位移列矢量，对于旋转关节为旋转 $\delta\boldsymbol{Q}$，对于移动关节为平移 $\delta\boldsymbol{d}$。

如果机器人处于平衡状态，那么式（5-26）的虚功为 0。由式（5-26）有

$${}^{T_6}\boldsymbol{F}^{\mathrm{T}}\,{}^{T_6}\boldsymbol{D} = \boldsymbol{\tau}^{\mathrm{T}}\boldsymbol{Q} \tag{5-27}$$

据式（3-31a）给出的雅可比公式的一般形式，以 $\boldsymbol{JQ}$ 代替式（5-27）中的 ${}^{T_6}\boldsymbol{D}$，可得

$${}^{T_6}\boldsymbol{F}^{\mathrm{T}}\boldsymbol{JQ} = \boldsymbol{\tau}^{\mathrm{T}}\boldsymbol{Q} \tag{5-28}$$

式中，$\boldsymbol{J}$ 为雅可比矩阵。由式（5-28）可见，这个方程式与虚拟位移 $\boldsymbol{Q}$ 无关，因此式（5-28）变为

$${}^{T_6}\boldsymbol{F}^{\mathrm{T}}\boldsymbol{J} = \boldsymbol{\tau}^{\mathrm{T}} \tag{5-29}$$

倒置式（5-29）两边得

$$\boldsymbol{\tau} = \boldsymbol{J}^{\mathrm{T}}\,{}^{T_6}\boldsymbol{F} \tag{5-30}$$

这一关系式是十分重要的。如果已知加于坐标系 $\{T_6\}$ 的力和力矩，那么根据式（5-30）即可求出为保持机器人平衡状态而作用于各关节的力和力矩。如果机器人还能沿着作用力和力矩的方向自由运动，那么由式（5-30）所规定的关节力和力矩将得到设定的力和力矩的作用。值得进一步指出的是，式（5-30）对于具有任何自由度的机器人都是成立的。

4. 确定机器人所载物体的质量

当机器人移动一个未知负荷时，能够由关节误差力矩来求出此负荷质量，其步骤

如下：

1）假设最严重的负荷情况，并设定速度增益高得足以防止系统产生欠阻尼响应。

2）命令机器人运动，以恒速提升该负荷。

3）一旦所有关节都进行运动，即可由

$$\boldsymbol{T}=k_e k_m \theta_e \tag{5-31}$$

计算其静态误差力矩和力。这些误差力矩和力与负荷质量有关。式（5-31）中，k_e为关节伺服系统放大器增益；k_m为直流伺服装置增益；θ_e为静态位置误差。

4）假设机器人相对于基础坐标系的位置由变换$\boldsymbol{Z}$来表示，而且未知负荷被末端工具夹持在负荷质心上。这个末端位置由$^{T_6}\boldsymbol{E}$来描述（见图 5-3）。

5）用$\boldsymbol{X}$表示负荷在基础坐标系中的位置，即

$$\boldsymbol{X}=\boldsymbol{Z}\boldsymbol{T}_6\boldsymbol{E} \tag{5-32}$$

6）规定坐标系 $\{G\}$ 为处于负荷质心且与基础坐标系平行：

$$\boldsymbol{G}=\begin{bmatrix}1 & 0 & 0 & x_{px}\\ 0 & 1 & 0 & x_{py}\\ 0 & 0 & 1 & x_{pz}\\ 0 & 0 & 0 & 1\end{bmatrix} \tag{5-33}$$

在坐标系 $\{G\}$ 中，假设末端执行器上 1kg 负荷所产生的力为

$$^{G}\boldsymbol{F}=\begin{bmatrix}0 & 0 & -g & 0 & 0 & 0\end{bmatrix} \tag{5-34}$$

7）定义一个与$\boldsymbol{G}$和$\boldsymbol{X}$有关的变换$\boldsymbol{Y}$（见图 5-3）

$$\boldsymbol{G}\boldsymbol{Y}=\boldsymbol{X} \tag{5-35a}$$

即有

$$\boldsymbol{Y}=\boldsymbol{G}^{-1}\boldsymbol{X}=\begin{bmatrix}1 & 0 & 0 & -x_{px}\\ 0 & 1 & 0 & -x_{py}\\ 0 & 0 & 1 & -x_{pz}\\ 0 & 0 & 0 & 1\end{bmatrix}\begin{bmatrix}x_{n_x} & x_{o_x} & x_{a_x} & x_{\rho_x}\\ x_{n_y} & x_{o_y} & x_{a_y} & x_{\rho_y}\\ x_{n_z} & x_{o_z} & x_{a_z} & x_{\rho_z}\\ 0 & 0 & 0 & 1\end{bmatrix}=\begin{bmatrix}x_{n_x} & x_{o_x} & x_{a_x} & 0\\ x_{n_y} & x_{o_y} & x_{a_y} & 0\\ x_{n_z} & x_{o_z} & x_{a_z} & 0\\ 0 & 0 & 0 & 1\end{bmatrix} \tag{5-35b}$$

8）变换图 5-3，求取$^{G}\boldsymbol{F}$对$^{T_6}\boldsymbol{F}$关节的微分变换$\boldsymbol{Y}\boldsymbol{F}^{-1}$；再以$\boldsymbol{Y}\boldsymbol{F}^{-1}$为微分坐标变换，根据式（5-24）和式（5-25）求得坐标系 $\{T_6\}$ 上对 1kg 负荷的作用力。

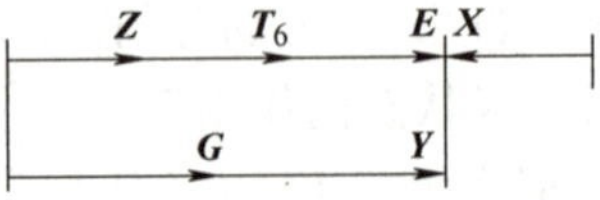

图 5-3　机器人变换图

9）根据式（5-30）计算等效关节力$\boldsymbol{\tau}$及$\boldsymbol{\tau}^{\mathrm{T}}$；根据式（5-31）计算机器人各关节的误差力矩$\boldsymbol{T}$。

10）进行内乘计算$\boldsymbol{\tau}^{\mathrm{T}}\boldsymbol{T}$和$\boldsymbol{T}\boldsymbol{\tau}^{\mathrm{T}}$，并计算负荷质量

$$m = \frac{\boldsymbol{\tau}^{\mathrm{T}} \boldsymbol{T}}{\boldsymbol{T}^{\mathrm{T}} \boldsymbol{\tau}} \tag{5-36}$$

负荷质量一经确定，连杆 6 的质量就被修正，并重新计算动力学，以补偿此负荷质量。由于所进行的计算比较简单，所以不需要让机器人的机械手停下来。

5.3　机器人动力学分析

机器人动力学主要研究机器人运动和受力之间的关系，目的是对机器人进行控制、优化设计和仿真。同样有动力学正、逆两类问题：

1）动力学正问题是已知各关节的驱动力（或力矩），求解各关节位移、速度和加速度，进而求得机器人的运动轨迹，主要用于机器人的仿真。

2）动力学逆问题是已知机器人的运动轨迹，即已知机器人关节的位移、速度和加速度，求解所需要的关节力（或力矩），源于实时控制的需要。

机器人动力学方程的建立方法主要包含：

1）动力学基本方法——牛顿 – 欧拉方程。

2）拉格朗日动力学方法——拉格朗日方程。

此外，还有一些其他动力学分析方法，如阿佩尔方程等。

牛顿 – 欧拉方程基于力的动态平衡方法，需从运动学出发求得加速度，并消去各内作用力。对于复杂系统，该方法显得烦琐，适用于一些较为简单的例子。

拉格朗日方程基于拉格朗日功能平衡法，需从运动学出发求得速度，不必求出内作用力，该方法简单便捷。本节主要介绍拉格朗日方程，并以此来分析求解机器人动力学问题。

一般的操作机器人的拉格朗日动态方程由 6 个非线性微分联立方程表示，很难求得其解析解，通常以矩阵形式表达，具体使用时，常常通过一些假设简化它们，以获得控制所需要的信息。

5.3.1　牛顿 – 欧拉方程

牛顿 – 欧拉方程包含牛顿方程和欧拉方程。

对于刚体的运动，可将其看作质心平动和绕质心转动两种运动的复合运动。牛顿方程表征的是构件质心的平动，欧拉方程研究的是相对于构件质心的转动。

质量为 m 、质心位于点 C 的刚体，作用在其质心的力 $\boldsymbol{F}$ 的大小与质心加速度 $\boldsymbol{a}_C$ 存在如下关系

$$\boldsymbol{F} = m\boldsymbol{a}_C \tag{5-37}$$

式中，$\boldsymbol{F}$ 、$\boldsymbol{a}_C$ 为三维矢量。式（5-37）称为牛顿方程。

设刚体坐标系原点在质心 C 处，刚体绕质心的角速度为 $\boldsymbol{\omega}$ 、角加速度为 $\boldsymbol{\varepsilon}$ ，$\boldsymbol{I}_C$ 为刚体相对于自身坐标系的惯性张量，则施加在刚体上的力矩 $\boldsymbol{M}$ 的大小为

$$\boldsymbol{M} = \boldsymbol{I}_C \boldsymbol{\varepsilon} + \boldsymbol{\omega} \times \boldsymbol{I}_C \boldsymbol{\omega} \tag{5-38}$$

式中，$\boldsymbol{M}$、$\boldsymbol{\varepsilon}$、$\boldsymbol{\omega}$均为三维矢量。式（5-38）称为欧拉方程。

式（5-37）与式（5-38）合并称为牛顿－欧拉方程。

5.3.2 虚位移原理

机器人结构复杂，其机构连杆通过关节相互连接，相互作用，存在很多未知的约束反力，这些约束反力在所研究的问题中往往并不需要知道，利用虚位移原理可以使机器人的动力学平衡方程中不出现约束反力，从而使联立方程数目减少，运算简化。

1. 虚位移

在约束容许的范围内，某一瞬间系统各质点任意无限小的位移称为虚位移。

如图 5-4 所示，已知质点 M 的运动被约束在固定曲面 S 上，那么质点 M 在曲面上任意无限小的位移都是约束所容许的，都是虚位移。略去高阶小量，则认为这些虚位移均在通过 M 点的切面 T 上。图中 $\delta\boldsymbol{r}$、$\delta\boldsymbol{r}'$ 等都是虚位移。需注意，虚位移 $\delta\boldsymbol{r}$ 不代表质点的真实运动，完全取决于约束的性质，在某一时刻，它有无数多个；实位移 $\mathrm{d}\boldsymbol{r}$ 则代表质点的真实运动，它不仅与约束的性质有关，而且与作用在质点系上的力、初始条件及时间有关，在某一时刻，它只有一个。实位移是虚位移之一。

2. 理想约束

给质点以虚位移 $\delta\boldsymbol{r}$，则主动力做功为 $\delta W_F=\boldsymbol{F}\delta\boldsymbol{r}$，约束反力做功为 $\delta W_N=\boldsymbol{N}\delta\boldsymbol{r}$，$\delta W_F$、$\delta W_N$ 均称为虚功。如果约束反力在任何虚位移上的虚功之和 $\sum\delta W_N$ 为零，则称这种约束为理想约束。

如图 5-5 所示，忽略曲柄连杆机构中杆 OA 与 AB 之间铰链 A 的质量、尺寸，即不考虑铰链所受的重力及摩擦力，将其看成一点，则当杆系受力平衡时，铰链所受两杆的约束反力 $\boldsymbol{N}_A$、$\boldsymbol{N}'_A$ 大小相等、方向相反，即 $\boldsymbol{N}_A=-\boldsymbol{N}'_A$，若给铰链 A 任一虚位移 $\delta\boldsymbol{r}_A$，则两约束反力的虚功之和等于零，即

$$\Sigma\delta W_N=\boldsymbol{N}_A\delta\boldsymbol{r}_A+\boldsymbol{N}'_A\delta\boldsymbol{r}_A=0$$

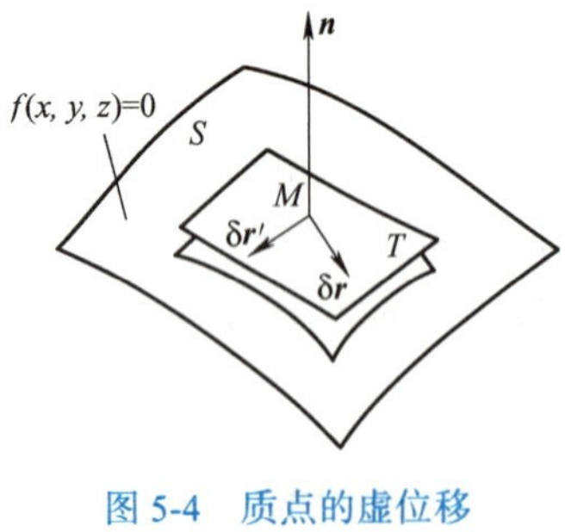

图 5-4　质点的虚位移

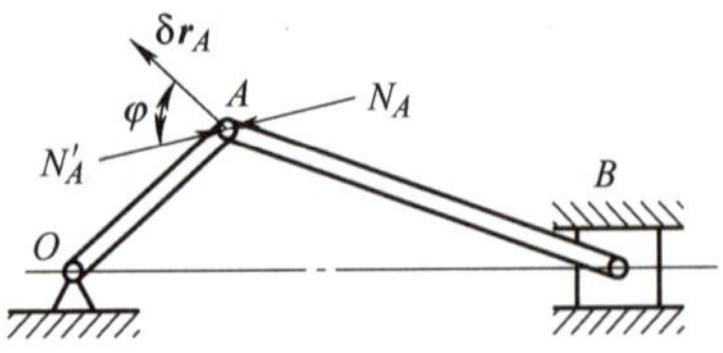

图 5-5　约束反力的虚功

铰链 A 即为理想约束，这种铰链在机器人机构关节中普遍存在。

对于具有理想约束的质点系，质点系的虚功之和亦为零，即

$$\Sigma\delta W_N=\sum_{i=1}^{n}\boldsymbol{N}_i\delta\boldsymbol{r}_i=0\quad(i=1,2,\cdots,n)\tag{5-39}$$

式中，$\boldsymbol{N}_i$ 为作用在质点 M_i 上的约束合力；$\delta\boldsymbol{r}_i$ 为质点 M_i 的虚位移。

3. 虚位移原理的含义

虚位移原理的含义：具有稳定理想约束的质点系，在某位置处于平衡的充分必要条件是作用在此质点系的所有主动力 $\boldsymbol{F}_i\ (i=1,2,\cdots,n)$ 沿任何虚位移 $\delta\boldsymbol{r}_i$ 所做的虚功之和等于零，即

$$\sum_{i=1}^{n}\boldsymbol{F}_i\delta\boldsymbol{r}_i=0 \quad (i=1,2,\cdots,n) \tag{5-40}$$

式中，$\boldsymbol{F}_i$ 为作用于质点系中某质点 M_i 上的主动力的合力；$\delta\boldsymbol{r}_i$ 为质点 M_i 的虚位移。

虚位移原理的充分性可采用反证法证明（略），必要性证明如下：

当质点系处于平衡时，其每个质点也处于平衡，有 $\boldsymbol{F}_i+\boldsymbol{N}_i=0$，如果给质点任一虚位移 $\delta\boldsymbol{r}_i$，则对于质点系，有

$$\sum_{i=1}^{n}(\boldsymbol{F}_i+\boldsymbol{N}_i)\delta\boldsymbol{r}_i=0 \tag{5-41a}$$

进一步表达为

$$\sum_{i=1}^{n}\boldsymbol{F}_i\delta\boldsymbol{r}_i+\sum_{i=1}^{n}\boldsymbol{N}_i\delta\boldsymbol{r}_i=0 \tag{5-41b}$$

由于质点系具有稳定理想约束，根据式（5-40），式（5-41b）中的第二项等于零，因此得

$$\sum_{i=1}^{n}\boldsymbol{F}_i\delta\boldsymbol{r}_i=0 \quad (i=1,2,\cdots,n) \tag{5-41c}$$

必要性得证。强调一点，虚位移原理是基于系统为理想约束的情况下得到的，如果系统考虑了摩擦力及重力，可在虚功计算中把摩擦力及重力看成是主动力，则该原理依然适用。

4. 广义坐标与广义力

（1）广义坐标

设质点系由 n 个质点组成，具有 s 个几何约束方程式，即

$$f_i(x_1,y_1,z_1,\cdots,x_n,y_n,z_n)=0 \quad (i=1,2,\cdots,s) \tag{5-42}$$

那么，在 $3n$ 个坐标 x_i、y_i、$z_i\ (i=1,2,\cdots,n)$ 中，有 $k=3n-s$ 个坐标是独立的，即系统的自由度为 k。任选 k 个独立参数 $q_1,\cdots,q_k$，则系统的坐标可由 $q_1,\cdots,q_k$ 来表达，即

$$\begin{cases}x_i=x_i(q_1,q_2,\cdots,q_k)\\ y_i=y_i(q_1,q_2,\cdots,q_k)\\ z_i=z_i(q_1,q_2,\cdots,q_k)\end{cases} (i=1,2,\cdots,n) \tag{5-43}$$

写成矢量表达形式为

$$\boldsymbol{r}_i=\boldsymbol{r}_i(q_1,q_2,\cdots,q_k) \quad (i=1,2,\cdots,n) \tag{5-44}$$

式中，k 个独立参数 $q_1, q_2, \cdots, q_k$ 称为系统的广义坐标。在几何约束状况下，广义坐标数即系统的自由度数。广义坐标可以取直角坐标，也可以取其他坐标，视具体情况而定。

对式（5-44）进行虚微分（或变分），可得

$$\delta \boldsymbol{r}_i = \sum_{j=1}^{k} \frac{\partial \boldsymbol{r}_i}{\partial q_j} \delta q_j \tag{5-45}$$

至此，用广义坐标的变分 $\delta q_1, \delta q_2, \cdots, \delta q_k$（称为广义虚位移）表达了虚位移 $\delta \boldsymbol{r}_i$。

（2）广义力

考虑主动力系在虚位移上所做的功，表达为

$$\delta W_F = \sum_{i=1}^{n} \boldsymbol{F}_i \delta \boldsymbol{r}_i \tag{5-46a}$$

利用式（5-45），可得

$$\delta W_F = \sum_{i=1}^{n} \boldsymbol{F}_i \sum_{j=1}^{k} \frac{\partial \boldsymbol{r}_i}{\partial q_j} \delta q_j = \sum_{j=1}^{k} \sum_{i=1}^{n} \boldsymbol{F}_i \frac{\partial \boldsymbol{r}_i}{\partial q_j} \delta q_j \tag{5-46b}$$

令

$$\boldsymbol{Q}_j = \sum_{i=1}^{n} \boldsymbol{F}_i \frac{\partial \boldsymbol{r}_i}{\partial q_j} \quad (j = 1, 2, \cdots, k) \tag{5-47}$$

则式（5-46a）、式（5-46b）可写为

$$\delta W_F = \sum_{i=1}^{n} \boldsymbol{F}_i \delta \boldsymbol{r}_i = \sum_{j=1}^{k} \boldsymbol{Q}_j \delta q_j \tag{5-48}$$

由于 $\boldsymbol{Q}_j$ 与广义虚位移 $\delta q_j\ (j = 1, 2, \cdots, k)$ 的乘积等于功，因此称 $\boldsymbol{Q}_j$ 为对应于广义坐标 $q_j (j = 1, 2, \cdots, k)$ 的广义力。

广义力可按定义式（5-47）来计算，也可按式（5-48）进行计算。例如，只给出广义虚位移 δq_j，而令其余广义虚位移等于零，此时主动力的功为 δW_{Fj}，则广义力 $\boldsymbol{Q}_j$ 为

$$\boldsymbol{Q}_j = \frac{\delta W_{Fj}}{\delta q_j} \quad (j = 1, 2, \cdots, k) \tag{5-49}$$

有了虚位移原理，掌握了广义坐标、广义力的定义，为下一节动力学普遍方程及拉格朗日方程的推导奠定了基础。

5.3.3 动力学普遍方程和拉格朗日方程

利用虚位移原理，可推导出动力学普遍方程，它是分析动力学的基础，是解决复杂动力学问题的一种普遍方法。进一步，由动力学普遍方程可推导出拉格朗日方程，它是求解机器人动力学问题最简捷有效的方法。

1. 动力学普遍方程

设具有理想约束的质点系由 n 个质点组成。任一质点 M_i 的质量为 m_i，作用在质点 M_i 上的主动力合力为 $\boldsymbol{F}_i$，约束反力合力为 $\boldsymbol{N}_i$。当质点运动时，作用于质点系上的主动力 $\boldsymbol{F}_i$、约束反力 $\boldsymbol{N}_i$ 及惯性力 $\boldsymbol{Q}_i=-m_i\boldsymbol{a}_i$ 组成平衡力系，即 $\boldsymbol{F}_i+\boldsymbol{N}_i-m_i\boldsymbol{a}_i=0\ (i=1,2,\cdots,\ n)$。给质点 M_i 一虚位移 $\delta\boldsymbol{r}_i$，则有

$$\sum_{i=1}^{n}(\boldsymbol{F}_i+\boldsymbol{N}_i-m_i\boldsymbol{a}_i)\delta\boldsymbol{r}_i=0 \tag{5-50}$$

对于理想约束，由式（5-39）知，$\sum_{i=1}^{n}\boldsymbol{N}_i\delta\boldsymbol{r}_i=0$，利用虚位移原理可得

$$\sum_{i=1}^{n}(\boldsymbol{F}_i-m_i\boldsymbol{a}_i)\delta\boldsymbol{r}_i=0 \tag{5-51}$$

式（5-51）称为动力学普遍方程。它表明，具有理想约束的质点系，在运动的任一瞬时，作用于质点系上的所有主动力与惯性力在任何虚位移上的虚功之和等于零。

可以看出，在解决动力学问题时，将系统惯性力视为主动力，应用虚位移原理即可得到式（5-51），因此，式（5-51）可看作虚位移原理的扩展应用。

2. 拉格朗日方程

由于动力学普遍方程不包含约束反力，因此为宏观求解系统动力学问题提供了便捷。但当解决复杂、具体的动力学问题时，因为系统采用了非独立的直角坐标系，故仍需与相应的约束方程联立进行求解，还需涉及质点系的惯性力和虚位移计算，因此，具体使用式（5-51）时仍受局限。在系统为完整理想约束条件下，将动力学普遍方程以广义坐标及动能的形式表达出来，则可得到一组与广义坐标数目相同的独立微分方程组，即为拉格朗日方程。使用拉格朗日方程可大大简化动力学求解问题。

（1）两个辅助公式

设具有完整理想约束的质点系由 n 个质点组成，且系统的自由度为 k，若质点系是非平稳运动，则质点系中任一质点 M_i 的位置矢量 $\boldsymbol{r}_i$ 可由 k 个广义坐标 q_1，q_2，…，q_k 和时间 t 的函数来表示，即

$$\boldsymbol{r}_i=\boldsymbol{r}_i(q_1,q_2,\cdots,q_k,t)\quad (i=1,2,\cdots,n) \tag{5-52}$$

固定时间 t，对式（5-52）求一阶偏导数，可得质点的虚位移为

$$\delta\boldsymbol{r}_i=\sum_{j=1}^{k}\frac{\partial\boldsymbol{r}_i}{\partial q_j}\delta q_j\quad (i=1,2,\cdots,n) \tag{5-53}$$

将式（5-52）对时间求导数，则得质点 M_i 的速度为

$$\boldsymbol{v}_i=\dot{\boldsymbol{r}}_i=\frac{\mathrm{d}\boldsymbol{r}_i}{\mathrm{d}t}=\frac{\partial\boldsymbol{r}_i}{\partial t}+\sum_{j=1}^{k}\frac{\partial\boldsymbol{r}_i}{\partial q_j}\dot{q}_j \tag{5-54}$$

式中，$\dot{q}_j$ 是广义坐标 q_j 对时间的导数，称为广义速度。

将式（5-54）两端对任一广义速度 $\dot{q}_j$ 求偏导数，因 $\partial \boldsymbol{r}_i/\partial t$ 和 $\partial \boldsymbol{r}_i/\partial q_j$ 仅为各广义坐标及时间的函数，与广义速度无关，故可得

$$\frac{\partial \boldsymbol{v}_i}{\partial \dot{q}_j}=\frac{\partial \boldsymbol{r}_i}{\partial q_j} \tag{5-55}$$

式（5-55）即为推导拉格朗日方程需用到的辅助公式之一。

由于

$$\begin{aligned}\frac{\mathrm{d}}{\mathrm{d}t}\left(\frac{\partial \boldsymbol{r}_i}{\partial q_j}\right)&=\frac{\partial}{\partial t}\left(\frac{\partial \boldsymbol{r}_i}{\partial q_j}\right)+\sum_{m=1}^{k}\frac{\partial}{\partial q_m}\left(\frac{\partial \boldsymbol{r}_i}{\partial q_j}\right)\dot{q}_m\\&=\frac{\partial^2 \boldsymbol{r}_i}{\partial q_j\partial t}+\sum_{m=1}^{k}\frac{\partial^2 \boldsymbol{r}_i}{\partial q_j\partial q_m}\dot{q}_m\\&=\frac{\partial}{\partial q_j}\left(\frac{\partial \boldsymbol{r}_i}{\partial t}+\sum_{m=1}^{k}\frac{\partial \boldsymbol{r}_i}{\partial q_m}\dot{q}_m\right)\end{aligned} \tag{5-56}$$

将式（5-56）右端括号中的下角标 m 换为 j，并依据式（5-54），可得

$$\frac{\mathrm{d}}{\mathrm{d}t}\left(\frac{\partial \boldsymbol{r}_i}{\partial q_j}\right)=\frac{\partial \boldsymbol{v}_i}{\partial q_j} \tag{5-57}$$

式（5-57）即为推导拉格朗日方程需用到的辅助公式之二。

（2）拉格朗日方程的推导

按照质点系动力学普遍方程式（5-51），可得

$$\sum_{i=1}^{n}\boldsymbol{F}_i\delta\boldsymbol{r}_i-\sum_{i=1}^{n}m_i\dot{\boldsymbol{v}}_i\delta\boldsymbol{r}_i=0 \tag{5-58}$$

式（5-58）中的第一项为主动力系在虚位移中的虚功之和，依据式（5-48），该项可表示为

$$\sum_{i=1}^{n}\boldsymbol{F}_i\delta\boldsymbol{r}_i=\sum_{j=1}^{k}\boldsymbol{Q}_j\delta q_j \tag{5-59}$$

式（5-58）中的第二项为惯性力系在虚位移中的虚功之和。利用式（5-53），该项可表示为

$$\sum_{i=1}^{n}m_i\dot{\boldsymbol{v}}_i\delta\boldsymbol{r}_i=\sum_{i=1}^{n}\left(m_i\dot{\boldsymbol{v}}_i\sum_{j=1}^{k}\frac{\partial \boldsymbol{r}_i}{\partial q_j}\delta q_j\right)=\sum_{j=1}^{k}\left(\sum_{i=1}^{n}m_i\dot{\boldsymbol{v}}_i\frac{\partial \boldsymbol{r}_i}{\partial q_j}\right)\delta q_j=\sum_{j=1}^{k}\boldsymbol{Q}_{gj}\delta q_j \tag{5-60}$$

式中，$\boldsymbol{Q}_{gj}$ 为广义惯性力，表达式为

$$\boldsymbol{Q}_{gj}=\sum_{i=1}^{n}m_i\dot{\boldsymbol{v}}_i\frac{\partial \boldsymbol{r}_i}{\partial q_j} \tag{5-61}$$

为简化广义惯性力 $\boldsymbol{Q}_{gj}$ 的计算，可利用质点系动能计算的便捷性，把 $\boldsymbol{Q}_{gj}$ 表示为与动能有关的形式，并利用两个辅助公式 [式（5-55）及式（5-57）]，可推得

$$
\begin{aligned}
\boldsymbol{Q}_{gj} &= \sum_{i=1}^{n} m_i \dot{\boldsymbol{v}}_i \frac{\partial \boldsymbol{r}_i}{\partial q_j} \\
&= \sum_{i=1}^{n} \frac{\mathrm{d}}{\mathrm{d}t}\left(m_i \boldsymbol{v}_i \frac{\partial \boldsymbol{r}_i}{\partial q_j} \right) - \sum_{i=1}^{n} m_i \boldsymbol{v}_i \frac{\mathrm{d}}{\mathrm{d}t}\left(\frac{\partial \boldsymbol{r}_i}{\partial q_j} \right) \\
&= \sum_{i=1}^{n} \frac{\mathrm{d}}{\mathrm{d}t}\left(m_i \boldsymbol{v}_i \frac{\partial \boldsymbol{v}_i}{\partial \dot{q}_j} \right) - \sum_{i=1}^{n} m_i \boldsymbol{v}_i \frac{\partial \boldsymbol{v}_i}{\partial q_j} \\
&= \sum_{i=1}^{n} \frac{\mathrm{d}}{\mathrm{d}t} \frac{\partial}{\partial \dot{q}_j}\left(\frac{m_i \boldsymbol{v}_i^2}{2} \right) - \sum_{i=1}^{n} \frac{\partial}{\partial q_j}\left(\frac{m_i \boldsymbol{v}_i^2}{2} \right) \\
&= \frac{\mathrm{d}}{\mathrm{d}t} \frac{\partial}{\partial \dot{q}_j} \sum_{i=1}^{n} \frac{m_i \boldsymbol{v}_i^2}{2} - \frac{\partial}{\partial q_j} \sum_{i=1}^{n} \frac{m_i \boldsymbol{v}_i^2}{2} \\
&= \frac{\mathrm{d}}{\mathrm{d}t} \frac{\partial K}{\partial \dot{q}_j} - \frac{\partial K}{\partial q_j}
\end{aligned} \tag{5-62}
$$

式中，K 为质点系的动能，$K = \sum_{i=1}^{n} (m_i \boldsymbol{v}_i^2)/2$。将式（5-62）代入式（5-60），可得

$$
\sum_{i=1}^{n} m_i \dot{\boldsymbol{v}}_i \delta \boldsymbol{r}_i = \sum_{j=1}^{k} \left(\frac{\mathrm{d}}{\mathrm{d}t} \frac{\partial K}{\partial \dot{q}_j} - \frac{\partial K}{\partial q_j} \right) \delta q_j \tag{5-63}
$$

再将式（5-59）及式（5-63）代入式（5-58）中，可得

$$
\sum_{j=1}^{k} \left(\boldsymbol{Q}_j - \frac{\mathrm{d}}{\mathrm{d}t} \frac{\partial K}{\partial \dot{q}_j} + \frac{\partial K}{\partial q_j} \right) \delta q_j = 0 \tag{5-64}
$$

因广义坐标的相互独立性及 δq_j 的任意性，若要使式（5-64）成立，则 δq_j 前的系数必须等于零，即

$$
\boldsymbol{Q}_j = \frac{\mathrm{d}}{\mathrm{d}t} \frac{\partial K}{\partial \dot{q}_j} - \frac{\partial K}{\partial q_j} \quad (j = 1, 2, \cdots, k) \tag{5-65}
$$

式（5-65）即为拉格朗日方程，它是关于广义坐标的 k 个二阶微分方程。

（3）拉格朗日方程的进一步表达

1）若质点系上仅受重力主动力，则质点系的势能 P 是各质点位置的函数，即

$$
P = P(x_1, y_1, z_1, x_2, y_2, z_2, \cdots, x_n, y_n, z_n) \tag{5-66a}
$$

用广义坐标来表达时，为

$$
P = P(q_1, q_2, \cdots, q_k) \tag{5-66b}
$$

由于质点系中任一质点 M_i 上所受的重力在直角坐标上的投影等于势能对相应坐标的偏导数冠以负号，即

$$
F_{x_i} = -\frac{\partial P}{\partial x_i}, \quad F_{y_i} = -\frac{\partial P}{\partial y_i}, \quad F_{z_i} = -\frac{\partial P}{\partial z_i} \tag{5-67}
$$

则依据式（5-47）及式（5-67），可推得广义重力表达式为

$$\boldsymbol{Q}_{\mathrm{m}j}=-\sum_{i=1}^{n}\left(\frac{\partial P}{\partial x_i}\frac{\partial x_i}{\partial q_j}+\frac{\partial P}{\partial y_i}\frac{\partial y_i}{\partial q_j}+\frac{\partial P}{\partial z_i}\frac{\partial z_i}{\partial q_j}\right)=-\frac{\partial P}{\partial q_j}\quad (j=1,2,\cdots,k) \tag{5-68}$$

再依据式（5-65），则拉格朗日方程可表示为

$$-\frac{\partial P}{\partial q_j}=\frac{\mathrm{d}}{\mathrm{d}t}\frac{\partial K}{\partial \dot{q}_j}-\frac{\partial K}{\partial q_j}\quad (j=1,2,\cdots,k) \tag{5-69}$$

因质点系的势能 P 仅是广义坐标的函数，与广义坐标速度 $\dot{q}_j$ 无关，故 $\partial P/\partial \dot{q}_j=0$，则将式（5-69）进一步写为

$$\frac{\mathrm{d}}{\mathrm{d}t}\frac{\partial L}{\partial \dot{q}_j}-\frac{\partial L}{\partial q_j}=0\quad (j=1,2,\cdots,k) \tag{5-70}$$

式中，$L=K-P$，表示质点系的动能与势能之差，称为拉格朗日算子。L 是 t、q_j 及 $\dot{q}_j$ 的函数，式（5-70）称为保守系统的拉格朗日方程。

2）若质点系上不仅受有重力主动力，而且还有其他主动力，则广义力表示为

$$\boldsymbol{Q}_j=\boldsymbol{Q}_{\mathrm{m}j}+\boldsymbol{F}_j=-\frac{\partial P}{\partial q_j}+\boldsymbol{F}_j \tag{5-71}$$

式中，$\boldsymbol{F}_j$ 是除广义重力以外的广义力。按照式（5-65），拉格朗日方程可表示为

$$-\frac{\partial P}{\partial q_j}+\boldsymbol{F}_j=\frac{\mathrm{d}}{\mathrm{d}t}\frac{\partial K}{\partial \dot{q}_j}-\frac{\partial K}{\partial q_j}\quad (j=1,2,\cdots,k) \tag{5-72}$$

进一步可得

$$\boldsymbol{F}_j=\frac{\mathrm{d}}{\mathrm{d}t}\frac{\partial L}{\partial \dot{q}_j}-\frac{\partial L}{\partial q_j} \tag{5-73}$$

式（5-73）即为拉格朗日方程的更一般表达。式中广义力 $\boldsymbol{F}_j$ 可以是力或力矩，这取决于广义坐标的类型。这个方程在后续解决机器人动力学问题时会经常用到。

5.4 轮式仿人机器人力学实践案例

5.4.1 轮式仿人机器人静力学实践案例

下面对静力学进行分组训练。

第一组，利用关节位置及末端施加的力和力矩，计算雅可比矩阵，比较理论值和仿真值。

1）关节位置，见表 5-1。

2）末端施加的力和力矩：

力 $\boldsymbol{F}$=[9　2　8]，依次是沿着 x、y 和 z 轴的力分量，单位为 N。

表 5-1　关节位置

关节名称	主作业臂前后关节	主作业臂左右关节	右大臂旋转关节	右肘部关节	右小臂旋转关节	右手腕关节
位置 /rad	0	0	0	0	0	0

力矩 $\boldsymbol{T}$=[0　0　0]，依次是绕着 x、y 和 z 轴的扭矩分量，单位为 N・m。

3）雅可比矩阵，见表 5-2。

表 5-2　雅可比矩阵 J

0.0000	0.0212	−0.2437	0.0235	−0.0000	−0.4908
−0.0000	−0.0000	0.0000	0.0021	−0.4881	0.0000
0.0000	−0.0000	0.0000	0.0000	0.0138	−0.0008
0.0000	0.0000	0.0000	0.0000	−1.0000	0.0000
−0.0001	−0.9998	−0.0240	−0.9998	−0.0001	−0.0100
1.0000	−0.0239	0.9997	−0.0239	0.0000	0.9999

4）理论力和仿真力见表 5-3。

表 5-3　理论力和仿真力比较表

关节名称	主作业臂前后关节	主作业臂左右关节	右大臂旋转关节	右肘部关节	右小臂旋转关节	右手腕关节
理论力 /N	−0.4361	−6.459	−1.2122	−1.4292	−0.001	0.0004
仿真力 /N	−0.3672	−6.6727	−1.2601	−1.5399	0.0035	0.0004

5）理论力和仿真力折线图如图 5-6 所示。

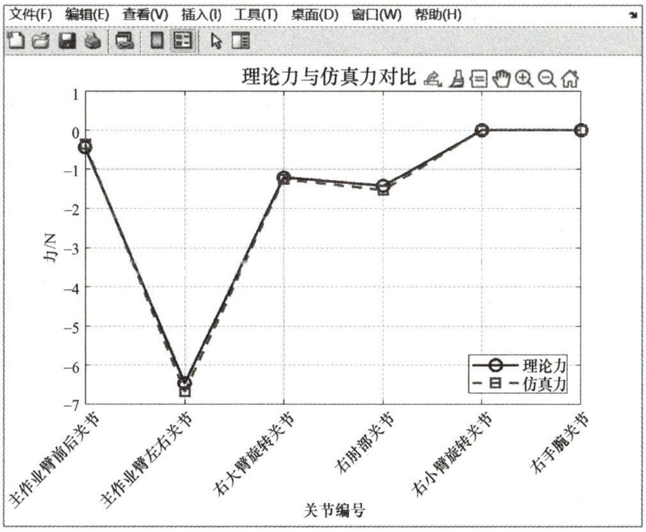

图 5-6　第一组理论力与仿真力折线图

第二组，利用关节位置及末端施加的力和力矩，计算雅可比矩阵，比较理论值和仿真值。

1）关节位置，见表 5-4。

表 5-4　关节位置

关节名称	主作业臂前后关节	主作业臂左右关节	右大臂旋转关节	右肘部关节	右小臂旋转关节	右手腕关节
位置 /rad	0.5	−0.5	0.5	0.5	0.5	0.5

2）末端施加的力和力矩：

力 $\boldsymbol{F}$=[10　10　10]，依次是沿着 x、y 和 z 轴的力分量，单位为 N。

力矩 $\boldsymbol{T}$=[0　0　0]，依次是绕着 x、y 和 z 轴的扭矩分量，单位为 N·m。

3）雅可比矩阵，见表 5-5。

表 5-5　雅可比矩阵 J

0.0000	0.0129	−0.1327	0.0445	−0.0755	−0.3353
−0.0000	0.0035	−0.1497	−0.0853	−0.4320	−0.0029
0.0000	−0.0165	0.1395	−0.0805	−0.1384	0.2946
−0.0000	−0.4793	−0.4308	−0.7872	−0.5938	0.2402
−0.0000	−0.8773	0.2114	−0.5634	0.8023	0.1095
1.0000	−0.0239	0.8773	−0.2508	0.0615	0.9645

4）力的理论值和仿真值见表 5-6。

表 5-6　力的理论值和仿真值对比表

关节名称	主作业臂前后关节	主作业臂左右关节	右大臂旋转关节	右肘部关节	右小臂旋转关节	右手腕关节
理论力 /N	−4.4235	−0.866	0.216	−2.1928	0.1905	0.0003
仿真力 /N	−4.472	−0.9643	0.2206	−2.2349	0.1943	0.0002

5）理论力和仿真力折线图如图 5-7 所示。

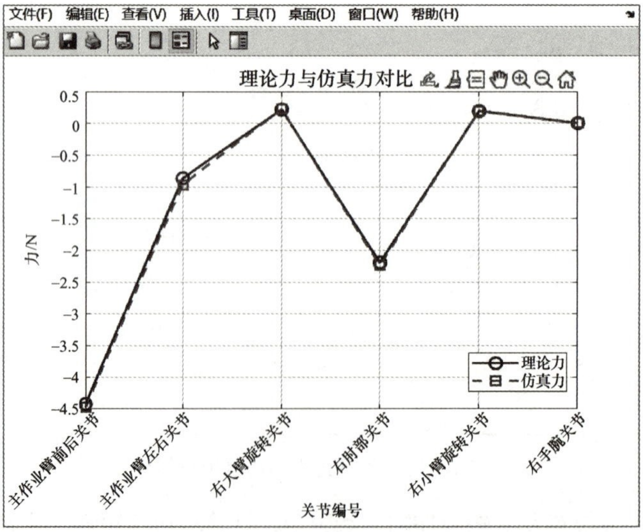

图 5-7　第二组理论力与仿真力折线图

观察第一组和第二组数据可发现，其理论值和仿真值误差较小，证明了静力学的正确性。

5.4.2　轮式仿人机器人动力学单关节实践案例

以右小臂旋转关节的轨迹跟踪效果为例，如图 5-8 和图 5-9 所示，其跟踪误差较小，能够较理想地实现轨迹跟踪。

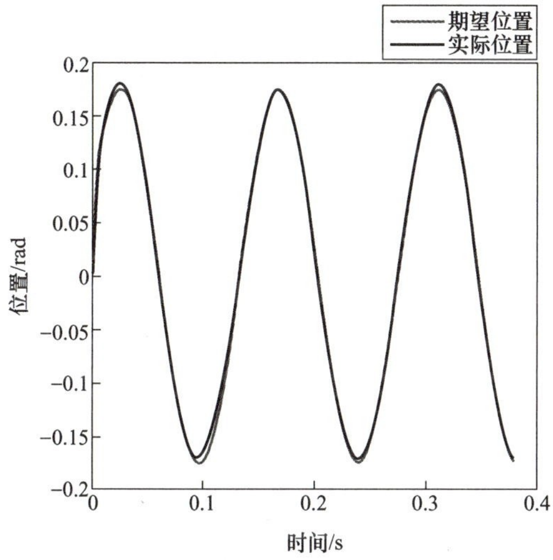

图 5-8　右小臂旋转关节期望位置和实际位置对比

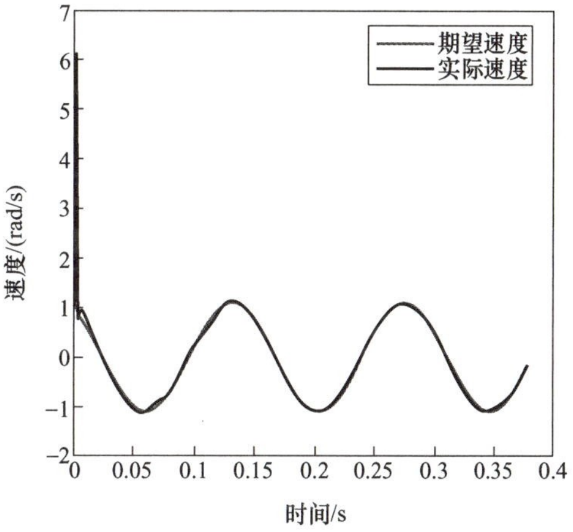

图 5-9　右小臂旋转关节期望速度和实际速度对比

5.5　轮式仿人机器人力学实践训练

5.5.1　轮式仿人机器人训练环境介绍

码 5-1【视频讲解】训练环境介绍

在 V–REP 平台下，进行机器人主作业臂仿真实验（详见码 5-1）。首先单击如图 5-10 所示的 V–REP 图标，显示默认窗口，如图 5-11 所示。

图 5-10　V–REP 图标

V–REP 文件以 .ttt 作为后缀。打开“bigwhite.ttt”文件，依次选择 File → Open scene，如图 5-12 所示，单击“Open scene”选项。

在弹出的窗口中，定位到“bigwhite.ttt”文件（或需要打开的 .ttt 文件）所在路径，依次单击 bigwhite.ttt →“打开（O）”，如图 5-13 所示，便实现在 V–REP 中打开“bigwhite.ttt”文件，显示效果如图 5-14 所示。

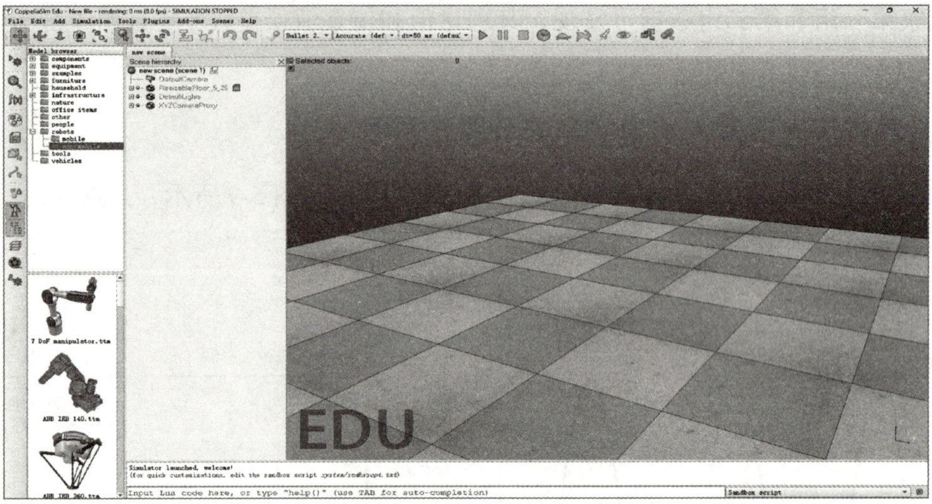

图 5-11　V-REP 默认窗口

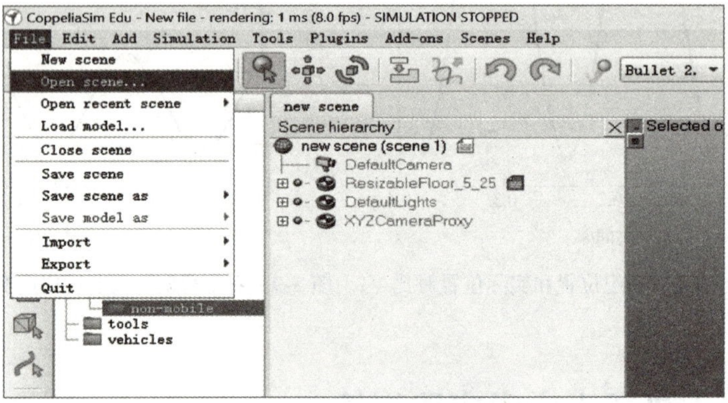

图 5-12　File → Open scene

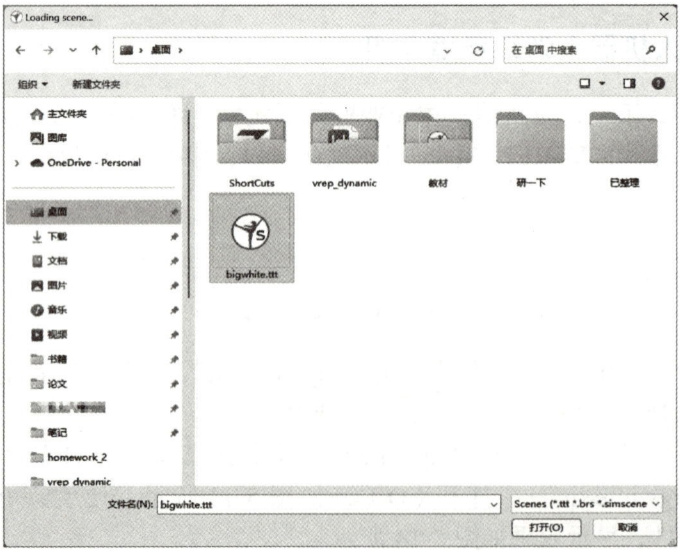

图 5-13　定位到“bigwhite.ttt”文件

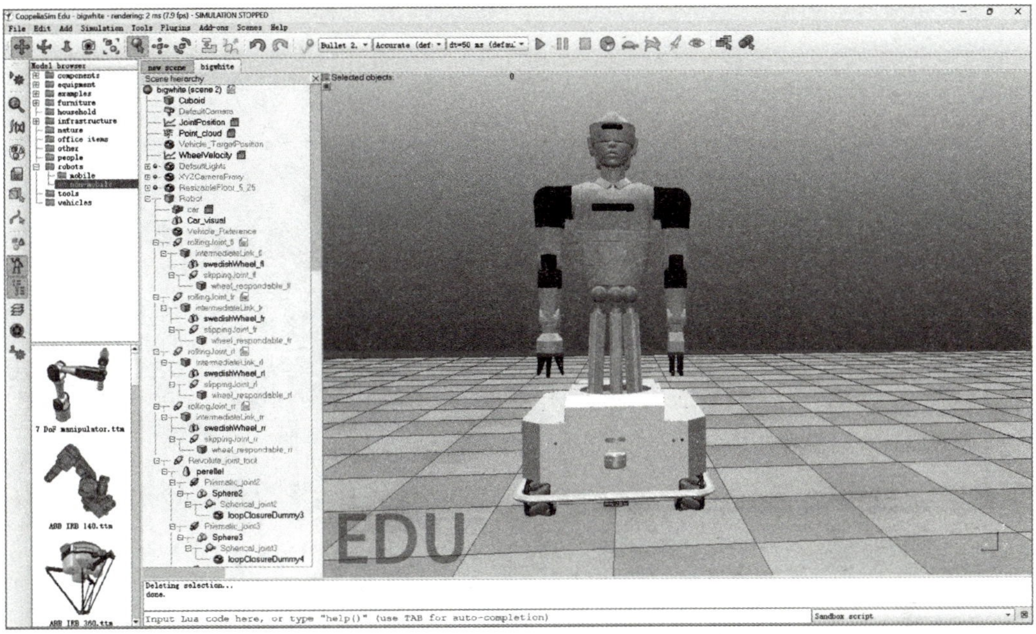

图 5-14　V-REP 中“bigwhite.ttt”文件显示效果图

5.5.2　轮式仿人机器人静力学实践训练

静力学实践训练过程详见码 5-2。

码 5-2【视频讲解】静力学实践训练

1. 机器人主作业臂介绍

机器人主作业臂（right_arm）显示效果如图 5-15 所示。主作业臂由六个关节组成，从上往下依次为主作业臂前后运动关节、主作业臂左右运动关节、主作业臂大臂旋转关节、主作业臂肘部关节、主作业臂小臂旋转关节、主作业臂手腕关节，均为旋转关节，如图 5-16 所示。

以主作业臂前后运动关节为例，如图 5-17 所示，介绍 V-REP 的三种图标的含义。

1）以“right_arm_fb_joint”为名的图标表示关节，对其进行位置控制力控制，实现机器人相应部分运动，如图 5-18 所示。

2）以“right_arm_fb_link_respondable”为名的图标表示与外界产生碰撞的实体，如图 5-19 所示。

3）以“right_arm_fb_link_visual”为名的图标仅作为显示使用，如图 5-20 所示。

2. IK Group 设置

在 V-REP 打开“bigwhite_jacobian.ttt”文件，如图 5-21 所示。在此仿真中，我们将主作业臂末端执行器删除，防止主作业臂末端执行器对接下来的仿真造成影响。

在 V-REP 中进行机器人主作业臂 IK 组的设置。将机器人主作业臂的六个关节均设置为 IK 模式，才能获取雅可比矩阵。以主作业臂前后运动关节为例，如图 5-22 所示，双击“right_arm_fb_joint”，在出现“Scene Object Properties”窗口 Mode 下，选择“Inverse kinematics mode”。

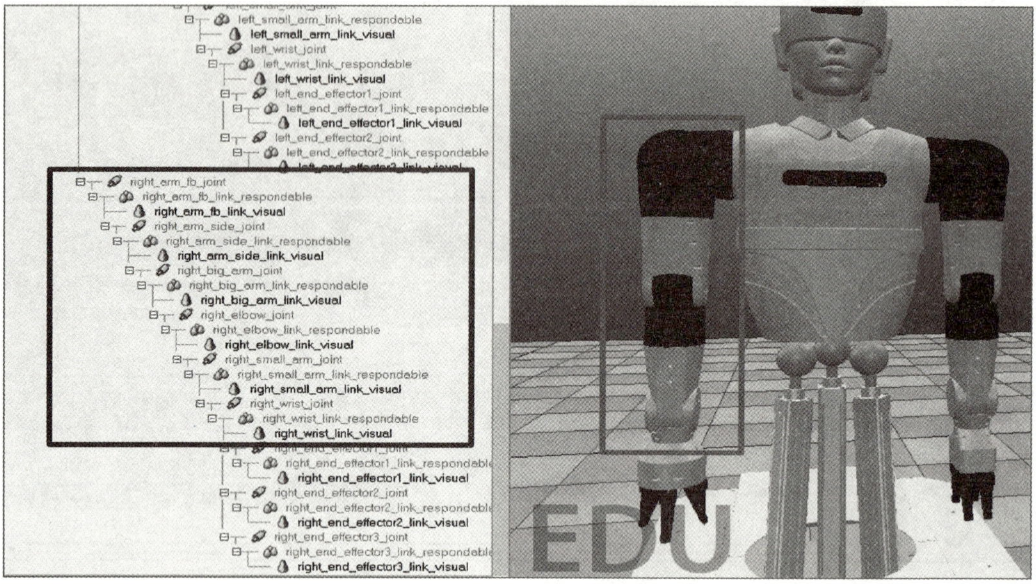

图 5-15　机器人主作业臂显示图

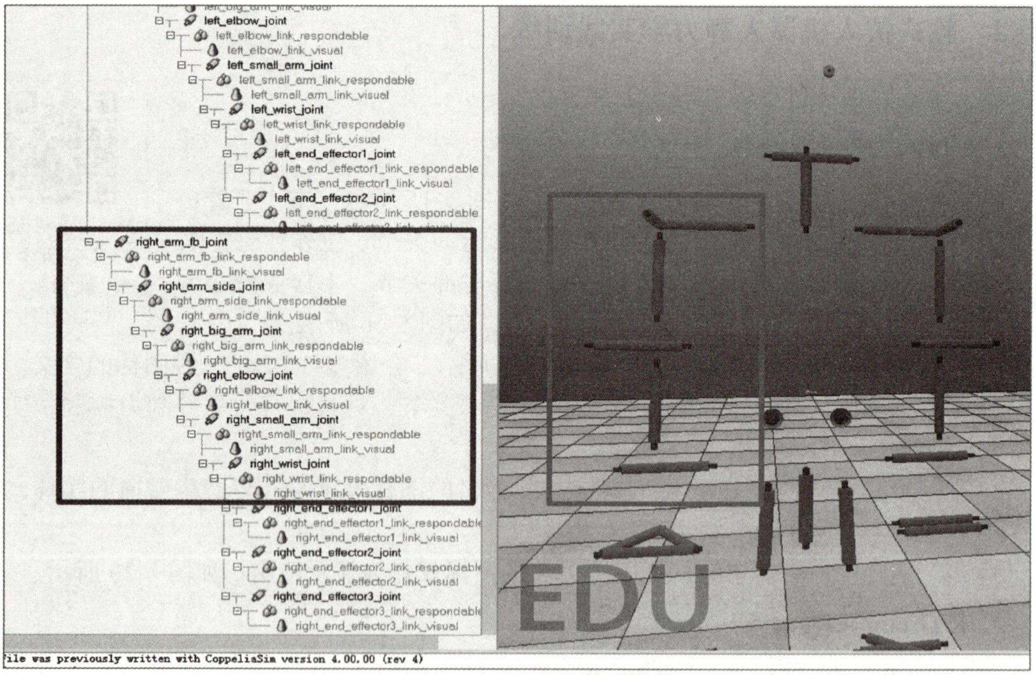

图 5-16　机器人主作业臂关节

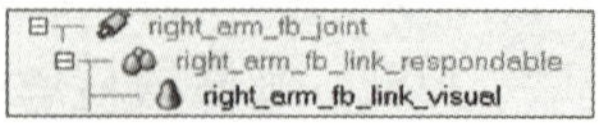

图 5-17　主作业臂前后运动关节

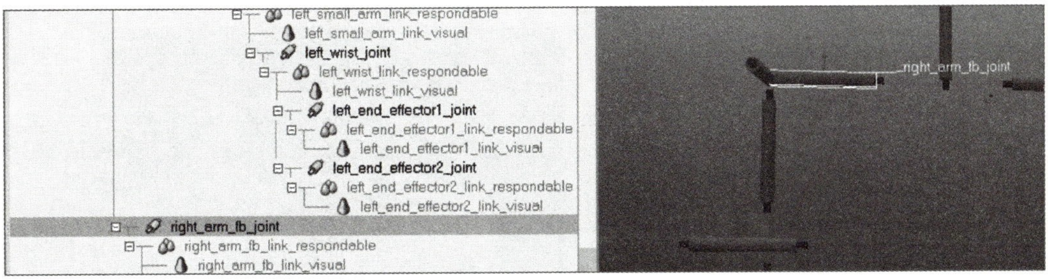

图 5-18　“right_arm_fb_joint”

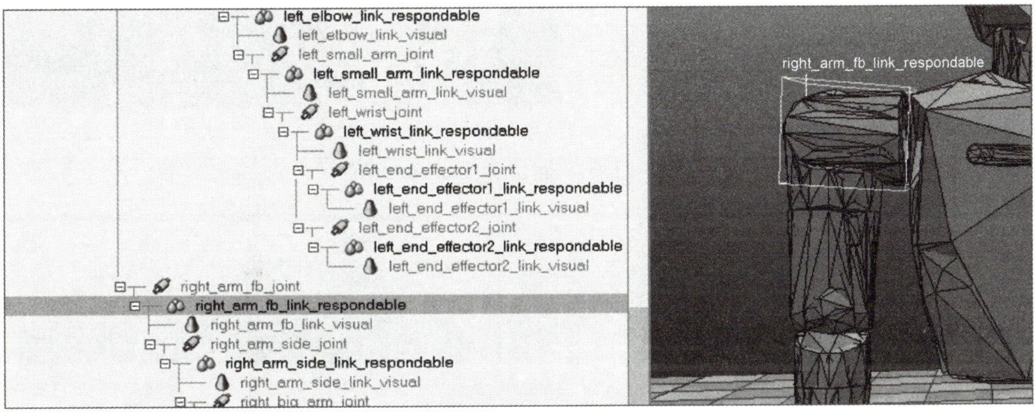

图 5-19　“right_arm_fb_link_respondable”

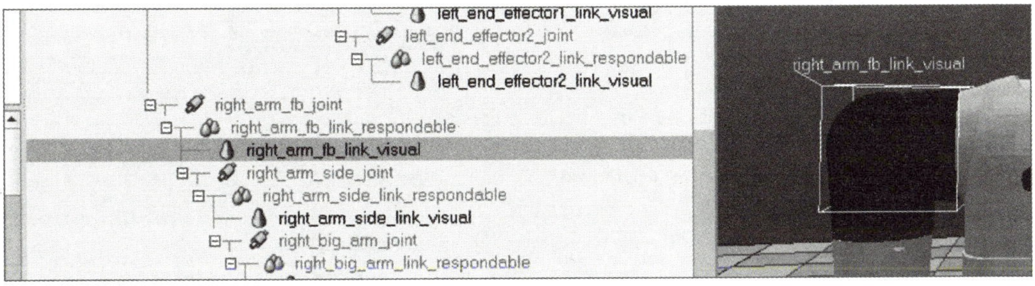

图 5-20　“right_arm_fb_link_visual”

在场景中任意位置添加 dummy：“base_link”，保证其方向与基础坐标系相同，即均为 z 轴向上，x 轴向右（以机器人视角，下面如未作特殊说明，均以机器人视角为准），如图 5-23 所示。

在机器人主作业臂手腕关节上添加 dummy：“rw_tip6”，如图 5-24 所示，其方向与主作业臂手腕坐标系方向相同，即 z 轴向右，x 轴向后。随后双击“rw_tip6 dummy”，在弹出的“Scene Object Properties”的“Dummy–dummy linking”中，进行如图 5-24 所示的设置，即将其与“base_link dummy”连接，并且设置为 IK 模式。

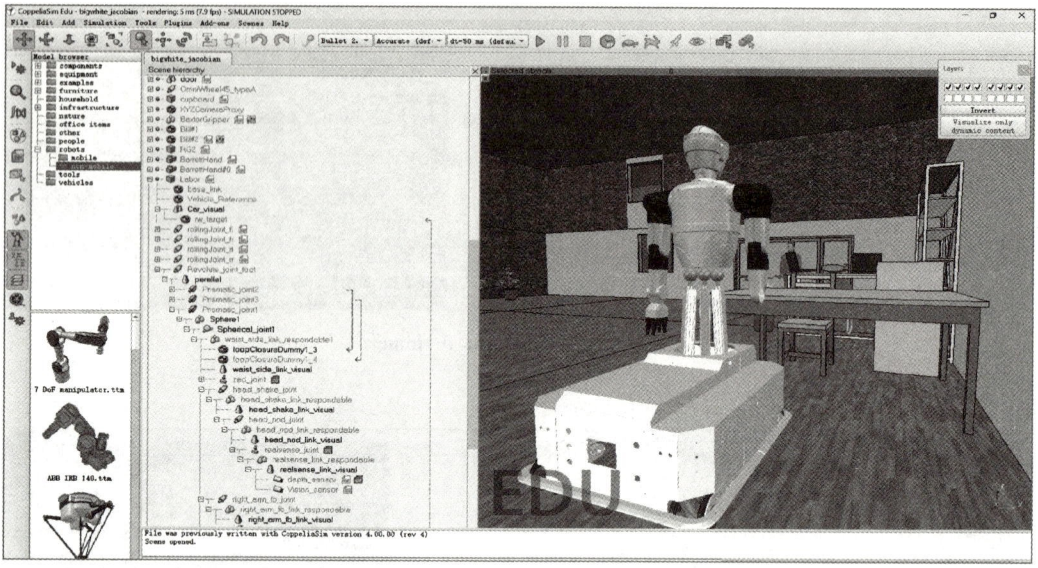

图 5-21 “bigwhite_jacobian.ttt”

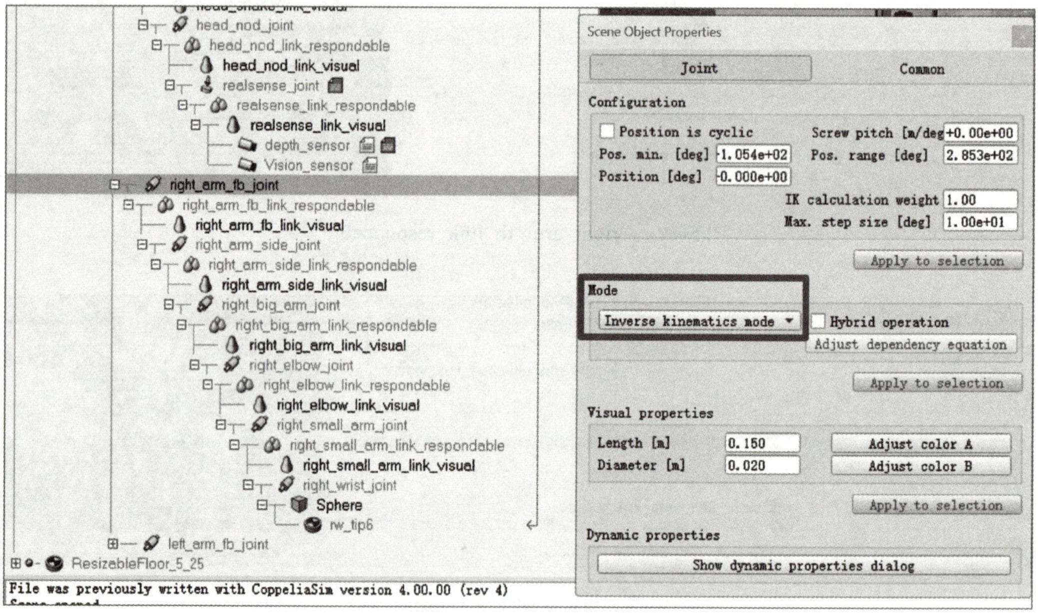

图 5-22 主作业臂前后运动关节 IK 设置

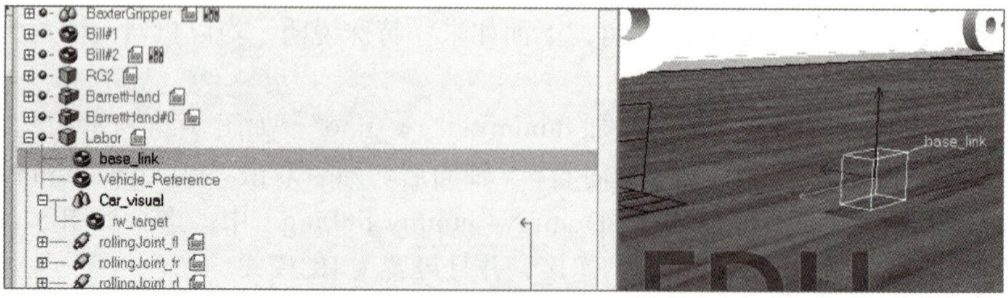

图 5-23 dummy：“base_link”

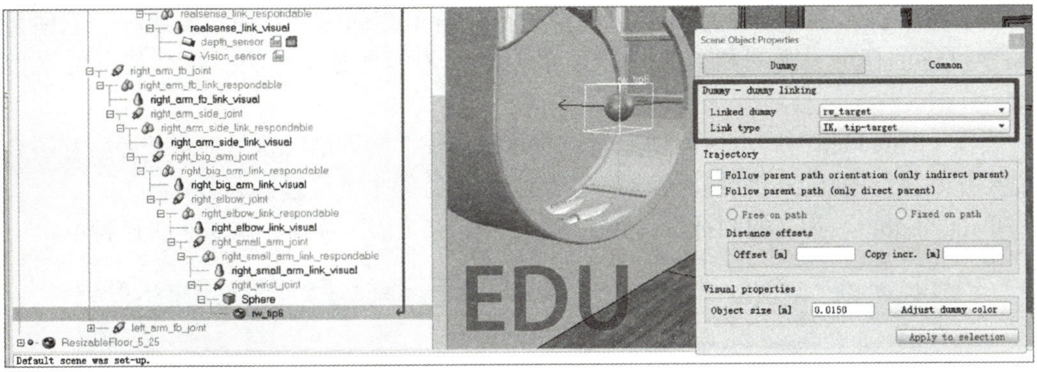

图 5-24　dummy：“rw_tip6”

单击 V–REP 中计算模块“f（x）”，如图 5-25 所示，依次单击“Add new IK group → Add new IK element with tip”，并设置相应参数。此处将该 IK 组命名为“IK Group”，获取相对于基础坐标系的雅可比矩阵。

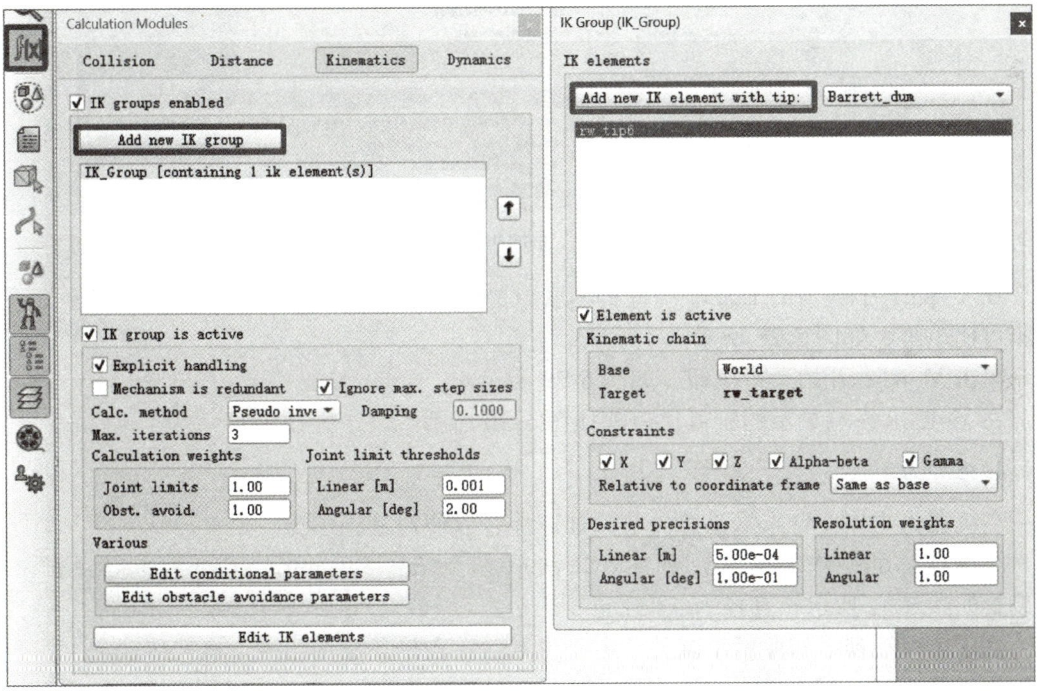

图 5-25　IK Group 设置

由于静力学不考虑重力，因此在 V–REP 计算模块“f（x）”中，选择“Dynamics”，将其 Gravity 均设置为 0，如图 5-26 所示。

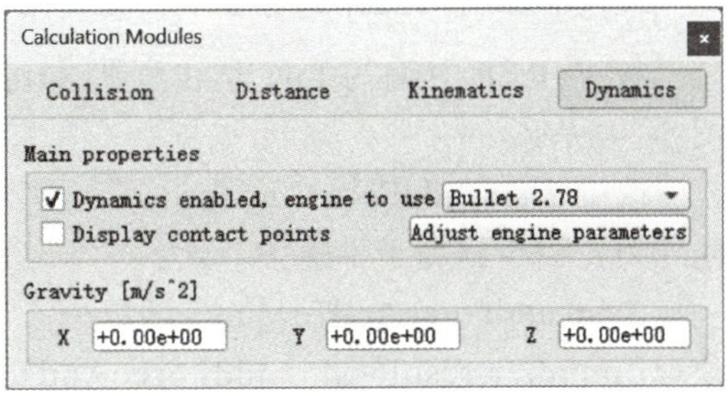

图 5-26　Gravity 均设置为 0

3. 获取机器人主作业臂六个关节的雅可比矩阵

非线程（Non threaded）脚本是按顺序

执行的，每个脚本都在一个单独的线程中运行，但不会创建额外的并发线程。它适合处理顺序执行的任务，如对机器人进行简单控制、传感器数据采集、单个任务的事件处理等。

线程（Threaded）脚本可以创建额外的并发线程，允许同时执行多个任务。它适合处理需要并发执行的任务，如同时控制多个机器人、处理多个传感器数据等。

单击“Labor”为名的图标后，再右击，如图 5-27 依次选择，添加非线程脚本。

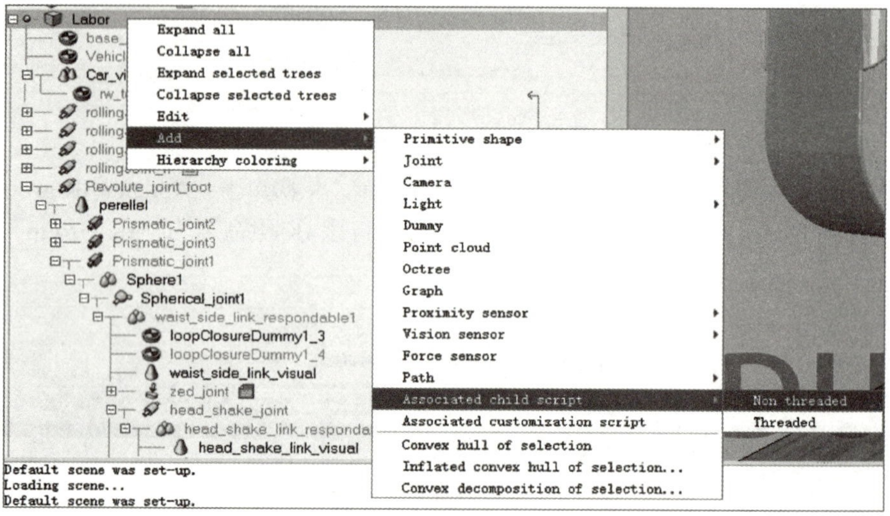

图 5-27　添加非线程脚本

在 V-REP 中编写的 Lua 非线程脚本获取的机器人主作业臂六个关节在世界坐标系下的雅可比矩阵，如图 5-28 所示。

单击 V-REP 开始运行按钮，如图 5-29 所示。

在 V-REP 终端显示的雅可比矩阵如图 5-30 所示。

4. 施加力

在机器人主作业臂末端手腕关节添加球体，以便对其施加力。

添加球体的操作如图 5-31 所示，依次单击“Add → Primitive shape → Sphere”；球体设置如图 5-32 所示，直径为 0.001m。

将球体移动到主作业臂手腕关节中心位置后，在场景结构图中，将其移动到主作业臂手腕关节下，表示其为主作业臂手腕子部分，如图 5-33 所示。

5. 读取机器人主作业臂各个关节受到的力

在 V-REP 中编写 Lua 非线程脚本可获取机器人主作业臂关节受到的力，代码如图 5-34 所示。

改变“sim.addForceAndTorque”函数相应参数，在机器人主作业臂施加力或力矩。此外力相当于施加于手腕关节处。

“sim.addForceAndTorque”函数用法如下：

“number result=sim.addForceAndTorque（number shapeHandle，table_3 force， table_3 torque)”向动态启用的形状对象添加力和（或）转矩。力施加在质心处。添加的力和转矩是累积的，在调用“sim.handleDynamics”后（也可通过使用标志“sim.handliflag_resetforce”或“sim.handlerag_resetttorque”）重置为零。力指的是模型的平动，力矩指模型的转动。

```
Non-threaded child script (Labor)

function sysCall_init()
    jh[8]=sim.getObjectHandle('right_arm_fb_joint')
    jh[9]=sim.getObjectHandle('right_arm_side_joint')
    jh[10]=sim.getObjectHandle('right_big_arm_joint')
    jh[11]=sim.getObjectHandle('right_elbow_joint')
    jh[12]=sim.getObjectHandle('right_small_arm_joint')
    jh[13]=sim.getObjectHandle('right_wrist_joint')

    sphere=sim.getObjectHandle('Sphere')

    theta={0;0;0;0;0;0}
end

function sysCall_actuation()

    sim.setJointPosition(jh[8],theta[1])
    sim.setJointPosition(jh[9],theta[2])
    sim.setJointPosition(jh[10],theta[3])
    sim.setJointPosition(jh[11],theta[4])
    sim.setJointPosition(jh[12],theta[5])
    sim.setJointPosition(jh[13],theta[6])

    ik_group_handle = sim.getIkGroupHandle('IK_Group')
    print('handle:')
    print(ik_group_handle)
    result = sim.computeJacobian(ik_group_handle, 0)
    print('result:')
    print(result)
    jacobian = sim.getIkGroupMatrix(ik_group_handle, 0)
    print('jacobian:')
    for i = 1, 6 do
        local row = '     '
        for j = 1, 6 do
            row = row .. jacobian[6*(i-1)+j] .. ',    '
        end
        print(row)
    end

end

function sysCall_sensing()

end

function sysCall_cleanup()
    end
```

图 5-28　获取雅可比矩阵的 Lua 脚本

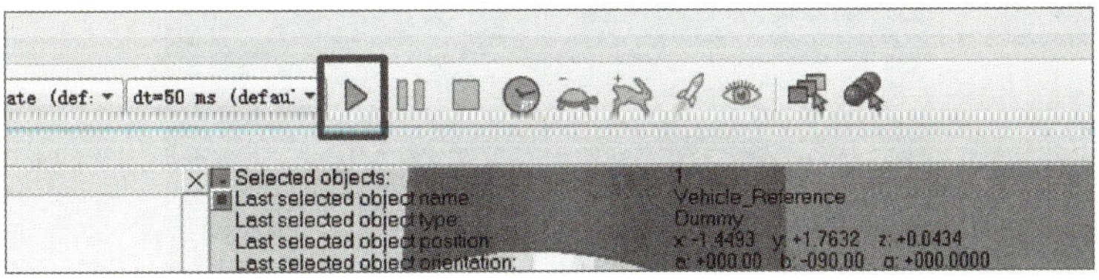

图 5-29　开始运行按钮

```
jacobian:
     1.6095899582069e-06,    0.021174842491746,    -0.24368265271187,    0.023495361208916,    -4.9187947297469e-06,    -0.4907962679863,
     -8.9528384705773e-12,    -4.0159269701689e-05,    2.5651388568804e-06,    0.0020755175501108,    -0.48810061812401,    2.1394791474449e-05,
     3.9935152017279e-05,    -1.0874381359827e-06,    4.1144288843498e-05,    4.9553473218111e-05,    0.013781417161226,    -0.00080269662430 51,
     2.0250805391697e-05,    9.4793622338329e-06,    1.7464175471105e-05,    8.2873893916258e-06,    -0.99996429681778,    3.0498596970574e-05,
     -0.00010586576536298,    -0.99983865022659,    -0.024021040648222,    -0.99983841180801,    -0.0001127162904595,    -0.0100086694583 3,
     0.99996489286423,    -0.02392215654254,    0.99967902898788,    -0.023925142362714,    7.9162682595779e-06,    0.99991607666016,
```

图 5-30　V-REP 终端显示的雅可比矩阵

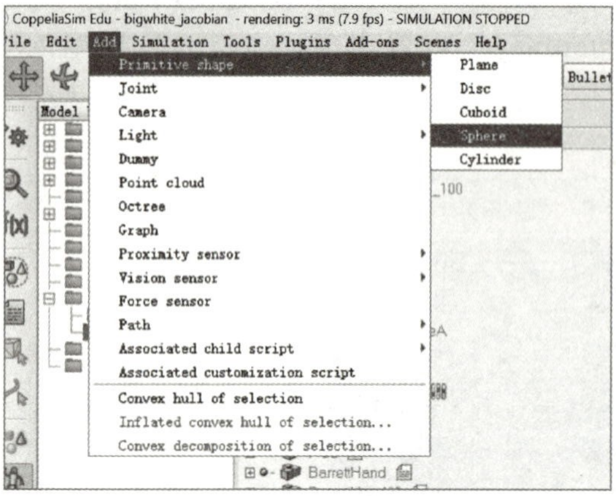

图 5-31　添加球体

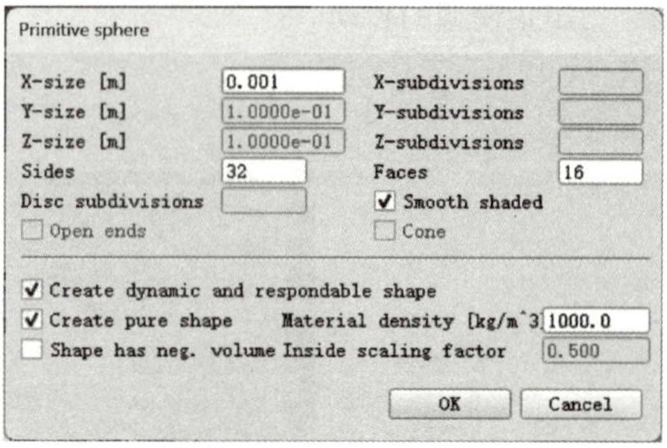

图 5-32　球体设置

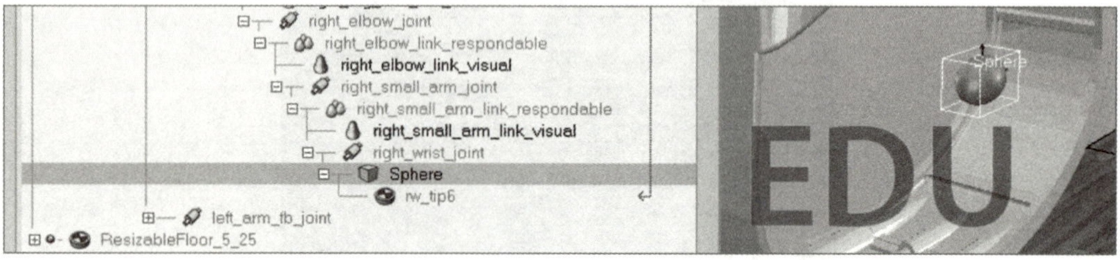

图 5-33　球体坐标位置及结构位置

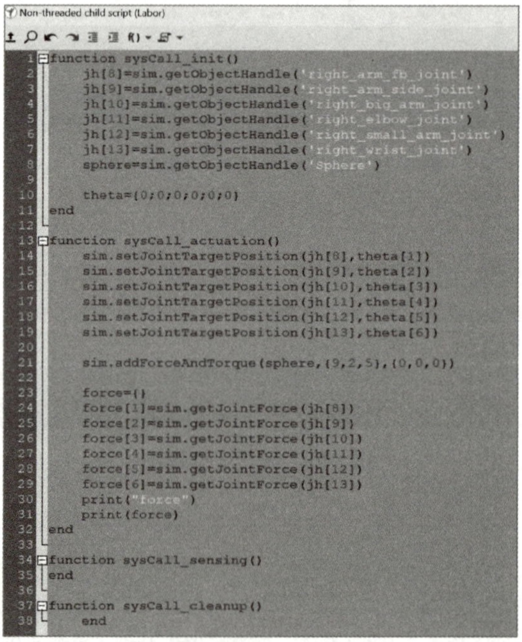

图 5-34　Lua 非线程脚本：获取机器人主作业臂各个关节受到的力

在 V–REP 终端显示的机器人主作业臂各个关节受到的力，如图 5-35 所示。从左到右依次为主作业臂前后运动关节、主作业臂左右运动关节、主作业臂大臂旋转关节、主作业臂肘部关节、主作业臂小臂旋转关节、主作业臂手腕关节所受到的力。

```
force
{-3.5566318035126, -4.6470999717712, -0.99286544322968, -1.0969407558441, 0.095381632447243, 0.00053553364705294}
```

图 5-35　V–REP 终端显示的机器人主作业臂各个关节受到的力

6. 用雅可比矩阵计算各个关节所受的力

$$\boldsymbol{F}=\boldsymbol{J}^{\mathrm{T}}\mathbf{Tao}$$

式中，$\boldsymbol{F}$ 表示各关节受到的力；$\boldsymbol{J}$ 为相应的雅可比矩阵；$\boldsymbol{J}^{\mathrm{T}}$ 表示雅可比矩阵的转置；**Tao** 为末端受到的力和力矩。

本章小结

本章主要研究了机器人静力学和动力学相关问题，对于快速运动的机器人及其控制具有特别重要的意义。

本章首先讨论了机器人力学解决的问题，其次分析了机器人关节受力、雅可比矩阵、静力计算及静态特性，然后讨论了牛顿 – 欧拉方程、虚位移原理、动力学普遍方程和拉格朗日方程。最后通过轮式仿人机器人力学实践案例和轮式仿人机器人力学实践训练，讨论了机器人力学的应用问题。

习题

5-1　机器人动力学解决了什么问题？什么是动力学正问题和逆问题？

5-2　写出机器人在关节空间的动力学模型，并简述各项含义。

5-3　简述牛顿 – 欧拉方程。

5-4　什么是拉格朗日函数？简述拉格朗日方程推导步骤。

5-5　分别用拉格朗日方程及牛顿 – 欧拉方程求解图 5-36 所示的小车沿 X 方向运动的力和加速度的关系表达式（忽略车轮惯量）。

5-6　用拉格朗日法推导图 5-37 所示的 2 自由度机器人手臂的动力学方程。连杆质心位于连杆中心，其转动惯量分别为 I_1 和 I_2。

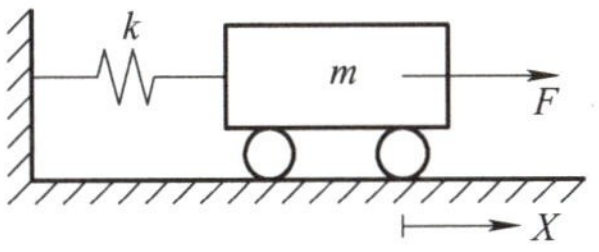

图 5-36　题 5-5 图

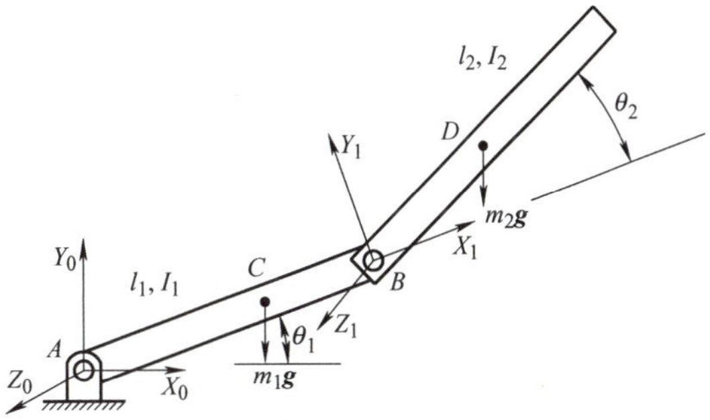

图 5-37　题 5-6 图

第 6 章　机器人传感理论与实践

导读

本章将全面探讨机器人传感器的关键内容。随着机器人技术的迅速发展，传感器的多样性和计算机视觉的智能化为机器人的自主决策和环境适应能力提供了重要支持。

具体地，6.1 节主要介绍了与机器人相关的传感器及特性指标。6.2 节重点讨论了机器人内部传感器，涵盖位置（位移）传感器、速度和加速度传感器及力传感器。这些传感器的应用为机器人提供了关于自身状态的重要信息，是实现精确控制的基础。接着，6.3 节讨论了机器人外部传感器，包括触觉传感器、压觉传感器、接近传感器以及其他外部传感器。这些传感器增强了机器人对环境的感知能力，使其能够更好地与周围环境互动。6.4 节深入探讨了机器人环境检测传感器，包括机器人双目视觉系统和激光传感器。这些传感器通过获取视觉和距离信息，使机器人能够实现对复杂环境的理解并进行导航。为了使理论知识与实践相结合，最后，6.5 节进行了轮式仿人机器人参数级实践和轮式仿人机器人编程级实践。这些实践旨在提高读者解决实际问题的能力。

本章知识点

- 机器人传感器概述
- 机器人内部传感器
- 机器人外部传感器
- 机器人环境检测传感器
- 机器人传感器实践

6.1　机器人传感器概述

码 6-1【视频讲解】机器人传感器概述

6.1.1　机器人传感器的分类

应用在机器人方面的传感器种类十分丰富，其概述可扫码 6-1 观看。有些传感器只用于测量简单的参数值，像机器人电子器件内部温度或电机转速；而其他更复杂的传感器可以用来获取关于机器人环境的信息，甚至直接测量机器人的全局位置。本节将主要介绍用于获取机器人环境信息的传感器。因为机器人四处移动，它常常遇到陌生的环境，所以这种感知能力特别重要。本节将从传感器的分类开始介绍，再说明传感器的基本特性指标。

根据两个重要的功能；即内部或外部和被动或主动对传感器进行分类。内部传感器测量系统（机器人）的内部值，如电机速度、轮子负载、机器人手臂关节的角度、电池电压等。外部传感器从机器人的外部环境中获取信息，如测量距离、亮度、声音幅度等。

被动传感器用于测量进入传感器周围环境的能量信息。被动传感器包括温度探测器、传声器、CCD（电荷耦合器件）和 CMOS（互补金属氧化物半导体）摄像机。主动传感器发射能量到环境中，通过能量反馈来获取环境信息。因为主动传感器可以与外界环境进行交互，所以它们常常具有很好的特性指标。然而，主动传感器也引入了几个问题：发出的能量可能影响传感器试图测量对象的真正特征；主动传感器的信号和不受它控制的信号之间可能会遭到干扰。例如，附近其他机器人或同一机器人上相似传感器发射的信号，都会互相影响最终的测量结果。主动传感器包括正交编码器、超声波传感器和激光测距仪。表 6-1 给出了机器人应用中较为广泛的传感器分类，本章将选取一部分重要的传感器进行介绍。

表 6-1　传感器分类表

<table>
<tr><th colspan="2">机器人传感器一般分类</th><th>传感器系统</th></tr>
<tr><td rowspan="4">内部传感器</td><td>位置（位移）传感器</td><td>光电编码器
电位计
磁性编码器
电感编码器
电容编码器</td></tr>
<tr><td>速度传感器</td><td>测速发电机
码盘
环形激光陀螺仪
光纤陀螺仪</td></tr>
<tr><td>加速度传感器</td><td>加速度计光纤陀螺仪
MEMS（微机电系统）加速度计</td></tr>
<tr><td>力传感器</td><td>关节力传感器
腕力传感器
指力传感器</td></tr>
<tr><td rowspan="2">外部传感器</td><td>视觉传感器</td><td>视觉测距传感器
可见光波长相机
中远红外波长相机
RGB-D 相机
颜色跟踪传感器</td></tr>
<tr><td>接近与距离觉传感器</td><td>磁力式
接近传感器
气压式接近传感器
红外式接近传感器
激光测距仪
超声波测距仪
雷达</td></tr>
</table>

（续）

机器人传感器一般分类		传感器系统
外部传感器	触觉传感器	单向微动开关 接近开关 光电开关 触须传感器
	滑觉传感器	电容式、压阻式、磁敏式、光纤式和压电式滑觉传感器
	地面信标	GPS（全球定位系统） 北斗导航卫星系统 有源光学或 RF 信标
	压觉传感器	应力检测

6.1.2 传感器的特性指标

不同的传感器在不同的环境中，其感知能力变化很大。有些传感器在控制良好的实验室环境中具有极高的准确度，但当现实环境发生变化时，就难以克服误差。而其他一些传感器在各类环境中，都可以提供高精度的数据。为了将这些特性指标的特征量化，下面将介绍一些常用的传感器静态特性指标。

1）线性度。线性度是指传感器的输出量 y 与输入量 x 之间能否保持理想线性的一种量度。换而言之，传感器在全量程范围内，静态标定曲线与拟合直线的接近程度，就称为线性度。在采用直线拟合线性化时，输出 – 输入的校正曲线与其拟合曲线之间的最大偏差，称为非线性误差或线性度。

非线性误差通常用相对误差 γ_L 表示：

$$\gamma_L = \pm(\Delta_{Lmax} / y_{FS}) \times 100\% \tag{6-1}$$

式中，Δ_{Lmax} 为最大非线性误差；y_{FS} 为满量程输出。

非线性误差的大小是以一定的拟合直线为基准直线而得到的。拟合直线不同，非线性误差也不同。所以，选择拟合直线的原则，是获得最小非线性误差的关键。通常使用最小二乘法确定拟合直线，选定合适的直线方程系数，使静态标定曲线与拟合直线偏差的平方和为最小。这种方法拟合精度高，但是计算烦琐。

2）灵敏度。灵敏度表征了传感器对被测量值变化的反应能力，是传感器的基本指标。传感器输出的变化量 Δy 与引起该变化量的输入变化量 Δx 之比即为其静态灵敏度。所以，传感器特性曲线的斜率就是其灵敏度。对具有线性特性的传感器，其特性曲线的斜率处处相同。

3）迟滞。传感器在正（输入量增大）、反（输入量减小）行程中的输出与输入曲线不重合，称为迟滞。迟滞特性如图 6-1 所示，它一般是通过实验方法测得。迟滞误差 γ_H 通常以满量程输出的百分数表示，即

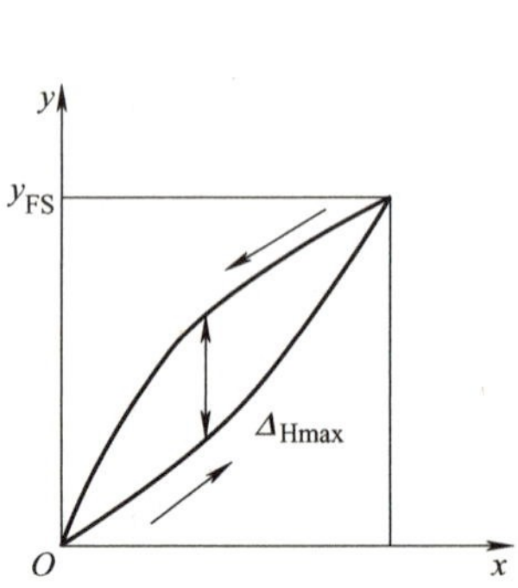

图 6-1 迟滞特性

$$\gamma_{\mathrm{H}}=\frac{\Delta_{\mathrm{Hmax}}}{y_{\mathrm{FS}}}\times 100\% \tag{6-2}$$

式中，Δ_{Hmax} 为正、反行程间输出的最大差值。

迟滞一般是由于传感器敏感元件材料的物理特性引起的，如磁滞回线。

4）重复性。重复性是指传感器在输入按同一方向连续多次变动时，所得特性曲线不一致的程度，可以反映随机误差的大小。重复性误差可用正、反行程的最大偏差表示，即

$$\gamma_{\mathrm{R}}=\pm(\Delta_{\mathrm{Rmax}}/y_{\mathrm{FS}})\times 100\% \tag{6-3}$$

图 6-2 所示为传感器重复特性，Δ_{Rmax1} 是正行程的最大重复性偏差，Δ_{Rmax2} 是反行程的最大重复性偏差。

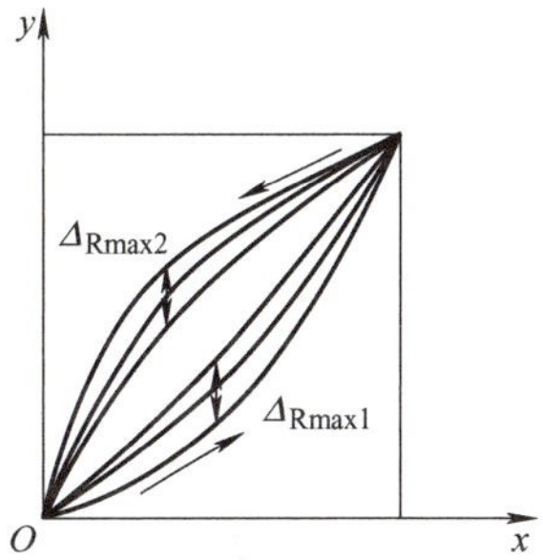

图 6-2　传感器重复特性

5）精度。精度反映了传感器测量结果与真值的接近程度，通常用相对误差大小表示精度高低。传感器的精度 γ 可以通过线性度 γ_{L}、灵敏度 γ_{S}、迟滞误差 γ_{H}、重复性误差 γ_{R} 来表示

$$\gamma=\sqrt{\gamma_{\mathrm{L}}^{2}+\gamma_{\mathrm{S}}^{2}+\gamma_{\mathrm{H}}^{2}+\gamma_{\mathrm{R}}^{2}} \tag{6-4}$$

6）测量范围。在机器人应用中，测量范围也是一个重要的额定值，因为机器人的传感器经常运行在输入值超过它们工作范围的环境中。在这种情况下，关键在于了解传感器将如何响应。例如，光学测距仪有一个最小的操作范围，当对象与传感器之间的距离小于该最小值而进行测量时，就会产生虚假数据。

7）稳定性。稳定性表示在较长时间内传感器对于大小相同的输入量，其输出量发生变化的程度。一般在相同的条件下，经过规定的时间间隔后传感器输出的差值称为稳定性误差。

8）分辨率。分辨率表示传感器能检测到的输入量的最小变化的能力。有些传感器，当输入量缓慢变化超过某一增量时，传感器才能检测到输入量的变化，这个输入量的增量称为传感器的分辨率。

9）带宽或频率。带宽或频率常用于衡量传感器的测量速度。形式上，每秒测量数目定义为传感器的频率，单位为 Hz。因为机器人通常在最大检测速度上有可能超出传感器的带宽范围，所以对于用于测距的传感器，增加其测距带宽已成为机器人学领域的高优先级目标。

除了上文介绍的静态特性指标外，动态特性也是传感器的重要指标，即传感器在输入变化时，表征它的输出特性。在实际工作中，传感器的动态特性常用它对某些标准输入信号的响应来表示。这是因为传感器对标准输入信号的响应容易用实验方法求得，并且它对标准输入信号的响应与它对任意输入信号的响应之间存在一定的关系。最常用的标准输入信号有阶跃信号和正弦信号两种，所以传感器的动态特性也常用阶跃响应和频率响应来表示。由于篇幅限制，动态特性指标的详细内容请参考相关文献。

6.2　机器人内部传感器

下面将简单介绍一些应用较多的机器人内部传感器。内部传感器主要是用来检测机器人本身的状态和参数，如电机速度、轮子负载、机器人手臂关节的角度、电池电压等。

6.2.1 位置（位移）传感器

因篇幅有限，本节仅介绍最常见的位置（位移）传感器——光学编码器的基础知识。光学编码器用于测量车轮旋转或关节转动，以进行运动控制或导航。光学增量编码器已经成为在电机驱动内部、轮轴或在操纵机构上测量角速度和位置的最普及的装置。在机器人学中，通常使用编码器测量轮子的位置或速度以及其他电机驱动的关节位置和速度。

光学编码器基本上是一个机械的光振子，对于各轴转动，它会产生一定数量的正弦或方波脉冲。它由照明源、屏蔽光的固定光栅、与轴一起旋转带细光栅的转盘和固定的光检测器组成。当转盘转动时，根据固定和运动光栅的排列，穿透光检测器的光量发生变化。在机器人学中，最后得到的正弦波用阈值变换成离散的方波，在亮和暗的状态之间做选择。分辨率以每转周期数（CPR）度量。最小的角分辨率可以由编码器的 CPR 额定值计算出，在机器人学中，典型的编码器可拥有 2000 CPR 的分辨率，而工业上也可制造出具有 10000 CPR 分辨率的编码器。当然，根据所需的带宽，最关键的是编码器必须足够地快，以计算期望的轴转速。

光学编码器一般处在机器人内部受控的环境中，所以可以设计成无系统误差和无交叉灵敏度。光学编码器的准确度常常被认为是 100%，虽然这并不完全正确，但在光学编码器上，任何误差会因电机轴误差而显得微不足道。

6.2.2 速度和加速度传感器

1. 速度传感器

首先介绍常见的速度传感器——测速发电机，它有两种主要型式：直流测速发电机和交流测速发电机。测速发电机是输出电动势与转速成比例的微型电机。测速发电机的绕组和磁路经精确设计，其输出电动势 E 和转速 n 成线性关系，改变旋转方向时输出电动势的极性即相应改变。当被测机构与测速发电机同轴连接时，只要检测出输出电动势，就能获得被测机构的转速。

2. 加速度传感器

加速度传感器是一种能够测量加速度的传感器，它通常由质量块、阻尼器、弹性元件、敏感元件和适调电路等部分组成。传感器在加速过程中，通过对质量块所受惯性力的测量，利用牛顿第二定律获得加速度值。根据传感器敏感元件的不同，常见的加速度传感器包括电容式传感器、电感式传感器、应变式传感器、压阻式传感器、压电式传感器等。

6.2.3 力传感器

机器人力传感器是一种用于测量机器人执行任务时所施加的力或压力的传感器。这些传感器通常安装在机器人的关节或末端执行器上，以监测机器人与环境或操作对象之间的力的作用。其主要功能和特点包括：

1）力测量。能够准确测量机器人施加或受到的力，包括压力、张力、扭矩等。

2）控制和反馈。通过监测力的变化，帮助机器人实现精准的力控制，从而实现精确的运动和操作。

3）安全性。可以用于监测机器人与人类或其他物体之间的接触力，以确保操作安全并避免意外伤害。

4）可靠性。具有高精度和高可靠性，能够在各种工作条件下稳定运行。

5）应用广泛。在工业机器人、服务机器人、医疗机器人等领域都有广泛的应用，用于实现精准的力控制和操作。

机器人力传感器的应用可以帮助机器人执行各种任务，包括装配、抓取、操作、协作等，还可以提高机器人的灵活性、精度和安全性。

力传感器最初是两个形状之间的刚性连接，能够测量传递的力和扭矩。力传感器的刚性是有条件的，从某种意义上说，如果出现某种情况（如力或扭矩超过阈值），力传感器可能会损坏。图 6-3 所示为力传感器的应用，力传感器物体测量锚定在墙壁上的光束施加的力和扭矩。

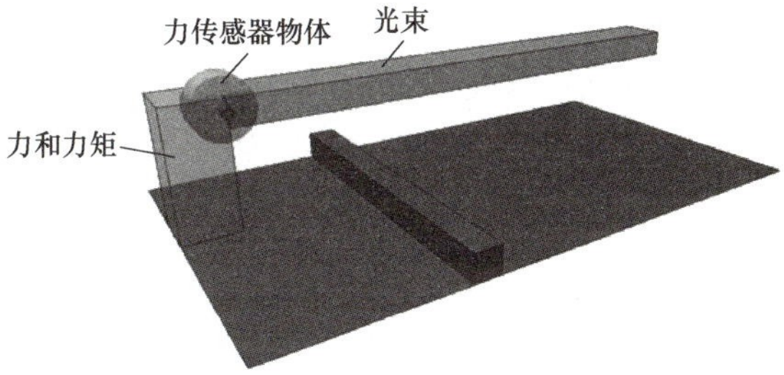

图 6-3　力传感器的应用

力传感器测量 6 个值，分别表示传感器沿 x、y 和 z 轴的力 F_x、F_y、F_z，以及传感器上围绕 x、y 和 z 轴的扭矩 T_x、T_y、T_z，如图 6-4 所示。

最初，力传感器充当刚性连杆。然而，在仿真过程中，当指定的力或扭矩阈值过冲或满足其他一些用户定义的条件时，力传感器可能会损坏。图 6-5 说明了力传感器的损坏状态。

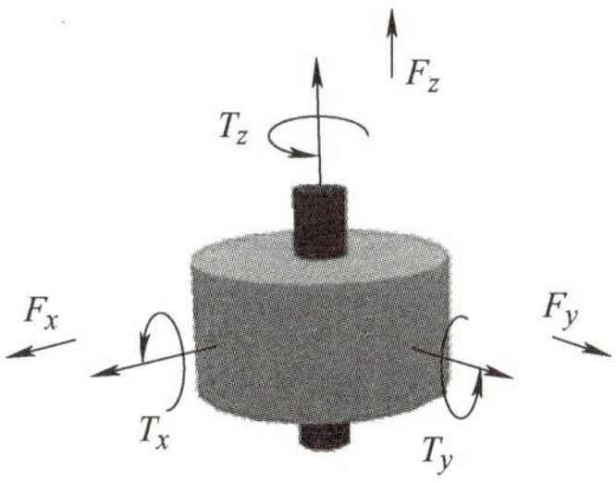

图 6-4　力传感器测量力和扭矩

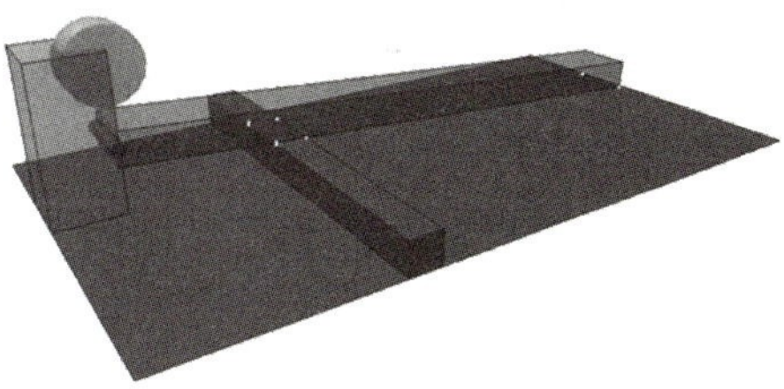
图 6-5　力传感器的损坏状态

力传感器只有在动态启用的情况下才能在仿真期间运行。有关动态启用力传感器的更多信息，请参阅设计动态仿真的部分。关节也能够测量力或扭矩，但只能沿（或围绕）其 z 轴。

6.3　机器人外部传感器

6.3.1　触觉传感器

机器人的触觉广义上可获取的信息有：①接触信息；②狭小区域上的压力信息；③分布压力信息；④力和力矩信息；⑤滑觉信息。这些信息分别用于触觉识别和触觉控制。从检测信息及等级考虑，触觉识别可分为点信息识别、平面信息识别和空间信息识别三种。下面介绍一些常用的触觉传感器。

1）单向微动开关。当规定的位移或力作用到可动部分（称为执行器）时，开关的触点分断或接通而发出相应的信号。

2）接近开关。非接触式接近传感器有高频振荡式、电容感应式、超声波式、气动式、光电式、光纤式等多种接近开关。

3）光电开关。光电开关是由 LED 光源和光电二极管或光电晶体管等光器件相隔一定距离构成的透光式开关。当充当基准位置的遮光片通过光源和光电器件间的缝隙时，光射不到光电器件上，从而起到开关的作用。光电开关的特点是非接触检测，精度可达 0.5mm 左右。

4）触须传感器。触须传感器由须状触头及其检测部分构成，触头由具有一定长度的柔软和中空条丝构成，它与物体接触所产生的弯曲由在根部的检测单元检测。与昆虫触角的功能一样，触须传感器的功能是识别接近的物体，用于确认所设定的动作的结束，以及根据接触发出回避动作的指令或搜索对象物的存在。

人类的触觉能力是相当强的，人们不但能够拣起一个物体，而且不用眼睛也能识别它的外形，并辨别出它是什么东西。许多小型物体完全可以靠人的触觉辨认出来，如螺钉、开口销、圆销等。如果要求机器人能够进行复杂的工作，它也需要具有这种能力。所以，采用多个触觉传感器组成的触觉传感器阵列是辨认物体的方法之一。

6.3.2 压觉传感器

当关节式机器人与固体实际接触时，机器人进行适当动作的必要条件有三个：①机器人必须能够识别实际存在的接触（检测）；②机器人必须知道接触点的位置（定位）；③机器人必须了解接触的特性以估计受到的力（表征）。知道了这三个因素（都与最后任务目标有关）之后，机器人就能够进行计算，或者应用某个特征策略把机器人引向指定目标。

1. 应力检测的基本假设

当两个物体接触时，其接触点绝不是单个点。假设机器人与物体间有个接触区域，并把这个区域近似当作一个触点看待。实际上，一旦存在有几个接触区域，就很难估计每个区域的作用力。因此，人们只有应用总体参数。

要计算出物体各作用力的合力，就必须知道此合力的作用点、大小和方向。对机器人控制的全部计算都涉及一个与机器人有关的坐标系 $\{R_0\}$，如图 6-6 所示。机器人与环境（包括物体）间的交互作用由六个变量说明，即 x_0（P）、y_0（P）、z_0（P）、F_{x_0}、F_{y_0} 和 F_{z_0}。要估算这六个变量，就需要使用传感器来识别点 P 在 $\{R_0\}$ 内的位置，以及用三维传感器来识别力 F 在坐标系 $\{R_0\}$ 的三个分量。

2. 应力检测方法

应变仪（计）是应力传感器最敏感的部件。在机器人与环境交互作用时，应变仪用来检测、定位和表征作用力，以便把所得传感信息用于任务执行策略。在图 6-7 中，T 为工作台面，D 为抓住物体的机器人夹手，P 为力的作用点。有三种求得工作台面与物体间的作用力 $\boldsymbol{F}$ 的方法。

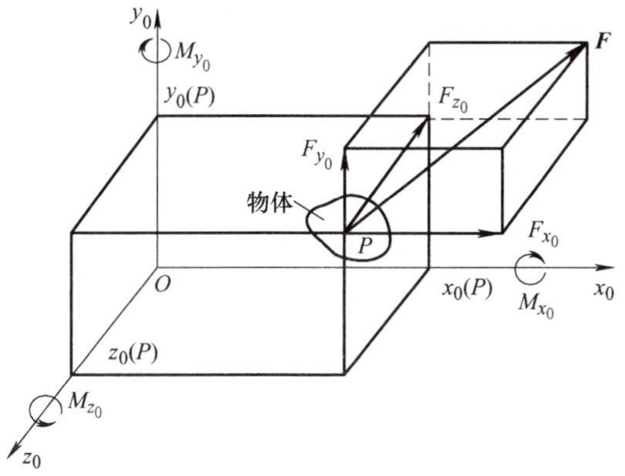

图 6-6　坐标系 $\{R_0\}$ 内的力和力矩

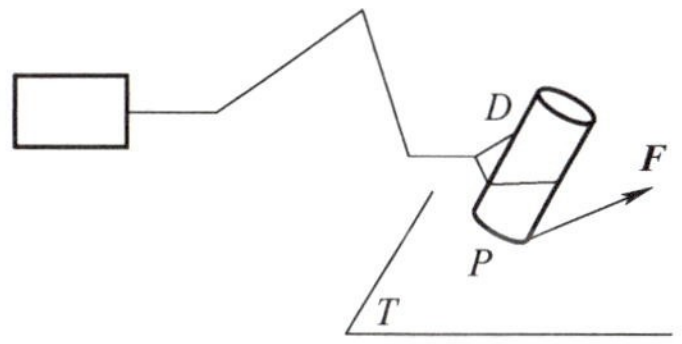

图 6-7　工作台面与物体间的作用力

6.3.3　接近传感器

接近传感器是机器人用以探测自身与周围物体之间相对位置和距离的传感器。具体而言，接近传感器是指探测距离为零点几毫米到几十毫米的传感器。这种传感器的作用是：①出现障碍物时，确定机器人的行程范围，以免与障碍物发生碰撞；②在接触对象物前获取必要的信息，如传感器与物体的相对距离、相对倾角；③获取有关对象物表面形状的信息。

通常，传感器越接近物体，越能精确地确定传感器与物体之间的相对位置，因此常将接近传感器安装于机器人的手部。接近传感器一般用于感知近距离物体，通常有磁力式（感应式）、气压式、红外式等，下面对这三种接近传感器进行简单说明。

1）磁力式接近传感器。这种传感器不受光、热及物体表面特征的影响，可小型化与轻量化，但只能探测金属对象。

2）气压式接近传感器。这种传感器具有较强防火、防磁和防辐射能力，但要求气源保持一定洁净等级。

3）红外式接近传感器。其特点在于发送器与接收器尺寸都很小，因此可以方便地安装于机器人手部。红外式接近传感器能较容易地检测出工作空间内某物体的存在与否，但作为距离的测量仍面对很多复杂的问题。

6.3.4　其他外部传感器

机器人的外部传感器有很多种，前面已经介绍了触觉传感器、压觉传感器和接近传感器三种十分重要的外部传感器，下面将简单介绍一些其他外部传感器。

1. 滑觉传感器

滑觉传感器主要有电容式、压阻式、磁敏式、光纤式和压电式等类型。其中，压电式传感器的应用较广，可同时检测触觉和滑觉信号，但触觉信号和滑觉信号的分离存在一定困难。滑觉传感器也存在一些问题：①物理尺寸较大，重量大；②结构复杂，所需连接线较多；③检测精度低、灵敏度不高；④对于形状不规则的物体，难以辨别其接触、非接触以及滑动等状态。

图 6-8 介绍了一种典型的滑觉传感器，通过把物理的滑动信号转变为光信号，再利用光电器件把光信号转变为电信号进行检测，从而获取物体滑动信息。

2. 基于地面的信标

使用有源或无源的信标是解决机器人定位问题的一个很好的方法。利用机载传感器和环境信标的交互，机器人可以精确地识别它的位置。与星座、山峰和灯塔等信标一样，在规模为几公里的区域内，现代技术已经能利用传感器定位室外机器人，准确度优于 5cm。下面将描述两种信标系统，即全球定位系统（GPS）和北斗卫星导航系统，它们对室外的地面和飞行机器人的定位极为有效。

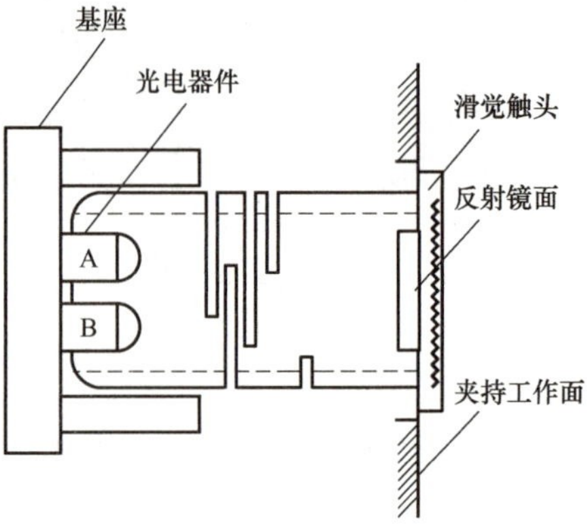

图 6-8　滑觉传感器的基本结构

1）全球定位系统（GPS）。GPS 最初是为军事应用而开发的，现在可免费用于民用导航。它由至少 24 个运行的 GPS 卫星组成，卫星每 12h 在 20.190km 高度沿轨道飞行一圈。24 颗卫星分布在六个轨道面上（每个轨道面 4 颗），轨道倾角为 55°（见图 6-9）。

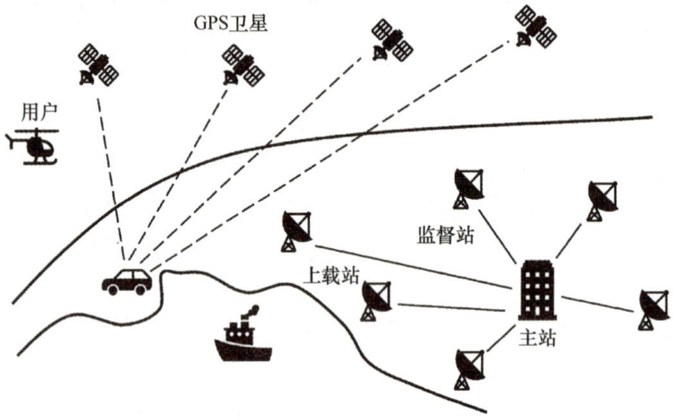

图 6-9　基于 GPS 的位置和方向的计算

各个卫星连续地发送指示其位置和当前时间的数据。所以 GPS 接收器是完全被动的、外感受式的传感器。当一个 GPS 接收器读取两个或两个以上卫星发送的数据时，到达的时间差作为各卫星的相对距离而告知接收器，组合关于到达时间和四个卫星瞬时位置的信息，接收器可推算出它自己的位置，理论上，这种三角测量只要求三个数据点。然而在 GPS 的应用中，定时是极其重要的，因为被测的时间间隔是以纳秒计算的，所以要强制卫星准确同步。为此，地面站有规则地更新时间，且各卫星都携带机载的定时原子钟。

2）北斗卫星导航系统。北斗卫星导航系统由空间段、地面段和用户段三部分组成，可在全球范围内全天候、全天时为各类用户提供高精度的定位、导航、授时服务，并具备短报文通信能力，全球范围水平定位精度优于 9m，垂直定位精度优于 10m，测速精度优于 0.2m/s，授时精度优于 20ns。北斗卫星导航系统是全球四大卫星导航核心供应商之一。

相比于 GPS 定位系统，北斗卫星导航系统具有安全性能高、定位精度高、定位可靠性高（北斗导航系统采用的是最新的三频信号方案，而美国的 GPS 采用的是双频信号。三频信号能更好地消除高阶电离层延迟的影响，增强数据预处理能力，提高模糊度的固定效率，从而提高定位的可靠性）、有源定位和无源定位兼备等优势。

3. 距离觉传感器

距离觉传感器是指探测距离为几十毫米到数米远的传感器，功能同接近传感器一样，两者的探测距离区间不同。距离觉传感器在机器人技术中具有特殊的重要性，这种传感器包括声呐、雷达和激光测距仪等。距离觉传感器可以通过其使用的辐射类型进行分类，如声音、光和其他形式的电磁辐射，不同辐射类型的距离觉传感器，在一些重要方面表现出的特性指标并不相同。通常这种传感器包括复杂的电子器件，对强度、相位和频率等波的特性很敏感，从而使得其可以从基本的信号中提取距离值。

（1）距离传感技术

距离可以根据飞行时间和许多相关概念的原理生成，也可以根据三角测量原理和相关概念生成（见图 6-10）。尽管飞行时间必须是有源测量，但三角测量却可以采用有源或无源的方式。

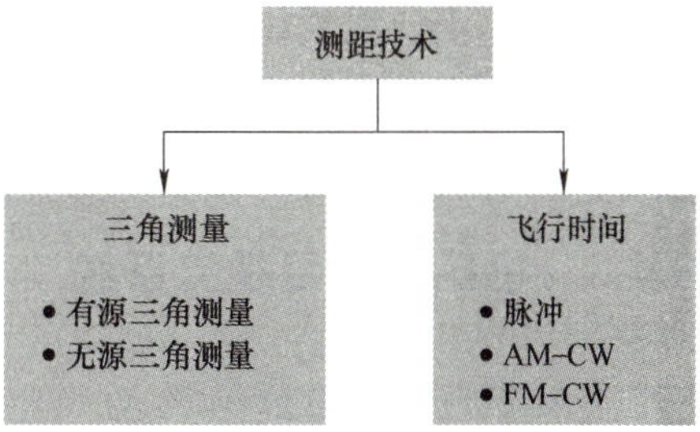

图 6-10　测距技术的分类

（2）超声波测距仪

超声波装置基于静电压电换能器，该设备可以同时作为扬声器和传声器。因此它在传输阶段通过电能产生声音，在作为接收器时从声音中产生电能。如图 6-11 所示为超声波测距仪的信号处理，在发射脉冲发出且任何瞬态信号熄灭后，输入放大器才被启用。

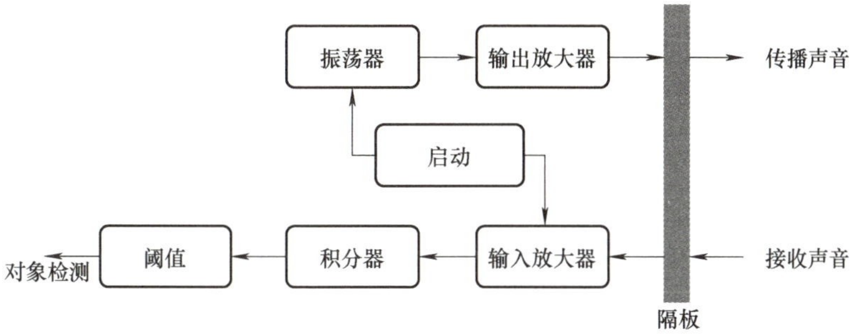

图 6-11　超声波测距仪的信号处理

为了减少破坏性干扰的可能性，许多设备可以发射多种频率。输入放大器通常可以通过编程来实现随着时间变化而增加增益，并考虑衰减和传播损失。这种技术允许使用一个固定的阈值来触发对对象的检测。

（3）雷达

无线电探测和测距（雷达）技术早于超声波传感器和激光测距仪。这些传感器可用于机器人的低分辨率测绘、障碍物检测和导航。

雷达与超声波和激光有相同的基本工作原理。尽管可以采用脉冲飞行时间系统，但 FM–CW 雷达由于电路简单而更为常见，FM–CW 雷达具有测量目标速度和距离的能力。

其中，当c为光速，f_o为中心频率，f_m为调制频率，f_{b1}和f_{b2}分别为上扫和下扫时的拍频，Δf为最大频率偏差时，目标的距离R和速度V为

$$R=\frac{(f_{b1}+f_{b2})c}{8f_m\Delta f} \tag{6-5}$$

$$V=\frac{(f_{b2}-f_{b1})c}{4f_o} \tag{6-6}$$

6.4 机器人环境检测传感器

对机器人来说，与上文介绍的距离觉传感器相比，视觉传感器获取环境信息的能力更强，范围更大。视觉传感器在静、动态环境中，均能进行丰富、智能的交互。本节将介绍机器人双目视觉系统和激光传感器的原理。当与人眼相比较时，这些传感器在一些特性指标上会有特定的限制。

6.4.1 机器人双目视觉系统

1. 摄像头的参数标定

通过摄像头标定可以使不同摄像头对世界坐标系中的同一目标的描述相同。通过求出摄像头的内、外参数以及畸变参数，进行矫正畸变，生成矫正图像，从而可以根据获得的图像重构三维场景。

2. 摄像头标定的目的

由于每个摄像头的畸变程度各不相同，且不同的摄像头在世界坐标系中的摆放位置和摆放角度不同，所以不同摄像头对于世界坐标系中同一目标的坐标描述不同。故需要对摄像头进行标定操作。

3. 摄像头标定的基础

摄像头标定简单来说是从世界坐标系转换到像素坐标系的过程，也就是求目标物体三维坐标转换到二维坐标的投影矩阵的过程。

（1）基本坐标系

1）世界坐标系$(\tilde{X},\tilde{Y},\tilde{Z})$。用户自己定义的三维空间坐标系，表示物体在空间的实际位置，用来描述三维空间中物体与摄像机之间的坐标位置关系，度量值为米（m）。

2）摄像头坐标系(X,Y,Z)。以摄像头的光心为原点，Z轴与光轴重合且垂直于成像平面，度量值为米（m）。

3）成像平面坐标系(x,y)。二维坐标系，x轴和y轴分别与摄像头坐标系中的X轴和Y轴平行，度量值为米（m）。

4）像素坐标系(u,v)。同样位于成像平面上，与成像平面坐标系的区别是坐标原点不同，度量值为像素的个数。

（2）摄像头模型

摄像头模型与小孔成像模型原理相同，如图 6-12 所示。

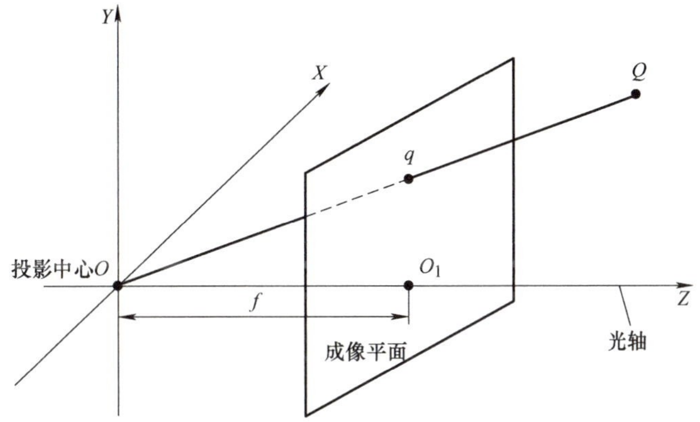

图 6-12　摄像头模型

点 O——摄像头的中心点，即摄像头坐标系的坐标原点。

点 O_1——成像平面坐标系的坐标原点，即主轴与成像平面相交的点。

Z 轴——光轴，即摄像头坐标系的主轴。

成像平面——摄像头的成像平面，也是成像平面坐标系所在的二维平面。

焦距 f——摄像机的焦距，即点 O 到点 O_1 的距离。

摄像头坐标系——由 X、Y、Z 三个轴组成且原点在点 O，度量值为米（m）。

成像平面坐标系——位于成像平面，其 x 和 y 坐标轴分别与摄像头坐标系上 X 和 Y 坐标轴平行。

像素坐标系——该坐标系与成像平面坐标系均位于成像平面，与成像平面坐标系原点坐标不同，度量值为像素的个数。

4. 摄像头标定的具体过程

摄像头的标定过程就是通过求取世界坐标系转换到像素坐标系的转换矩阵，以获取摄像头的内、外参数，进而矫正摄像头的过程。从世界坐标系转换到像素坐标系分为三步，如图 6-13 所示：第一步是从世界坐标系转换到摄像头坐标系，这一步是三维点到三维点的转换，包括 $\boldsymbol{R}$、$\boldsymbol{T}$ 等参数（摄像机外参数，确定了摄像头在某个三维空间中的位置和朝向）；第二步是从摄像头坐标系转换到成像平面坐标系，这一步是三维点到二维点的转换，包括 $\boldsymbol{K}$ 等参数（摄像机内参数，是对摄像机物理特性的近似）；第三步是从成像平面坐标系转换到像素坐标系，这一步是二维点到二维点的转换。

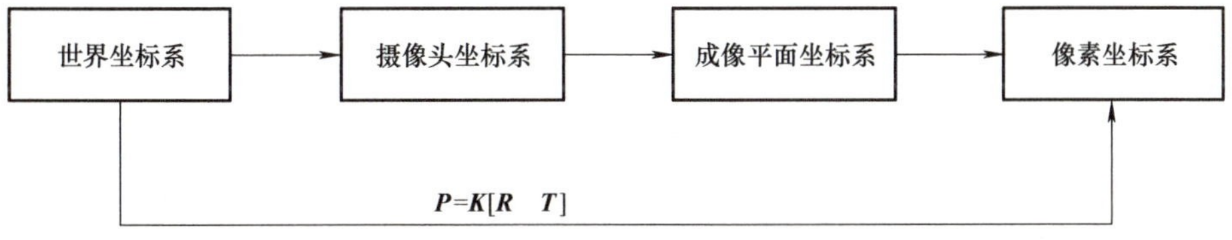

图 6-13　坐标系转换

将从世界坐标系转换到像素坐标系的整个操作由一个投影矩阵表示，这个投影矩阵 $\boldsymbol{P}=\boldsymbol{K}[\boldsymbol{R}\ \ \boldsymbol{T}]$ 是一个 3×4 矩阵，由内参数和外参数组合而成。

（1）世界坐标系转换到摄像头坐标系（见图 6-14）

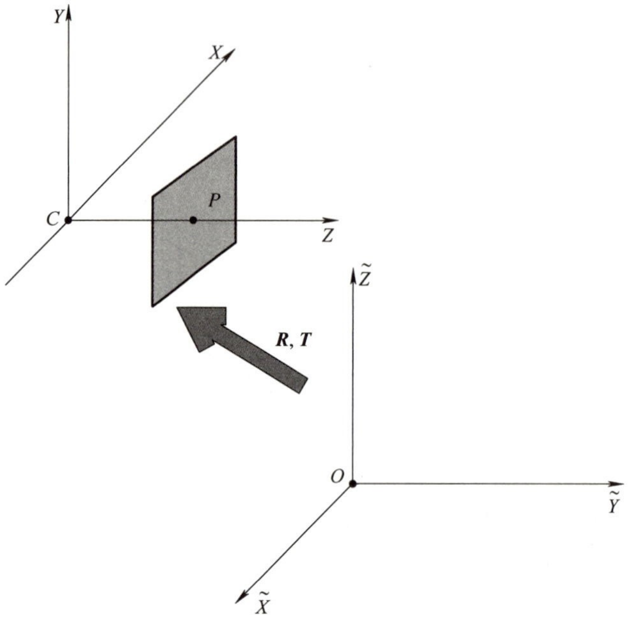

图 6-14　世界坐标系转换到摄像头坐标系

设某点在世界坐标系中的坐标表示为 $(\tilde{X},\tilde{Y},\tilde{Z})$，在摄像头坐标系中的坐标表示为 (X,Y,Z)，坐标转换关系为

$$\begin{bmatrix} X \\ Y \\ Z \end{bmatrix} = \boldsymbol{R}\begin{bmatrix} \tilde{X} \\ \tilde{Y} \\ \tilde{Z} \end{bmatrix} + \boldsymbol{T} \tag{6-7}$$

式中，$\boldsymbol{R}$ 是一个 3×4 的旋转矩阵；$\boldsymbol{T}$ 是一个 3×1 的矩阵，表示偏移。

将转换关系表示成齐次形式，有

$$\begin{bmatrix} X \\ Y \\ Z \\ 1 \end{bmatrix} = \begin{bmatrix} \boldsymbol{R} & \boldsymbol{T} \\ 0 & 1 \end{bmatrix}\begin{bmatrix} \tilde{X} \\ \tilde{Y} \\ \tilde{Z} \\ 1 \end{bmatrix} \tag{6-8}$$

确定 $\boldsymbol{R}$ 需要三个参数，确定 $\boldsymbol{T}$ 也需要三个参数，共计六个参数，称为外参数。

（2）摄像头坐标系转换到成像平面坐标系（见图 6-15）

以点 C 为原点建立摄像头坐标系，点 $Q(X,Y,Z)$ 为摄像头坐标系中的任意一点，该点被光线投影到成像平面上的点 $q(x,y)$。

成像平面与光轴 Z 轴垂直，和投影中心距离为 f（焦距），如图 6-16 和图 6-17 所示，按照角比例关系可以列出：

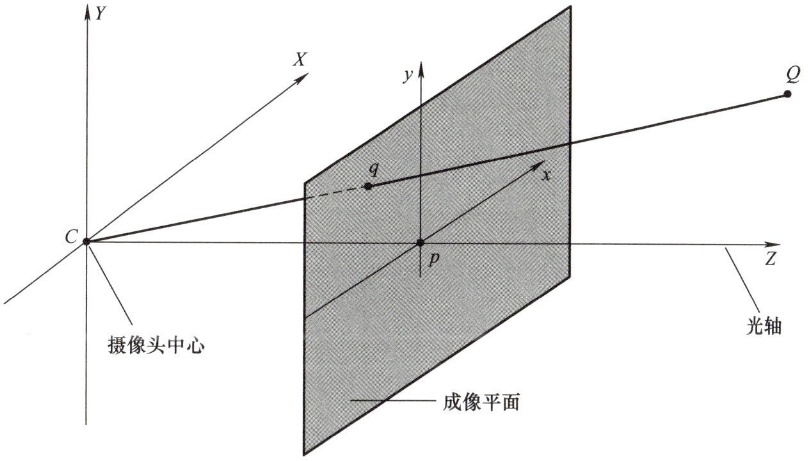

图 6-15　摄像头坐标系转换到成像平面坐标系

$$\begin{cases} x/f = X/Z \\ y/f = Y/Z \end{cases} \tag{6-9}$$

即

$$\begin{cases} x = fX/Z \\ y = fY/Z \end{cases} \tag{6-10}$$

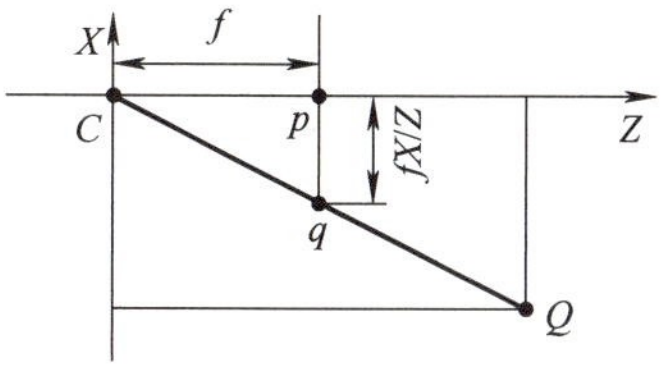

图 6-16　点 Q 在 XCZ 平面上的投影

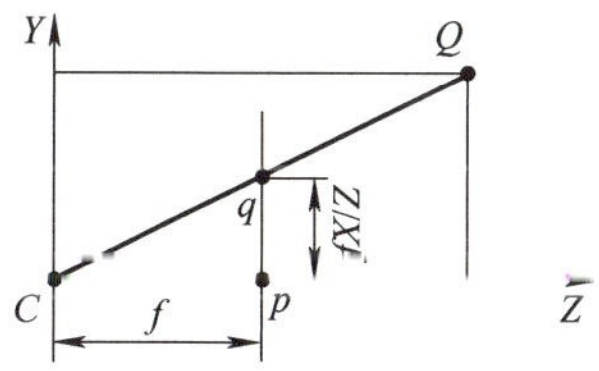

图 6-17　点 Q 在 YCZ 平面上的坐标

以上将摄像头坐标系中坐标为 (X,Y,Z) 的点 Q 投影到成像平面上坐标为 (x,y) 的点 q 的过程称为摄像头坐标系到成像平面坐标系的转换，也称为投影变换，即

$$Z\begin{bmatrix} x \\ y \\ 1 \end{bmatrix} = \begin{bmatrix} f & 0 & 0 & 0 \\ 0 & f & 0 & 0 \\ 0 & 0 & 1 & 0 \end{bmatrix} \begin{bmatrix} X \\ Y \\ Z \\ 1 \end{bmatrix} \tag{6-11}$$

(3) 成像平面坐标系转换到像素坐标系

成像平面坐标系与像素坐标系均在成像平面内，假设像素坐标系坐标原点为 O，成像平面坐标系坐标原点为 O_1，两个坐标系关系如图 6-18 所示。

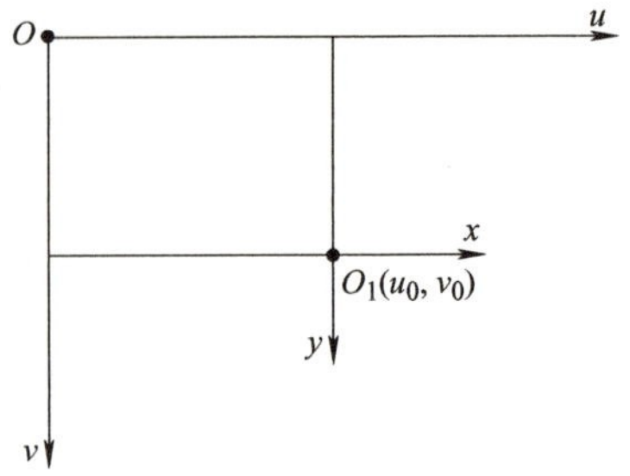

图 6-18 成像平面坐标系转换到像素坐标系

假设像素坐标系中每个像素的物理尺寸为 $dx\times dy$(mm×mm)。

平面中某个点在成像平面坐标系和像素坐标系的坐标转换关系为

$$\begin{cases} u = u_0 + \dfrac{x}{dx} \\ v = v_0 + \dfrac{y}{dy} \end{cases} \tag{6-12}$$

写成矩阵形式为

$$\begin{bmatrix} u \\ v \\ 1 \end{bmatrix} = \begin{bmatrix} \dfrac{1}{dx} & 0 & u_0 \\ 0 & \dfrac{1}{dy} & v_0 \\ 0 & 0 & 1 \end{bmatrix} \begin{bmatrix} x \\ y \\ 1 \end{bmatrix} \tag{6-13}$$

(4) 世界坐标系转换到像素坐标系

综合以上三个步骤，将世界坐标系到像素坐标系的坐标系转换关系表示为

$$Z\begin{bmatrix} u \\ v \\ 1 \end{bmatrix} = \begin{bmatrix} \dfrac{1}{dx} & 0 & u_0 \\ 0 & \dfrac{1}{dy} & v_0 \\ 0 & 0 & 1 \end{bmatrix} \begin{bmatrix} f & 0 & 0 & 0 \\ 0 & f & 0 & 0 \\ 0 & 0 & 1 & 0 \end{bmatrix} \begin{bmatrix} \boldsymbol{R} & \boldsymbol{T} \\ 0 & 1 \end{bmatrix} \begin{bmatrix} \tilde{X} \\ \tilde{Y} \\ \tilde{Z} \\ 1 \end{bmatrix} \tag{6-14}$$

化简得

$$Z\begin{bmatrix} u \\ v \\ 1 \end{bmatrix} = \begin{bmatrix} f_x & 0 & u_0 & 0 \\ 0 & f_y & v_0 & 0 \\ 0 & 0 & 1 & 0 \end{bmatrix} \begin{bmatrix} \boldsymbol{R} & \boldsymbol{T} \\ 0 & 1 \end{bmatrix} \begin{bmatrix} \tilde{X} \\ \tilde{Y} \\ \tilde{Z} \\ 1 \end{bmatrix} \tag{6-15}$$

式中，$f_x = \dfrac{f}{dx}$；$f_y = \dfrac{f}{dy}$。

式 (6-15) 右侧第一个矩阵中的 f_x、f_y、u_0、v_0 这四个参数称为摄像头的内参数，内参数只与摄像头有关，与其他因素无关。

式 (6-15) 右侧第二个矩阵中的 $\boldsymbol{R}$、$\boldsymbol{T}$ 称为摄像头的外参数，只要世界坐标系和摄像

头坐标系的相对位置关系发生改变，这两个参数就会发生改变，每一张图片的 ***R***、***T*** 都是唯一的。

6.4.2 激光传感器

1. 激光测距仪

一个离散激光测距仪由一个发光的激光二极管和一个感知返回信号的光电二极管组成。其中，光电二极管是一种利用光电效应工作的半导体器件。光被引导到一个敏感的半导体结，当电子被光子击中时，这个结就会释放电子。由此产生的电流可以检测到原始光子。

对于激光二极管，所有激光器都是基于正反馈和频率滤波两种成分的光学振荡器。以半导体激光二极管为例（见图 6-19），反馈来自于高于基态的原子对光子的受激发射现象。当有一定频率的光子存在时，空穴与附近的电子重新结合，产生第二个相同的光子。

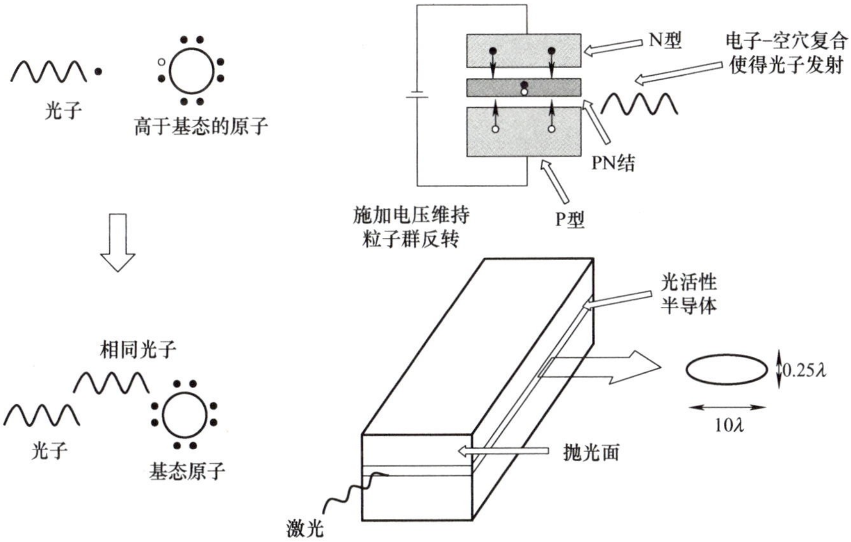

图 6-19 激光二极管原理

图 6-19 的左侧为受激发射，一个光子引起另一个光子发射。受激发射只能通过总体反转来维持基态以上的原子比基态原子多，这需要外加电压提供所需的能量。之所以应用频率滤波，是因为只有满足谐振腔条件的光子才能避免破坏性干扰。

图 6-19 的右侧为受激发射半导体激光器，该器件分裂的两端充当反射镜，产生激光腔。由其所得到的光束不是圆的，形状也不是很好，因此需要用光束光学装置来改善光束的形状。激光测距仪通常使用红外波长，因此光束本身是肉眼看不到的。

大多数激光测距仪要么是脉冲式的，要么是调幅式的。理论上，从环境中的第一个反射面返回值是“定时的”，可以用来查找范围。然而，当环境部分透明时，返回的信号可能为同一像素生成的多个范围读数。在充满灰尘或烟雾的环境中记录多次返回值有一定的价值，因为第一次返回值可能受到空气中的遮光剂影响。粗略地说，红外波长是接近可见的，所以如果一个人可以通过遮光剂看到，那么激光测距仪也可以。

2. 激光雷达

工作在红外和可见光波段的雷达称为激光雷达。它由激光发射系统、光学接收系统、转台和信息处理系统等组成。激光发射系统由各种形式的激光器（如二氧化碳激光器、掺钕钇铝石榴石激光器、半导体激光器和波长可调谐的固体激光器以及光学扩束单元等）组成。光学接收系统由望远镜和各种形式的光电探测器（如光电倍增管、半导体光电二极管、雪崩光电二极管、红外和可见光多元探测器件等）组成。激光雷达采用脉冲或连续波两种工作方式。按照激光雷达探测的原理不同，可以分为米散射激光雷达、瑞利散射激光雷达、拉曼散射激光雷达、布里渊散射激光雷达、荧光激光雷达、多普勒激光雷达等。

6.5 机器人传感器实践

码 6-2【视频讲解】传感器参数级实践

6.5.1 轮式仿人机器人传感器参数级实践

传感器参数级实践详细内容可扫码 6-2 观看。

1. 机器人外部传感器参数级实践

首先，在 V-REP 软件中打开“scene.ttt”文件，在左侧菜单中找出“sensors”控件。此时，左下角预览窗口中会出现若干种传感器，如图 6-20 所示，选择第一个传感器添加至机器人中。

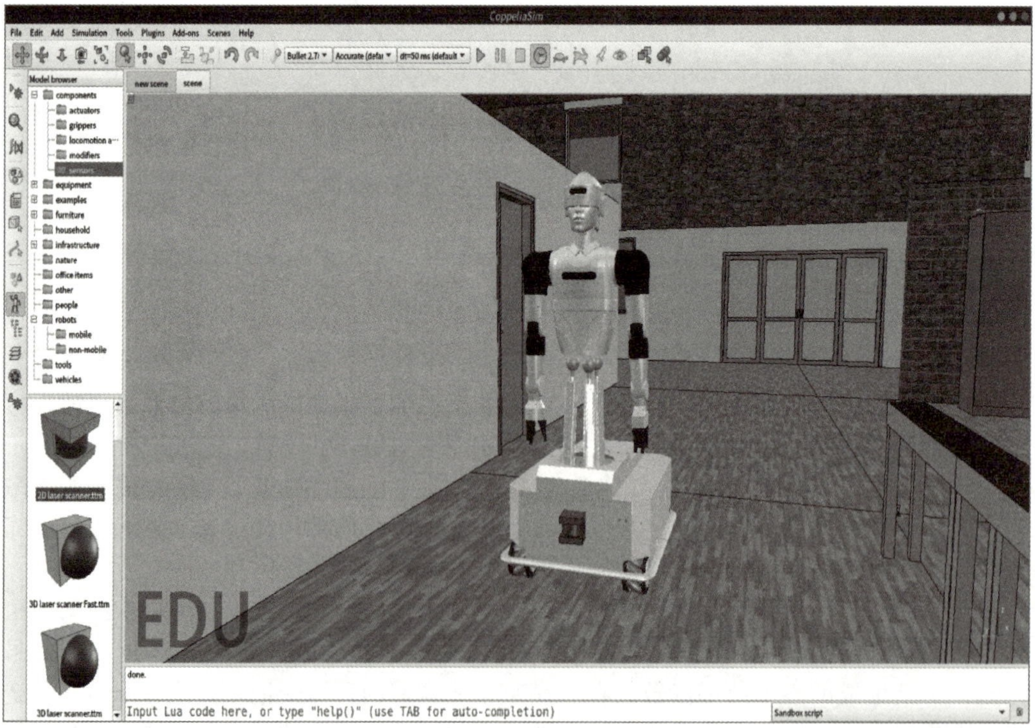

图 6-20 V-REP 中添加 sensors 的界面截图

然后，启动 V-REP 仿真，调用 Lua 脚本可以读取传感器数据，脚本内容扫码 6-2 可得。

接近传感器的数据需要通过接口调用发送出来，在非线程非自定义脚本中采用的具体函数为：number result，number distance，table 3 detectedPoint，number detectedob；ectHandle，table 3detectedSurfaceNormalVector=sim，handleProximitySensor（number sensorHandle）。

输入参数说明：

● sensorHandle：接近传感器对象或 sim 的句柄。处理所有或处理除显式之外的所有 sim 卡。Handle all 将处理所有接近传感器对象；Handle all except explicit 将只处理那些没有标记为“显式处理”的参数。

输出参数说明：

● result：如果没有检测到，则为 0；如果出现错误，则为 -1。在未来的版本中，可能会提供更详细的返回值。

● distance：如果 result>0，则为到检测点的距离，否则为 nil。

● detectedobjectHandle：如果 result>0，表中 3 个数字表示被测点的相对坐标，否则为 nil。

● detectedSurfaceNormalVector：被检测表面的法向量（归一化）。相对于这些传感器参考系，如果 result<1，则为 nil。

2. 机器人视觉传感器参数级实践

首先，打开 V-REP 软件。在顶部菜单栏中选择“File”后打开本书给出的“scene.ttt”文件。其次，在顶部菜单栏中选择“Add”创建 Vision sensor，注意不要屏蔽图像，Vision sensor 的属性设置如图 6-21 所示。

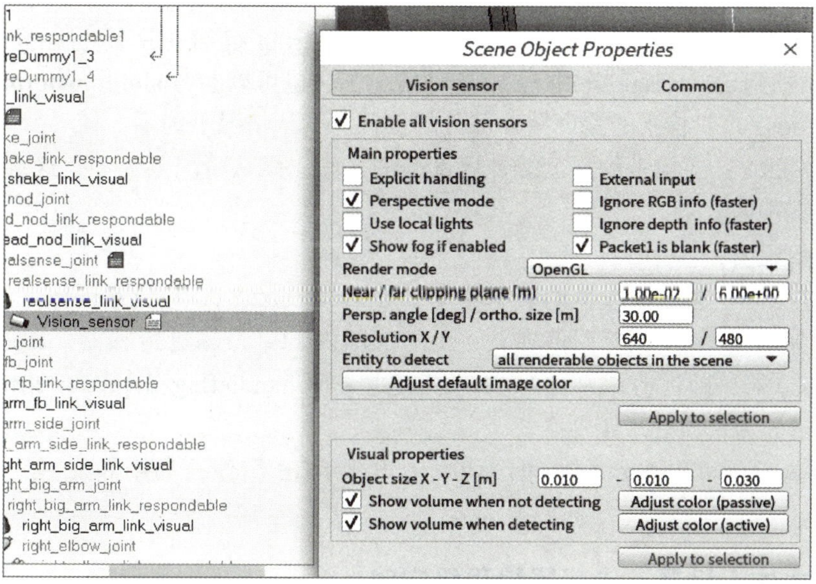

图 6-21　Vision sensor 属性设置

视觉传感器的图像需要通过接口调用发送出来，在非线程非自定义脚本中采用的函数有：

1）string imageBuffer，number resolutionX，number resolutionY=sim.getVisionSensorCharImage（number sensorHandle，number posX=0，number posY=0，number sizeX=0，number sizeY=0，number rgbaCutOff=0）。

输入参数说明：

- sensorHandle：视觉传感器的句柄。如果希望检索等效灰度，则可以与 sim.handle flag_greyscale 组合（只需将 sim.handle flag_greyscale 添加到 sensorHandle）。
- posX/posY：要检索的图像部分的位置。默认情况下为零。
- sizeX/sizeY：要检索的图像部分的大小。默认情况下为零，这意味着应该检索完整图像。
- rgbaCutOff：当与零不同时，将返回一个 RGBA 图像，其中对于 rgbaCutOff 以下的所有深度值，alpha 分量将为 255，对于 rgbaCutOff 以上的所有深度值，alpha 分量为 0。0 对应于近剪裁平面，1 对应于远剪裁平面。默认情况下为零。

输出参数说明：

- imageBuffer：以防出现错误（nil）。否则是一个包含 rgb（或 rgba）值的字符串，表大小为 sizeX*sizeY*3（如果是 rgba，则为 sizeX*sizeY*4，rgba 值范围为 0 ～ 255）。在灰度图像检索的情况下，图像缓冲器将包含 0 ～ 255 范围内的灰度值或灰度 +alpha 值。

2）table depthBuffer=sim.getVisionSensorDepthBuffer（number sensorHandle，number posX=0，number posY=0，number sizeX=0，number sizeY=0）。

输入参数说明：

- sensorHandle：与 C 功能相同。此外，如果希望检索字符串缓冲区（sim.buffer_floot）而不是表，还可以与 sim.handleflag_codestring 组合（只需将 sim.handle flag_codestring 添加到 sensorHandle 中）。在这种情况下，也可以参考 sim.transformBuffer。
- posX/posY：要检索的深度缓冲部分的位置。默认情况下为零。
- sizeX/sizeY：要检索的深度缓冲区部分的大小。默认情况下为零，这意味着应该检索全部深度缓冲区。

输出参数说明：

- depthBuffer：包含深度值的表（表大小为 sizeX*sizeY），包含编码深度值的字符串，或者在出现错误时为 nil。返回值在 0 ～ 1 的范围内（0= 最靠近传感器，即近剪裁平面，1= 最远离传感器，即远剪裁平面）。如果指定了 sim_handleflag_depthbuffermeters，则各个值以米（m）为单位表示距离。

启动仿真后，可以看到右上角图像框中出现 RGB 图像，如图 6-22 所示。

码 6-3【视频讲解】传感器编程级实践

6.5.2 轮式仿人机器人传感器编程级实践

传感器编程级实践过程可扫码 6-3 观看。

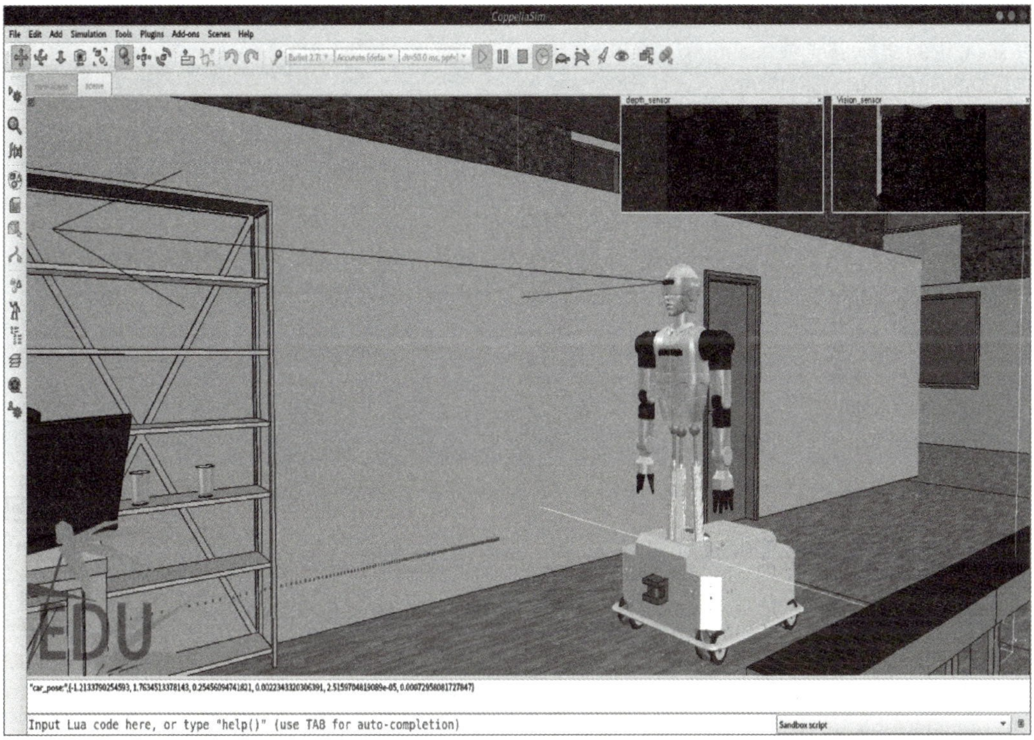

图 6-22　机器人视觉传感器参数级仿真

1. 机器人外部传感器编程级实践

上节中，读者可以通过创建 Lua 脚本获取二维激光雷达数据。为了使传感器数据可以被 ROS 捕获，在函数 sysCall_init（）里定义话题发布者 laser_pub，具体代码如下：

```
laser_pub=simROS.advertise（'/scan'，'sensor_msgs/LaserScan'）
        --After calling this function，this publisher will treat uint8 arrays as string. Using strings should be in general much faster that using int arrays in Lua.
        simROS.publisherTreatUInt8ArrayAsString（laser_pub）--treat uint8 arrays as strings（much faster，tables/arrays are kind of slow in Lua）
        distance={}
        angle_min=-90 *（math.pi/180）;      --angle correspond to FIRST beam in scan（in rad）
        angle_max=90 *（math.pi/180）     --angle correspond to LAST beam in scan（in rad）
        angle_increment=180*（math.pi/180）/512--Angular resolution i.e angle between 2 beams
        --sensor scans every 50ms with 512 beams. Each beam is measured in （50 ms/512）
        time_increment  =（1/20）/512
        range_min=0.05
        range_max=1000--scan can measure upto this range
```

除此之外，在函数 sysCall_sensing（）里需要对话题发布的数据进行赋值，具体代码如下：

```
scan={}
scan['header']={seq=0, stamp=simROS.getTime(), frame_id="laser"}
scan['angle_min']=angle_min
scan['angle_max']=angle_max
scan['angle_increment']=angle_increment
scan['time_increment']=time_increment
scan['scan_time']=simROS.getTime()  --Return the current ROS time i.e. the time returned by ros::Time::now()
scan['range_min']=range_min
scan['range_max']=range_max
scan['ranges']=ranges
scan['intensities']={}
simROS.publish(laser_pub, scan)
```

完整代码扫码 6-4 可得。

码 6-4【程序代码】编程级代码

2. 机器人视觉传感器编程级实践

读者在熟悉二维激光雷达的 ROS 格式转换后，RGB 摄像头的数据变换变得更加简单。上节中，在 V-REP 启动仿真之后，读者可以在右上角的界面中看到摄像头捕获的彩色 RGB 图像。为了使图像数据可以被 ROS 捕获，需要对 6.5.1 节中视觉传感器参数级实践的代码做出修改，完整代码扫码 6-5 可得。

码 6-5【程序代码】编程级代码

将上述程序写入后，启动 V-REP 仿真。此时，重复 3.5.2 节使用流程的前三步。打开机器人仿真界面，并在 Rviz 仿真页面中的“Image”控件订阅话题‘/V-REP_rgb_image’。这样，Rviz 界面能够实时显示 RGB 彩色摄像头数据，如图 6-23 左半部分所示。

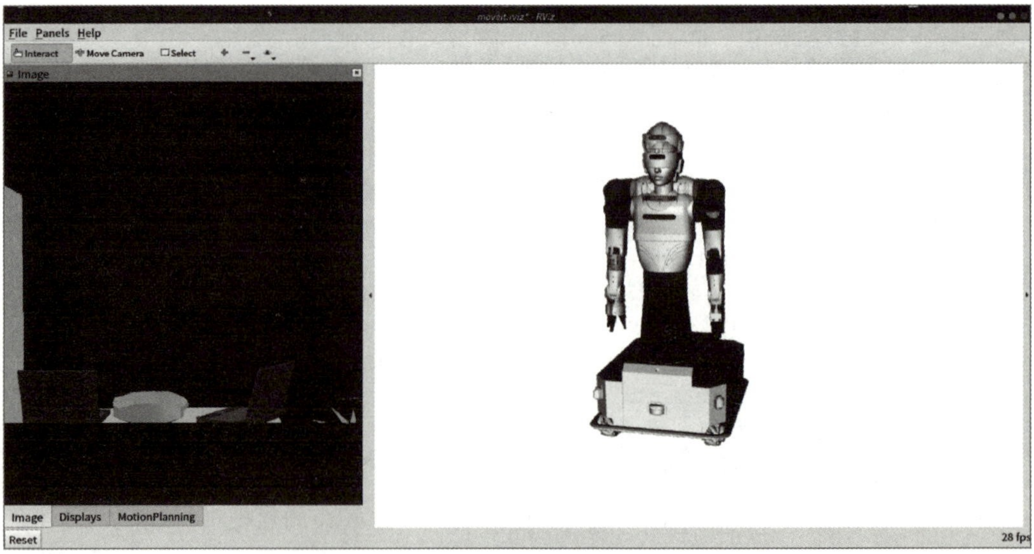

图 6-23　机器人视觉传感器编程级仿真

本章小结

在本章中，首先阐述了传感器的基本分类和基本特性，然后选取了几类较为重要的传感器展开介绍。此外，本章还对机器人环境检测传感器进行了简单介绍。

通过本章的学习，读者可以对传感器有一个初步的认识，应该了解机器人传感器的相关知识，熟悉传感器的种类和特性指标，掌握机器人各类内部传感器、外部传感器和环境检测传感器。通过轮式仿人机器人参数级实践和轮式仿人机器人编程级实践，读者可掌握机器人传感器的应用。

习题

6-1　简述传感器的特性指标。

6-2　机器人内部传感器有哪些？

6-3　机器人外部传感器有哪些？

6-4　简述机器人双目视觉系统。

第 7 章　机器人环境识别理论与实践

导读

本章将探讨机器人理解环境的核心问题，即目标识别和障碍物识别。机器人在执行作业任务时，必须具备识别目标物和区分环境的基本能力。然而，由于目标物和环境中的障碍物姿态各异，机器人作业时常会发生作业臂与障碍物碰撞的情况，导致设备损坏。为避免此类碰撞，机器人需要进行高精度的障碍物识别。本章将介绍如何应用 YOLO v7 算法进行目标物识别，并结合语义分割技术对果园环境中的障碍物进行检测，从而提升机器人的环境感知能力。

本章知识点

- 机器人环境识别的技术发展
- 传统的物体识别
- 深度学习物体识别
- 障碍物识别理论
- 目标识别实践
- 障碍物识别实践

7.1　机器人环境识别的技术发展

在机器人的各种工程应用中，都需要对物体进行识别，如在机器人加工中，需要识别零件图纸；在机器人装配过程中，需要识别工件形状；在机器人搬运中，需要识别被搬运物体；在机器人水果采摘中，需要识别树枝、树干与水果的形状、颜色等；在机器人活动环境中，需要识别障碍物形状及所在环境。物体识别在机器人领域无处不在。

码 7-1【视频讲解】机器人环境识别概述

7.1.1　物体识别的理解

物体识别是机器人领域中的一项基础研究，其任务是识别图像中的物体，并报告该物体在图像场景中的位置和方向。目前，物体识别方法可归为两类，即基于模型的识别和基于上下文的识别。关于物体识别方法的评价标准，Grimson 总结出了被大多数研究者认可的四个标准：鲁棒性（Robustness）、正确性（Correctness）、效率（Efficiency）和范围（Scope）。

7.1.2 物体识别的发展历程

物体识别经历了艰难的发展历程，具体如下：

1）20 世纪 60 年代。当时麻省理工学院（MIT）的计算机教授组织了一个面向本科生的两个月暑期项目。这个项目的目的是设计一个能够智能识别场景中物体并区分类别的系统。然而，他们低估了这一问题的难度，结果并不理想。原因在于，我们看到的物体形态只是其在特定背景、光线条件和角度下的投影，换一个角度可能呈现出完全不同的样子。例如，同一个人，躺着和站着的形态是不同的。

2）20 世纪 70 年代初到 90 年代。这个时期人们基本都是尝试通过创建三维模型来识别物体。通常的做法是先定义一些基本的几何形状，然后将物体表示为这些几何形状的组合，再进行图像匹配。物体识别在这一时期被转化为一个匹配问题，即在三维模型库中搜索可能的视角投影，并与待识别图像进行匹配。如果找到最合适的匹配，就认为识别成功。然而，这种方法存在多个问题。首先，许多物体难以用基本几何形状描述，特别是一些非刚性物体，如动物。其次，同类物体内部差异性丰富，即使是同一个物体在不同姿态下也不一样，无法预先为每一种姿态创建三维模型模板。最后，即使解决了前述问题，从图像中准确提取这些几何形状仍然困难重重。

3）20 世纪 90 年代。此时的主流方法是只从图像本身考虑，而不涉及物体的三维形状。这类方法统称为基于外观的技术（Appearance Based Techniques）。从模式识别的角度来说，所谓的外观即图像特征（Feature），是一种对图像的抽象描述。通过图像特征，可以在特征空间内进行匹配或分类。然而，这种方法存在许多问题。它需要对所有图片进行对齐，例如，人脸图像要求每幅图中的五官基本固定位置。然而，在许多应用场景中，目标并不像人脸那样规整，难以统一对齐，而且这种基于全局特征和简单欧式距离的检索方法，对于复杂背景、遮挡和几何变化等情况并不适用。

4）21 世纪以来。物体识别领域取得了显著进展。首先，在图像特征层面，人们设计了各种图像特征，如 SIFT、HOG 和 LBP 等。同时，机器学习方法的发展也为模式识别提供了强大的分类器。此外，在物体建模方面，人们进行了大量工作，旨在用更灵活的模型，而不是单一的模板来定义物体。随着人工智能、大数据和深度学习技术的不断发展，以及三维传感器、深度摄像头等硬件的升级，利用深度信息进行三维物体识别的技术逐渐受到科技工作者和厂商的重视，并被植入到硬件产品中。

7.2 传统的物体识别

物体识别已经进入深度学习时代，但是传统方法还是有必要了解一下，深度学习方法的思想也来源于传统方法。有关传统方法的文献非常多，但只需要了解三个里程碑式的方法就可以了，分别是维奥拉–琼斯检测器（Viola–Jones Detector）、方向梯度直方图检测器（HOG Detector）、形变识别（Deformable Part-based Model，DPM）。下面简要介绍这三种方法。

1. 维奥拉 - 琼斯检测器

2001 年，P.Viola 和 M.Jones 在没有任何约束条件（如肤色分割）的情况下首次实现了人脸的实时检测。该检测器运行在 700MHz 奔腾 III CPU 上，在同等的检测精度下，其速度是其他算法的数十倍甚至数百倍。该检测算法后来被称为“维奥拉 - 琼斯（Viola-Jones，VJ）检测器”，在此以作者的名字命名，以纪念他们的重大贡献。

（1）算法原理

VJ 检测器采用最直接的检测方法，即滑动窗口：查看图像中所有可能的位置和比例，看看是否有窗口包含要识别的物体。虽然这似乎是一个非常简单的过程，但它背后的计算远远超出了计算机当时的能力。VJ 检测器结合了“积分图像”“特征选择”和“检测级联”三种重要技术，大大提高了检测速度。

积分图像：积分图像是一种加速盒滤波或卷积过程的计算方法。与当时的其他目标检测算法一样，在 VJ 检测器中使用 Haar 小波作为图像的特征表示。积分图像使得 VJ 检测器中每个窗口的计算复杂度与其窗口大小无关。

特征选择：使用 Adaboost 算法从一组巨大的随机特征池（约 180k 维）中选择一组对目标检测最有帮助的小特征。

检测级联：在 VJ 检测器中引入多级检测范式（又称为“检测级联”），通过减少背景窗口的计算量，增加对目标检测的计算量，从而降低计算成本。

（2）优缺点分析

优点：VJ 检测器结合了“积分图像”“特征选择”和“检测级联”三种重要技术，大大提高了检测速度。

缺点：① Haar-like 特征是一种相对简单的特征，其稳定性较低；②弱分类器采用简单的决策树，容易过拟合，因此，该算法对于解决正面人脸的情况效果好，对于人脸的遮挡、姿态、表情等特殊且复杂的情况，处理效果并不理想；③基于 VJ-Cascade 的分类器设计，进入下一个阶段（Stage）后，之前的信息都丢弃了，分类器评价一个样本不会基于它在之前 Stage 的表现，因此这样的分类器鲁棒性差。

2. 方向梯度直方图检测器

方向梯度直方图（Histogram of Oriented Gradient，HOG）检测器是一种方向梯度直方图检测法，其算法原理和优缺点如下。

（1）算法原理

HOG 特征是一种在计算机视觉和图像处理中用来进行物体检测的特征描述。它通过计算和统计图像局部区域的梯度方向直方图来构成特征。

1）主要思想。在一幅图像中，局部目标的表象和形状能够被梯度或边缘的方向密度分布很好地描述。

2）具体实现方法。首先将图像分成小的连通区域（称为细胞单元），然后采集细胞单元中各像素点的梯度或边缘的方向直方图，最后把这些直方图组合起来就可以构成特征描述器。

3）提高性能。把这些局部直方图在图像的更大的范围内（称为区间）进行对比度归一化，所采用的方法是先计算各直方图在这个区间中的密度，然后根据这个密度对区间中的各个细胞单元进行归一化。通过这个归一化后，能使光照变化和阴影获得更好的效果。

（2）优缺点分析

优点：① HOG 表示的是边缘（梯度）的结构特征，因此可以描述局部的形状信息；②位置和方向空间的量化在一定程度上可以抑制平移和旋转带来的影响；③采取在局部区域归一化直方图，可以部分抵消光照变化带来的影响；④由于在一定程度上忽略了光照颜色对图像造成的影响，使得图像所需要的表征数据的维度降低了；⑤由于这种分块分单元的处理方法，也使得图像局部像素点之间的关系可以得到很好的表征。

缺点：①描述子生成过程复杂且耗时，导致速度慢，实时性差；②难以处理遮挡问题；③由于梯度的性质，该描述对噪点相当敏感。

3. 形变识别

形变识别（Deformable Part-based Model，DPM）是一种基于组件的检测算法。Felzenszwalb 在 2008 年提出该模型，并发表了一系列的 CVPR、NIPS 论文，还拿下了 2010 年 PASCAL VOC 的“终身成就奖”。DPM 的算法原理及优缺点如下。

（1）算法原理

DPM 的算法原理大体思路与 HOG 一致。先计算梯度方向直方图，然后用支持向量机（Support Vector Machine，SVM）训练得到物体的梯度模型。有了这样的模型就可以直接用于分类了，简单理解就是模型和目标匹配。DPM 只是在模型上做了很多改进工作。

DPM 算法采用了改进后的 HOG 特征，SVM 分类器和滑动窗口（Sliding Window）检测思想，针对目标的多视角问题，采用了多组件（Component）的策略，针对目标本身的形变问题，采用了基于图结构（Pictorial Structure）的部件模型策略。此外，将样本所属模型类别、部件模型位置等作为潜变量（Latent Variable），采用多示例学习（Multi-instance Learning）来自动确定。

（2）优缺点分析

优点：由于DPM算法本身是一种基于组件的检测算法，所以对扭曲、形变、多姿态、多角度等的目标都具有非常好的检测效果（目标通常不会有大的形变，因此可近似为刚体，基于 DPM 的方法可以很好地处理目标检测问题）。

缺点：由于该模型过于复杂，在进行判断时计算复杂，很难满足实时性要求。虽然后续有了一系列改进的方法，如加入级联分类器、采用积分图方法等，但都没有达到 VJ 方法的效率。因此在工程中很少使用，一般采用 Adaboost 框架的算法。

7.3　深度学习物体识别

近几年来，目标检测算法取得了很大的突破。比较流行的算法可以分为两类。一类是基于候选框的 R-CNN 系算法（R-CNN、Fast R-CNN、Faster R-CNN），它们是两阶段的，需要先使用启发式方法 [如选择性检索（Selective Search）] 或者 CNN 网络（如 RPN）产生候选框，然后再在候选框上做分类与回归。另一类是 YOLO、SSD 这类单阶段算法，其仅仅使用一个 CNN 网络直接预测不同目标的类别与位置。第一类算法准确度高一些，但速度慢；第二类算法速度快，但准确度要低一些。目标检测算法的进展与对比如图 7-1 所示。

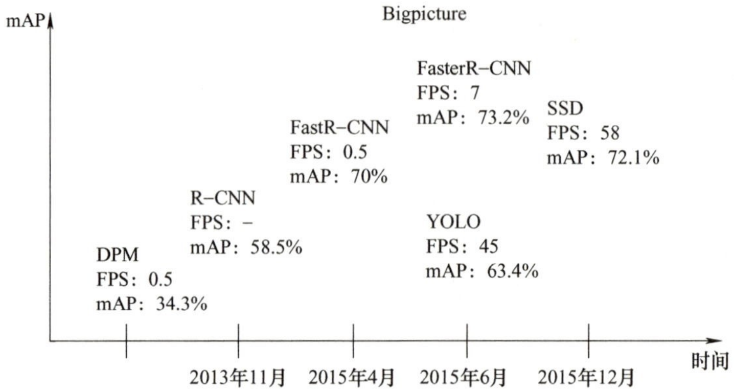

图 7-1　目标检测算法的进展与对比

mAP—平均准确度　FPS—每秒传输帧数

7.3.1　基于候选框的深度学习目标检测算法

卷积神经网络（Convolutional Neural Network，CNN）最早是由 Yann Lecun 教授提出来的，早期的卷积神经网络是作为分类器使用，主要用于图像的识别。然而卷积神经网络有三个结构上的特性：局部连接、权重共享以及空间或时间上的采样。这些特性使得卷积神经网络具有一定程度上的平移、缩放和扭曲不变性。2006 年，Hinton 提出利用深度神经网络从大量的数据中自动地学习高层特征。候选框在此基础之上解决了传统目标检测的两个主要问题。比较常用的候选框方法有选择性检索（Selective Search）和边界框（Edge Box）。此后，CNN 迅速发展，微软的 ResNet 和谷歌的 Inception V4 模型的 Top–5 错误率降至了 4% 以内，所以目标检测得到候选框后使用 CNN 对其进行图像分类的准确率和检测速度都有了提高。

1. R–CNN

R–CNN（Region–CNN）是第一个成功将深度学习应用到目标检测上的算法。后面要讲到的 Fast R–CNN、Faster R–CNN、Mask R–CNN 全部都是建立在 R–CNN 基础上的。

传统的目标检测算法大多数以图像识别为基础。一般可以在图片上使用穷举法或者滑动窗口选出所有物体可能出现的区域框，对这些区域框提取特征并进行图像识别分类，得到所有分类成功的区域后，通过非极大值抑制输出结果。

（1）算法原理

R–CNN 遵循传统目标检测思路，同样采用提取框方法，对每个框通过特征提取、图像分类、非极大值抑制三个步骤进行目标检测，只不过进行了部分改进，具体表现在：①经典的目标检测算法使用滑动窗口依次判断所有可能的区域，而 R–CNN 预先提取一系列可能是物体的候选框，之后仅在这些候选框上提取特征，进行判断，大大减少了计算量；②将传统的特征（如 SIFT、HOG 特征等）换成了深度卷积网络提取的特征。

（2）优缺点分析

优点：尽管 R-CNN 的识别框架与传统方法区别不是很大，但是得益于 CNN 优异的特征提取能力，R-CNN 的效果还是比传统方法好很多。例如，在 VOC 2007 数据集上，传统方法最高的平均精确度（mAP）为 40% 左右，而 R-CNN 的 mAP 达到了 58.5%。

缺点：R-CNN 的缺点是计算量大。R-CNN 流程较多，包括候选框的选取、训练卷积神经网络、训练 SVM 和训练回归量，这使得训练时间非常长（84h），占用磁盘空间也大。在训练卷积神经网络的过程中对每个候选框都要计算卷积，其中重复了太多不必要的计算。试想一张图像可以得到 2000 多个候选框，大部分都有重叠，因此基于候选框卷积的计算量太大，而这也正是之后 Fast R-CNN 主要解决的问题。

2. SPP-Net

在此之前，所有的神经网络都是需要输入固定尺寸的图片，如 224 × 224（ImageNet）、32 × 32（LeNet）、96 × 96 等。这样当人们希望检测各种大小的图片的时候，需要经过裁剪（Crop）或者变形（Warp）等一系列操作，这在一定程度上导致了图片信息的丢失和变形，限制了识别精确度。而且，从生理学角度出发，人眼看到一张图片时，大脑首先认为这是一个整体，而不会进行裁剪和变形。因此，更有可能的是，大脑通过搜集一些浅层的信息，在更深层次才识别出这些任意形状的目标。

（1）算法原理

SPP-Net 对这些网络中存在的缺点进行了改进，其基本思想是输入整张图像，提取出整张图像的特征图，然后利用空间金字塔池化层（Spatial Pyramid Pooling Layer，SPP）从整张图像的特征图中提取各个候选框的特征。

一个正常的深度网络由两部分组成——卷积部分和全连接部分。要求输入图像需要固定尺寸的原因并不是卷积部分，而是全连接部分。所以，SPP 层作用在最后一层卷积层之后，其输出是固定大小的特征图。SPP-Net 不仅允许测试时输入不同大小的图片，训练时也允许输入不同大小的图片，通过输入不同尺寸的图片可以防止过拟合。相比于 R-CNN 提取 2000 个候选框，SPP-Net 只需要将整个图像输入网络获取特征，从而使得操作速度提升 100 倍左右。

（2）优缺点分析

优点：SPP-Net 解决了 R-CNN 区域提取框时裁剪或变形带来的偏差问题，提出了 SPP 层，使得输入的候选框可大可小。R-CNN 要对每个区域计算卷积，而 SPP-Net 只需要计算一次，因此 SPP-Net 的效率比 R-CNN 高得多。

缺点：SPP-Net 实际是在 R-CNN 的基础上进行改进的，虽然提高了识别速度，但识别精度并没有提升。

3. Fast R-CNN

Fast R-CNN 是前面两种方法的改进，其算法原理和优缺点如下。

（1）算法原理

Fast R-CNN 的流程如图 7-2 所示，这个网络的输入是原始图片和候选框，输出是分类类别和边界框回归值。对于原始图片中的候选框区域，与 SPP-Net 的做法一样，都是将它映射到卷积特征的对应区域，即图中的 RoI（Region of Interest，感兴趣区域），然后输入到 RoI 池化层（RoI Pooling Layer），得到一个固定大小的特征图。将这个特征图经过两个全连接层得到 RoI 的特征，然后将特征经过全连接层，使用 softmax 进行分类，使用回归（regressor）得到边界框回归。CNN 的主体结构可以来自 AlexNet，也可以来自 VGGNet。

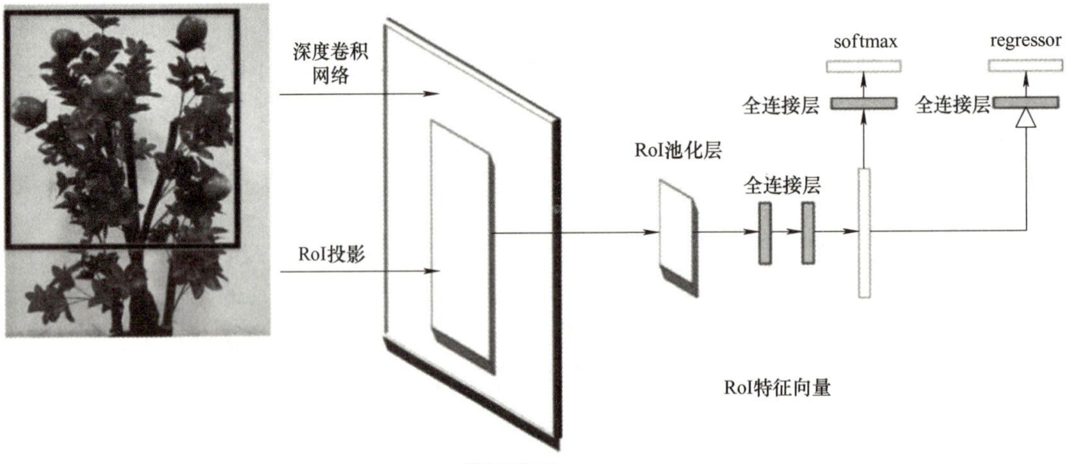

图 7-2　Fast R-CNN 流程图

（2）优缺点分析

优点：Fast R-CNN 相当于全面改进了 SPP-Net 算法和 R-CNN 算法，不仅减少了训练步骤，也不需要将特征保存在磁盘上。基于 VGG16 的 Fast R-CNN 算法在训练速度上比 R-CNN 快了将近 9 倍，比 SPP-Net 快了大约 3 倍；测试速度比 R-CNN 快了 213 倍，比 SPP-Net 快了 10 倍。VOC 2012 数据集上的 mAP 约为 66%。

缺点：Fast R-CNN 算法在训练时依然无法做到端到端的训练，故训练时仍然需要一些烦琐的步骤。Fast R-CNN 中还存在一个尴尬的问题，即它需要先使用选择性检索提取候选框，这个方法比较慢。因此在检测一张图片时，大部分时间不是花费在计算神经网络分类上，而是花费在选择性检索提取候选框上。

4. Faster R-CNN

Faster R-CNN 是基于 Fast R-CNN 的改进，其算法原理及优缺点如下。

（1）算法原理

从 R-CNN 到 Fast R-CNN，再到 Faster R-CNN，目标检测的四个基本步骤，即候选框（Region Proposal）生成、特征提取（Feature Extraction）、分类（Classification）、位置精修（Region Refine），终于被统一到一个深度网络框架之内，如图 7-3 所示。所有计算没有重复，完全在 GPU 中完成，大大提高了运行速度。

Faster R-CNN 可以简单地看作“区域生成网络（RPN）+Fast R-CNN”的系统，用区域生成网络代替 Fast R-CNN 中的 Selective Search 方法，网络结构如图 7-4 所示。

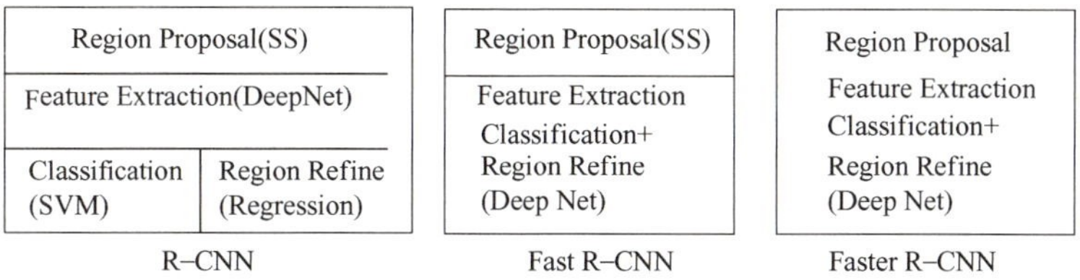

图 7-3　从 R–CNN 到 Faster R–CNN 的四个基本步骤演变归一化

SS（Selective Search）—选择性检索　SVM（Support Vector Machine）——支持向量机
Regression—回归　Deep Net—深度网络

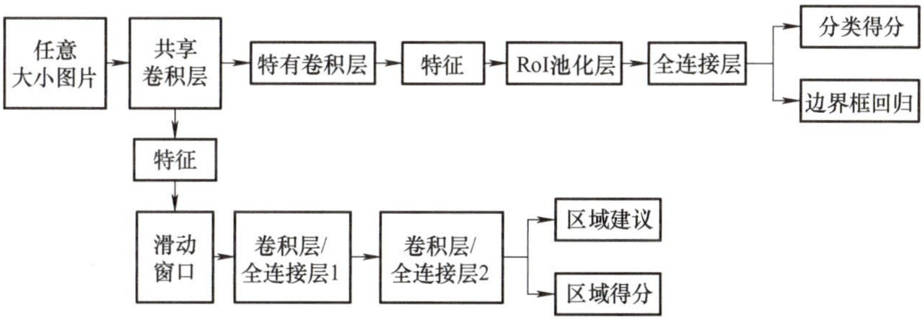

图 7-4　Faster R–CNN 的网络结构

步骤如下：

1）向 CNN 输入任意大小的图片 $M \times N$。

2）经过 CNN 前向传播至最后的共享卷积层，一方面得到供 RPN 输入的特征图，另一方面继续前向传播至特有卷积层，产生更高维特征图。

3）供 RPN 输入的特征图经过 RPN 得到区域建议和区域得分，并对区域得分采用非极大值抑制（阈值为 0.7），输出其 Top–N 得分的区域建议并输入 RoI 池化层。

4）第 2）步得到的高维特征图和第 3）步输出的区域建议同时输入 RoI 池化层，提取对应区域建议的特征。

5）第 4）步得到的区域建议特征通过全连接层后，输出该区域的分类得分以及回归后的边界框。

（2）优缺点分析

优点：①提高了检测精度和速度；②真正实现了端到端的目标检测框架；③生成建议框仅需约 10ms。

缺点：①无法达到实时检测目标；②获取候选框，再对每个候选框分类的计算量还是比较大。

5. Mask R–CNN

Mask R–CNN 是何凯明 2017 年的力作，其在进行目标检测的同时进行实例分割，取得了出色的效果。该网络的设计也比较简单，在 Faster R–CNN 基础上，在原本的两个分支上（分类和坐标回归）增加了一个分支进行语义分割，如图 7-5 所示。

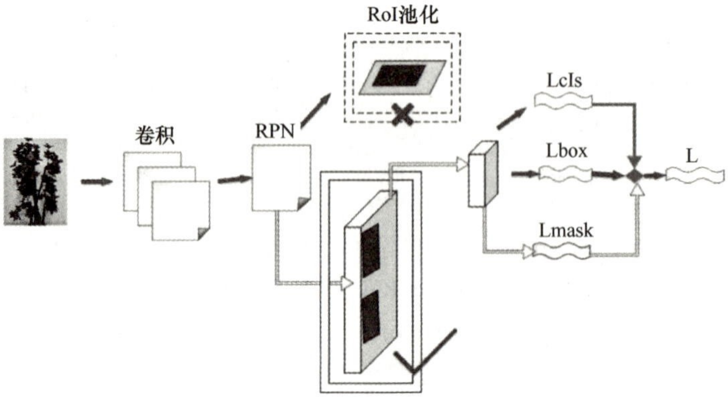

图 7-5　语义分割

（1）算法原理

Mask R–CNN 框架解析如图 7-6 所示。

Mask R–CNN 算法步骤：

1）输入一幅想处理的图片，然后进行对应的预处理操作。

2）将经第 1）步处理后的图片输入到一个预训练好的神经网络中（如 ResNet 等），获得对应的特征图（Feature Map）。

3）对这个特征图中的每一个点设置预定的感兴趣区域（RoI），从而获得多个候选 RoI。

4）将这些候选的 RoI 送入 RPN 进行二值分类（前景或背景）和边界框回归，过滤掉一部分候选的 RoI。

5）对这些剩下的 RoI 进行 RoI 对齐操作（即先将原图和特征图的像素对应起来，然后将特征图和固定的特征对应起来）。

6）对这些 RoI 进行分类（N 类别分类）、边界框回归和 Mask 生成 [在每一个 RoI 里面进行全卷积网络（FCN）操作]。

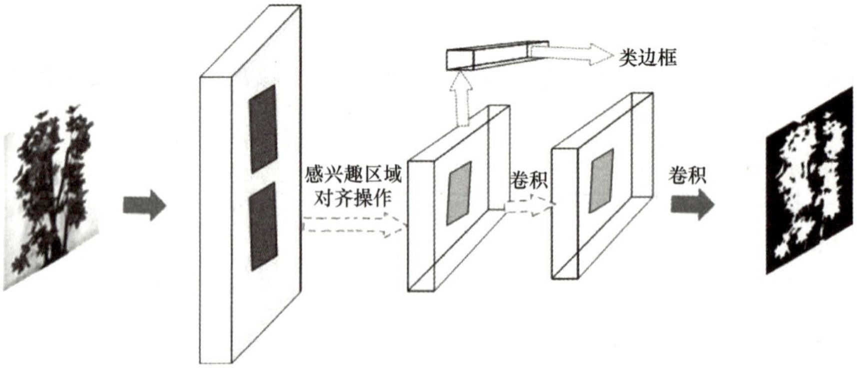

图 7-6　Mask R–CNN 框架解析

（2）优缺点分析

优点：①分析了 RoI 池化的不足，提升了 RoI 对齐操作效果，提升了检测和实例分割的效果；②将实例分割分解为分类和 Mask 生成两个分支，依赖于分类分支所预测的类别标签来选择输出对应的 Mask，同时利用二值损失（Binary Loss）代替多任务损失（Multinomial Loss），消除了不同类别的 Mask 之间的竞争，生成了准确的二值 Mask；③并行进行分类和 Mask 生成任务，对模型进行了加速。

缺点：Mask R-CNN 比 Faster R-CNN 速度慢一些，为每秒 5 帧。

7.3.2 基于回归方法的深度学习目标检测算法

虽然 Faster R-CNN 算法是目前主流的物体识别算法之一，但是速度上并不能满足实时要求。随后出现的 YOLO、SSD 这一类算法逐渐凸显出其优越性。这类方法充分利用了回归思想，直接在原始图像的多个位置上回归目标位置边框以及目标类别。

1. YOLO 算法

（1）YOLO 算法的概念及发展历程

YOLO 算法的全称是 You Only Look Once：Unified，Real-Time Object Detection。这个全称基本上把 YOLO 算法的特点概括全了：You Only Look Once 指的是只需要一次 CNN 运算；Unified 指的是一个统一的框架，提供端到端的预测；Real-Time 体现了 YOLO 算法速度快。

2016 年，Redmon 等人提出的 YOLO 算法是一个可以一次性预测多个框位置和类别的卷积神经网络。YOLO 算法的网络设计策略在真正意义上实现了端到端的目标检测，并发挥了速度快的优势，但其准确度有所下降。然而，2016 年 Redmon 等人提出的 YOLO 9000 算法在最初 YOLO 算法的基础上提高了其准确度，主要有两方面的改进：①在原有的 YOLO 检测框架上进行了一系列的改进，弥补了检测准确度的不足；②提出了目标检测和目标训练合二为一的方法。YOLO v2 算法的训练网络采用降采样的方法，在特定情况下可以进行动态调整，这种机制使网络可以预测不同大小的图片，让检测速度和准确度之间达到平衡。

（2）优缺点分析

优点：① YOLO 算法将目标检测任务转换成一个回归问题，大大加快了检测速度，使得 YOLO 算法每秒可以处理 45 张图像，而且由于每个网络预测目标窗口时使用的是全图信息，使得误检测率大幅降低；② YOLO 算法采用全图信息进行预测，与滑动窗口、候选框不同，YOLO 算法在训练和预测过程中利用全图信息，Fast R-CNN 方法错误地将背景块检测为目标，原因在于 Fast R-CNN 方法在检测时无法看到全局图像，相比于 Fast R-CNN，YOLO 算法可以将背景预测错误率降低一半；③ YOLO 算法可以学习到目标的概括信息，准确率比其他目标检测算法高很多。

缺点：① YOLO 算法对小目标和相互靠近的物体检测效果不佳；②每个网格只能预测一个物体，容易造成漏检；③对物体的尺度相对比较敏感，泛化能力较差，尤其是面对尺度变化较大的物体时。

（3）YOLO 算法 v7

YOLO 算法通过使用卷积网络来提取特征，并利用全连接层来得到最终的预测值。该算法的网络结构包括 24 个卷积层和 2 个全连接层。在处理卷积层时，YOLO 算法主要采用 1 × 1 卷积进行通道降维，随后使用 3 × 3 卷积。无论是卷积层还是全连接层，都采用了

Leaky ReLU 激活函数：max（x，$0.1x$），但最后一层则使用了线性激活函数。除此之外，为了追求更高的效率和速度，YOLO 算法还引入了一个轻量级版本——Fast YOLO，它仅包含 9 个卷积层，并减少了卷积层中卷积核的数量。

随着 YOLO 算法的不断发展和优化，YOLO v7 成了该算法系列中的一个突破。YOLO v7 由 YOLO v4 团队在 2022 年提出。它是一种高效的端到端物体检测算法，以其出色的速度和准确性在业界获得了广泛认可。在 5FPS ～ 120FPS 的范围内，YOLO v7 的性能超越了所有已知的物体检测器。特别是在 30FPS 的实时物体检测场景中，YOLO v7 以 56.8% 的平均精度（AP）达到了目前已知最高的准确性。这一成就标志着 YOLO 算法在物体检测技术领域的进一步演进，展示了它在实时应用场景中的巨大潜力和实用价值。本书将结合 YOLO v7 算法实现目标物体检测，下面对其进行详细介绍。

YOLO v7 的架构设计可划分为四个核心部分：Input、Backbone、Head 以及 Detect，整体结构如图 7-7 所示。输入部分（Input）接收的是分辨率为 $640 \times 640 \times 3$ 的图像数据，这种高分辨率输入有利于捕捉到更多的细节信息，从而提高检测的准确性。骨干网络（Backbone）是模型的核心，负责提取图像的特征，它由 CBS（卷积、批标准化、激活函数的组合）、ELAN（一种高效的层次化注意力网络结构）以及 MP-1（第一种最大池化层）组成，这些组件共同工作以提取强大且有效的特征表示。接下来是 Head 部分，它负责进一步处理特征并准备最终的物体检测，由 CBS、SPPCSPC（空间金字塔池化串联的跨阶层连接结构）、E-ELAN（ELAN 的一个变体）、MP-2（第二种最大池化层）和 RepConv（重复的卷积层）组成，这一部分提高了模型对特征的利用效率。Detect 部分包含三个检测头，负责在不同的尺度上进行物体的定位和分类，确保模型能够精确地检测到各种大小的目标。整体而言，YOLO v7 的这种结构设计不仅优化了特征提取和处理流程，还提高了检测的速度和准确性。

在每个检测分支内部，YOLO v7 使用了一系列卷积层来进一步提取特征，并通过特定的输出层生成预测。这些输出层负责预测物体的边界框（位置和尺寸）、物体类别的概率以及物体存在的置信度。通过这种设计，YOLO v7 的检测头能够有效地整合来自不同网络深度的特征，实现对图像中存在物体的精确检测和分类。这种多尺度检测策略不仅增强了模型对于不同大小物体的适应性，也大大提高了检测的准确性和鲁棒性。

2. SSD 算法

基于“Proposal+Classification”的目标检测方法中，R-CNN 系列（R-CNN、SPP-Net、Fast R-CNN、Faster R-CNN 以及 Mask R-CNN 等）取得了非常好的效果，但是在速度方面离实时效果还比较远。在提高 mAP（mean Average Precision，平均准确度）的同时兼顾速度，逐渐成为神经网络目标检测领域的趋势。YOLO 算法不仅能够达到实时的效果，而且 mAP 与前面提到的 R-CNN 系列相比有很大的提升。但是，YOLO 也有一些缺陷（如上文所述），针对 YOLO 中的这些不足，SSD（Single Shot Multibox Detector，单激发多框检测器）算法在这两方面都有所改进，同时兼顾了 mAP 和实时性的要求。

（1）算法原理

SSD 是 Faster R-CNN 与 YOLO 的结合，既结合了 YOLO 中的回归思想，又结合了 Faster R-CNN 中的固定框（Anchor Box）机制。SSD 将输出一系列离散化

（Discretization）的边界框（Bounding Box），这些边界框是在不同层次上的特征图上生成的，计算出每一个默认框（Default Box）中的物体属于每个类别的可能性，即得分（Score）。同时，要对这些边界框的形状进行微调，以使得其符合物体的外接矩形。此外，为了处理相同物体不同尺寸的情况，SSD 结合了不同分辨率的特征图的预测。SSD 方法完全取消了候选框生成像素重采样或者特征重采样这些阶段，使得 SSD 更容易优化训练，也更容易将检测模型融合进系统之中。

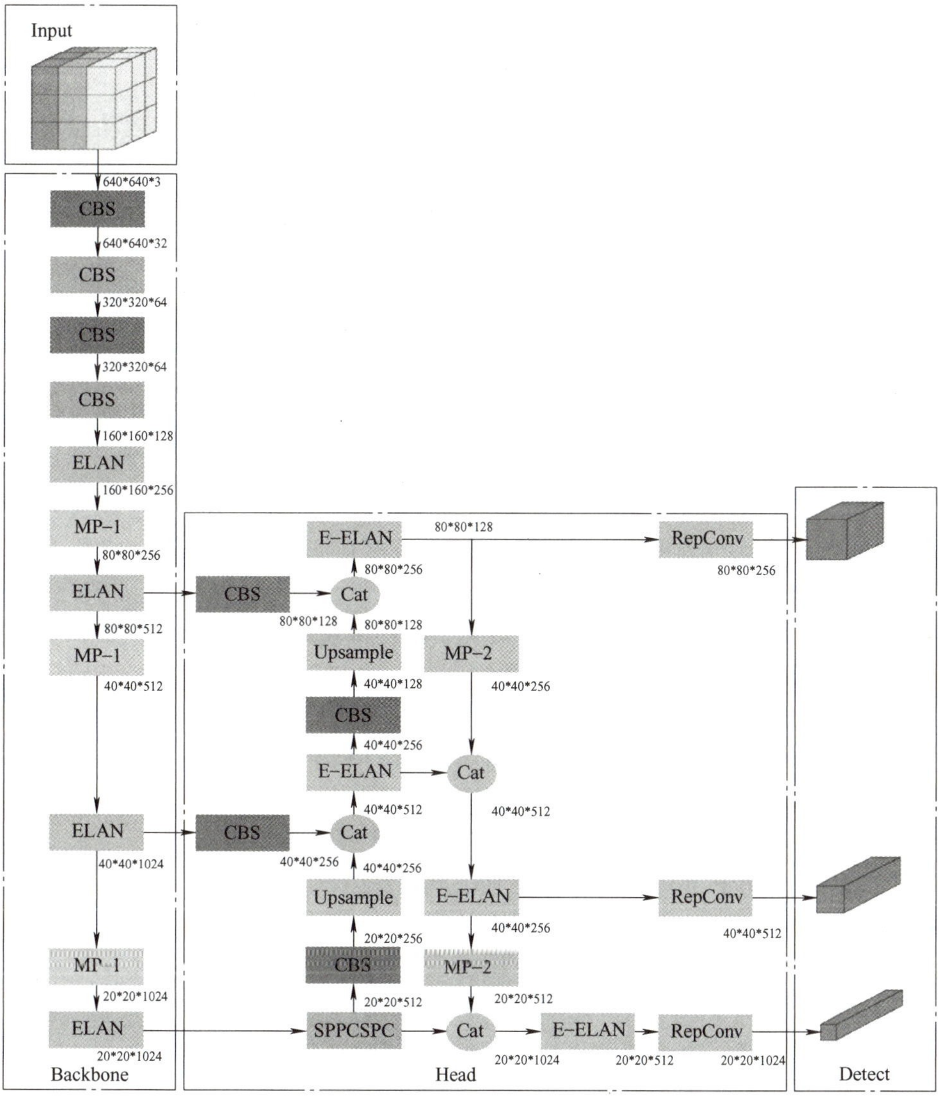

图 7-7　YOLO v7 整体结构图

（2）优缺点分析

优点：运行速度超过 YOLO，精度超过 Faster R-CNN（在一定条件下，对于稀疏场景的大目标而言）。

缺点：①需要人工设置默认框的初始尺度和长宽比的值，网络中默认框的基础大小和形状不能直接通过学习获得，而是需要手工设置；而网络中每一层特征使用的默认框大小和形状恰好都不一样，导致调试过程非常依赖经验；②对小尺寸的目标识别仍比较差，还达不到 Faster R–CNN 的水准，因为 SSD 使用 conv4_3 低级特征去检测小目标，而低级特征卷积层数少，存在特征提取不充分的问题。

7.4 障碍物识别理论

在机器人运行环境中，障碍物识别最重要的是确定环境是否是静态的，这样唯一移动的就是机器人。当该假设不正确时，移动物体可能在环境模型中被涂抹，并且可能发生假阳性和假阴性识别。碰撞也可能仅仅是因为没有正确预测移动障碍物的运动而发生。

7.4.1 障碍证据

通过现有证据可以推断出障碍物。

1）偏离期望。当可以对环境的性质做出强有力的假设时，仅仅偏离这些假设就可以成为障碍的可靠指标。例如，当可以假设环境平坦且水平时，那么在地板上方检测到的任何物质都可以发出障碍信号。对于所有形式的距离图像，可以预测预期的范围（或视差）图像或将范围数据转换为场景坐标。在任何一种情况下，都可以很容易地检测和定位与平面模型的偏差。

2）占用 / 存在。另一个有用的假设是空的环境。例如，当世界可以被视为二维并且传感器的返回信息只来自墙壁（而不是天花板和地板），在这种情况下，机器人和环境之间的任何预测重叠都被假定为体积交叉，即碰撞。当感知传感器具有较差的分辨能力时，这种方法很常见，如声呐和雷达。在这些情况下，通常使用二维和三维网格，并使用贝叶斯或相关技术在多个传感器读数上累积证据。

3）颜色 / 组成。有时，颜色和纹理可以是识别障碍的好方法。例如，高大的绿色物体（树叶）与高大的棕色物体（树干）有明显区别。在高尔夫球场，对割草机器人来说，一种较好的方法是将不是草的颜色的像素视为障碍物。更一般地，颜色和纹理可以在分类器中使用，该分类器被训练来区分好和坏的类。通过这种方式，可以管理更复杂的情况。

4）密度累积。像激光测距仪这样的传感器，将根据激光束的精确位置穿透或不穿透树叶。通过在三维网格中跟踪激光测距仪波束的停止和穿透的相对频率，可以估算（面积）密度（见图 7-8）。在给定累积时间的情况下，可以容易地估计薄障碍物的平均横截面。

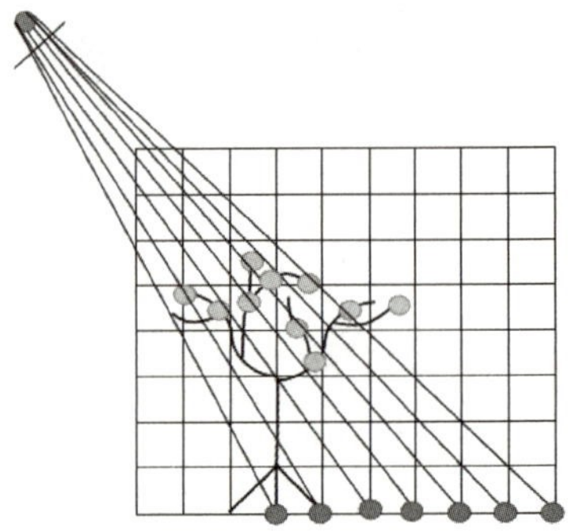

图 7-8　三维网格中跟踪激光测距仪波束

5）斜率。在某些情况下，斜率是兴趣区域的主要属性。虽然斜率是表面的点属性，但是可以通过将平面拟合到范围数据来估计它。可以在单元中累积大量的范围点，并且使用单元的散射矩阵来计算最佳拟合平面的斜率。一种方法是将平面拟合到数据中，其三维

平面的方程为

$$\frac{a}{d}x+\frac{b}{d}y+\frac{c}{d}z=1$$

式中，a、b 和 c 是平面的法向量的分量；d 是平面的偏移。通过最小二乘法可以求得这些参数，进而确定平面的斜率。

6）形状。障碍物的形状对车轮是否能够通过有较大的影响。图 7-9a 中的障碍物可看作斜坡，而图 7-9b 中的障碍物可以卡住轮子。

7）类。有时，对象在某种环境下归于某个（可能是参数化的）类，该信息就可以宣称它是一个障碍。例如，在森林环境中，地面上的水平圆柱几乎肯定是倒下的树木（见图 7-10），因为倒下的树木大多是圆形的。如果在森林中大量相邻扫描中发现这种形状，则可能是树。

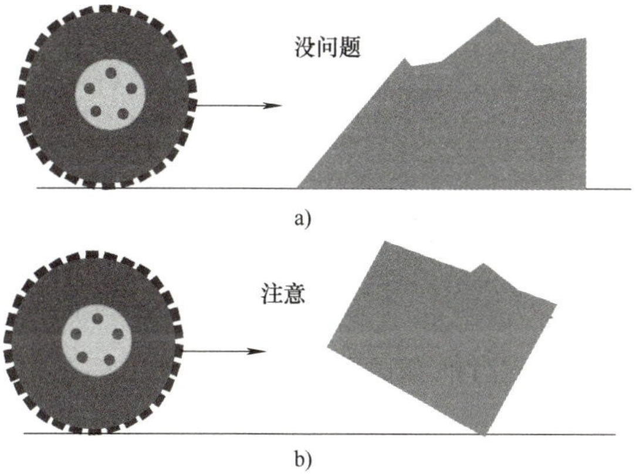

图 7-9　障碍物的形状对车轮影响

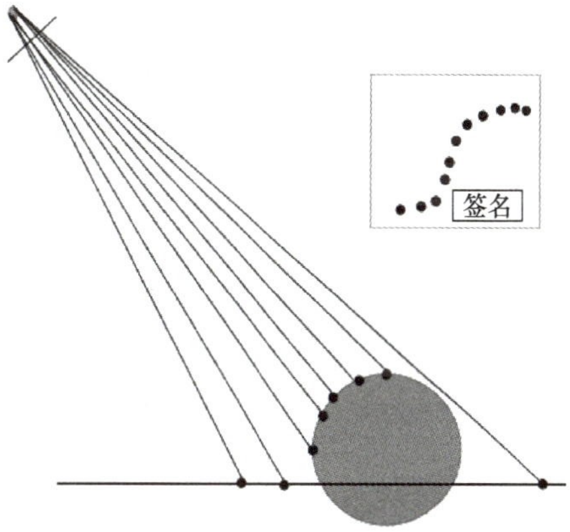

图 7-10　倒下树的识别

7.4.2　障碍物去遮挡方法

目前，常用的障碍物去遮挡方法主要采用语义分割技术。语义分割技术可以对图像中的每个像素进行语义级别的分类和标记，从而将图像中的障碍物准确地分割出来。目前，语义分割模型大多采用以下三种结构，如图 7-11 所示。

1）基于扩张卷积的结构（Dilation Convolutions Backbone）。扩张卷积（Dilated Convolution）也被称为膨胀卷积或空洞卷积，是一种在卷积神经网络中常用的操作。它通过引入一个称为“膨胀率”的参数来改变卷积核的采样方式，从而扩大卷积操作的感受野。在传统的卷积操作中，卷积核以固定的步幅（Stride）在输入特征图上滑动，并在每个位置上采样相邻的输入值。而扩张卷积则通过在卷积核的元素之间引入间隔（间隔大小由膨胀率决定），使得卷积核可以在更大的感受野范围内进行采样。

基于扩张卷积的语义分割网络往往利用扩张卷积来建立特征间的长距离连接，这有利于捕捉多尺度物体信息，同时消除了下采样操作，并对卷积滤波器进行上采样，以保留高分辨率的特征表示。这种结构在 DeepLab v3、CPNet、PSPNet 等语义分割网络中得到了广泛应用。但是，扩张卷积非常耗时，不适用于实时性的语义分割。

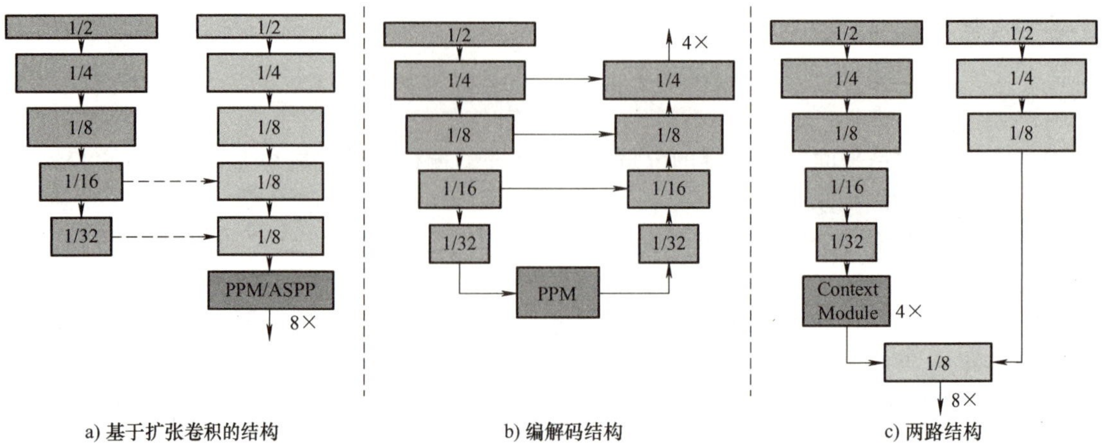

图 7-11　常用的三种语义分割模型

2）编解码结构（Encoder-decoder Backbone）。编解码结构通常由两个主要部分组成：编码器（Encoder）和解码器（Decoder）。编码器负责将输入数据转换为更高级别、更抽象的表示，同时减小数据的空间分辨率。它通过一系列的操作层 [如卷积层、池化层、循环神经网络（Recurrent Neural Network，RNN）等]，逐渐提取输入数据的特征和结构信息。解码器则负责将编码器输出的特征映射恢复到原始数据的尺寸，并生成任务相关的结果。解码器通常包含反卷积层（转置卷积层）、上采样层和全连接层等操作，以逐步恢复空间分辨率并生成所需的输出。

编解码结构在语义分割任务中，能够将低级别的特征图逐渐融合到高级别的输出特征图中，以提高网络的分辨率。然而，现存的编解码结构为了同时获取语义信息和空间信息，其网络层数较深，通道数也较大（如 U-Net、DeepLab v3+、RefineNet），导致多数网络实时性较差，且网络体量较大。由于在反复降采样过程中损失了一些信息，无法通过上采样完全恢复，从而影响了语义分割的准确性。

3）两路结构（Two-pathway Backbone）。通常由提取语义信息的分支和提供空间细节的分支组成。语义分支经过多次卷积，分辨率较小，网络层数较深，用以扩大感受野，提供语义信息；空间细节分支分辨率较高，网络层数较浅，用以提供编解码结构中会受损的空间信息（如 BiSeNet、BiSeNet v2、STDC）。然而，这种方法将两路分支产生的较小分辨率的特征图直接进行高倍上采样来预测图像，会损失低级别的空间信息，且会引入错误的语义信息。

1. 经典的语义分割网络介绍

这里介绍三种常见语义分割网络结构的代表性网络。

1）DeepLab v3。基于扩张卷积结构的代表性网络 DeepLab v3 于 2018 年由 Google 团队提出，在分割任务中取得了卓越的性能，其中一个重要的贡献是引入了金字塔池化模块，也称为空洞空间金字塔池化（Atrous Spatial Pyramid Pooling，ASPP）。ASPP 模块旨在解决语义分割任务中的多尺度信息捕捉问题。它通过并行的空洞卷积层来捕获不同尺度上的上下文信息，并将这些信息融合在一起。具体而言，ASPP 模块包括多个并行的空洞卷积分支，每个分支具有不同的采样率（或称为空洞率）。采用不同的空洞率可以改变卷积核在输入特征图上的感受野大小，从而捕获到不同尺度的上下文信息。通常，ASPP

模块包括具有不同空洞率的 3×3 卷积层和一个具有全局平均池化的 1×1 卷积层。这样，ASPP 模块可以同时捕捉到局部和全局的上下文信息。在 DeepLab v3 中，ASPP 模块利用并行的空洞卷积分支来提取多尺度特征，并通过串联这些分支的结果来获取最终的特征表示。这样，网络可以在不同尺度上获取丰富的语义信息，从而提高分割的准确性。DeepLab v3 在许多视觉任务中取得了显著的性能，并被广泛应用于图像分割、遥感图像分析等领域。

2）U-Net。编解码结构的代表性网络 U-Net 是一种经典的语义分割网络，在医学图像分割和自然图像分割中得到了广泛应用，特别适用于小样本和不平衡数据集的情况。U-Net 由一个编码器（下采样路径）和一个解码器（上采样路径）组成，两者之间有跳跃连接。编码器部分由连续的卷积层和池化层组成，主要负责从输入图像中提取特征并逐渐减小特征图的空间尺寸。这样可以捕捉到不同层次的语义信息。每个下采样步骤都会将特征图的通道数加倍，以增加网络的表达能力。解码器部分与编码器相对应，它通过上采样（反卷积）操作逐步恢复特征图的分辨率。在每个解码器步骤中，跳跃连接将编码器中对应层级的特征图与解码器的特征图进行连接。这样做的目的是将低级别的细节信息与高级别的语义信息相结合，以提高分割的准确性。跳跃连接还有助于解决语义分割任务中的信息丢失问题，并帮助网络更好地定位目标。在 U-Net 的最后一层，采用了一个与输入图像尺寸相匹配的卷积层，将特征图映射到与目标标签相同尺寸的特征图。最后，应用一个像素级别的分类器（通常是 1×1 卷积层）来生成每个像素的语义标签。U-Net 简单而有效的架构以及跳跃连接的设计，使得其成为许多后续语义分割网络的基础和参考。

3）BiSeNet v2。两路结构的代表性网络 BiSeNet v2 是一种用于语义分割任务的深度学习网络，是 BiSeNet 的改进版本。BiSeNet v2 旨在实现高效且准确的语义分割，特别适用于实时场景分析和计算资源受限的应用。BiSeNet v2 的总体结构包括细节分支（Detail Branch）、语义分支（Semantic Branch）和特征融合模块。细节分支用于提取空间细节信息；语义分支用于提取高级语义信息；特征融合模块用于融合细节分支和语义分支提取到的特征。BiSeNet v2 的设计旨在平衡精度和推理速度。细节分支具有较少的网络层数，但特征图尺寸较大，适用于提取空间细节信息；语义分支相对较深，特征图尺寸相对较小，具有较大的感受野，适用于提取高级语义信息。特征融合模块使用双边引导层（Bilateral Guided Layer）融合细节分支和语义分支提取到的特征。BiSeNet v2 在 Cityscapes、CamVid 和 COCO-Stuff 数据集上进行了实验，实验结果表明，BiSeNet v2 在保持高精度的同时，具有较快的推理速度。

2. 语义分割网络设计

BUNet（Bilateral U-shape Network）是一个轻量化的语义分割网络。BUNet 由 U 型细节分支（U-shape Detail Branch，UDB）和 U 型语义分支（U-shape Semantic Branch，USB）组成，并由简化注意力融合模块（Simplified Attention Fusion Module，SAFM）进行融合输出。与之前体量较大的模型中动辄数百层网络和大量通道不同（如 SegNet、DeepLab v3、DeepLab v3+），BUNet 使用了较少的网络层数和通道数，这对机器人的实时语义分割任务非常有利。

BUNet 的总体结构如图 7-12 所示，其中“DEBx”和“DDBx”分别代表 UDB 编码器和解码器阶段的不同模块。同样，“SEBx”和“SDBx”分别代表 USB 的不同模块。

“MSCD”是基于最大池化和可分离卷积的下采样模块。“Seg”表示分割头，由一个 3 × 3 卷积层和一个 1 × 1 卷积层组成。L1、L2 和 L3 表示多头损失策略的不同损失。“2 × up”表示使用双线性插值进行 2 倍上采样。

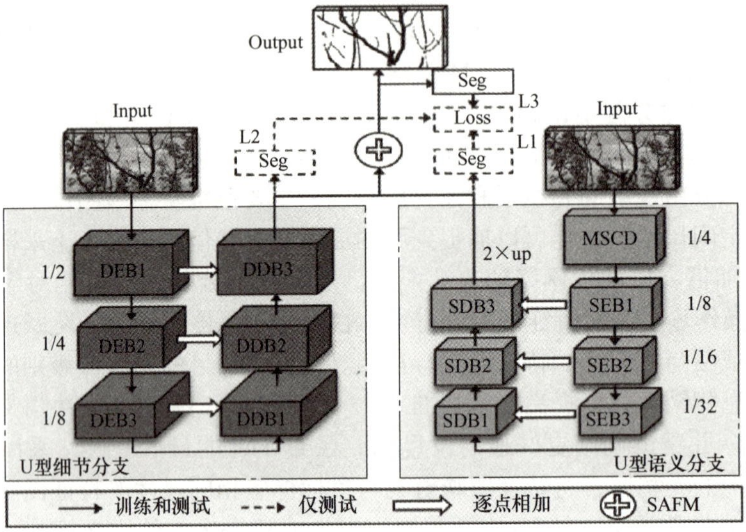

图 7-12　BUNet 的总体结构

表 7-1 展示了 UDB 和 USB 的详细信息。其中每个“操作”的内核大小为 k、步长为 s，且输出通道为 c，重复 r 次，能够产生不同大小的输出。“Conv2d”包括了卷积层、批量归一化和 ReLU 激活函数操作。GE1、GE2 和 GE3 表示扩展层的编码器和解码器的特定模块。

表 7-1　UDB 和 USB 的详细信息

阶段	U-shape Detail Branch							U-shape Semantic Branch						
	模块	操作	k	c	s	r	尺寸	模块	操作	k	c	s	r	尺寸
编码	—	—	—	—	—	—	—	MSCD		3	8	4	1	256 × 128
	DEB1	Conv	3	32	2	1	512 × 256	SEB1	GE2	3	16	2	1	128 × 64
		Conv	3	32	1	1	512 × 256		GE1	3	16	1	1	128 × 64
	DEB2	Conv	3	64	2	1	256 × 128	SEB2	GE2	3	32	2	1	64 × 32
		Conv	3	64	1	1	256 × 128		GE1	3	32	1	1	64 × 32
	DEB3	Conv	3	128	2	1	128 × 64	SEB3	GE2	3	64	2	1	32 × 16
		Conv	3	128	1	1	128 × 64		GE1		64	1	3	32 × 16
解码	DDB1	Conv		128	1	1	128 × 64	SDB1	GE3	3	32	—	1	32 × 16
		—	—	—	—	—	—		2 × up		32	—	1	64 × 32
	DDB2	Conv	3	64	1	1	128 × 64	SDB2	GE3	3	16	—	1	64 × 32
		2 × up		64		1	256 × 128		2 × up		16	—	1	128 × 64
	DDB3	Conv	3	32	1	1	256 × 128	SDB3	GE3	3	8	—	1	128 × 64
		2 × up		32		1	512 × 256		2 × up		8	—	1	256 × 128

对于卷积神经网络来说，浅层的网络只能提取较为基础的特征信息，如边缘和颜色等，深层的卷积层才可以提取更复杂的信息（如形状和模式）。因此，UDB 是一个网络层数较浅但通道数较多的结构，旨在提取多样化的特征类型和更丰富的低级别空间信息。USB 则是一个通道数少但网络层数较深的结构，用来提取高级别的语义信息。此外，在 USB 中，还构建了基于聚合 – 扩展层（GE，Gather–Expansion Layer）的轻量级编码器 – 解码器结构，以减少参数，同时不会丢失过多的特征信息。在特征融合模块方面，提出了简化注意力融合模块，可以有效融合精细的空间信息和准确的语义信息，从而获得最终的预测图。

7.5　目标识别实践

本节主要讲述 YOLO 算法的原理，特别是算法在训练与预测中的详细细节。以水果识别为例，将给出如何使用 PyTorch 实现 YOLO v7 算法。

7.5.1　水果目标识别实践

1. 滑动窗口与 CNN

在介绍 YOLO 算法之前，首先介绍一下滑动窗口技术。为了直观显示，我们以苹果检测为示例（注：算法可应用于其他物体检测）。采用滑动窗口的目标检测算法思路非常简单，它将检测问题转换为图像分类问题。其基本原理是采用不同大小和比例（宽高比）的窗口在整张图片上以一定的步长进行滑动，然后对这些窗口对应的区域做图像分类，以实现对整张图片的检测，如图 7-13 所示。

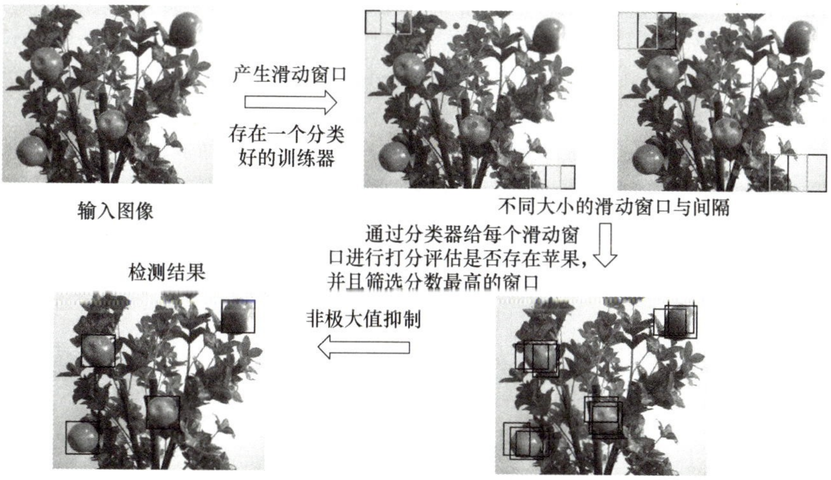

图 7-13　采用滑动窗口进行目标检测

但是这个方法有致命的缺点，就是并不知道要检测的目标大小是什么规模，所以要设置不同大小和比例的窗口去滑动，而且还要选取合适的步长。这会产生很多的子区域，并且都要经过分类器去做预测，这就需要很大的计算量。为了保证速度，分类器不能太复杂。解决的思路之一是减少要分类的子区域，这就是 R-CNN 的一个改进策略，其采用选择性检索方法来找到最有可能包含目标的子区域（候选框），其实可以看成采用了启发式方法过滤掉很多子区域，从而提升效率。

如果使用的是 CNN 分类器，那么滑动窗口是非常耗时的。但是结合卷积运算的特点，可以使用 CNN 实现更高效的滑动窗口方法。这里介绍一种全卷积的方法，简单来说，就是网络中用卷积层代替了全连接层，如图 7-14 所示。输入图片大小是 16×16，经过一系列卷积操作，提取了 2×2 的特征图，但是这个 2×2 的图上每个元素都和原图一一对应，如图上深色的格子对应深色的区域，这就相当于在原图上做大小为 14×14 的窗口滑动，且步长为 2，共产生 4 个子区域。最终输出的通道数为 4，可以看作是 4 个类别的预测概率值，这样一次 CNN 计算就可以实现窗口滑动所有子区域的分类预测。这其实是 Overfeat 算法的思路。CNN 可以实现这样的效果是因为卷积操作的特性，即图片的空间位置信息的不变性，尽管卷积过程中图片大小减少，但是位置对应关系还是保存的。

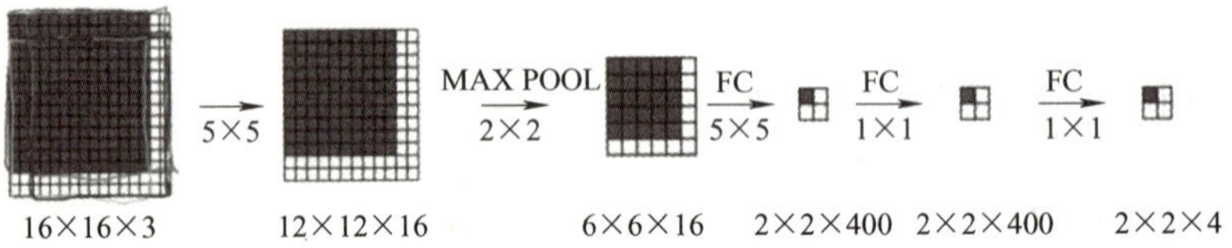

图 7-14　滑动窗口的 CNN 实现

上面尽管可以减少滑动窗口的计算量，但是只针对一个固定大小与步长的窗口，这是远远不够的。YOLO 算法很好地解决了这个问题，它不再是窗口滑动，而是直接将原始图片分割成互不重合的小方块，并通过卷积生成同样大小的特征图。基于上面的分析，可以认为特征图的每个元素对应原始图片的一个小方块，然后用每个元素预测那些中心点在该小方格内的目标，这就是 YOLO 算法的基本思想。下面将详细介绍 YOLO 算法的设计理念。

2. 设计理念

整体来看，YOLO 算法采用一个单独的 CNN 模型实现端到端的目标检测，检测系统如图 7-15 所示。首先将输入图片缩放到 448×448，然后送入 CNN，最后处理网络预测结果得到检测的目标。相比 R-CNN 算法，YOLO 是一个统一的框架，其速度更快，而且 YOLO 的训练过程也是端到端的。

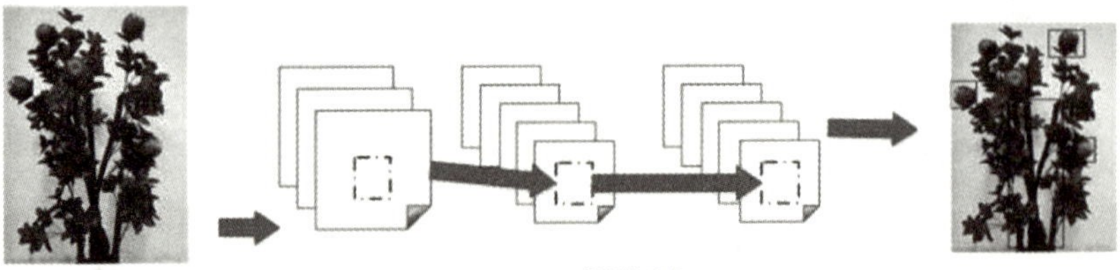

Resize Image(缩放图片)
Run Convolutional Network(运行卷积网络)
Non Max Suppression(非极大值抑制)

图 7-15　YOLO 检测系统

具体来说，YOLO 的 CNN 将输入的图片分割成 S×S 网格，然后每个单元格负责检测那些中心点落在该格子内的目标，如图 7-16 所示，可以看到，狗这个目标的中心落在左下角一个单元格内，那么该单元格负责预测这个狗。每个单元格会预测 B 个边界框（Bounding Box）以及边界框的置信度（Confidence）。所谓置信度其实包含两个方面：一是这个边界框含有目标的可能性；二是这个边界框的准确度。前者记为 Pr（object），当该边界框是背景时（即不包含目标），Pr（object）=0；而当该边界框包含目标时，Pr（object）=1。边界框的准确度可以用预测框与实际框的 IOU（Intersection Over Union，交并比）来表征，记为 $\mathrm{IOU}_{\mathrm{pred}}^{\mathrm{truth}}$。因此置信度可以定义为 $\Pr(\mathrm{object})\times\mathrm{IOU}_{\mathrm{pred}}^{\mathrm{truth}}$。很多人可能将 YOLO 的置信度看成边界框是否含有目标的概率，但实际上它是两个因子的乘积，预测框的准确度也反映在里面。

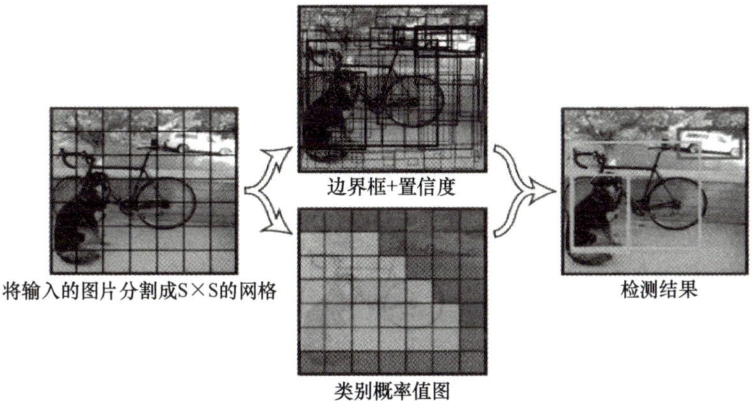

图 7-16　模型预测值结构

边界框的大小与位置可以用 4 个值来表征（x，y，w，h），其中（x，y）是边界框的中心坐标，而 w 和 h 是边界框的宽与高。还有一点要注意，中心坐标的预测值（x，y）是相对于每个单元格左上角坐标点的偏移值，并且单位是相对于单元格大小的。而边界框的 w 和 h 预测值是相对于整个图片的宽与高的比例，理论上 4 个元素的大小应该在 [0，1] 范围。这样，每个边界框的预测值实际上包含 5 个元素（x，y，w，h，c），其中前 4 个表征边界框的大小与位置，而最后一个值是置信度。

关于分类问题，对于每一个单元格还要给出预测的 C 个类别概率值，其表征的是由该单元格负责预测的边界框的目标属于各个类别的概率。这些概率值其实是在各个边界框置信度下的条件概率，即 $\Pr(\mathrm{class}_i\,|\,\mathrm{object})$。值得注意的是，不管一个单元格预测多少个边界框，其只预测一组类别概率值，这是 YOLO 算法的一个缺点，在后来的改进版本中，YOLO 9000 把类别概率预测值与边界框绑定在一起了。同时，可以计算出各个边界框的类别置信度：$\Pr(\mathrm{class}_i\,|\,\mathrm{object})\times\Pr(\mathrm{object})\times\mathrm{IOU}_{\mathrm{pred}}^{\mathrm{truth}}=\Pr(\mathrm{class}_i)\times\mathrm{IOU}_{\mathrm{pred}}^{\mathrm{truth}}$。边界框类别置信度表征的是该边界框中目标属于各个类别的可能性大小以及边界框匹配目标的好坏。

总结一下，每个单元格需要预测 $B\times5+C$ 个值。如果将输入图片划分为 $S\times S$ 的网格，那么最终预测值为 $S\times S\times$（$B\times5+C$）大小的张量。整个模型的预测值结构如图 7-16 所示。对于 PASCAL VOC 数据，其共有 20 个类别，如果使用 S=7，B=2，那么最终的预测结果就是 7 × 7 × 30 大小的张量。

7.5.2 识别环境构建实践

1. 数据集制作

码 7-2【视频讲解】目标识别

1）用 Realsense 摄像机在实验室拍摄不同角度、不同时间段的苹果照片，共计 500 张。

2）创建 LabelMe 环境。

打开终端执行：conda create-n labelme python=3.7。

3）激活 LabelMe 环境，下载相关依赖包，如 pyqt 软件包（终端执行命令：conda install pyqt）。

下载并安装 LabelMe，终端执行命令：pip install labelme-i https://pypi.tuna.tsinghua.edu.cn/simple。

4）进入 LabelMe，对数据集照片进行标注，标注效果如图 7-17 所示。标注过程将生成 .json 文件，用于描述图像及图中目标物体属性（如图像名称、图像大小、目标物体类别和编号、坐标信息等）。标注过程的文件目录结构如图 7-17 所示。

图 7-17 标注过程

2. 模型训练

本节在 YOLO v7 源码的基础上实现模型训练，读者可以自行通过 YOLO v7 官网进行源码下载，基于源码进行改进。此处将展示使用 YOLO v7 训练自己的数据集，具体实现包括以下步骤。

1）安装相应软件包。根据工程的安装说明，新建虚拟环境，并激活虚拟环境，安装 requirements 目录下的依赖库。终端执行命令：pip install-r requirements.txt-i https://pypi.

tuna.tsinghua.edu.cn/simple。

2）使用本文提供的 YOLO v7 目录下的 Toyolo.py 文件，如图 7-18 所示，将 .json 文件转换为 .txt 文件。依据照片格式，根据自定义的图像数据格式将代码改为 .jpg 格式转换或者 .png 格式转换。

```
# 构建json图片文件的全路径名
imagePath = labelme_path + '/' + json_file_ + ".png"
# 构建Yolo图片文件的全路径名
yolo_image_file_path = yolo_images_dir + json_file_ + ".png"
```

图 7-18 文件格式转换

右击“Toyolo.py”（本书配套提供的脚本文件），单击修改运行配置，填写要转换的照片及 .json 文件的路径和输出的文件路径，可根据自定义路径进行灵活设置。

数据集转换之后得到的文件目录结构如图 7-19 所示。

由于这是参考 YOLO v5 转换的数据格式，需要将其转换为 YOLO v7 的训练格式，可手动改变文件格式，调整后的文件目录结构如图 7-20 所示。

```
test
    images
    labels
train
    images
    labels
    labels.cache
valid
    images
    labels
data.yaml
```

图 7-19 数据集转换之后的文件目录结构

```
VOCdevkit
    images
        train
        val
    labels
        train
        val
```

图 7-20 调整后的文件目录结构

进入 voc.yaml 文件，修改 train 和 val 为正确路径，将 nc 改为 1，并将 names 改为 apple，如图 7-21 所示。

```
train: /home/robot/pytorch-yolov7-main/VOCdevkit/images/train  # 118287 images
val: /home/robot/pytorch-yolov7-main/VOCdevkit/images/val  # 5000 images
# number of classes
nc: 1
names: ['apple']
```

图 7-21 对配置文件进行修改

进入 yolov7.yaml 文件，将参数改为 1，如图 7-22 所示。

```
# parameters
nc: 1  # number of classes
depth_multiple: 1.0  # model depth multiple
width_multiple: 1.0  # layer channel multiple
```

图 7-22 修改配置参数

进入 train.py 文件，修改 weights 路径，添加 yolov7.yaml 文件路径，根据需求设置迭代次数，根据照片大小设置 image sizes，如图 7-23 所示。

```
if __name__ == '__main__':
    parser = argparse.ArgumentParser()
    parser.add_argument('--weights', type=str, default=r'mypath/yolov7.pt', help='initial weights path')
    parser.add_argument('--cfg', type=str, default='mypath/cfg/deploy/yolov7.yaml', help='model.yaml path')
    parser.add_argument('--data', type=str, default='data/voc.yaml', help='data.yaml path')
    parser.add_argument('--hyp', type=str, default='data/hyp.scratch.p5.yaml', help='hyperparameters path')
    parser.add_argument('--epochs', type=int, default=300)
    parser.add_argument('--batch-size', type=int, default=8, help='total batch size for all GPUs')
    parser.add_argument('--img-size', nargs='+', type=int, default=[640, 480], help='[train, test] image sizes')
    parser.add_argument('--rect', action='store_true', help='rectangular training')
    parser.add_argument('--resume', nargs='?', const=True, default=False, help='resume most recent training')
    parser.add_argument('--nosave', action='store_true', help='only save final checkpoint')
```

图 7-23　修改设置参数

运行 train.py，得到训练结果，结果保存在 exp 文件。

3. 模型测试和目标检测

进入 detect.py 文件，添加预训练模型路径，添加需要识别的图像的路径，如果 default 为 0，则代表运用电脑摄像头动态识别，如图 7-24 所示。


```
if __name__ == '__main__':
    parser = argparse.ArgumentParser()
    parser.add_argument('--weights', nargs='+', type=str, default='mypath/best.pt', help='model.pt path(s)')
    parser.add_argument('--source', type=str, default='mypath/apple_detect', help='source')  # file/folder, 0 fi
    parser.add_argument('--img-size', type=int, default=640, help='inference size (pixels)')
    parser.add_argument('--conf-thres', type=float, default=0.6, help='object confidence threshold')
    parser.add_argument('--iou-thres', type=float, default=0.45, help='IOU threshold for NMS')
    parser.add_argument('--device', default='', help='cuda device, i.e. 0 or 0,1,2,3 or cpu')
    parser.add_argument('--view-img', action='store_true', help='display results')
    parser.add_argument('--save-txt', action='store_true', help='save results to *.txt')
    parser.add_argument('--save-conf', action='store_true', help='save confidences in --save-txt labels')
    parser.add_argument('--nosave', action='store_true', help='do not save images/videos')
    parser.add_argument('--classes', nargs='+', type=int, help='filter by class: --class 0, or --class 0 2 3')
    parser.add_argument('--agnostic-nms', action='store_true', help='class-agnostic NMS')
    parser.add_argument('--augment', action='store_true', help='augmented inference')
    parser.add_argument('--update', action='store_true', help='update all models')
    parser.add_argument('--project', default='runs/detect', help='save results to project/name')
    parser.add_argument('--name', default='exp', help='save results to project/name')
    parser.add_argument('--exist-ok', action='store_true', help='existing project/name ok, do not increment')
    parser.add_argument('--no-trace', action='store_true', help='don`t trace model')
    opt = parser.parse_args()
    print(opt)
```

图 7-24　设置运行参数示意

运行 detect.py 文件，可成功识别文件夹中的图像目标，识别结果如图 7-25 所示。

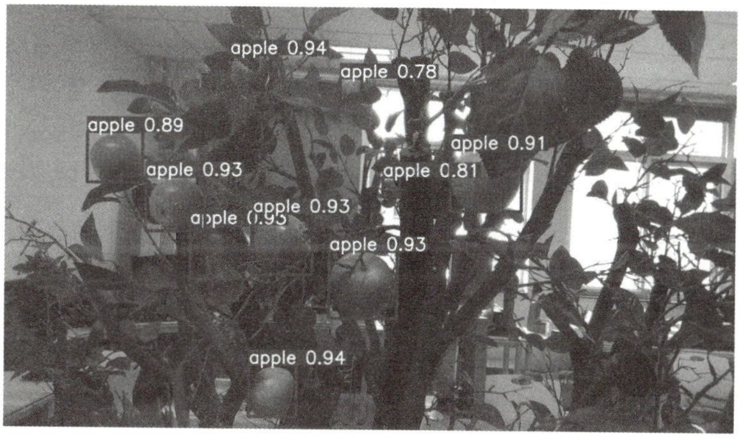

图 7-25　识别结果

本节以 Realsense 输入的视频流为例，实现实时的目标检测，首先进行 Realsense 的安装，安装方法和步骤扫码 7-3 可得。

编写代码将 Realsense 的应用接口与 detect.py 脚本的输入端连接，通过 Realsense 实时获取视频流。视频流由多帧图像组成，YOLO v7 模型可实现每秒检测 30 帧以上的图像，因此将 Realsense 摄像机的 FPS 设置为 30，以满足实际应用。生成的脚本文件命名为 detect_rs.py，完整代码扫码 7-4 可得。

码 7-3【说明】安装方法与步骤

4. 目标物体三维位置识别

结合实际的苹果采摘应用，完成苹果识别之后，需要对其位置信息进行计算。根据锚定框识别的结果，得到苹果在二维图像中的位置信息，进而得到苹果在摄像机坐标系下的信息。根据摄像机内参数，得到苹果相对于摄像机原点在世界坐标系下的空间位置信息。最后结合 RGB-D 摄像机（Realsense）得出苹果的深度信息，由此获取苹果在三维空间中的位置。

码 7-4【程序代码】脚本文件代码

7.5.3　水果识别参数级训练

本节将基于前述内容重点介绍自主进行目标识别实践的方法和步骤，结合神经网络结构和源码内容进行介绍，主要介绍源码参数调整及设置，网络结构自主设计方法。本文识别方法集成于“轮式仿人机器人仿真软件”，仿真软件界面如图 7-26 所示。该软件将实验室轮式仿人机器人相关功能进行集成，包含五大模块：机器人舵机信息、机器人仿真系统、机器人控制系统、机器人感知系统和自定义算法编程。通过该软件的机器人感知系统，可以将前期部署的目标识别算法和环境重建算法成功执行，通过界面操作形式更加友好地与人交互。以下将介绍目标识别的界面操作流程。

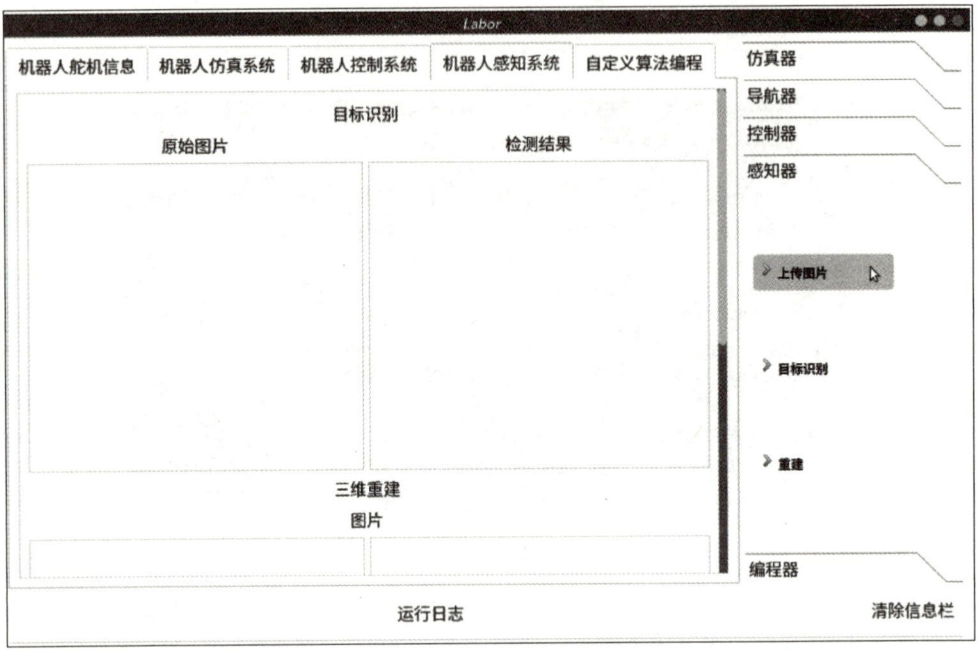

图 7-26　轮式仿人机器人仿真软件界面

首先需要选择“机器人感知系统”，此模块包括目标识别和三维重建，在进行目标识别仿真实验时，需要先上传图片，单击“上传图片”，将需要进行识别的图片上传，上传结果如图 7-27 所示。

图 7-27　仿真软件显示上传的待识别图片

上传后对其进行识别，单击“目标识别”，将在上传图像的右侧显示出识别结果，如图 7-28 所示。

图 7-28　使用仿真软件进行图片识别的结果

7.5.4　水果识别编程级训练

仿真软件进行目标识别实验时具有及时、便捷且友好的性能，但是对于源码内部和底层结构，我们需要对目标识别算法进行编程级实践，以进一步了解其算法构成。本节将根据算法框架和源码构成介绍算法理论与源码的对应关系，以及如何自主设计和修改算法。

1. 算法理论与源码对应关系

回顾前述介绍的 YOLO v7 整体算法框架（见图 7-7），结合源码部分对图 7-7 核心组成模块（ELAN、E–ELAN、MP、SPPCSPC 和 RepConv）进行介绍。

1）ELAN。ELAN 模块的结构示意图和与之对应的 Python 源码的卷积配置如图 7-29 所示。

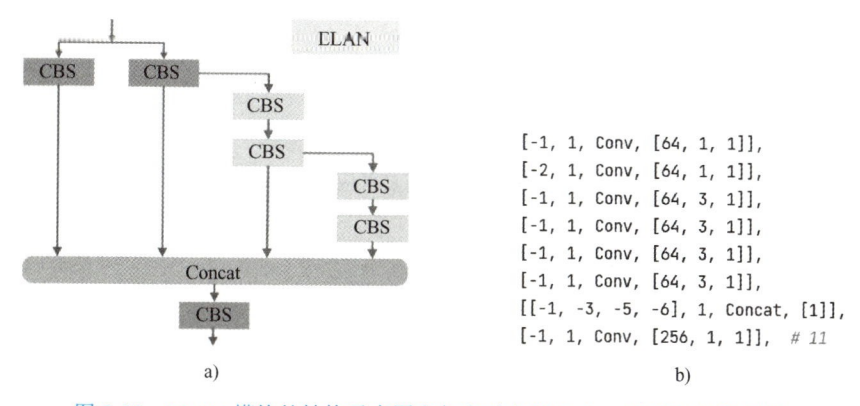

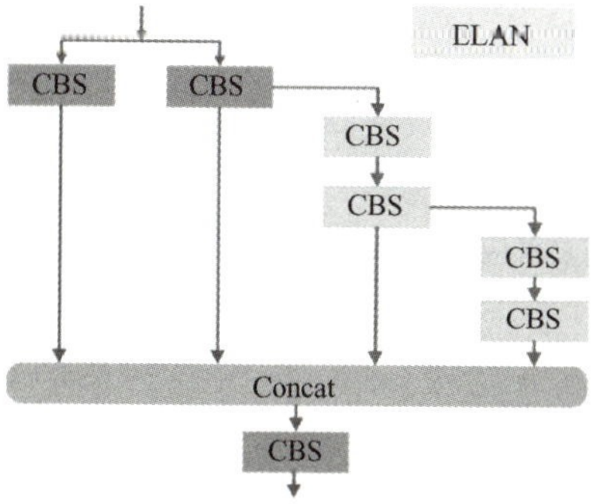

a)

```
[-1, 1, Conv, [64, 1, 1]],
[-2, 1, Conv, [64, 1, 1]],
[-1, 1, Conv, [64, 3, 1]],
[-1, 1, Conv, [64, 3, 1]],
[-1, 1, Conv, [64, 3, 1]],
[-1, 1, Conv, [64, 3, 1]],
[[-1, -3, -5, -6], 1, Concat, [1]],
[-1, 1, Conv, [256, 1, 1]],  # 11
```

b)

图 7-29　ELAN 模块的结构示意图和与之对应的 Python 源码的卷积配置

2）E-ELAN。图 7-30a 所示为模块结构示意图，图 7-30b 为模块对应的 Python 源码的卷积配置。

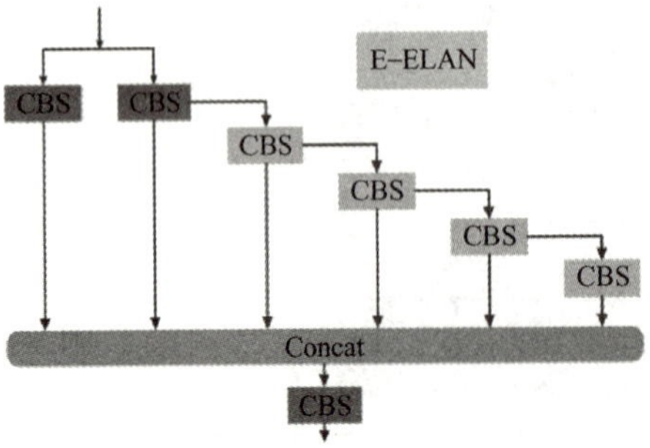

a)

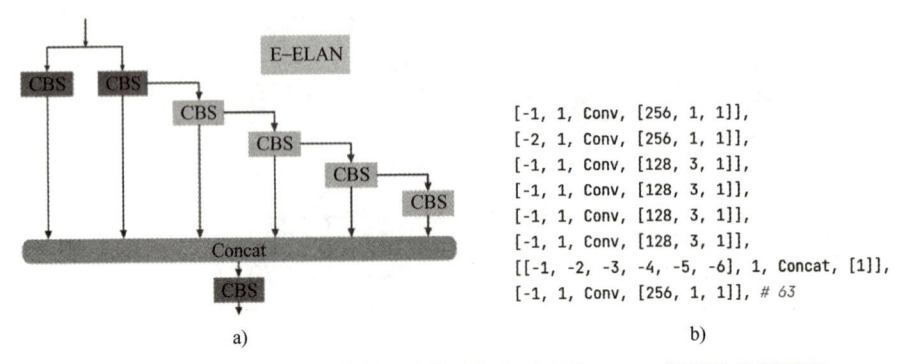

```
[-1, 1, Conv, [256, 1, 1]],
[-2, 1, Conv, [256, 1, 1]],
[-1, 1, Conv, [128, 3, 1]],
[-1, 1, Conv, [128, 3, 1]],
[-1, 1, Conv, [128, 3, 1]],
[-1, 1, Conv, [128, 3, 1]],
[[-1, -2, -3, -4, -5, -6], 1, Concat, [1]],
[-1, 1, Conv, [256, 1, 1]], # 63
```

b)

图 7-30　E-ELAN 模块的结构示意图和与之对应的 Python 源码的卷积配置

3）MP。图 7-31a 和图 7-32a 所示为 MP-1 和 MP-2 模块的结构示意图，图 7-31b 和图 7-32b 所示为 MP-1 和 MP-2 模块对应的 Python 源码的卷积配置。

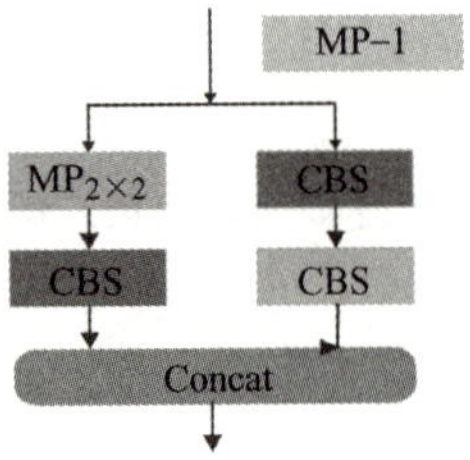

a)

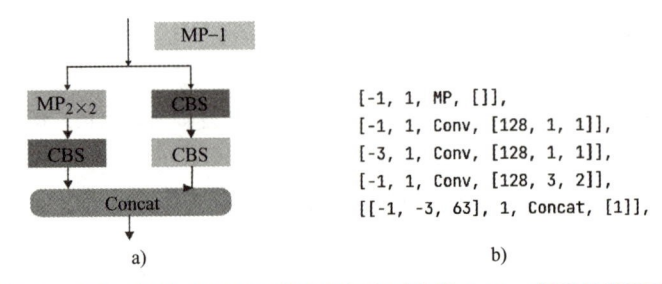

```
[-1, 1, MP, []],
[-1, 1, Conv, [128, 1, 1]],
[-3, 1, Conv, [128, 1, 1]],
[-1, 1, Conv, [128, 3, 2]],
[[-1, -3, 63], 1, Concat, [1]],
```

b)

图 7-31　MP-1 模块的结构示意图和与之对应的 Python 源码的卷积配置

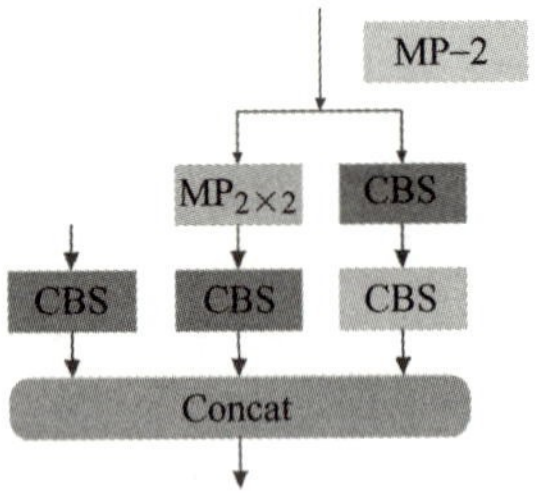

a)

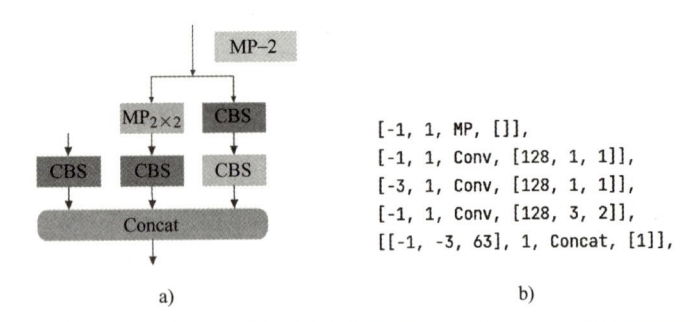

```
[-1, 1, MP, []],
[-1, 1, Conv, [128, 1, 1]],
[-3, 1, Conv, [128, 1, 1]],
[-1, 1, Conv, [128, 3, 2]],
[[-1, -3, 63], 1, Concat, [1]],
```

b)

图 7-32　MP-2 模块的结构示意图和与之对应的 Python 源码的卷积配置

4）RepConv。图 7-33a 所示为模块的结构示意图，图 7-33b 为模块对应的 Python 源码。

5）SPPCSPC。图 7-34a 所示为模块的结构示意图，图 7-34b 为模块对应的 Python 源码。

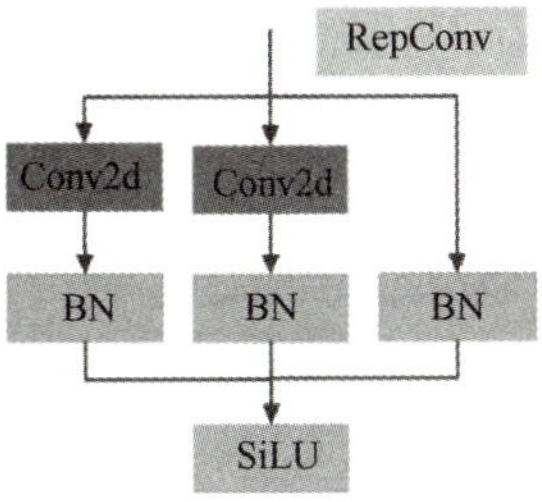

a)

```python
def forward(self, inputs):
    if hasattr(self, 'rbr_reparam'):
        return self.nonlinearity(self.se(self.rbr_reparam(inputs)))

    if self.rbr_identity is None:
        id_out = 0
    else:
        id_out = self.rbr_identity(inputs)
```

b)

图 7-33　RepConv 模块的结构示意图和与之对应的 Python 源码

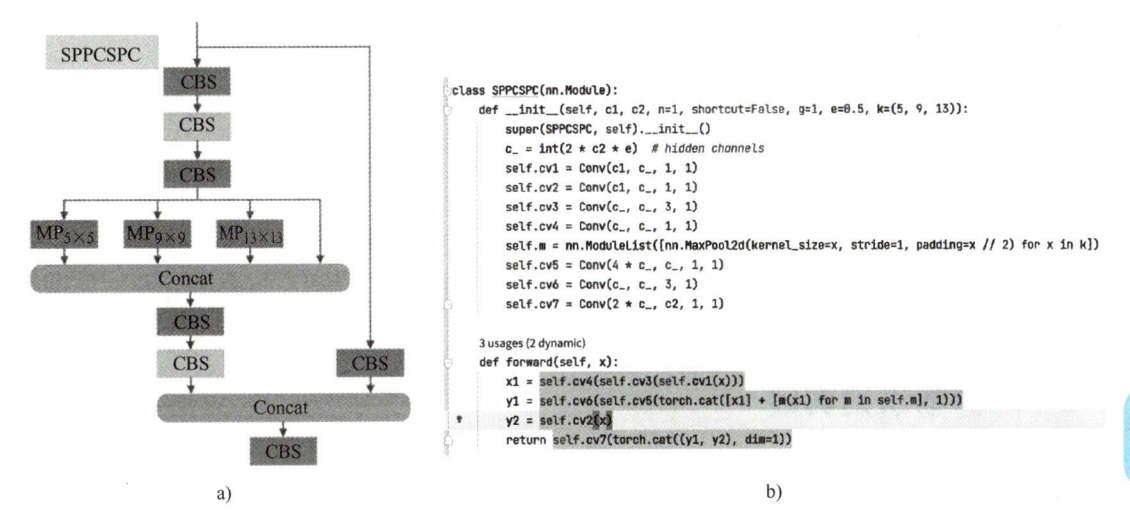

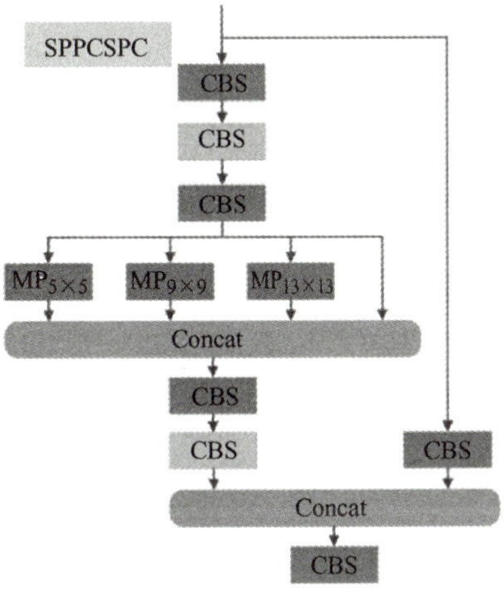

a)

```python
class SPPCSPC(nn.Module):
    def __init__(self, c1, c2, n=1, shortcut=False, g=1, e=0.5, k=(5, 9, 13)):
        super(SPPCSPC, self).__init__()
        c_ = int(2 * c2 * e)  # hidden channels
        self.cv1 = Conv(c1, c_, 1, 1)
        self.cv2 = Conv(c1, c_, 1, 1)
        self.cv3 = Conv(c_, c_, 3, 1)
        self.cv4 = Conv(c_, c_, 1, 1)
        self.m = nn.ModuleList([nn.MaxPool2d(kernel_size=x, stride=1, padding=x // 2) for x in k])
        self.cv5 = Conv(4 * c_, c_, 1, 1)
        self.cv6 = Conv(c_, c_, 3, 1)
        self.cv7 = Conv(2 * c_, c2, 1, 1)

    3 usages (2 dynamic)
    def forward(self, x):
        x1 = self.cv4(self.cv3(self.cv1(x)))
        y1 = self.cv6(self.cv5(torch.cat([x1] + [m(x1) for m in self.m], 1)))
        y2 = self.cv2(x)
        return self.cv7(torch.cat((y1, y2), dim=1))
```

b)

图 7-34　SPPCSPC 模块的结构示意图和与之对应的 Python 源码

2. 自主设计算法模块示例

此处将展示如何自主设计算法模块，以 ELAN 和 E-ELAN 模块改进为例，对两个模块进行轻量化改进，使整个网络计算量更小，分别命名为 Sim-ELAN 和 Sim-E-ELAN。此处仅仅给出模块自主改进示例，具体的性能提升需要进一步实验验证，需对比 Map 等指标。

首先对 ELAN 进行改进，ELAN 原始结构如图 7-29a 所示，改进后的 Sim-ELAN 结构如图 7-35a 所示，图 7-35b 为 Sim-ELAN 对应的 Python 源码的卷积配置。

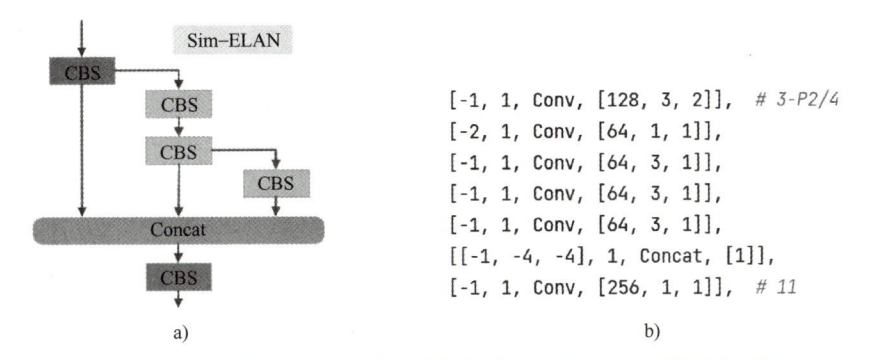

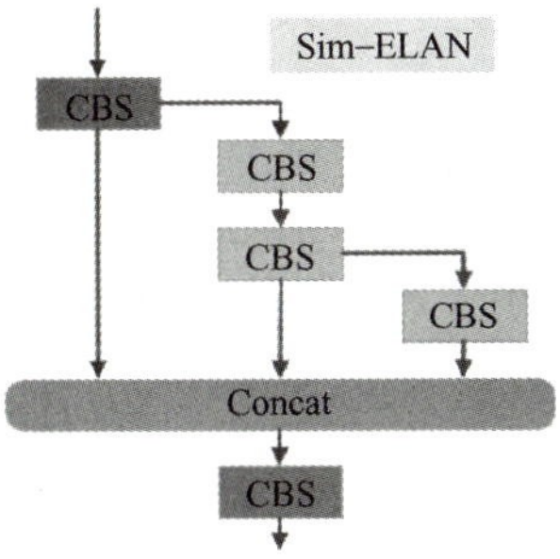

a)

```
[-1, 1, Conv, [128, 3, 2]],  # 3-P2/4
[-2, 1, Conv, [64, 1, 1]],
[-1, 1, Conv, [64, 3, 1]],
[-1, 1, Conv, [64, 3, 1]],
[-1, 1, Conv, [64, 3, 1]],
[[-1, -4, -4], 1, Concat, [1]],
[-1, 1, Conv, [256, 1, 1]],  # 11
```

b)

图 7-35　改进后的 Sim-ELAN 结构图和与之对应的 Python 源码的卷积配置

其次对 E-ELAN 进行改进，E-ELAN 原始结构如图 7-30a 所示，改进后的 Sim-E-ELAN 结构如图 7-36a 所示，图 7-36b 为 Sim-E-ELAN 对应的 Python 源码配置展示。

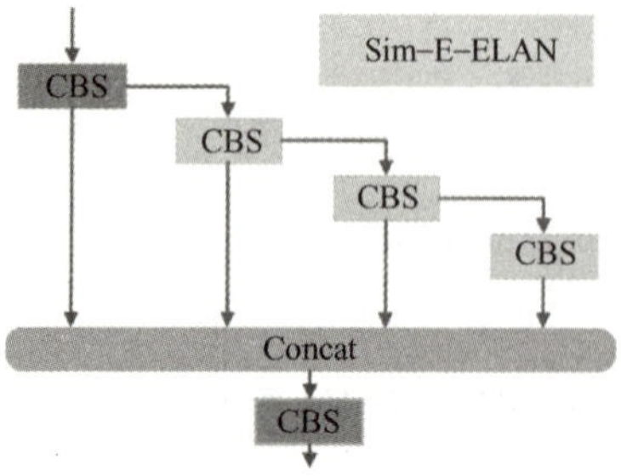

a)

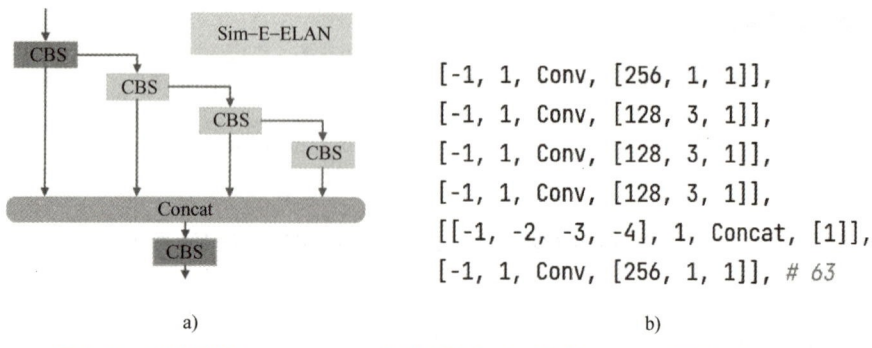

```
[-1, 1, Conv, [256, 1, 1]],
[-1, 1, Conv, [128, 3, 1]],
[-1, 1, Conv, [128, 3, 1]],
[-1, 1, Conv, [128, 3, 1]],
[[-1, -2, -3, -4], 1, Concat, [1]],
[-1, 1, Conv, [256, 1, 1]], # 63
```

b)

图 7-36　改进后的 Sim-E-ELAN 结构图和与之对应的 Python 源码的卷积配置

本节介绍的网络自主化设计部分仅仅是对网络的模型参数和计算量进行了调整，在实际应用中还可以结合其他改进策略（如注意力机制、深度可分离卷积、残差连接等手段）对神经网络进行相关性能提升的实验验证。本节展示了如何根据网络结构进行代码实践的过程，其他模块（MP、SPPCSPC 和 RepConv）的设计和改进可以参照本节的 Sim-ELAN 和 Sim-E-ELAN 实现方法进行相关实践。

7.6　障碍物识别实践

根据 7.4.2 节中的障碍物去遮挡方法，本节将以语义分割检测果树枝干为例，从数据集构建、模型选择与搭建、模型训练及模型预测等方面详细介绍不规则障碍物的识别，具体实践流程扫码 7-5 可得。

码 7-5【视频讲解】语义分割

7.6.1　构建枝干语义分割数据集实践

在中国陕西省北部的苹果园共采集了 1443 幅图像，分辨率为 1280 × 720，并保存为 JPEG 格式。数据集中的 1154 张图像用作训练集，其余 289 张用作测试集。图像拍摄时间为 2022 年 4 月至 6 月，上午 9:00 至下午 6:00。为了更好地贴近实际采摘场景，对 200 多棵苹果树进行了随机角度拍摄，每棵树拍摄不超过 5 张图片。为了更好地适应采摘机器人的工作范围，拍摄距离保持在 0.5 ～ 1.5m 之间。苹果树高在 2 ～ 2.5m 之间，行距约为 4m，果园总体环境如图 7-37 所示。

图 7-37　拍摄苹果树枝干数据集的果园总体环境

在实际果园场景中，采摘机器人必须面对光照变化和采摘角度变化等复杂情况，因此，分别在晴天和阴天的不同时刻采集数据。摄像机的拍摄方向随机，包括但不限于阳光直射、背光和侧光（见图 7-38a、b、c）。摄像机的角度也不同，可模拟各种采摘角度，包括水平采摘、向上采摘和侧面采摘（见图 7-38d、e、f）。

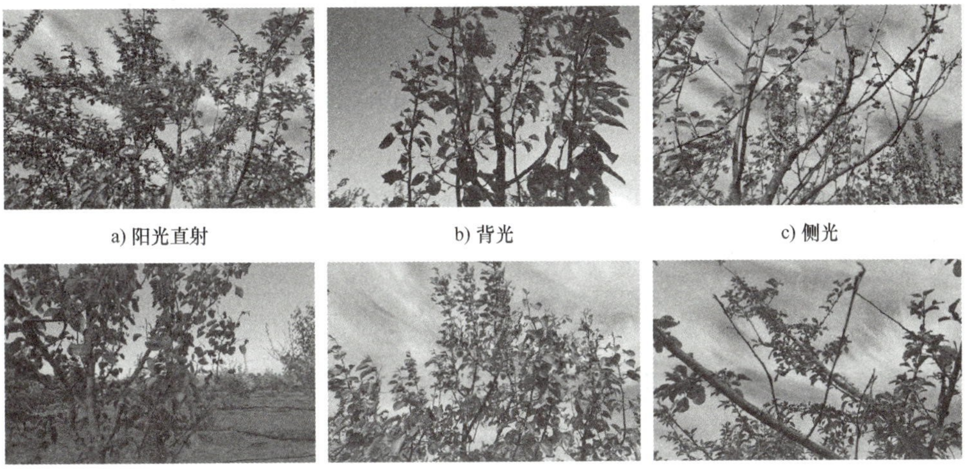

a) 阳光直射　b) 背光　c) 侧光　d) 水平采摘　e) 向上采摘　f) 侧面采摘

图 7-38　本文构建的苹果树枝干数据集的图像示例

使用 Photoshop 的磁性套索工具，对所有可见的枝干进行标注。将枝干部分设置填充颜色为 RGB[255，0，0]，后续将其余像素点都处理为图像分割背景。标注和处理数据集的过程如图 7-39 所示，图 7-39a 展示了原始图像样本；图 7-39b 是使用 Photoshop 进行标注的图像；图 7-39c 展示了相应的最终伪彩色标注图。

a) 原始图像　b) 使用Photoshop标注图像　c) 最终伪彩色标注图

图 7-39　标注过程示例

1. 运行环境说明

```
Python 3（3.6/3.7/3.8/3.9/3.10），64 位版本
pip/pip3（9.0.1+），64 位版本
CUDA>=10.2
cuDNN>=7.6
PaddlePaddle（版本 >=2.4）
```

本节使用 Ubuntu 20.04、Python 3.8、PaddlePaddle-gpu==2.6.1，使用的 IDE 为 PyCharm。

2. 运行环境创建与配置

借助 Conda 工具生成新的深度学习虚拟环境，本节的枝干分割实践流程基于 Paddle 框架实现，因此此处的虚拟环境命名为“paddleseg”，python=3.8 指定环境安装的 Python 版本，在终端执行如下命令创建虚拟环境，创建虚拟环境的过程如图 7-40 所示。

```
conda create –n paddleseg python=3.8
```

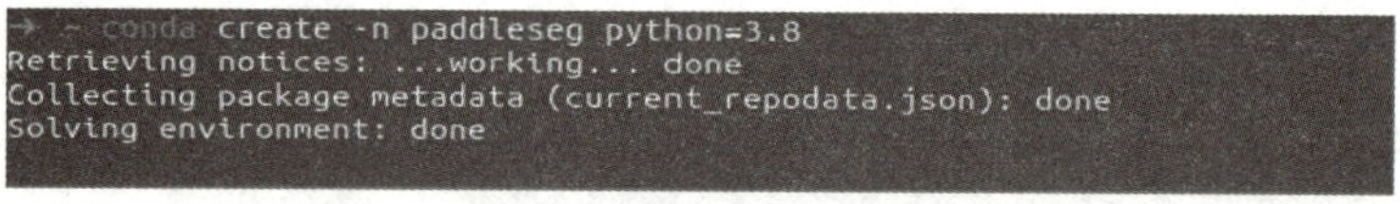

图 7-40　枝干分割虚拟环境创建过程

终端执行命令：conda activate paddleseg，激活上一步创建的 paddleseg 虚拟环境，在该环境安装 Paddle 框架，进入 Paddle 官网根据自己的 cuda 版本选择安装，选项信息如图 7-41 所示。

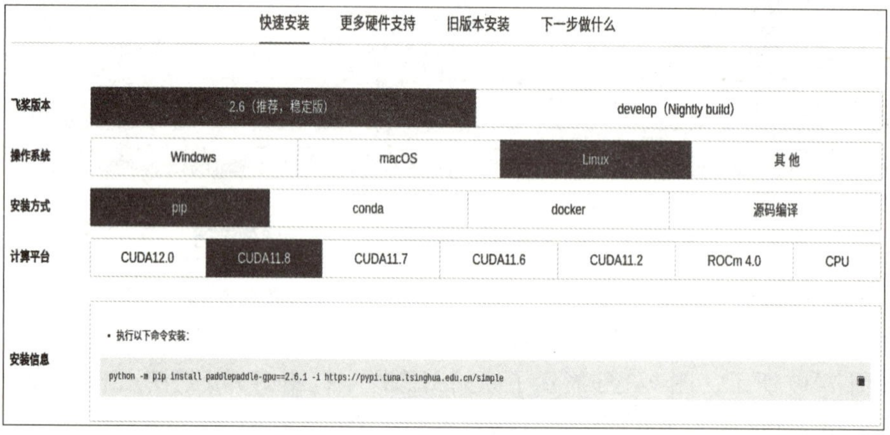

图 7-41　安装 Paddleseg 时的选项信息

执行安装命令后可能发生如下报错提示，按照提示依次安装缺失的包，如缺失 matplotlib 包，报错信息如图 7-42 所示，终端运行以下命令可解决当前报错。

```
pip install matplotlib –i https://pypi.tuna.tsinghua.edu.cn/simple
```

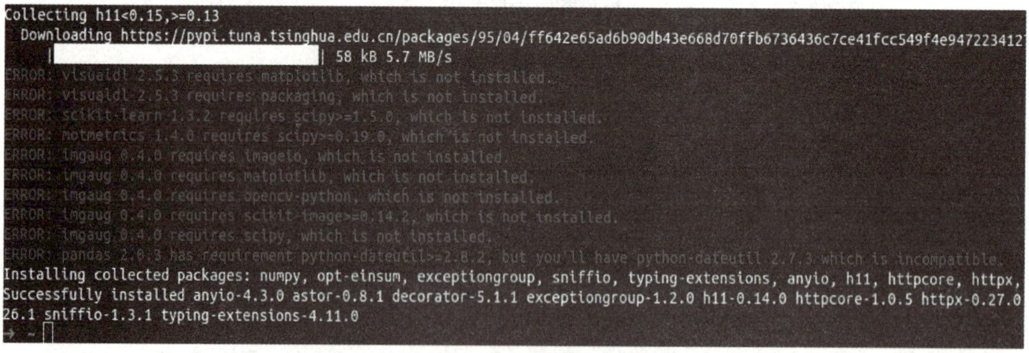

图 7-42　安装过程出现的报错信息截图

解决报错之后重新运行 Paddle 安装指令：

```
pip install paddlepaddle–gpu==2.6.1–i https://pypi.tuna.tsinghua.edu.cn/simple
```

当输出如图 7-43 所示信息时，说明 Paddle 框架安装完成。

```
Installing collected packages: tifffile, scipy, lazy-loader, scikit-image
Successfully installed lazy-loader-0.4 scikit-image-0.21.0 scipy-1.10.1 tifffile-2023.7.10
→ ~ pip install paddlepaddle-gpu==2.6.1 -i https://pypi.tuna.tsinghua.edu.cn/simple
Looking in indexes: https://pypi.tuna.tsinghua.edu.cn/simple
Requirement already satisfied: paddlepaddle-gpu==2.6.1 in ./.local/lib/python3.8/site-packages (2.6.1)
Requirement already satisfied: opt-einsum==3.3.0 in ./.local/lib/python3.8/site-packages (from paddlepaddle-gpu==2.6.1) (3.3.0
Requirement already satisfied: Pillow in ./.local/lib/python3.8/site-packages (from paddlepaddle-gpu==2.6.1) (10.3.0)
Requirement already satisfied: httpx in ./.local/lib/python3.8/site-packages (from paddlepaddle-gpu==2.6.1) (0.27.0)
Requirement already satisfied: protobuf>=3.20.2; platform_system != "Windows" in ./.local/lib/python3.8/site-packages (from pa
Requirement already satisfied: numpy>=1.13 in ./.local/lib/python3.8/site-packages (from paddlepaddle-gpu==2.6.1) (1.24.4)
Requirement already satisfied: astor in ./.local/lib/python3.8/site-packages (from paddlepaddle-gpu==2.6.1) (0.8.1)
Requirement already satisfied: decorator in ./.local/lib/python3.8/site-packages (from paddlepaddle-gpu==2.6.1) (5.1.1)
Requirement already satisfied: certifi in /usr/lib/python3/dist-packages (from httpx->paddlepaddle-gpu==2.6.1) (2019.11.28)
Requirement already satisfied: httpcore==1.* in ./.local/lib/python3.8/site-packages (from httpx->paddlepaddle-gpu==2.6.1) (1.
Requirement already satisfied: idna in /usr/lib/python3/dist-packages (from httpx->paddlepaddle-gpu==2.6.1) (2.8)
Requirement already satisfied: sniffio in ./.local/lib/python3.8/site-packages (from httpx->paddlepaddle-gpu==2.6.1) (1.3.1)
Requirement already satisfied: anyio in ./.local/lib/python3.8/site-packages (from httpx->paddlepaddle-gpu==2.6.1) (4.3.0)
Requirement already satisfied: h11<0.15,>=0.13 in ./.local/lib/python3.8/site-packages (from httpcore==1.*->httpx->paddlepaddl
Requirement already satisfied: exceptiongroup>=1.0.2; python_version < "3.11" in ./.local/lib/python3.8/site-packages (from an
Requirement already satisfied: typing-extensions>=4.1; python_version < "3.11" in ./.local/lib/python3.8/site-packages (from a
→ ~ 
```

图 7-43　输出信息

为了进一步验证 Paddle 框架是否安装成功，需使用命令

```
python  # 输入 python 命令来启动 Python 解释器
import paddle  # 导入 paddle
Paddle.utils.run_check () # 如果命令行出现以下提示，说明 PaddlePaddle 安装成功
#PaddlePaddle is installed successfully！ Let's start deep learning with PaddlePaddle now.
print（paddle.__version__）  # 打印 PaddlePaddle 版本信息
```


来验证，并查看其版本信息，验证时依次在终端执行下述命令，如图 7-44 所示。

```
Requirement already satisfied: typing-extensions>=4.1; python_version < "3.11" in ./.local
→ ~ python3
Python 3.8.10 (default, Nov 22 2023, 10:22:35)
[GCC 9.4.0] on linux
Type "help", "copyright", "credits" or "license" for more information.
>>> import paddle
>>> paddle.utils.run_check()
Running verify PaddlePaddle program ...
I0417 10:45:51.168851 10176 program_interpreter.cc:212] New Executor is Running.
W0417 10:45:51.169062 10176 gpu_resources.cc:119] Please NOTE: device: 0, GPU Compute Capa
W0417 10:45:51.182124 10176 gpu_resources.cc:164] device: 0, cuDNN Version: 8.9.
I0417 10:45:52.070780 10176 interpreter_util.cc:624] Standalone Executor is Used.
PaddlePaddle works well on 1 GPU.
PaddlePaddle is installed successfully! Let's start deep learning with PaddlePaddle now.
>>> print(paddle.__version__)
2.6.1
>>> 
```

图 7-44　输入执行命令验证 Paddle 框架是否安装成功

7.6.2　代码工程配置实践案例

本节在 PaddleSeg 的基础上实现果树枝干分割检测，使用的 PaddleSeg 版本为 PaddleSeg-release-2.8。在该工程目录下，根据过程配置环境要求在前述创建的虚拟环境中安装所需的依赖文件，便捷安装可执行命令：

```
pip install–r requirements.txt
```

安装完各项依赖文件之后，在 PaddleSeg-release–2.8 目录下执行如下命令，会进行简单的单卡预测。

```
sh tests/install/check_predict.sh
```

查看执行输出的 log，如图 7-45 所示，若无报错信息，则验证安装成功。

```
  type: PPLiteSeg
W0417 11:00:13.038199 10860 gpu_resources.cc:119] Please NOTE: device: 0, GPU Compute Capability: 8.9, Driver API Version: 12.2, Runtime
W0417 11:00:13.038244 10860 gpu_resources.cc:164] device: 0, cuDNN Version: 8.9.
2024-04-17 11:00:13 [INFO]	Loading pretrained model from https://bj.bcebos.com/paddleseg/dygraph/PP_STDCNet2.tar.gz
2024-04-17 11:00:13 [INFO]	There are 265/265 variables loaded into STDCNet.
2024-04-17 11:00:13 [INFO]	The number of images: 1
2024-04-17 11:00:13 [INFO]	Loading pretrained model from https://paddleseg.bj.bcebos.com/dygraph/optic_disc/pp_liteseg_optic_disc_5
2024-04-17 11:00:13 [WARNING]	ppseg_head.arm_list.0._scale is not in pretrained model
2024-04-17 11:00:13 [WARNING]	ppseg_head.arm_list.1._scale is not in pretrained model
2024-04-17 11:00:13 [WARNING]	ppseg_head.arm_list.2._scale is not in pretrained model
2024-04-17 11:00:13 [INFO]	There are 367/370 variables loaded into PPLiteSeg.
2024-04-17 11:00:13 [INFO]	Start to predict...
1/1 [==============================] - 1s 760ms/step
2024-04-17 11:00:14 [INFO]	Predicted images are saved in output/result/added_prediction and output/result/pseudo_color_prediction .
(paddleseg) → PaddleSeg-release-2.8
```

图 7-45　查看执行输出的 log

1. 数据集文件目录结构

将 7.6.1 节中描述的数据集重新组织，按照图 7-46 所示的目录结构组织数据集，文件目录下 JPEGImages 文件夹存放原图，SegmentationClassPNG 文件夹存放标注图，train.txt 存放训练集信息，包括原图路径和与之相对应的标签图路径，val.txt 存放验证集信息，训练集与验证集比例为 8：2，labels.txt 存放标签信息。

2. 训练文件配置

本节基于 PaddleSeg-release–2.8 框架实现，在 BiSeNet 模型的基础上进行网络改进，搭建 BUnet，并使用 BUnet 训练自己的数据集。按照本实践需求将该模型中的配置参数重新设置，num_classes 根据实际需求设置为自己的检测类别数，如图 7-47 所示。

```
dataset
└── gan_branches
    ├── JPEGImages
    ├── SegmentationClassPNG
    ├── train.txt
    ├── val.txt
    └── labels.txt
```

图 7-46　目录结构

```
train.py × | BUnet_cityscapes_1024x1024_160k.yml × | __init__.py ×
_base_: '../_base_/cityscapes_1024x1024.yml'

model:
  type: BiSeNetV2
#  num_classes: 19
  num_classes: 2

```

图 7-47　检测类别数设置

根据配置文件继承关系，找到其他的配置文件，设置训练集与测试集的路径和类别数，设置细节如图 7-48 所示。

```
train_dataset:
#  type: Cityscapes
  type: Dataset
#  dataset_root: data/cityscapes
  dataset_root: /home/g/segmentation/PaddleSeg-release-2.8/dataset/gan_branches
  train_path: /home/g/segmentation/PaddleSeg-release-2.8/dataset/gan_branches/train.txt
  num_classes: 2

val_dataset:
#  type: Cityscapes
  type: Dataset
#  dataset_root: data/cityscapes
  dataset_root: /home/g/segmentation/PaddleSeg-release-2.8/dataset/gan_branches
  val_path: /home/g/segmentation/PaddleSeg-release-2.8/dataset/gan_branches/val.txt
  num_classes: 2
```

图 7-48　数据集文件设置细节

3. 模型训练

完善好数据集和配置文件后，使用 tools/train.py 文件进行训练，train.py 脚本输入参数的详细说明见表 7-2。

表 7-2　train.py 脚本输入参数

参数名	用途	默认值
iters	训练迭代次数	配置文件中指定值
batch_size	单卡 batch size	配置文件中指定值
learning_rate	初始学习率	配置文件中指定值
config	配置文件	—
save_dir	模型和 visuald 日志文件的保存根路径	Output
num_workers	用于异步读取数据的进程数量，大于或等于 1 时开启子进程读取数据	0
use_vdl	是否开启 visualdl 记录训练数据	否
save interva	模型保存的间隔步数	1000
do_eval	是否在保存模型时启动评估，启动时将会根据 mIoU 保存最佳模型至 best mode	否
log_iters	打印日志的间隔步数	10
resume mode	恢复训练模型路径，如：output/iter_1000	None
keep_checkpoint_max	最新模型保存个数	5

训练自定义的数据集，设置运行参数如图 7-49 所示。

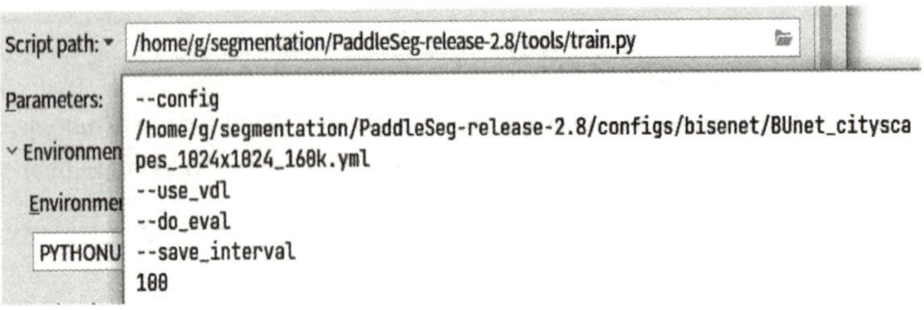

图 7-49　设置运行参数

图中，训练命令解释为：

- config：指定配置文件路径。
- use_vdl：开启 VisualDL 记录训练数据，用于 VisualDL 可视化训练过程。
- do_eval：在保存模型时启动评估，并根据 mIoU 保存最佳模型。
- save_interval 100：指定每训练 100 轮后，就进行一次模型保存或者评估。

训练结果默认保存在 tools/output/，评估精度最高的模型权重，保存在 tools/output/best_model 文件夹。后续模型的评估、测试和导出，都是使用保存在 best_model 文件夹下精度最高的模型权重。

4. 模型预测

使用 tools/predict.py 文件进行预测，predict.py 脚本输入参数的详细说明见表 7-3。

表 7-3　predict.py 脚本输入参数

参数名	数据类型	用途	默认值
image_list	list	待预测的图像路径列表	—
image_dir	str	待预测的图像路径目录	None
save dir	str	结果输出路径	'output'
aug preo	bool	是否使用多尺度和翻转增广进行预测	False
scales	list/float	设置缩放因子，aug_pred 为 True 时生效	1.0
flip horizonta	bool	是否使用水平翻转，aug_pred 为 True 时生效	True
flip_vertica	bool	是否使用垂直翻转，aug_pred 为 True 时生效	False
is_slide	bool	是否通过滑动窗口进行评估	False
stride	tuple/list	设置滑动窗口的宽度和高度，is_slide 为 True 时生效	None
crop_size	tuple/list	设置滑动窗口裁剪的宽度和高度，is_slide 为 True 时生效	None
custom color	list	设置自定义分割预测颜色，len（custom_color）=3* 像素种类	预设 color map

预测时的运行参数设置如图 7-50 所示。

图中，各参数解释为：

- config：指定配置文件路径。
- model_path：使用保存在 output/best_model 文件夹下精度最高的模型权重。
- image_path：可以是一张图片的路径，也可以是一个包含图片路径的文件列表，还可以是一个目录，这时将对该图片或文件列表或目录内的所有图片进行预测，并保存可视化结果图。

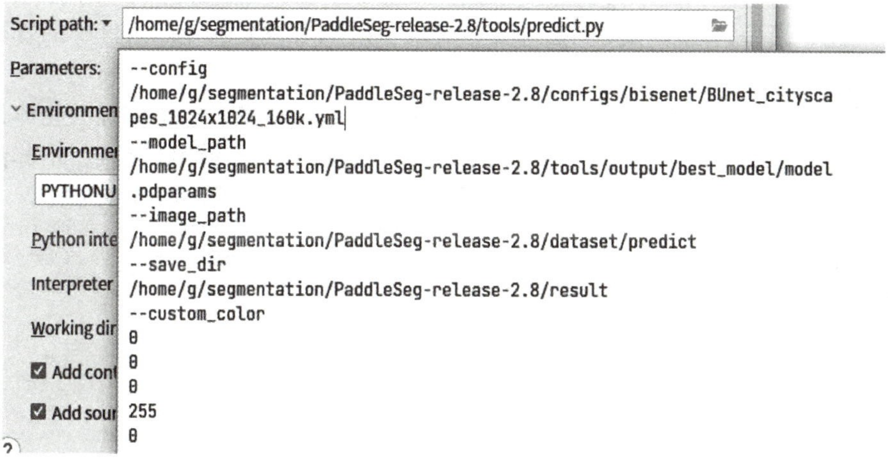

图 7-50　预测时的运行参数设置

- save_dir：图片预测结果保存路径。
- custom_color：设置分割预测颜色，(0 0 0）为黑色，(255 0 0）为红色。

为了直观展示分割效果，图 7-51 展示了在不同光线和遮挡条件下的枝干检测结果，结果显示，几乎所有可见枝条都被准确检测出来。这表明，本节使用的分割网络具有较强的鲁棒性，可以高精度地检测出真实果园环境下不同长势的苹果树枝干。

图 7-51　在不同光照条件和树叶遮挡程度下的枝干检测结果

本章小结

本章主要解决了目标物和障碍物的识别问题，以水果识别和果树枝干检测为例进行了详细介绍。首先，针对小目标区域的识别问题，本章以 YOLO v7 算法为例，从理论和实践两个方面详细介绍了目标识别的方法，包括数据集的准备、模型的训练和评估。接着，采用自主改进的语义分割算法对果园环境中的枝干进行检测，涵盖了数据集构建、模型选择与搭建、模型训练及预测等全过程，展示了该网络在复杂光照条件下的鲁棒性和有效性。

通过本章的学习，读者应掌握物体识别的相关理论和技术，包括传统的物体识别和障碍物识别方法，以及深度学习方法。通过水果识别及果树枝干检测的实践，培养读者在物体识别方面的能力和实际应用技能，为将来的研究和开发工作打下坚实的基础。

习题

7-1 简述物体识别的发展历程。

7-2 设计并实践传统物体识别方法。

7-3 设计并实践基于深度学习的目标检测算法。

7-4 设计并实践 YOLO 算法。

7-5 设计并实践常用的障碍物识别方法。

第 8 章 机器人定位及地图构建理论与实践

导读

本章将对机器人的定位与建图，以及高精度三维地图构建进行介绍。机器人要在未知环境中完成给定任务，三维地图构建具有重要作用。本章将围绕机器人三维地图构建主题展开，介绍定位和地图构建的热点研究内容——SLAM，并对其经典框架、主流算法及常见系统进行详细解读；然后以多视立体视觉为例，对三维地图构建的方法和技术进行参数级和程序级的训练。

本章知识点

- 地图表示与环境感知
- 机器人同步建图与定位技术
- 地图构建实践案例
- 地图构建训练

8.1 地图表示与环境感知

若机器人要在未知环境中完成给定任务，就需要依靠其自身携带的传感器提供的信息建立环境地图。环境地图构建的好坏直接决定着给定任务是否能够顺利完成，而地图的表示更直接关系着环境地图的构建。为了让读者更好地掌握环境地图的构建，下面将对地图的表示方法及原理进行介绍。

8.1.1 地图表示方法

地图表示方法能够将空间环境中的信息进行有效表达，并且能够通过加入新的信息来更新地图，以便计算机进行处理，使机器人可以依靠该地图信息完成特定的任务。地图表示方法可以分为两大类：几何地图、拓扑地图。而几何地图又分为栅格地图和特征地图，下面将对这三种地图表示方法进行简单介绍。

1）栅格地图。栅格地图的基本思想是将环境分解成一系列离散的栅格，每个栅格有一个值，表示该栅格被障碍物占用的情况，由此表示出周围环境的信息。这种方法已经在许多机器人系统中得到应用，是使用较为成功的一种方法。由于将环境分成了一个个栅格，因此它能将环境中的信息详尽地描述出来，并且机器人容易进行定位和路径规划。栅格地图的缺点是：当栅格数量增大时（在大规模环境或对环境划分比较详细时），对于地图的维护所占用的内存和CPU时间迅速增长，使计算机的实时处理变得很困难。

2）特征地图。特征地图表示方法是指机器人收集对环境的感知信息，从中提取更为抽象的几何特征，如线段或曲线，使用这些几何信息描述环境。这种表示方法更为紧凑，且便于位置估计和目标识别。几何特征的提取需要对感知信息做额外的处理，且需要一定数量的感知数据才能得到结果。特征地图由一系列包含位置信息的特征组成。

3）拓扑地图。拓扑地图表示方法抽象程度高，适用于大环境的结构化描述。这种方法将环境表示为一张拓扑图，图中的节点对应于环境中的一个特征状态或地点（由感知决定），如果节点间存在直接连接的路径，则相当于图中连接节点的弧，类似于地铁、公交线路的表示。拓扑地图由环境中的特征位置或区域组成的节点及其连接关系组成，根据连接关系信息，机器人可从一个节点区域运动到另一个节点区域。这种表示方法可以实现快速的路径规划，由于拓扑地图通常不需要机器人准确的位置信息，对于机器人的位置误差也有更好的鲁棒性。但当环境中存在两个很相似的地方时，拓扑地图的方法将很难确定这是否为同一节点。

8.1.2 二维地图构建方法

1. 栅格地图的构建

本节将介绍基于激光传感器数据进行局部栅格地图的构建。将在传感器坐标系下的占用栅格地图记为 m，即 $m=\{m_i,i=1,\cdots,M\}$ 。其中，M 为栅格单元总数；m_i 表示每个栅格的取值，为一个二元量，取值为0或1，0表示空闲，1表示被占。将传感器得到的数据记为 s，$s=\{s_1,\cdots,s_N\}$ 。其中，N 为激光数据总数。每一个数据表示在某一个角度所测量的障碍物与传感器之间的距离，它包括距离和角度信息。由此，占用栅格构建可以表示为一个概率问题，即在给定的激光测量数据条件下，估计局部占用栅格被占用的概率，表达式为

$$p\{m\,|\,s_1,\cdots,s_N\} \tag{8-1}$$

式中，m 为栅格总的集合。把式（8-1）展开，得到

$$p\{m=1\,|\,s_1,\cdots,s_N\}=p\{m_1=1,\cdots,m_M=1\,|\,s_1,\cdots,s_N\} \tag{8-2}$$

式（8-2）表示任意 m_i 等于1的联合概率分布估计，也就是在这些激光测量数据下去计算每一个栅格被占用的联合概率分布，就构成了整个地图被占的概率分布。简写为

$$p(m=1\,|\,s_1,\cdots,s_N)=p(m_1,\cdots,m_M\,|\,s_1,\cdots,s_N) \tag{8-3}$$

假设栅格单元独立，作为联合概率来讲，可以根据乘法规则展开为

$$p(m=1\,|\,s_1,\cdots,s_N)=\prod_{i=1}^{M}p(m_i\,|\,s_1,\cdots,s_N) \tag{8-4}$$

这样就可以以激光测量数据为条件估计每个栅格单元被占的概率，每个栅格单元被占概率的乘积即为所求栅格地图被占的概率。接下来该问题就变成了每个栅格单元的占用概率的估计，即求 $p(m_i \mid s_1,\cdots,s_N)$。假设环境是静态的，即栅格单元的被占概率不会随时间变化。因为 m_i 的取值只能为 0 或 1，所以该过程就变成了一个静态量的二元估计问题。对于此类问题，通常采用概率对数形式结合二元贝叶斯滤波求解。$p(m_i \mid s_1,\cdots,s_N)$ 的概率求解方法是利用它在该条件下的被占概率除以空闲概率，即

$$\frac{p(m_i \mid s_1,\cdots,s_N)}{p(\bar{m}_i \mid s_1,\cdots,s_N)} = \frac{p(m_i \mid s_1,\cdots,s_N)}{1-p(m_i \mid s_1,\cdots,s_N)} \tag{8-5}$$

对式（8-5）求对数，记 $p(m_i \mid s_1,\cdots,s_N)$ 的概率对数值为 $l_{i,N}$，即

$$l_{i,N} = \lg\frac{p(m_i \mid s_1,\cdots,s_N)}{1-p(m_i \mid s_1,\cdots,s_N)} \tag{8-6}$$

式中，m_i 表示第 i 个栅格；N 表示激光数据的总数。

如果可以求得 $l_{i,N}$，则根据其定义可以计算得到

$$p(m_i \mid s_1,\cdots,s_N) = 1-\frac{1}{1+\mathrm{e}^{l_{i,N}}} \tag{8-7}$$

该问题就转换为求 $l_{i,N}$。从初始问题出发，$p(m_i \mid s_1,\cdots,s_N)$ 表示在 N 个激光测量数据下的栅格被占概率，我们将该问题转换为一个递归的形式，为

$$p(m_i \mid s_1,\cdots,s_N) = p(m_i \mid s_1,\cdots,s_{N-1},s_N) \tag{8-8}$$

利用贝叶斯规则$\left(p(X \mid Y) = \dfrac{p(Y \mid X)p(X)}{p(Y)}\right)$，得

$$p(m_i \mid s_1,\cdots,s_N) = \frac{p(s_N \mid m_i,s_1,\cdots,s_{N-1})p(m_i \mid s_1,\cdots,s_{N-1})}{p(s_N \mid s_1,\cdots,s_{N-1})} \tag{8-9}$$

由于每个激光数据都是独立的，去掉无关量，得

$$p(m_i \mid s_1,\cdots,s_N) = \frac{p(s_N \mid m_i)p(m_i \mid s_1,\cdots,s_{N-1})}{p(s_N)} \tag{8-10}$$

对 $p(s_N \mid m_i)$ 利用贝叶斯规则展开得

$$p(m_i \mid s_1,\cdots,s_N) = \frac{p(m_i \mid s_N)p(s_N)p(m_i \mid s_1,\cdots,s_{N-1})}{p(m_i)p(s_N)} \tag{8-11}$$

化简得

$$p(m_i \mid s_1,\cdots,s_N) = \frac{p(m_i \mid s_N)p(m_i \mid s_1,\cdots,s_{N-1})}{p(m_i)} \tag{8-12}$$

继而求得概率为

$$\frac{p(m_i|s_1,\cdots,s_N)}{p(\bar{m}_i|s_1,\cdots,s_N)}=\frac{p(m_i|s_N)p(m_i|s_1,\cdots,s_{N-1})p(\bar{m}_i)}{p(\bar{m}_i|s_N)p(m_i|s_1,\cdots,s_{N-1})p(m_i)} \tag{8-13}$$

对上式求对数得

$$\lg\frac{p(m_i|s_1,\cdots,s_N)}{p(\bar{m}_i|s_1,\cdots,s_N)}=\lg\frac{p(m_i|s_N)}{p(\bar{m}_i|s_N)}+\lg\frac{p(m_i|s_1,\cdots,s_{N-1})}{p(m_i|s_1,\cdots,s_{N-1})}+\lg\frac{p(\bar{m}_i)}{p(m_i)} \tag{8-14}$$

化简得

$$l_{i,N}=\lg\frac{p(m_i|s_N)}{1-p(m_i|s_N)}+l_{i,N-1}+l_{i,0} \tag{8-15}$$

式（8-15）为迭代公式，要迭代得到 $l_{i,N}$，初始值 $l_{i,0}$ 由定义求得为 1，但存在未知量 $p(m_i|s_j)$。只要求出未知量，就可以得到 $l_{i,N}$。

接下来进行未知量 $p(m_i|s_j)$ 的求取，该未知量称为逆传感器模型，它表示根据激光测量数据，估计栅格单元被占的概率。逆传感器模型根据测距仪检测障碍物的射线模型进行推导，如图 8-1 所示。

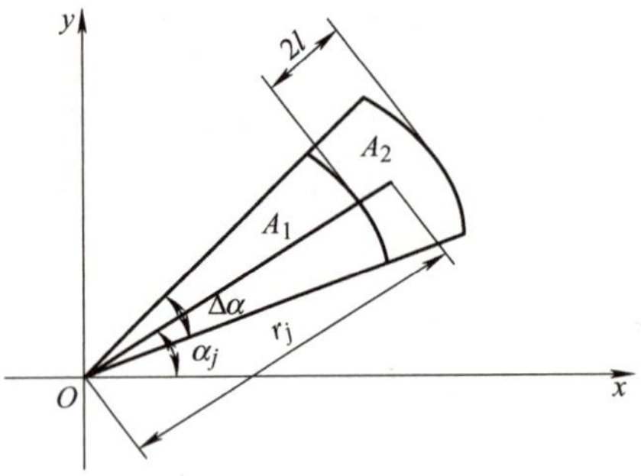

图 8-1　逆传感器模型

该模型通过在某个角度 α_j 上发射激光束再碰到障碍物时反射回到发射点的时间差和相位差来获取障碍物到传感器的距离 r_j。距离 r_j 和角度 α_j 就是传感器得到的数据 s_j。图中，A_1 为空闲区域，A_2 为被占区域。当距离被占区域点的距离以及角度越近，被占概率越高，可以描述为：

对于 A_2 区域，有

$$p(m_i|s_j)=O_rO_\alpha \tag{8-16}$$

式中，$O_r=1-k_r\left(\frac{d_i-r_j}{l}\right)^2$；$O_\alpha=1-k_\alpha\left(\frac{\beta_i-\alpha_j}{\Delta\alpha/2}\right)^2$。

对于 A_1 区域，有

$$p(m_i|s_j)=1-p(\bar{m}_i|s_j)=1-E_rE_a \tag{8-17}$$

式中，$E_r = 1 - k_r\left(\dfrac{d_i}{r_j - l}\right)^2$；$E_\alpha = 1 - k_\alpha\left(\dfrac{\beta_i - \alpha_j}{\Delta\alpha / 2}\right)^2$。

通过以上方法，我们就可以利用激光测量数据来构建局部栅格地图。

2. 线段特征地图的构建

下面介绍基于激光数据的局部线段特征地图的构建。该过程主要是在激光传感器坐标系中，根据激光数据点构建局部线段特征地图。该过程存在两个问题：

1）如何对这些数据点进行分簇，以明确哪些点属于同一条线段。

2）在给定属于某条线段的点的情况下，如何求取这条线段。

对于问题 1）处理的主要方法有增量线段拟合法（Incremental Line Fitting）、哈夫变换法（Hough Transform）和不断分割然后合并法（Split and Merge）。对于问题 2）的处理方法主要有总体最小二乘（TLS）法以及随机采样求取一致集（RANSAC）法。下面将分别针对问题 2）的 TLS 法以及针对问题 1）的不断分割然后合并法进行介绍。

TLS 法的过程实质上是求取线段的特征。对于特征，先定义一个模型，用一个方程来表示，由于测量点都在这个特征上，因此拟合这些测量点数据以求取所定义模型的参数。设线段可表示为

$$y_i = kx_i + b + \varepsilon_i \tag{8-18}$$

式中，(x_i, y_i) 为激光数据点坐标；ε_i 表示第 i 次机器人的观测误差。

若要求 k、b 准确，就要让 ε_i 最小，即所拟合直线的参数 k、b 应最小化，有

$$\sum_{i=1}^{n}(\varepsilon_i)^2 = \sum_{i=1}^{n}(y_i - kx_i - b)^2 \tag{8-19}$$

这就变为求解一个线性最小二乘问题，只需要令 k、b 的偏导数为 0，就可求出使得误差最小的 k、b。该线段表示方法的缺点在于将误差假设在 y 轴方向，当求垂直线段时就会出现较大误差或者错误拟合。

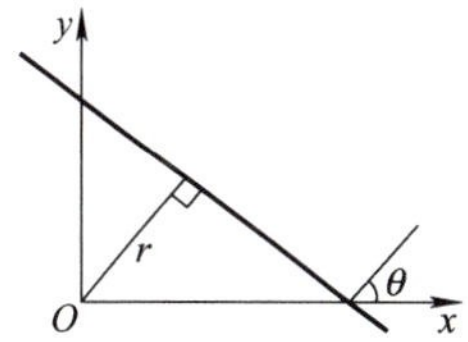

图 8-2　目标线段函数

针对上述问题，根据图 8-2 可提出另一种线段表示为

$$x\cos\theta + y\sin\theta = r \tag{8-20}$$

对于激光数据点 (x_i, y_i)，有

$$\varepsilon_i = x_i\cos\theta + y_i\sin\theta - r \tag{8-21}$$

若要求 θ、r 准确，线段参数 θ、r 应使得所有点到线的距离的平方和最小，即

$$\min\sum_{i=1}^{n}(x_i\cos\theta + y_i\sin\theta - r)^2 \tag{8-22}$$

该方程的求解存在 cos 和 sin 的非线性，并且存在约束 $\cos^2\theta + \sin^2\theta = 1$，令 $\sin\theta = a, \cos\theta = b$，得到

$$\min\sum_{i=1}^{n}(x_i a+y_i b-r)^2 \tag{8-23}$$

则该问题变成了带约束的最小化问题，通过引入拉格朗日乘子进行求解，得

$$\min\left[\lambda(a^2+b^2-1)+\sum_{i=1}^{n}(x_i a+y_i b-r)^2\right] \tag{8-24}$$

以上就是 TLS 法的求解思路，该方法存在的问题是线段拟合受噪声影响，进而对噪声参数产生影响。

有了直线拟合方法后，进一步要解决的是这些点分别属于哪条线，也就是问题 1）的内容。在此，主要介绍不断分割然后合并法。该方法面向有序点，主要思想是先迭代分割，然后再合并。迭代分割示意如图 8-3 所示，首先获得穿过两个端点的线段，然后去找这两个端点间距离线段最远的点，如果该点到该线段的距离大于误差阈值，将线段分成两部分，并对每部分重复分割过程，即不断取两个端点，然后求它的线段，再找到距离线段最远的点，用它到线段的距离去判断是否进行分割。

之后进行合并操作，示意如图 8-4 所示。如果相邻两个线段足够近，则获得共同的线段和距离较远的点；如果得到的距离是小于阈值的，则合并这两条线段。

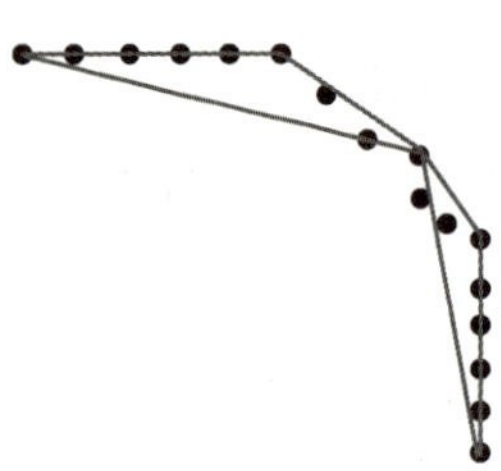
图 8-3　迭代分割示意图

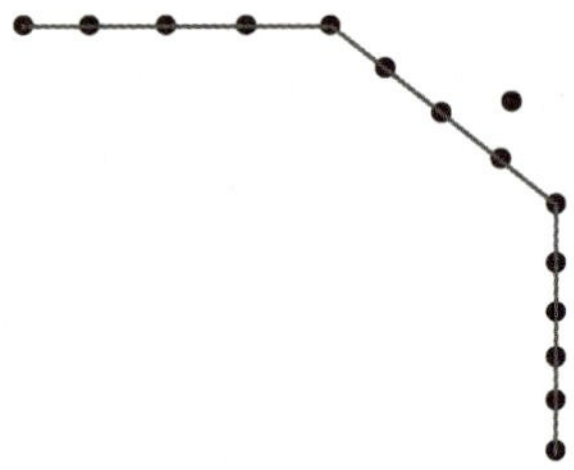
图 8-4 合并示意图

在上述两步之后，可以对该过程产生的短线段进行删除，重新估计线段参数。由此就解决了在特征地图构建中的特征线段处理的问题。

3. 拓扑地图的构建

本部分将基于激光传感器数据进行拓扑地图的构建。其基本思想是利用激光传感器扫描的数据构建环境几何地图，然后利用自由空间中线法提取环境的拓扑结构，由此生成拓扑地图。具体分为以下三步：

（1）激光传感器构建环境地图

移动机器人的运动模型如图 8-5 所示。计算单位采样时间 ΔT 内车体位姿的变化，然后累加求出车体在世界坐标系中的位姿，表达式为

$$\begin{cases} x_{\mathrm{r}}(k+1)=x_{\mathrm{r}}(k)+\Delta d(k)\cos(\theta_{\mathrm{r}}(k)+\Delta\theta(k)) \\ y_{\mathrm{r}}(k+1)=y_{\mathrm{r}}(k)+\Delta d(k)\sin(\theta_{\mathrm{r}}(k)+\Delta\theta(k)) \\ \theta_{\mathrm{r}}(k+1)=\theta_{\mathrm{r}}(k)+\Delta\theta(k) \end{cases} \tag{8-25}$$

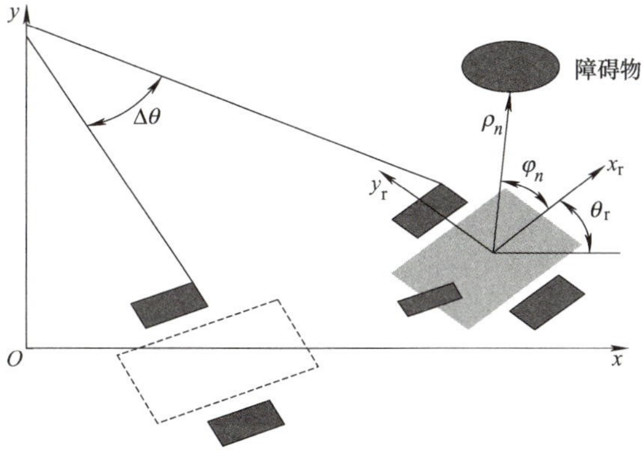

图 8-5　移动机器人的运动模型

式中，$x_r(k)$、$y_r(k)$、$\theta_r(k)$ 分别为机器人在 k 时刻的坐标和方向；$\Delta d(k)$ 为根据光电编码器测量的相邻采样时间间隔的相对位移增量；$\Delta\theta(k)$ 为根据陀螺仪测量的相邻采样时间间隔内的相对偏移角度。

若 D 为机器人车轮直径，减速器的减速比为 $1/P$，编码器的精度为 η，单位采样时间 ΔT 内光电编码器输出的脉冲数为 N，陀螺仪测量的偏转角速度为 ω，则有

$$\begin{cases}\Delta d(k)=\dfrac{\pi D}{\eta P}N\\ \Delta\theta(k)=\omega\Delta T\end{cases} \tag{8-26}$$

机器人用激光扫描周围环境，采用极坐标 $(\rho_n,\ \varphi_n)$ 表示一次扫描的所有距离信息，极点位于扫描中心，极轴为激光的主扫描方向（0°），其中 n 表示扫描到的障碍物对应的序号。

将激光测量的距离信息映射到世界坐标系中，得

$$\begin{cases}x_n'=x_r+\rho_n\cos(\theta_r+\varphi_n)\\ y_n'=y_r+\rho_n\sin(\theta_r+\varphi_n)\end{cases} \tag{8-27}$$

式中，$(x_r,\ y_r,\ \theta_r)$ 为机器人参考中心在世界坐标系中的位置。

（2）中线法提取自由空间中线

在由激光传感器构建的环境地图上，采用中线法提取环境自由空间的骨架，并以其为环境的拓扑地图。记激光传感器单次扫描的数据为 Z，所得的数据为从环境边界到传感器的距离值。将机器人单次扫描数据以机器人为扫描中心分别分为左、右两侧的扫描数据和前方扫描数据三个部分，分别表示为 Z_{left}、Z_{front}、Z_{right}，即有

$$Z=[Z_{\text{left}}、Z_{\text{front}}、Z_{\text{right}}] \tag{8-28}$$

将前方扫描数据 Z_{front} 以机器人的运动方向分为左、右两组测量数据：$Z_{\text{front}}=[L,\ R]$。其中，L、R 分别为 Z_{front} 中的左前方扫描数据和右前方扫描数据，则有

$$Z=[Z_{\text{left}},L,R,Z_{\text{right}}] \tag{8-29}$$

分别取 L、R 中测量的环境边界到机器人的最小距离 D_{f_l}、D_{f_r} 为

$$\begin{cases} D_{f\_l} = \min(L) \\ D_{f\_r} = \min(R) \end{cases} \tag{8-30}$$

因此机器人所测量的两侧最短距离的中点为

$$\text{Midpt} = (D_{f\_l} + D_{f\_r}) / 2 \tag{8-31}$$

机器人移动过程中，连续扫描得到的左、右两侧环境边界到点 Midpt 之间的连线将形成环境自由空间的中线，并将其作为环境拓扑地图的弧线。

（3）节点的构建

将抽取的中线的分支点和弯道处作为环境拓扑地图的拓扑节点，从而完成环境自由空间拓扑结构的提取，构成拓扑地图。通常情况下，中线分支发生在走廊与房间的连接处，或走廊之间的连接处（弯道）。取机器人左侧扫描区域测量数据 Z_{left} 和右侧扫描区域测量数据 Z_{right}，可以得到机器人左侧和右侧扫描区域的最短测量距离 D_l 和 D_r 分别为

$$\begin{cases} D_l = \min(Z_{\text{left}}) \\ D_r = \min(Z_{\text{right}}) \end{cases} \tag{8-32}$$

若机器人左前方扫描数据 L 和左侧扫描数据 Z_{left} 中分别存在两个测量点，使 $D_l = D_{f\_l}$，则这两区域中相应测量点连线的中点 Midpt 为中线分支点，并将其作为拓扑节点 Node，即

$$\text{Node} = (D_{li} + D_{f\_lj}) / 2 \tag{8-33}$$

式中，i 和 j 分别表示测量的左侧和左前方距机器人最短距离相等的环境测量点的序号。

同理，若机器人右前方扫描数据 R 和右侧扫描数据 Z_{right} 中分别存在两个测量点，使 $D_r = D_{f\_r}$，则这两区域中相应测量点连线的中点 Midpt 为中线分支点，并将其作为拓扑节点。

为了便于节点的识别，将中线分支点处的部分度量信息，如机器人朝向、位置坐标，拓扑节点的绝对坐标加入到拓扑节点。

由此，就完成了环境拓扑地图的构建。

8.1.3 三维地图构建方法

1. 三维地图构建介绍

以 MVSNet 为代表的多视立体视觉构建方法采用端到端的设计思路，将特征提取、代价计算、代价聚合和深度回归等步骤集成到同一个网络中，它可以减少手工设计的参与，提高准确度和泛化能力，同时提升系统完整性。在机器人作业环境中，使用这种方法可以实现无人智能化操作，给定输入端即可直接恢复出三维点云。在本节中，基于多视立体视觉技术（Multi-View Stereo，MVS）设计了一种端到端的轻量级且精确的三维环境重建网络，取名为 Mobile Transformer MVSNet（MT-MVSNet），应用于机器人作业环境

三维地图构建。该方法在计算消耗、精准度和速度等多个指标上表现突出。

2. 三维地图构建网络设计

需要说明的是，MVS 网络的训练需要准备具有可信度的真实深度值和真值点云数据，然而目前还没有专门针对环境构建的训练数据。因此本节使用公开的 MVS 数据集进行网络训练和模型评价，生成模型之后，在环境图片上进行三维地图重建。主流公开的 MVS 数据集包括 DTU、Tanks and Temples 和 Blended MVS。其中，DTU 包含固定摄像机轨迹拍摄的室内场景，由 79 个训练 scan、18 个验证 scan 和 22 个评估 scan 组成。Tanks and Temples 是一个包含室内和室外场景的基准数据集，分为中级和高级。本书使用 DTU 训练 scan 和验证 scan 进行模型训练，在 DTU 评估 scan 上进行测试并在 Tanks and Temples 的中级场景进行泛化验证。采用了光度深度图滤波、几何深度图滤波和深度融合等后处理步骤生成三维点云。

（1）网络整体结构设计

MVS 通过给定参考（Reference）图像 I_0 和源（Source）图像 $\{I_i\}_{i=1}^{N-1}$ 以及各自的摄像机内参数和外参数，预测出一系列对齐的深度（Depth）图，随后对这些深度图进行滤波和融合，最终生成重建的点云地图。

本节的 MT-MVSNet 与大多数 MVS 相似，框架如图 8-6 所示。

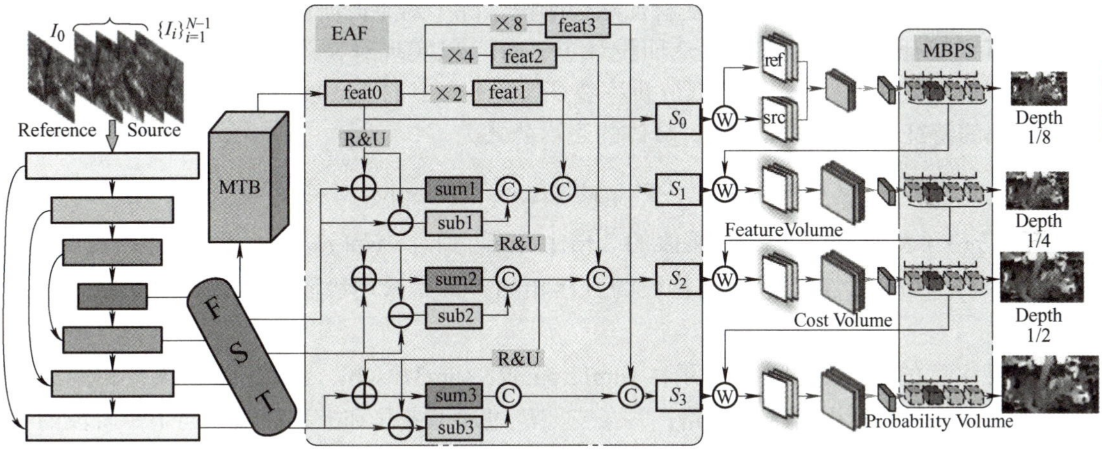

图 8-6　整体框架

Ⓦ—可微分扭曲　Ⓒ—级联　⊕—残差相加　⊖—残差相减

R&U—减少数据通道数和上采样 → 相关性聚合 → 3D U-Net → Argmax　S_X / featX

首先，通过特征金字塔网络（Feature Pyramid Network，FPN）提取四个分辨率水平的多尺度特征。在传递这些局部信息特征到提取全局信息的模块前，使用特征平滑过渡（Feature Smooth Transition，FST）进行特征传播。接着，移动式 Transformer 模块（Mobile Trans-Block,MTB）聚合 FST 输出的低分辨率特征的全局上下文路径信息。这些全局信息经过特征边缘注意力（Edge Attention for Feature，EAF）传播到高分辨率特征上，EAF 独有的融合方式可以提高边缘轮廓的空间层次估计准确性。EAF 处理的特征通过可微分单应性构建源体，然后通过正则化等操作获得概率体积，用于深度估计。然后，结合二分算法设计了多级双向递近搜索（Multi-stage Bi-directional Progression Search，MBPS），进行多阶段深度采样、估计和传播，提高了预测精度，同时减少了计算量。最后，参考 TransMVSNet 方法，在模糊区域应用焦点损失和增强惩罚，用于 MT-MVSNet 的训练。

1）特征平滑过渡（FST）。

Transformer 通过位置编码将全局上下文信息隐式地编码为特征映射，可以将其近似地看作是具有全局接收域的卷积层。相比之下，模型中用于提取特征的 FPN 关注相对局部邻域内的上下文信息。这两种模块在对特征处理的上下文范围方面存在差异。在特征传递阶段，如果不加以处理则很难保证特征传递的平滑过渡，这对于端到端的网络进行训练是非常不利的。因此，在 FPN 输出端，我们使用了 FST，使其协助 FPN 输出的多尺度特征能够平滑地过渡到基于 Transformer 设计的 MTB。FST 是通过可形变卷积实现的，通过采样位置的额外偏移量和根据局部环境信息自适应地扩大接收域，从而自适应地调整特征提取的范围。

2）特征边缘注意力（EAF）。

物体边缘和棱角构成的封闭区域内，表面深度一般是连续的，在边缘两侧，深度值通常存在较大差异。为了校正深度估计，我们需要提高深度边界的预测能力，使得各个局部深度估计值能够有效地被限制在合理范围内。对不同级别特征进行深度残差，可以有效提高深度预测边界的能力。因此，在特征融合阶段，除了对不同阶段特征进行相加融合，还对不同级别特征进行残差相减，从而设计了 EAF，以实现对物体边缘的预测和关注。具体而言，首先对 MTB 处理过的低分辨率特征（图 8-6 中的 feat0）进行逐级采样，然后与较高级别的特征进行相加和相减，具体的表示公式为

$$F_k = \text{cat}[(f_k - U\text{p}(f_{k-1})),(f_k + U\text{p}(f_{k-1}))](k=1,2,3) \tag{8-34}$$

式中，$U\text{p}(\cdot)$ 表示使用双线性插值的 2 倍上采样；$(f_k - U\text{p}(f_{k-1}))$ 可等价于拉普拉斯残差计算；$(f_k + U\text{p}(f_{k-1}))$ 表示不同特征的直接相加，最后采用级联操作来将两个结果连接起来。

需要注意的是，如图 8-6 所示，sum1、sum2、sum3和sub1、sub2、sub3 执行相同的操作，即两两级联之后引出两个支路，一条支路经过通道变化和上采样操作与下一阶段的特征继续进行相加和相减操作；另一支路则与 feat0 的上采样特征进行级联，使得每个尺度的输出都能再次增强聚合全局上下文信息。在聚合阶段，feat0 分别经过了 2 倍、4 倍和 8 倍线性插值上采样生成的 feat1、feat2 和 feat3 与其他三个阶段的特征进行级联。总的来说，图 8-6 中 EAF 作为可提取深度边界的融合模块能够满足 MT-MVSNet 在所有图像尺度的监督下进行训练。

3）移动式 Transformer 模块（MTB）。

本节在现有的 MobileVitV3 轻量化视觉 Transformer 的基础上，提出了一种新的移动式 Transformer 模块，称为 MTB，如图 8-7a 所示。MTB 在 Transformer 模块中引入了自注意力和交叉注意力机制，用于增强局部和全局特征的表达能力。具体而言，MTB 由三个部分组成：局部表示（Local representation）、全局表示（Global representation）以及融合（Fusion）。在 Local representation 部分，采用深度卷积（DWconv）抽取特征，以

减小计算负载。在 Fusion 中，局部特征和全局特征的有效信息被充分融合。剩余连接已被证明有助于架构中更深层次的优化，故 MTB 中对输入特征也进行了融合（图 8-7a 中虚线）。按照 MobileVitV3 的结论来说，融合块的目标可以通过允许它融合输入和全局特征来简化，而不依赖于特征图中的其他位置。级联融合部分的输入是初始输入和全局表示块特征的串联，使用 3 × 3 卷积将会导致 MTB 的浮点运算次数大幅增加，因此，更换使用 1 × 1 卷积层。Global representation 结构相对复杂，这里不再详细描述。

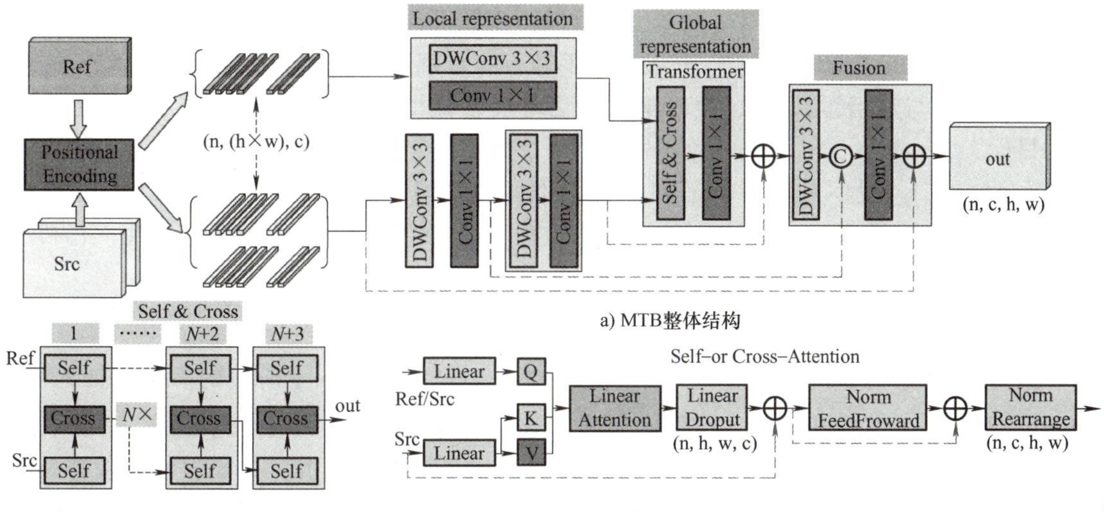

a) MTB整体结构

b) 自注意力和交叉注意力的堆叠设计

c) 参考图像和源图像之间的混合关联注意力

图 8-7　MTB 结构

Ref—参考图像　Positional Encoding—位置编码器　Src—源图像　Self—自注意力
Cross—交叉注意力　DWConv—深度卷积　Linear Attention—线性注意力

（2）自注意力和交叉注意力设计

多视立体视觉执行一对多的图像匹配，因此，在 MTB 的 Global representation 中采用自注意和交叉注意的变压器来捕获特征描述符之间的远程关联。在进行图像自注意力时，$\boldsymbol{Q}$ 和 $\boldsymbol{K}$ 向量来自同一个图像的特征，注意力层将检索给定视图中的相关信息，这个过程可以看作是特征图像内的远程全局上下文聚合，这种操作称之为自注意力，如图 8-7 所示。而在更多情况下，更需要关注图像之间的上下文联系，在进行注意力计算时，$\boldsymbol{Q}$ 和 $\boldsymbol{K}$ 向量来自不同的视图，对于立体视觉重建过程，两个不同视图通常称为邻域图像，注意层会捕获这两个视图之间的交叉关系，同时完成图像间的特征交互。考虑到视图之间多次匹配会带来繁杂的计算开销，因此遵循 MVSNet，仅仅关注参考帧与邻域帧之间的匹配关系，即给定一组图像 $\{I_i\}_{i=0}^{N-1}$，只对参考图像 I_0 和源图像 $\{I_i\}_{i=1}^{N-1}$ 进行交叉注意。

在本节中，采用多头注意力将特征通道分成 Nh 组（头的数量）。多头注意力利用 $\boldsymbol{Q}$ 和 $\boldsymbol{K}$ 的点积计算注意力，由于它们相对于输入长度的二次复杂度，对于非常长的序列来说，它们的速度非常慢。为了降低计算成本，使用线性变换计算注意力，利用基于特征映射的点积注意力，而不是使用传统的 Softmax 注意力。这种方式可以获得更好的时间和记忆复杂性，同时借助矩阵乘积的结合性将长序列点乘的复杂度从二次降低到一次，在替换核函数之后，线性注意力（Linear Attention）可表示为

$$\text{Linear Attention}(\boldsymbol{Q},\boldsymbol{K},\boldsymbol{V})=[\phi(\boldsymbol{Q})\phi(\boldsymbol{K})^{\mathrm{T}}]\boldsymbol{V}=\phi(\boldsymbol{Q})[\phi(\boldsymbol{K})^{\mathrm{T}}\boldsymbol{V}] \tag{8-35}$$

式中，$\phi(\bullet)$ 记为特征图的核函数映射，按顺序依次应用于向量 $\boldsymbol{Q}$ 和 $\boldsymbol{K}$，本节中 $\phi(\bullet)$ 由指数线性单元的激活函数构成。

设计 MTB 时，考虑到网络通道数远小于输入序列的长度，将计算复杂度降低为线性，使得在有限内存消耗的情况下计算高分辨率图像上的注意力成为可能。

（3）混合注意力关联设计

源特征和参考特征进行交叉注意力计算前也需要进行自注意力计算，同时不断更新进入下一次计算，可理解为自注意力和交叉注意力的多重混合堆叠，具体过程如图 8-7b 所示。参考图像与其相邻源图像进行匹配时，参考特征保持不变，以便为所有源特征提供相同的目标。

在 MTB 中，我们对参考特征和源特征添加位置编码，将特征由 $F\in\mathbb{R}^{n\times c\times w\times h}$ 变换为 $F\in\mathbb{R}^{n\times(w\times h)\times c}$（见图 8-7a），增加了位置编码的特征隐式表达，可增强位置一致性，有利于图像之间的全局一致性相关计算。

3. MVS 体积构建与深度回归

从 EAF 输出的多尺度特征 $S_X=\{F_i^X\}_{i=0}^{N-1},(X=0,1,2,3)$ 包括四个阶段的参考特征 F_0^X 和源特征 $\{F_i^X\}_{i=1}^{N-1}$。为简单起见，省略上标 X，将 F_0^X 和 $\{F_i^X\}_{i=1}^{N-1}$ 分别记为 F_0 和 $\{F_i\}_{i=1}^{N-1}$。利用可微扭曲对齐源特征 F_i 到参考特征 F_0。设 p_0 为 F_0 上的一个像素点，p_i' 为 F_i 中的像素点 p_i 在深度假设范围内第 j 个深度 d_j 扭曲的像素，则 p_i' 为

$$p_i'=K_i[R_{F_0\to F_i}\bullet K_0^{-1}\bullet p_0\bullet d_j+T_{F_0\to F_i}] \tag{8-36}$$

式中，$R_{F_0\to F_i}$ 和 $T_{F_0\to F_i}$ 分别表示 F_0 和 F_i 之间的旋转和平移矩阵；$\boldsymbol{K}_0$ 和 $\{\boldsymbol{K}_i\}_{i=1}^{N-1}$ 分别是参考摄像机和源图对应摄像机的内参数矩阵。

接着，可以利用 F_i 计算第 i 个相关体积 Cor_i，即

$$\mathrm{Cor}_i(d_j,p_i)=<F_0(p_i),F_i^{d_j}(p_i')> \tag{8-37}$$

通过可微扭曲和相关性计算，可获得 $N-1$ 个源特征的相关体积 $\{\mathrm{Cor}_i\}_{i=1}^{N-1}\in\mathbb{R}^{H\times W\times C\times D}$。其中，$D$ 为假设深度的总个数，C 表示特征通道数，H 表示特征图的高，W 表示特征图的宽。对 $N-1$ 组 $\{\mathrm{Cor}_i\}_{i=1}^{N-1}$ 进行特征相关性聚合时，考虑到每个像素具有不同的显著性，为每个源图像分配一个学习像素可见性权重 $\{W_i\}_{i=1}^{N-1}$，权重值通过二维卷积学习得出。因此，这 $N-1$ 个源图像的相关性可以进一步聚合为

$$\mathrm{Cor}(d_j)=\frac{\sum_{i=1}^{N-1}W_i\mathrm{Cor}_i(d_j)}{\sum_{i=1}^{N-1}W_i} \tag{8-38}$$

聚合后的 Cor 使用 3D-U-Net 进行正则化，实现每个阶段逐像素输出的概率总量 $\hat{C}\in\mathbb{R}^{D\times H_s\times W_s}$，其中 D 为当前阶段深度假设的总个数 H_s 表示聚合后特征体的高，W_s 表示聚

合后特征体的宽。最后，沿着 D 维执行 Softmax（ • ）函数，可将总量 $\hat{C}$ 转换为概率 P，用于亚像素回归和测量估计置信度。因此可根据式（8-38）计算出像素 p 处回归的深度值为

$$D(p)=\sum_{j=0}^{D-1} d_j \cdot P(p,j) \tag{8-39}$$

4. 多级双向递进搜索（MBPS）

三维成本体积正则化在准确预测深度方面很重要，但会带来严重的内存消耗问题。本节为了简化运算，在深度图估计步骤设计了多级双向递进搜索的深度采样方法，即该方法将深度采样过程分为 k 个阶段，每个阶段的深度采样间隔根据前一阶段的深度估计值确定。具体来说：在给定的深度范围内估计出初始的深度之后，将当前的深度搜索范围分成左、右两个方向，两侧各包括 $D_k/2$ 个假设的深度采样，即 $\{d_{k,j}^l \mid j=1,2,\cdots,D_k/2\}$ 和 $\{d_{k,j}^r \mid j=D_k/2+1,\cdots,D_k\}$，在执行当前层次的深度估计之后，确定当前阶段最可能的深度估计值 $\{\hat{d}_{k,j}^l\}$，在下一个深度估计阶段中，以 $\{\hat{d}_{k,j}^l\}$ 为中心，根据当前深度采样数 D_k 和动态调整的深度采样间隔来划分新的采样空间，以进行下一阶段的深度估计。需要注意的是，采样深度数保持 $D_0 \geqslant D_1 \geqslant D_2 \geqslant D_3$，新的采样空间需要与前一阶段取交集，即 $\{d_{k+1,j}^l\}=d_{k,j}^l \cap d_{k+1,j}^l$，如图 8-8a 所示，这样可以避免冗余计算。为了对此过程有直观的认识，如图 8-8b 所示，每个阶段深度估计的置信度也是逐渐细化的。

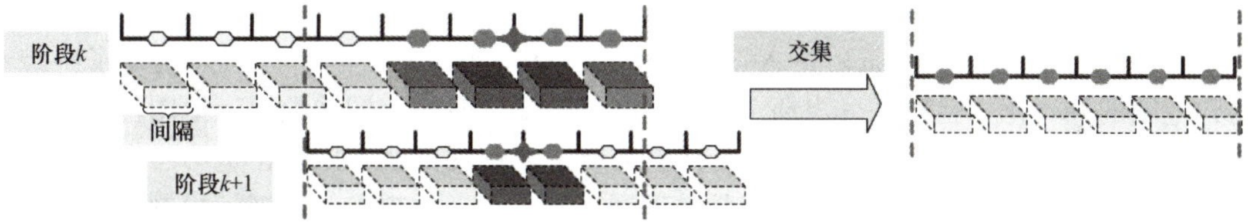

a) 双向递进深度搜索更新方法示意

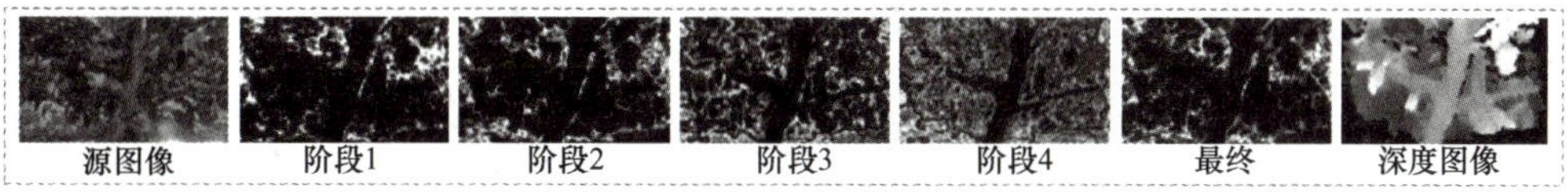

b) 不同阶段深度置信度的可视化MVS损失计算

图 8-8　多级双向递进搜索策略

采用焦点损失（Focal Loss）计算概率体积与训练数据真实值（Ground Truth）的偏离误差，将深度估计看作一种分类问题，并平等对待每个阶段的深度假设，即 $W_k=1(k=1,2,3,4)$。通过有效的掩码映射，每个阶段的深度估计都需要先获取到一组有效的像素集 Ω_p^k，然后计算出所有阶段有效像素对应的深度损失，表示为

$$L_{\text{total}}=\sum_{p\in\Omega_p^k}\sum_{k=1}^{4}-(1-P^d(p))^r\log(P^d(p)) \tag{8-40}$$

式中，$P^d(p)$ 表示回归的最佳深度假设在像素 p 处的预测概率。r=2 适合更复杂的场景，

而 r=0 可以在相对简单的场景产生足够好的结果。

8.2 机器人同步建图与定位（SLAM）技术

8.2.1 视觉 SLAM

眼睛是人类获取外界信息的主要来源。视觉 SLAM 也具有类似特点，它可以从环境中获取海量的、富于冗余的纹理信息，拥有超强的场景辨识能力。早期的视觉 SLAM 基于滤波理论，其非线性的误差模型和巨大的计算量成为其实用落地的障碍。近年来，随着具有稀疏性的非线性优化理论以及摄像机技术、计算性能的进步，视觉 SLAM 技术也逐渐成熟。视觉 SLAM 的优点在于它所利用的丰富的纹理信息。例如，两块尺寸相同内容却不同的广告牌，基于点云的激光 SLAM 算法无法区别它们，而视觉 SLAM 则可以轻易分辨。这带来了重定位、场景分类上无可比拟的巨大优势。同时，视觉信息可以较为容易地被用来跟踪和预测场景中的动态目标，如行人、车辆等，这对于在复杂动态场景中的应用是至关重要的。

目前，常用的视觉 SLAM 算法有 Mono-SLAM、PTAM 和 ORB-SLAM。

1）Mono-SLAM 是第一个实时的单目视觉 SLAM 系统。Mono-SLAM 以扩展卡尔曼滤波（Extended Kalman Filter，EKF）为后端，追踪前端稀疏的特征点，以摄像机的当前状态和所有路标点为状态量，更新其均值和协方差。该方法的缺点包括场景窄、路标数有限、稀疏特征点易丢失等。

2）PTAM（Parallel Tracking And Mapping，并行跟踪与映射）提出并实现了跟踪和构建地图的并行化，首次区分出前、后端（跟踪需要实时响应图像数据，地图优化放在后端进行），后续许多视觉 SLAM 系统设计也采取了类似的方法。PTAM 是第一个使用非线性优化作为后端的方案，摒弃了传统的滤波器后端方法，并提出了关键帧机制，即不用精细处理每一幅图像，而是把几个关键图像串起来优化其轨迹和地图。该方法的缺点是场景窄、跟踪容易丢失。

3）ORB-SLAM 围绕 ORB（Oriented FAST and Rotated BRIEF，定向快速旋转）特征计算，包括视觉里程计与回环检测的 ORB 字典。ORB 特征计算效率比 SIFT（Scale-Invariant Feature Transform，尺度不变特征变换）或 SURF（Speeded Up Robust Features，加速鲁棒性特征）高，又具有良好的旋转和缩放不变性。ORB-SLAM 创新地使用了三个线程完成 SLAM：实时跟踪特征点的跟踪线程、局部光束法平差的优化线程和全局位姿图的回环检测与优化线程。该方法的缺点是每幅图像都计算一遍 ORB 特征，非常耗时，三线程结构给 CPU 带来了较重负担；稀疏特征点地图只能满足定位需求，无法提供导航、避障等功能。

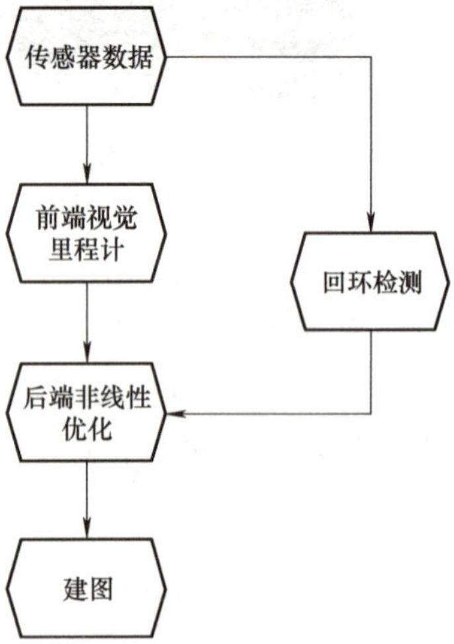

图 8-9 视觉 SLAM 框架

如图 8-9 所示，视觉 SLAM 框架与经典 SLAM 框架基本一致，只不过它的应用更加具体。它的传感器数据部分主要是进行摄像机图像信息的读取和预处理，前端部分则通过视觉里程计来实现，后端部分则采用非线性优化方法进行优化。由于前面对传感器数据的获取已经进行介绍，下面将对其他四个模块进行详细介绍。

1. 前端视觉里程计

该模块的作用是根据相邻图像的信息，估计出粗略的摄像机运动，给后端提供较好的初始值。视觉里程计的主要算法有两类：特征点法和直接法。基于特征点法的前端，长久以来（直到现在）被认为是视觉里程计的主流方法。它具有运行稳定，对光照、动态物体不敏感的优势，是目前比较成熟的解决方案。一般利用特征点法来实现，先提取特征点，再进行图像特征点的匹配，最后估计出两帧之间摄像机的运动。具体过程如下：

（1）提取特征点

在目前众多的提取特征中，ORB 特征是非常具有代表性的实时图像特征，其性能较好。因此，下面以 ORB 为代表介绍提取特征的过程。ORB 特征也由关键点和描述子两部分组成。它的关键点称为“Oriented FAST”，是一种改进的 FAST 角点。它的描述子称为 BRIEF（Binary Robust Independent Elementary Features，二进制鲁棒性独立基本特征）。因此，提取 ORB 特征分为两个步骤：

第一步，FAST 角点提取：找出图像中的“角点”。相较于原版的 FAST，ORB 中计算了特征点的主方向，为后续的 BRIEF 描述子增加了旋转不变特性。

第二步，BRIEF 描述子：对前一步提取出特征点的周围图像区域进行描述。

1）FAST 特征点。FAST 是一种角点，主要用于检测局部像素灰度变化明显的地方，以速度快著称。它的思想是：如果一个像素与它邻域的像素差别较大（过亮或过暗），那它更可能是角点。相比于其他角点检测算法，FAST 只需比较像素亮度的大小，十分快捷。它的检测过程如下（见图 8-10）：

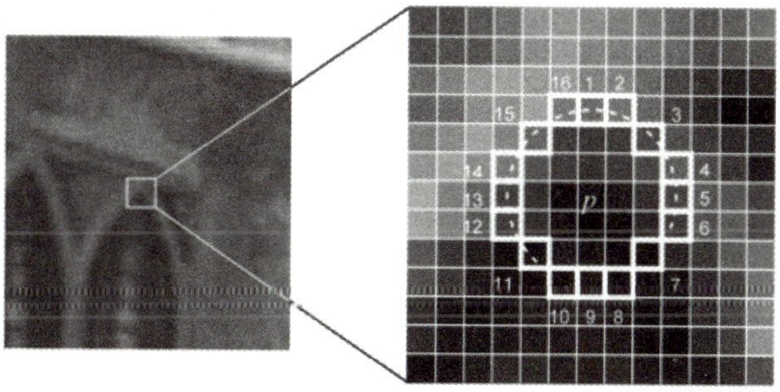

图 8-10　FAST特征点

第一步，在图像中选取像素 p，假设它的亮度为 I_p。

第二步，设置一个阈值 T（如 I_p 的 20%）。

第三步，以像素 p 为中心，选取半径为 3 个像素的圆上的 16 个像素点。

第四步，假如选取的圆上有 N 个点的亮度大于 I_p+T 或小于 I_p-T，那么像素 p 可以被称为是特征点。N 通常取 12，即为 FAST-12。其他常用的 N 取值为 9 和 11，它们分别被称为 FAST–9，FAST–11。

第五步，循环以上四步，对每一个像素执行相同的操作。

在 FAST–12 算法中，为了更高效，可以添加一项预测试操作，以快速排除绝大多数不是角点的像素。具体操作为：对于每个像素，直接检测邻域圆上的第 1、5、9、13 个像素的亮度。只有当这四个像素中有三个同时大于 I_p+T 或小于 I_p-T 时，当前像素才有可能是一个角点，否则应该直接排除。这样的预测试操作大大加速了角点检测。此外，原始 FAST 角点经常出现“扎堆”的现象。所以在第一遍检测之后，还需要用非极大值抑制（Non–Maximum Suppression，NMS），在一定区域内仅保留响应极大值的角点，避免角点集中的问题。

FAST 特征点的计算仅仅是比较像素间亮度的差异，速度非常快，但它也有一些问题。首先，FAST 特征点数量很大且不确定，而人们往往希望对图像提取固定数量的特征。因此，在 ORB 中，对原始的 FAST 算法进行了改进。可以指定最终要提取的角点数量 N，对原始 FAST 角点分别计算 Harris 响应值，然后选取 N 个具有最大响应值的角点，作为最终的角点集合。

其次，FAST 角点不具有方向信息。此外，由于它固定取半径为 3 个像素的圆，存在尺度问题，即远处看像是角点的地方，接近后看可能就不是角点了。针对 FAST 角点不具有方向性和尺度的问题，ORB 添加了尺度和旋转的描述。尺度不变性由构建图像金字塔，并在金字塔的每一层上检测角点来实现。而特征的旋转是由灰度质心法实现的。

2）BRIEF 描述子。BRIEF 是一种二进制描述子，它的描述矢量由许多个 0 和 1 组成，这里的 0 和 1 编码了关键点附近两个像素（比如 p 和 q）的大小关系：如果 p 比 q 大，则取 1；反之则取 0。如果取了 128 个这样的 p、q，最后就得到 128 维由 0、1 组成的矢量。BRIEF 使用了随机选点的比较，速度非常快，而且由于使用了二进制表达，存储起来也十分方便，适用于实时的图像匹配。原始的 BRIEF 描述子是不具有旋转不变性的，因此在图像发生旋转时容易丢失。而 ORB 在 FAST 特征点提取阶段计算了关键点的方向，所以可以利用方向信息，计算旋转之后的“Steer BRIEF”特征，使 ORB 的描述子具有较好的旋转不变性。

（2）特征匹配

提取出特征点之后，就需要对特征点进行匹配，建立 SLAM 中的数据关联，即确定当前看到的路标与之前看到的路标之间的对应关系。通过对图像与图像，或者图像与地图之间的描述子进行准确的匹配，可以为后续的位姿估计、优化等操作减轻大量负担。然而，由于图像特征的局部特性，误匹配的情况广泛存在。

当特征点数量很大时，暴力匹配法的运算量将变得很大，特别是当想要匹配一个帧与一张地图的时候。这不符合在 SLAM 中的实时性需求。此时快速近似最近邻（FLANN）算法更加适用于匹配点数量极多的情况，以上匹配算法理论已经相当成熟，在 OpenCV 上已实现集成。

（3）计算摄像机运动

接下来，人们希望根据匹配的点对，估计摄像机的运动。这里由于摄像机的原理不同，情况发生了变化：

1）当摄像机为单目时，只知道二维的像素坐标，因而问题是根据两组二维点估计运动。该问题用对极几何来解决。

2）当摄像机为双目、RGB–D 时，或者通过某种方法得到了距离信息，那问题就是根据两组三维点估计运动。该问题通常用 ICP 来解决。

3）如果有三维点和它们在摄像机的投影位置，也能估计摄像机的运动。该问题通过 PnP 求解。

2. 后端非线性优化

前端视觉里程计能给出一个短时间内的轨迹和地图，但由于不可避免的误差累积，这个地图在长时间内是不准确的，所以在此基础上，需要进行后端非线性优化，以保证长时间内最优的轨迹和地图。

后端非线性优化一般有两种实现方法，一种方法是假设马尔可夫链，即 k 时刻状态只与 $k-1$ 时刻状态有关，而与之前的状态无关。如果做出这样的假设，我们就会得到以扩展卡尔曼滤波（EKF）为代表的滤波器方法。在滤波方法中，从某时刻的状态估计，可推导到下一个时刻。另外一种方法依然考虑 k 时刻状态与之前所有状态的关系，此时将得到非线性优化为主体的优化框架，在这种优化框架下，图优化的方法应运而生。这两种方法，在前面已经详细介绍，此处不再赘述。

3. 回环检测

前端提供特征点的提取和轨迹、地图的初值，而后端负责对这些数据进行优化。然而，如果像视觉里程计那样仅考虑相邻时间上的关联，那么之前产生的误差将不可避免地累积到下一个时刻，使得整个 SLAM 出现累积误差。因此长期估计的结果将不可靠，或者说无法构建全局一致的轨迹和地图。

举例来说，假设在前端提取了特征，然后忽略掉特征点，在后端优化整个轨迹，真实轨迹如图 8-11a 所示。由于前端给出的只是局部的位姿间约束，例如，可能是 x_1 与 x_2，x_2 与 x_3 等。但是，由于相邻帧之间的估计存在误差，而 x_2 是由 x_1 决定的，x_3 又是由 x_2 决定的，以此类推，误差就会被累积起来，使得后端优化的结果如图 8-11b 所示，慢慢地趋向不准确。

a) 真实轨迹　　b) 由于前端只给出相邻帧之间的估计，优化后出现漂移　　c) 添加回环检测后的优化可以消除累积误差

图 8-11　漂移示意图

虽然后端能够估计最大后验误差，而当只有相邻关键帧数据时，能做的事情并不是很多，也无从消除累积误差。但是，回环检测模块能够给出除了相邻帧之外的、一些时间间隔更加久远的约束，如 x_1 与 x_{100} 之间的位姿变换。回环检测的关键，就是如何有效地

检测出摄像机经过同一个地方这件事。如果能够成功地检测这件事，就可以为后端的优化提供更多的有效数据，使之得到更好的估计，特别是得到一个全局一致的估计。由于位姿图可以看成一个质点 - 弹簧系统，所以回环检测相当于在图像中加入了额外的弹簧，提高了系统稳定性。

回环检测对于 SLAM 系统意义重大。一方面，它关系到估计的轨迹和地图在长时间下的正确性；另一方面，由于回环检测提供了当前数据与所有历史数据的关联，在跟踪算法丢失之后，还可以利用回环检测进行重定位。因此，回环检测对整个 SLAM 系统精度与鲁棒性的提升作用是非常明显的。甚至在某些时候，人们把仅有前端和局部后端的系统称为 VO，而把带有回环检测和全局后端的系统称为 SLAM。

回环检测一般用词袋模型来实现。创建词袋，可以理解为一个袋子，这个袋子里装着每一帧图像中的特征元素。利用词袋比较每两帧图像的相似度，当相似度大于某一个阈值时，就认为这两幅图像是在同一点观测到的，摄像机回到了曾经到达过的位置。

4. 建图

在经典的 SLAM 模型中，所谓的地图，即所有路标点的集合。一旦确定了路标点的位置，就可以认为完成了建图。建图可以实现对未知环境的描述，以满足移动机器人的定位、导航、避障以及三维构建的需要。

利用 RGB-D 进行稠密建图是相对容易的。然而，根据地图形式的不同，也存在着若干种不同的主流建图方式。最直观最简单的方法，就是根据估算的摄像机位姿，将 RGB-D 数据转换为点云，然后进行拼接，最后得到一个由离散的点组成的点云地图。在此基础上，如果对外观有进一步的要求，希望估计物体的表面，则可以使用三角网格、面片进行建图。另外，如果希望知道地图的障碍物信息并在地图上导航，也可通过体素建立占据栅格地图。

此处仅讲最简单的点云地图。所谓点云，就是由一组离散的点表示的地图。最基本的点包含 x、y、z 三维坐标，也可以带有 R（红），G（绿），B（蓝）的彩色信息。由于 RGB-D 摄像机提供了彩色图和深度图，很容易根据摄像机内参数来计算 RGB-D 点云。如果通过某种手段，得到了摄像机的位姿，那么只要直接把点云进行加和，就可以获得全局的点云，从而得到点云地图。

8.2.2 激光 SLAM

激光 SLAM 来自早期的基于测距的定位方法（如超声和红外单点测距）。激光雷达的出现和普及使得测量更快、更准，信息更丰富。激光雷达采集到的物体信息呈现出一系列分散的、具有准确角度和距离信息的点，称为点云。通常，激光 SLAM 系统通过对不同时刻两片点云的匹配与比对，计算激光雷达相对运动的距离和姿态的改变，也就完成了对机器人自身的定位。激光雷达距离测量比较准确，误差模型简单，在强光直射以外的环境中运行稳定，点云的处理也比较容易。同时，点云信息本身包含直接的几何关系，使得机器人的路径规划和导航变得直观。

目前，常用的激光 SLAM 算法有 Hector-SLAM 算法、Gmapping 算法和 Cartographer 算法。

1）Hector-SLAM 算法需要使用高更新频率、小测量噪声的激光扫描仪，不需要里程计，可以应用于空中无人机和地面小车，能在不平坦的区域中高精度扫描。该算法的核心思路是利用已经获得的地图对激光束点阵进行优化，估计激光点在地图上的表示和占据网络的概率。其中扫描匹配利用的是高斯–牛顿方法，导航中的状态估计使用惯性测量，并进行 EKF 定位。

2）Gmapping 算法是一种基于粒子滤波理论的当前使用最广泛的激光二维 SLAM 算法，使用粒子滤波重采样的方式进行地图匹配。粒子滤波需要使用大量的粒子来获取较好的采样结果，但这会大大增加计算的复杂度。Gmapping 算法的一个核心工作是降低计算工作量，但效果并不显著。

3）Cartographer 算法是一种基于图优化理论的激光 SLAM 算法，主要适用于室内场景，也可适用于室外较大的场景，其精度可达 5cm。该算法对传感器精度要求不高，但对处理器性能要求较高，其传感器系统由一个激光雷达和一个 IMU 元件构成。该算法的核心思路是将每一帧激光雷达扫描数据匹配到子图中，每生成一个子图就进行一次回环检测，利用分支上界法和预先计算的网格，在所有子图完成后进行一次全局回环构建全局地图。

激光 SLAM 与经典 SLAM 框架保持一致，它的流程如图 8-12 所示。

以 Cartographer 为例，使用的主要定位算法是扩展卡尔曼滤波和图优化（Graph Optimization）。EKF 的主要用途有：① EKF 用于融合激光雷达数据和里程计数据，以估计机器人在地图中的位置和姿态；② EKF 通过建立状态模型和测量模型，使用预测和更新步骤来迭代估计机器人的状态；③ EKF 使用里程计数据来预测机器人的位姿；④ EKF 使用激光雷达数据来校正预测的位姿估计，并提高定位的准确性。图优化是一种优化技术，用于优化机器人的轨迹和地图的形状，以减小激光雷达数据与地图之间的误差。在 Cartographer 中，图优化被用于全局优化，以提高建立的地图的一致性和准确性。图优化建立了一个图模型，其中节点表示机器人的位姿和地图的特征点，边表示它们之间的关系和约束。通过优化算法（如非线性最小二乘法），图优化通过调整节点的位置和边的关系，以最小化误差，从而优化机器人的轨迹和地图的形状。

图 8-12　激光 SLAM 流程图

Cartographer 建图过程中使用的传感器主要有轮式里程计和激光雷达。其中轮式里程计的机械标称值并不代表真实值，实际误差可能较大，需要标定后才能使用。而激光雷达采集每一帧激光数据都需要时间，在采集期间机器人的运动会使测量值产生畸变，这种畸变会让获取的数据严重失真，影响匹配精度。因此，需要首先对传感器的数据进行处理，即里程计的标定和激光雷达运动畸变的去除；然后进行前端匹配，提供初始位置后，通过对激光雷达数据进行特征提取来获得环境中由物体的边缘或角点组成的路标点，使用路标点来匹配当前激光雷达扫描的数据与之前观测到的地图数据，估计机器人在地图中的位姿；接着进行回环检测，识别是否到达过访问的位置，若检测到回环，就将地图信息发送给后端；之后进行后端优化，采用图优化的方法，建立位姿图进行最优化，可以得到机器人整体运动路径；最后根据路径可以完成地图构建。

8.3 地图构建实践案例

8.3.1 机器人实验室环境二维地图构建实践

本节将针对 8.1.2 节的二维地图构建理论部分展开实验设计，采用 8.2.2 节中介绍的激光 SLAM 算法 Cartographer，以机器人实验室环境二维地图构建为例进行实验验证。整个实验过程分为实验环境搭建、二维栅格地图构建两个部分（扫码 8-1 见详细实践过程）。

1. 实验环境搭建

本节实验平台为 Ubuntu 20.04，配置有 RTX 3050 显卡（6GB 显存），机器人采用四轮全向麦克纳姆轮移动底盘，搭载 RPLIDAR 二维激光雷达和 IMU-TL740D 陀螺仪，并已经参考传感器官方教程安装了激光雷达与 IMU 的 ROS（Robot Operating System）驱动。

参考 Cartographer 官方手册，在 ROS 下安装；在终端中安装编译所需的工具（扫码 8-1 获取）。

配置 Cartographer 建图节点 launch 文件，配置过程扫码 8-1 获取。

如图 8-13 所示的 urdf 机器人描述文件包含了机器人运动底盘尺寸以及各传感器与机器人本体之间的连接关系与相对位姿。

码 8-1【视频讲解】二维地图构建

```
include "map_builder.lua"
include "trajectory_builder.lua"

options = {
  map_builder = MAP_BUILDER,
  trajectory_builder = TRAJECTORY_BUILDER,
  map_frame = "map",
  tracking_frame = "base_link",
  published_frame = "base_link",
  odom_frame = "odom",
  provide_odom_frame = true,
  publish_frame_projected_to_2d = false,
  use_pose_extrapolator = true,
  use_odometry = false,
  use_nav_sat = false,
  use_landmarks = false,
  num_laser_scans = 1,
  num_multi_echo_laser_scans = 0,
  num_subdivisions_per_laser_scan = 1,
  num_point_clouds = 0,
  lookup_transform_timeout_sec = 0.2,
  submap_publish_period_sec = 0.3,
  pose_publish_period_sec = 5e-3,
  trajectory_publish_period_sec = 30e-3,
  rangefinder_sampling_ratio = 1.,
  odometry_sampling_ratio = 1.,
  fixed_frame_pose_sampling_ratio = 1.,
  imu_sampling_ratio = 1.,
  landmarks_sampling_ratio = 1.,
}

MAP_BUILDER.use_trajectory_builder_2d = true
TRAJECTORY_BUILDER_2D.num_accumulated_range_data = 1

TRAJECTORY_BUILDER_2D.submaps.num_range_data = 35
TRAJECTORY_BUILDER_2D.min_range = 0.1
TRAJECTORY_BUILDER_2D.max_range = 8
TRAJECTORY_BUILDER_2D.missing_data_ray_length = 1.
TRAJECTORY_BUILDER_2D.use_imu_data = false
TRAJECTORY_BUILDER_2D.use_online_correlative_scan_matching = true
TRAJECTORY_BUILDER_2D.real_time_correlative_scan_matcher.linear_search_window = 0.1
TRAJECTORY_BUILDER_2D.real_time_correlative_scan_matcher.translation_delta_cost_weight = 10.
TRAJECTORY_BUILDER_2D.real_time_correlative_scan_matcher.rotation_delta_cost_weight = 1e-1

POSE_GRAPH.optimization_problem.huber_scale = 1e2
POSE_GRAPH.optimize_every_n_nodes = 35
POSE_GRAPH.constraint_builder.min_score = 0.65

return options
```

图 8-13 urdf 机器人描述文件

使用 Cartographer 建图需要读取参数配置信息，机器人的配置信息是从一个名为“options”的数据结构中读取的，它需要在 Lua 文件中进行定义。通过改变参数配置可以支持不同种类的机器人工作。至此，实验环境搭建完成。

2. 二维栅格地图构建

实验室实际环境如图 8-14 所示。

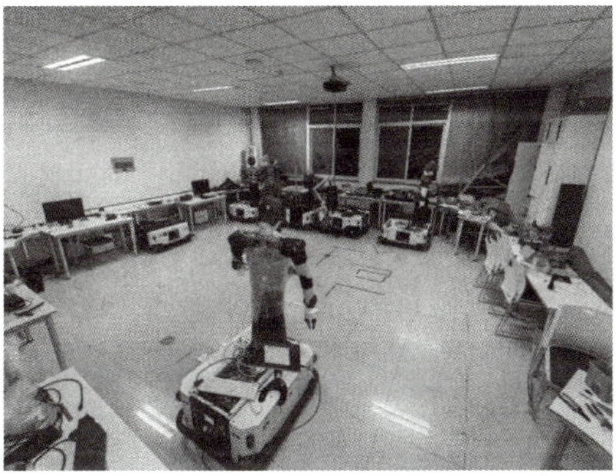

图 8-14　实验室实际环境

1）打开激光雷达驱动节点以及 Cartographer 建图节点：

```
rosservice call/finish_trajectory 0
```


2）保存地图，该步骤保存的是 .pbstream 地图，用于重定位，自行修改存储位置与名称，如图 8-15 所示。

```
rosservice call/write_state "{filename: '${HOME}/code/navigation_ws/src/move_launch/map/map.pbstream'}"
```

图 8-15　文件夹

3）转换 .pbstream 地图为栅格地图（栅格地图用于导航）。

```
rosrun cartographer_ros cartographer_pbstream_to_ros_map-map_filestem=${HOME}/code/navigation_ws/src/move_launch/map/map-pbstream_filename=${HOME}/code/navigation_ws/src/move_launch/map/map.pbstream-resolution=0.05
```

8.3.2 果树三维地图重建实践

本节将针对 8.1.3 节的三维地图构建理论部分展开实验设计，采用深度神经网络实现环境的三维重建，并以非结构化的果树结构重建为例进行实验验证。整个实验过程包括网络运行环境搭建、输入数据准备、网络模型训练和网络模型测试。下面将对这四个部分展开详细描述。

1. 实验运行虚拟环境搭建

本节实验平台为 Ubuntu 20.04，配置有 RTX 3090 显卡（24GB 显存），在实际运行中，训练和测试显存占用均小于 6GB，因此在实际应用中，对硬件设备的需求和依赖并不是很高。为了方便进行运行环境管理，需要先借助 Conda 创建新的虚拟环境，在终端使用命令“conda create--name MT_MVSNet python=3.8-y”创建名为“MT_MVSNet”的虚拟环境，具体操作如图 8-16 所示。

图 8-16 创建虚拟环境

提前准备好工程“MT_MVSNet”，进入到工程目录下，如图 8-17 所示，其中包括一个名为“requirements.txt”的文件。

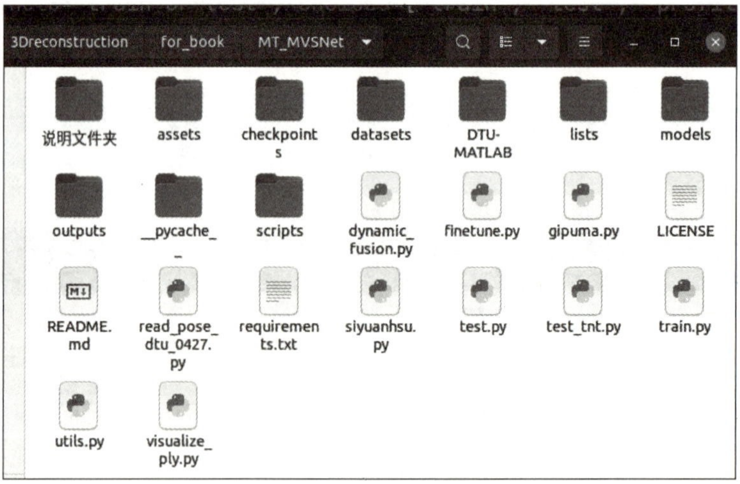

图 8-17 工程目录

在图 8-17 所示的文件目录下右击打开终端，并使用命令”conda activate MT_MVSNet”激活前述创建的虚拟环境“MT_MVSNet”，随后执行环境安装命令“pip install-r requirements.txt-i https://pypi.tuna.tsinghua.edu.cn/simple”，如图 8-18 所示。

requirement.txt 中所有依赖安装完成之后，使用 PyCharm 打开工程，并在 PyCharm 中添加“解释器”将当前工程使用的环境确定为“MT_MVSNet”，解释器添加后的效果如图 8-19 所示。至此，运行环境构建完成。

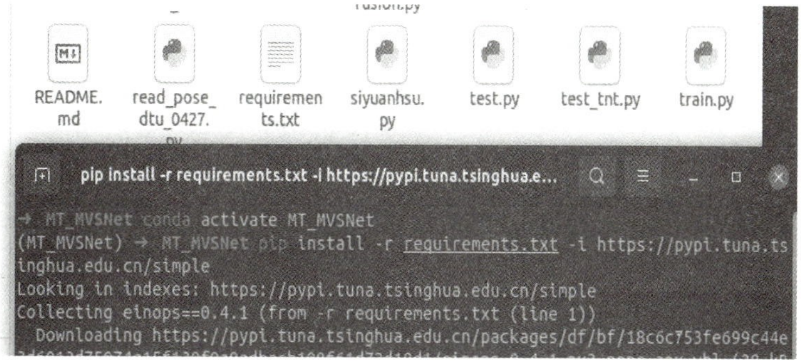

图 8-18　环境安装命令

图 8-19　解释器添加后的效果

2. 准备数据集

本节最终将以果树三维重建来展示设计的网络效果，但是在模型训练阶段，需要庞大的数据进行模型训练，而这些数据集具有挑战性的部分不仅限于数据量大，还受限于作者团队已有的设备无法获取训练数据的真实值，因为真实值需要特种设备去获取，这些设备价格昂贵。但随着多视立体视觉技术的快速发展，有一些知名机构建立了几种较为完善的数据集。现有的用于多视立体视觉的主流数据集有 DTU、Tanks and Temples 和 BlendedMVS，这些数据集严格按照要求进行采集和整理，可行度较高，具有权威性。在所提及的这三种数据集中，本节将演示如何使用 DTU 数据集进行模型训练，以生成具有推理能力的数据集。由于 DTU 数据集较为庞大，解压后占用内存 80 多 GB，因此需要在 DTU 官网自行下载数据集。下载后的 DTU 数据集将显示如图 8-20 所示文件结构。

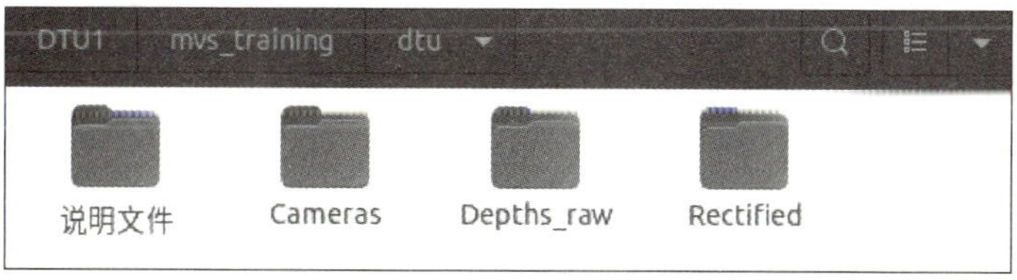

图 8-20　文件结构

图 8-20 中“Cameras”中包含了描述摄像机内参数、外参数和对应深度图的最远距离和最近距离，用于描述摄像机的运动情况，以及两两摄像机之间位姿的相互转换关系。“Rectified”中包含了所有训练场景的彩色图，将作为网络的输入。“Depths–raw”文件夹中包含了与每张彩色图对应的深度描述，以 .pfm 格式存储，使用时可将其转换为 tensor 格式，或进一步转换以实现可视化。DTU 数据集的文件目录结构如图 8-21 所示。

```
# DTU 训练数据根目录
#    +---Cameras_1(摄像机参数)
#    |    +---00000000_cam.txt
#    |    ......64 个摄像机参数 txt 文件(有些摄像机位是没有用到的)
#    |     +---pair.txt(视图之间重合区域匹配文件(1个))
#    |    \---train(内含 64 个摄像机参数 txt 文件)
#    |     +---00000000_cam.txt
#    |           ......
#    +---Depths_raw(深度图)
#    |    +---scan1
#    |         +---depth_map_0000.pfm(pfm 格式的深度图:宽 160*高 128)
#    |         ......
#    |         +---depth_visual_0048.png(png 格式的深度图可视化黑白图:宽 160*高 128)
#    |         ......
#
#    |    \---scan8
#    \---Rectified
#          +---scan1_train
#           +---rect_001_0_r5000.png
#                ....|
#          +---scan2_train
```

图 8-21　文件目录结构

使用 DTU 数据集进行训练之后，DTU 官方也给出了测试数据集，访问官网即可下载测试数据集，测试数据集包括 25 个场景，其文件目录如图 8-22 所示。

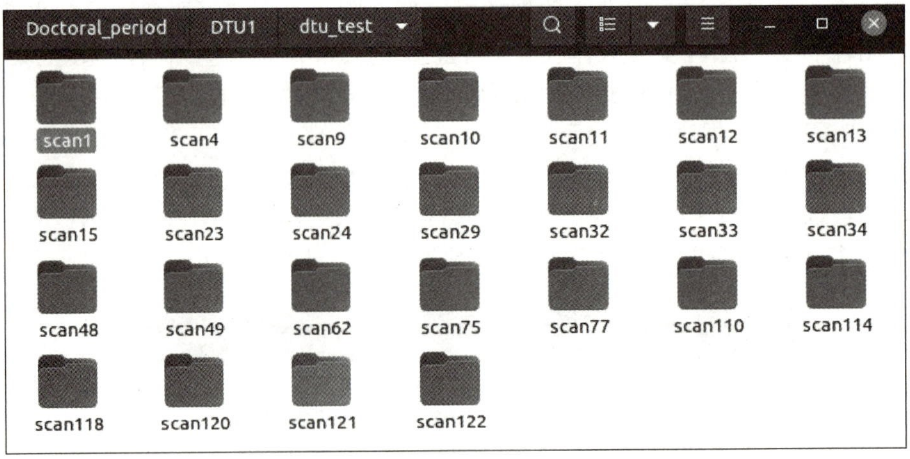

图 8-22　测试数据集文件目录

测试数据集文件与训练数据集文件不同，测试数据集文件中不包括数据真实值，仅包括摄像机位姿描述文件“cams”、彩色图像文件夹“images”和摄像机位姿相似度描述文件“pair.txt”，如图 8-23 所示。

3. 模型训练

训练数据集和测试数据集准备就绪之后，就可以开启模型训练。在 MT_MVSNet 工程下找到 train.py，对脚本中训练参数进行设置，由于可更改参数较多，本节仅对关键核心参数进行介绍，训练阶段的关键核心参数具体见表 8-1。

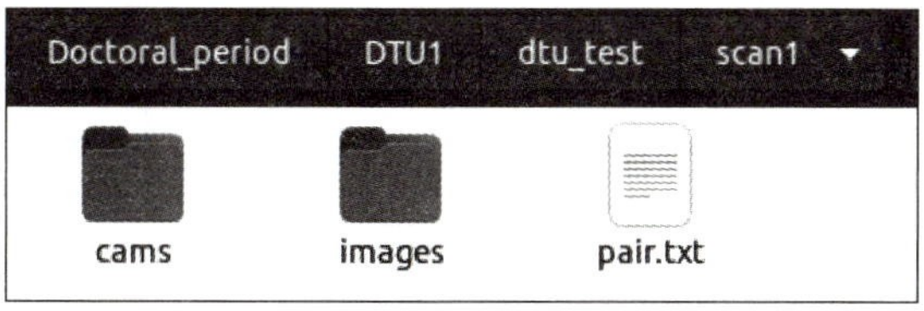

图 8-23　测试数据集中包含的文件

表 8-1　训练阶段的关键核心参数

参数名	参数含义
--logdir	保存路径
--dataset	数据加载方式
--batch_size	批量大小
--epochs	迭代次数
--trainpath	训练集数据集路径
--trainlist	训练集“场景描述文件”
--testlist	验证集“场景描述文件”
--numdepth	深度采样数
--ndepths	每个阶段的深度采样数
--nviews	邻域图像数
--depth_inter_r	深度间隔比
--dlossw	不同阶段的深度损失权重

在本实验中，将提供以下训练参数示例：

```
--logdir="./outputs/dtu_training"
--dataset=dtu_yao
--batch_size=6
--epochs=16
--trainpath="xxx/DTU/mvs_training/dtu"
--trainlist=lists/dtu/train.txt
--testlist=lists/dtu/val.txt
--numdepth=192
--ndepths="32，16，8，4"
--nviews=5
--depth_inter_r="8.0，4.0，1.0，0.5"
--dlossw="1.0，1.0，1.0，1.0"
```

根据上述参数介绍，在 PyCharm 中给定运行的形参，如图 8-24 所示，添加到形参列表中。

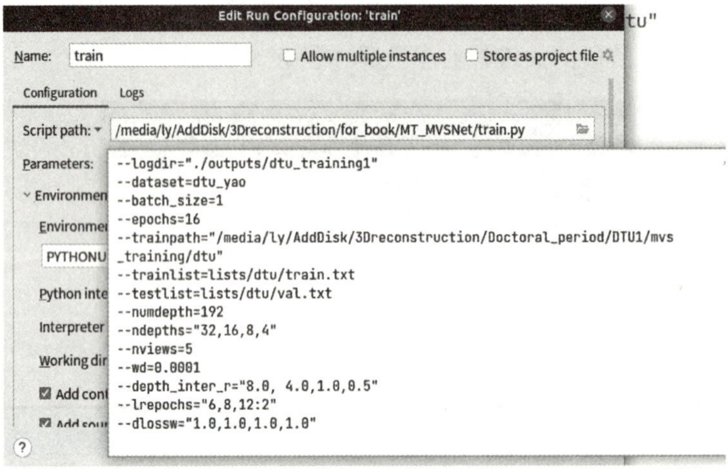

图 8-24　PyCharm 中给定模型训练形参示例

执行训练过程，若出现错误提示，则按照下述方法进行解决，若不出现，则忽略。

1）可能出现的运行报错 1：

```
message.Message._CheckCalledFromGeneratedFile ()
TypeError: Descriptors cannot be created directly.
If this call came from a _pb2.py file, your generated code is out of date and must be regenerated with protoc>=3.19.0.
If you cannot immediately regenerate your protos, some other possible workarounds are:
 1. Downgrade the protobuf package to 3.20.x or lower.
 2. Set PROTOCOL_BUFFERS_PYTHON_IMPLEMENTATION=python (but this will use pure-Python parsing and will be much slower).
```


报错 1 解决办法：在虚拟环境“MT_MVSNet”中重新安装 protobuf。

```
pip install protobuf==3.20.0-i https://pypi.tuna.tsinghua.edu.cn/simple
```

2）可能出现的运行报错 2：

```
self.num_batches_tracked=self.num_batches_tracked+1  # type: ignore[has-type]
RuntimeError: CUDA error: no kernel image is available for execution on the device
CUDA kernel errors might be asynchronously reported at some other API call, so the stacktrace below might be incorrect.
For debugging consider passing CUDA_LAUNCH_BLOCKING=1.
```

报错 2 解决办法：在虚拟环境“MT_MVSNet”中重新安装与当前显卡算力相匹配的环境依赖库。

```
pip3 install torch torchvision torchaudio--force-reinstall  --extra-index-url https://download.pytorch.org/whl/cu111
https://github.com/pytorch/pytorch/issues/31285
```

根据报错信息解决环境安装中各项依赖版本不兼容问题之后，就可以开始训练了。若训练过程中控制台输出打印如图 8-25 所示的信息，则证明“成功开始训练”，本模型在

RTX 3090 显卡上，batch_size 设置为 6，迭代次数设置为 16，训练共耗时 38h。

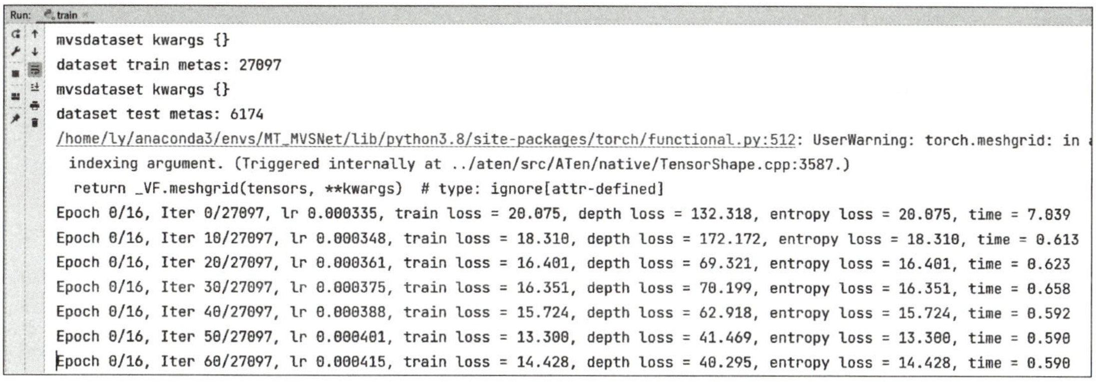
Run: train
mvsdataset kwargs {}
dataset train metas: 27097
mvsdataset kwargs {}
dataset test metas: 6174
/home/ly/anaconda3/envs/MT_MVSNet/lib/python3.8/site-packages/torch/functional.py:512: UserWarning: torch.meshgrid: in
indexing argument. (Triggered internally at ../aten/src/ATen/native/TensorShape.cpp:3587.)
return _VF.meshgrid(tensors, **kwargs) # type: ignore[attr-defined]
Epoch 0/16, Iter 0/27097, lr 0.000335, train loss = 20.075, depth loss = 132.318, entropy loss = 20.075, time = 7.039
Epoch 0/16, Iter 10/27097, lr 0.000348, train loss = 18.310, depth loss = 172.172, entropy loss = 18.310, time = 0.613
Epoch 0/16, Iter 20/27097, lr 0.000361, train loss = 16.401, depth loss = 69.321, entropy loss = 16.401, time = 0.623
Epoch 0/16, Iter 30/27097, lr 0.000375, train loss = 16.351, depth loss = 70.199, entropy loss = 16.351, time = 0.658
Epoch 0/16, Iter 40/27097, lr 0.000388, train loss = 15.724, depth loss = 62.918, entropy loss = 15.724, time = 0.592
Epoch 0/16, Iter 50/27097, lr 0.000401, train loss = 13.300, depth loss = 41.469, entropy loss = 13.300, time = 0.590
Epoch 0/16, Iter 60/27097, lr 0.000415, train loss = 14.428, depth loss = 40.295, entropy loss = 14.428, time = 0.590

图 8-25　成功执行训练时控制台输出信息

4. 模型测试

使用前述训练生成的模型进行测试，本节首先在 DTU 测试数据集下开展测试，找到 test.py，设置测试参数，此处仅对关键核心参数进行介绍，具体见表 8-2。

表 8-2　测试阶段的关键核心参数

参数名	参数含义
--dataset	数据加载方式
--batch_size	批量大小
--testpath	测试数据集路径
--testlist	测试数据集“场景描述文件”
--loadckpt	训练生成模型文件的路径
--outdir	测试结果保存路径
--numdepth	深度采样数（与训练保持一致）
--ndepths	每个阶段的深度采样数（与训练保持一致）
--depth_inter_r	深度间隔比
--num_view	邻域图像数

在本节测试实验中，将提供以下测试参数示例：

```
--dataset=general_eval
--batch_size=2
--testpath="xxx/DTU1/dtu_test"
--testlist=lists/dtu/test.txt
--loadckpt="outputs/dtu_training/model_000015.ckpt"
--outdir="./outputs/dtu_test"
--numdepth=192
--ndepths="32，16，8，4"
--depth_inter_r="8.0，4.0，1.0，0.5"
--num_view=5
```

根据上述参数，在 PyCharm 中给定运行“test.py”形参，如图 8-26 所示，添加到形参列表中。

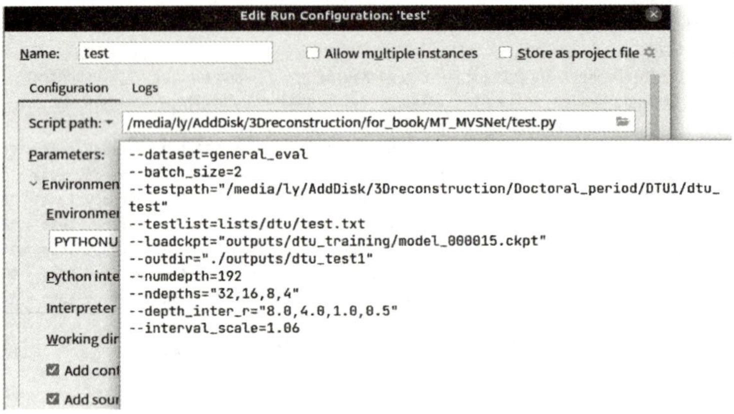

图 8-26　PyCharm 中给定模型测试形参示例

测试过程中，当控制台输出打印如图 8-27 所示的结果时，证明测试程序成功执行。

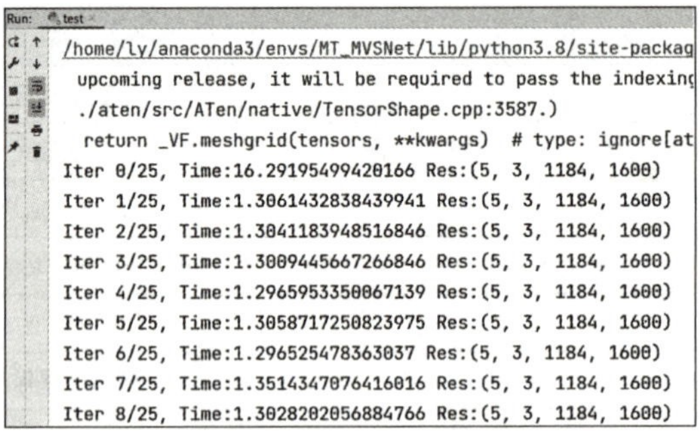

图 8-27　测试程序成功执行的控制台输出结果

测试脚本运行之后将生成过程文件以及 .ply 点云文件，如图 8-28 所示，图中仅展示了测试集中 22 个 scan 场景中的两个 scan（scan1 和 scan4）生成的结果。

使用 MeshLab 打开 .ply 文件，生成的点文件可视化效果如图 8-29 和图 8-30 所示。

从图 8-29 和图 8-30 中可看出，三维重建结果较为完整，但对于生成的点云文件，需要进行定量的精度评估，评估方法可以参考 DTU 官网，此处不再赘述。

对 DTU 测试数据集进行重建实验之后，接下来将针对果树结构展开重建实验，使用 ZED 2i 摄像机获取多帧图像（对应 images 文件），同时获取每帧图像对应的摄像机位姿（对应 cams 文件），并通过脚本生成摄像机位姿相似性描述文件 pairs.txt。数据格式参考 DTU 数据集进行构建，果树数据集如图 8-31 所示。

构建完果树数据集之后参照前述步骤，使用此网络对果树进行三维结构重建，重建结果将保存在指定路径“SystemPath/MyWorkSpace/Tree.ply”，使用点云查看工具查看结果如图 8-32 所示。

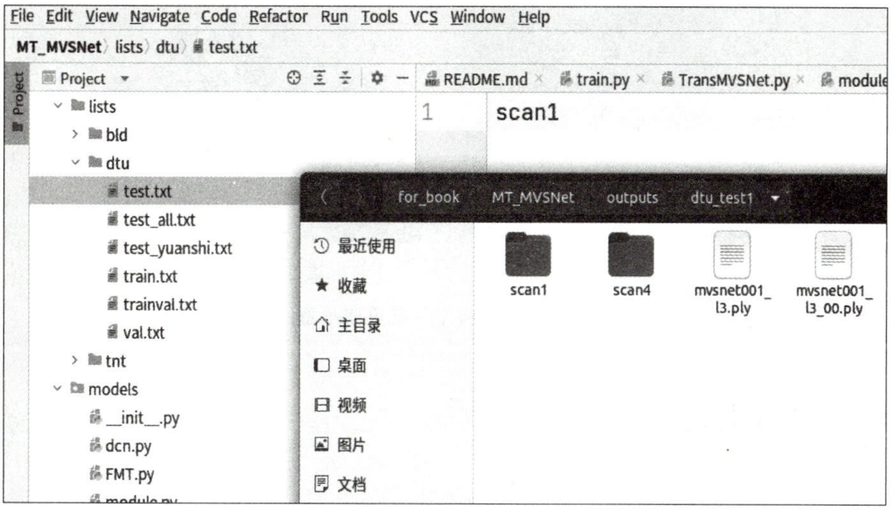

图 8-28　测试程序生成过程文件以及 .ply 点云文件

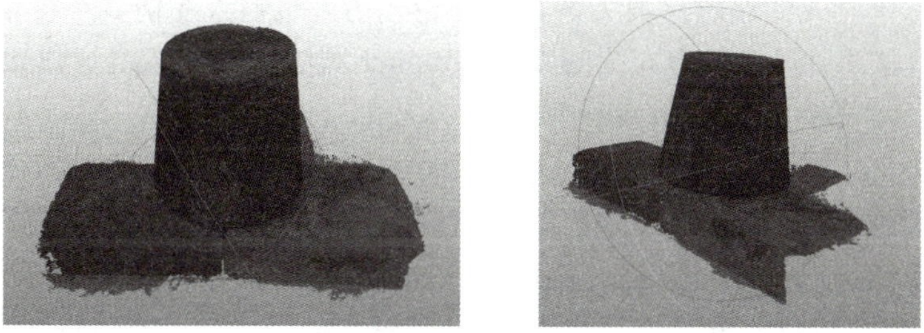

图 8-29　DTU 测试数据集中 scan1 生成的点云文件可视化效果

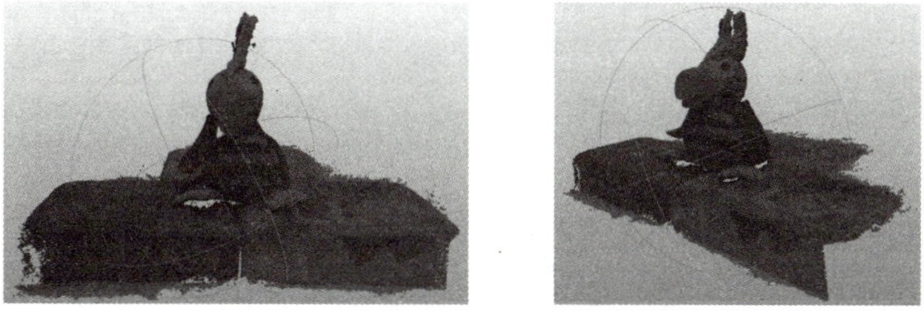

图 8-30　DTU 测试数据集中 scan4 生成的点云文件可视化效果

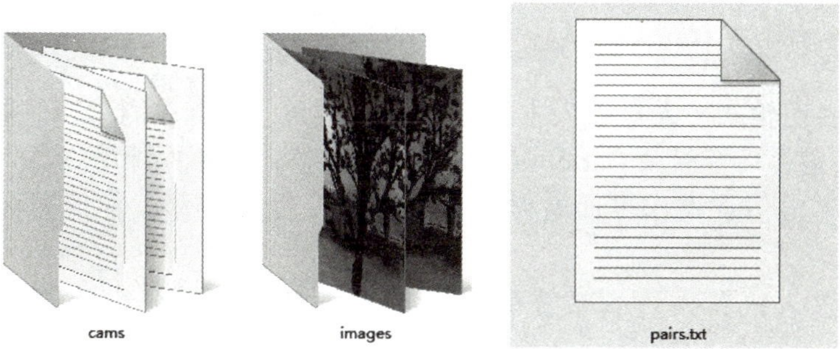

图 8-31　构建成 DTU 格式的果树数据集

a) 输入的二维图像　　b) 重建的三维点云图

图 8-32　果树枝干三维重建示意图

8.4　地图构建训练

8.4.1　二维地图构建训练

本节以设置机器人的建图参数为例，实现轮式仿人机器人在仿真环境中的二维栅格地图构建，建图算法采用 8.2 节中介绍的 Cartographer 算法。具体实践步骤如下：

第一步，打开终端，运行 roscore 节点，如图 8-33 所示。

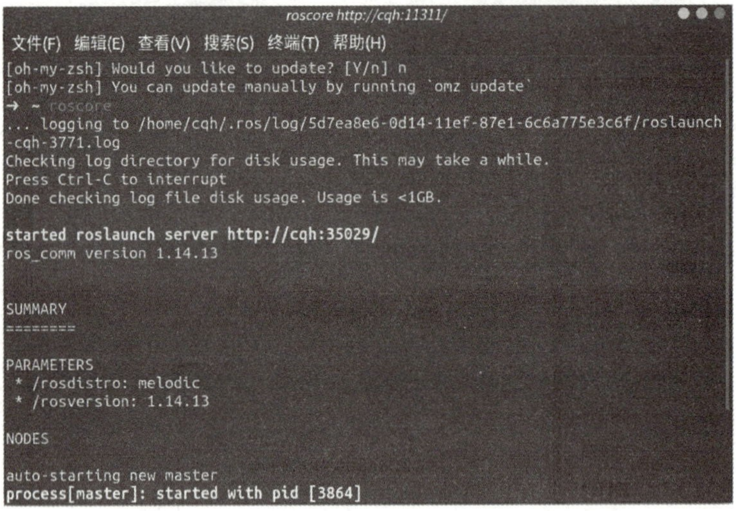

图 8-33　打开终端

第二步，启动轮式仿人机器人本地仿真操作界面，单击右侧“导航器”选项，单击“启动导航”按键，后台启动 Cartographer 建图节点，如图 8-34 和图 8-35 所示。

第三步，单击仿真操作界面右侧控制器按键，控制机器人在地图内移动建图，如图 8-36 所示。

第四步，进入机器人仿真系统的 Rviz 界面，观察二维栅格地图的构建过程，如图 8-37 所示。

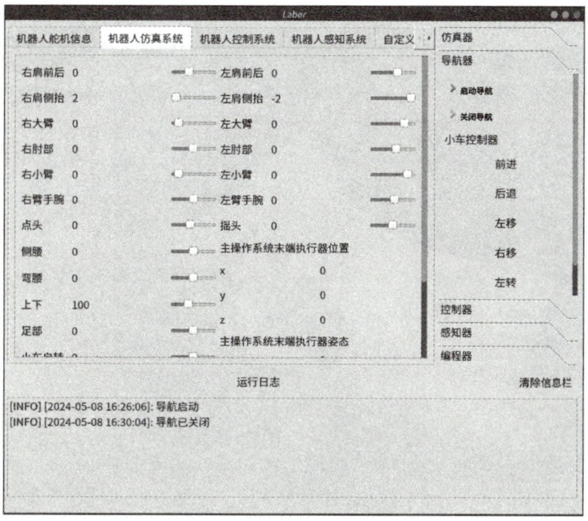

图 8-34　单击导航器

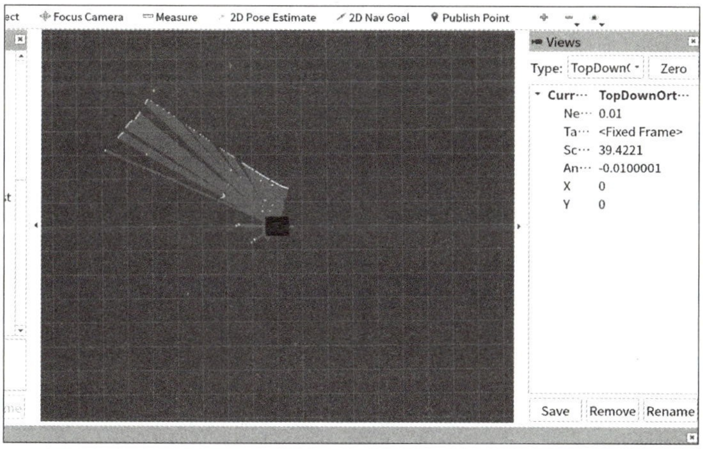

图 8-35　建图节点

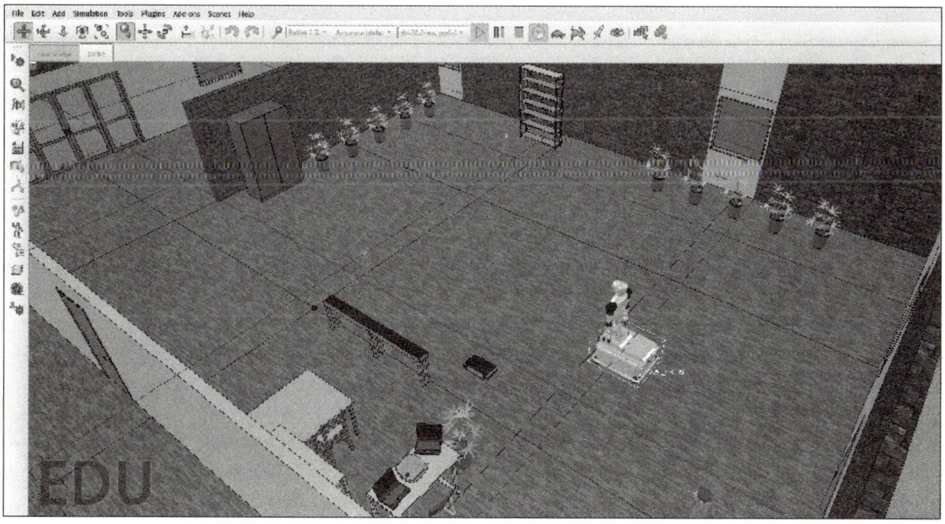

图 8-36　移动建图

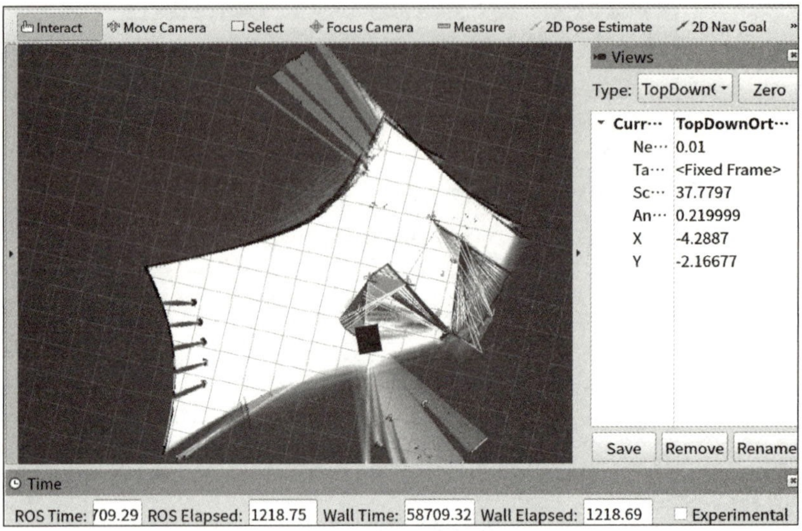

图 8-37　建图过程

第五步，建图操作完成后，按照安装路径运行保存地图节点，如图 8-38 所示。参照下述步骤将地图保存为 .pbstream、png 和 yaml 格式以供后续重定位、导航使用。

```
rosservice call/finish_trajectory 0
```

保存地图（该步骤保存 .pbstream 地图，用于重定位，自行修改存储位置与名称）：


```
rosservice call /write_state "{filename：'${HOME}/code/navigation_ws
/src/move_launch/map/map.pbstream'}"
```

pbstream 地图转栅格地图（栅格地图用于导航，自行修改存储位置与名称）：

```
rosrun cartographer_ros cartographer_pbstream_to_ros_map-map_filestem=${HOME}/code
/navigation_ws/src/move_launch/map/map-pbstream_filename=${HOME}/code
/navigation_ws/src/move_launch/map/map.pbstream-resolution=0.05
```

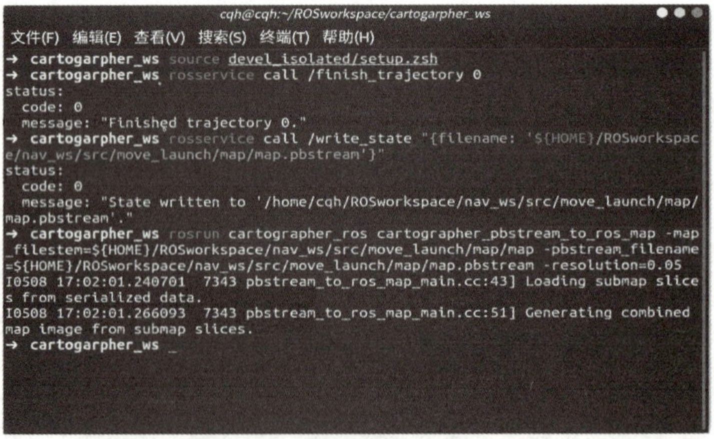

图 8-38　保存地图节点

8.4.2　三维地图构建训练

本节将基于前期部署的环境重建算法，以果树重建为例，通过界面操作形式介绍三维果树重建的界面操作流程（扫码 8-2 见详细训练过程）。

码 8-2【视频讲解】三维地图重建

首先单击“机器人感知系统”下的“重建”，进入三维重建流程，如图 8-39 所示。

图 8-39　本地仿真软件下三维重建流程示意

与目标识别类似，进行果树重建之前，需要上传输入图像数据，如图 8-40 所示，通过界面操作上传本地的果树图像。

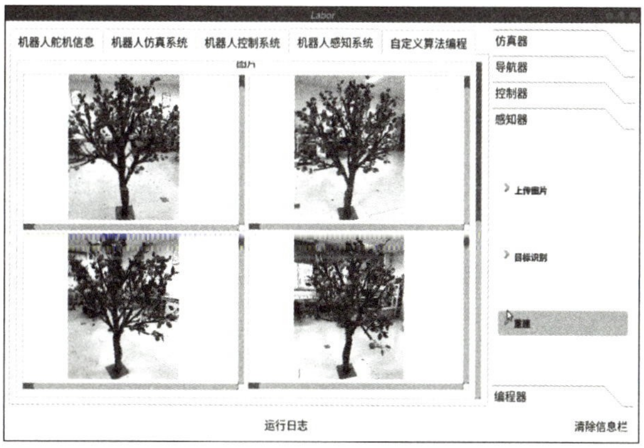

图 8-40　上传本地用于果树三维重建的图片

图像上传完毕之后，进行多视图重建，重建结果将以点云的形式呈现，如图 8-41 所示。需要注意的是，此处基于仿真平台进行多视图重建展示，仅仅为了说明多视图重建的输入和输出形式，具体的模型推理需要根据 8.3.2 节中的方法来实现。同时，此处加载的点云文件为 8.3.2 节中保存的果树创建点云文件，保存路径为“SystemPath/MyWorkSpace/Tree.ply”。

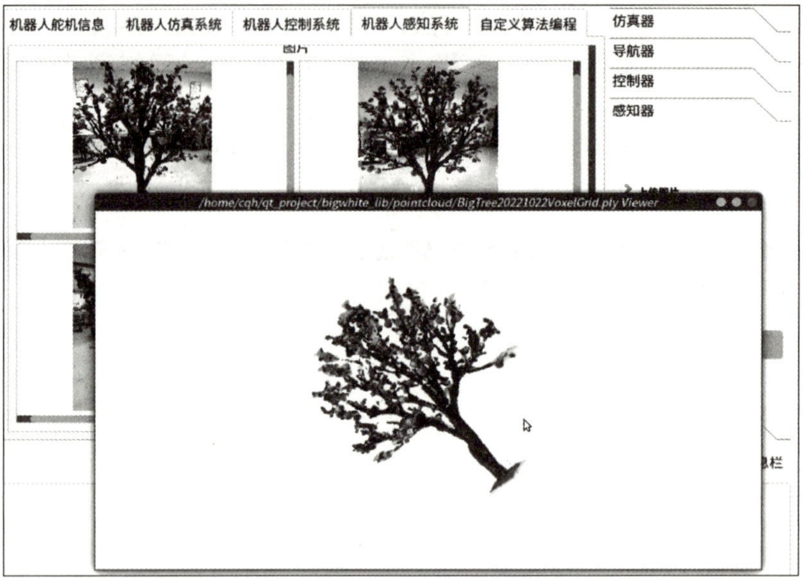

图 8-41　本地仿真软件重建点云结果可视化

本章小结

在基础部分，主要解决了两个问题：①机器人的地图表示问题；②机器人的地图构建问题。本章首先介绍了地图构建的重要性，即机器人在未知环境中完成给定任务，需要依靠其自身携带的传感器提供的信息来建立环境地图。环境地图构建的好坏直接决定了给定任务是否能够顺利完成，而地图的表示更直接关系着环境地图的构建。为了让读者更好地掌握环境地图的构建，本章对地图的表示方法及原理进行了介绍。然后叙述了二维地图构建方法和三维地图构建方法。最后介绍了目前应用最广的两种典型 SLAM：视觉 SLAM 和激光 SLAM。

在实践部分，本章详细描述了果园二维地图的构建实践过程和果树三维地图的重建实践过程，并在所开发的实践训练系统中，介绍了二维地图构建训练和三维地图构建训练。

通过本章的理论学习、案例实践和动手训练，读者应该了解机器人定位及地图构建的基本原理、目的和作用，熟悉地图表示与二维和三维地图构建方法，掌握视觉 SLAM 和激光 SLAM 技术。

习题

8-1　地图的表示方法有哪些？

8-2　简述栅格地图的构建方法？

8-3　简述 MT-MVSNet 重建三维地图的流程。

8-4　简述视觉 SLAM。

8-5　简述激光 SLAM。

第 9 章　机器人运动规划理论与实践

导读

本书第 6 章机器人传感理论、第 7 章机器人环境识别理论和第 8 章机器人定位及地图构建理论，论述了机器人的认知。在执行时，路径规划生成轨迹，促使机器人到达目标位置；而根据检测到的实时传感器信息，机器人避障可促使其自主避开障碍物，并调整其路径。本章将讨论机器人的规划与避障，其中 9.1 节论述机器人二维路径规划和三维路径规划，9.2 节讨论机器人轨迹规划，9.3 节介绍机器人运动规划实践案例，9.4 节讨论轮式仿人机器人运动规划训练。

本章知识点

- 机器人路径规划
- 机器人轨迹规划
- 机器人运动规划实践案例
- 轮式仿人机器人运动规划训练

9.1　机器人路径规划

码 9-1【视频讲解】机器人路径规划概述

9.1.1　二维路径规划

二维路径规划是将已知的三维地图降维成二维栅格地图，在这种环境地图完全已知的情况下进行路径规划，也称为全局路径规划问题。全局规划的准确性是由环境地图的精准度来决定的。下面将详细介绍 A* 算法的原理及相关改进。

1. A* 算法

A* 算法在 1968 年由 Hart、Nilsson 和 Raphael 共同提出，它是一种较为有效地求解最优路径的直接搜索算法。A* 算法结合了 BSF 算法和 Dijkstra 算法的优点，并引入了启发式函数，从而避免了盲目搜索，提高了搜索效率和路径规划的准确性。A* 算法包括从当前节点到目标节点的成本估计，以及从出发节点到当前节点的实际花费。采用数学模型

来表达某条最优路径的估计函数，有

$$f(n)=g(n)+h(n) \tag{9-1}$$

式中，$f(n)$ 为从出发节点到目标节点的最小估计代价，由两部分组成；$g(n)$ 为从出发节点到当前节点 n 的实际路径代价；$h(n)$ 为启发式函数，表示从当前节点 n 到目标节点的最小路径估计代价。

在 A* 算法中，代价数值通常用距离值表示，常用的距离有曼哈顿距离、欧氏距离、切比雪夫距离等。A* 算法还需要满足以下条件。

1）在整个搜索空间内存在最优解。

2）求解的空间是有限的。

3）每一个子节点的搜索代价均大于 0。

4）$h(n)\leqslant h^{*}(n)$，其中 $h^*(n)$ 为实际的代价。

第 4）个条件表明，对于 A* 算法，启发式函数 $h(n)$ 是十分重要的。$g(n)$ 是当前已经消耗的代价，其值是固定不变的，而影响整体估计代价 $f(n)$ 的唯一因素就是 $h(n)$。对于 $h(n)$ 来说，设定的约束条件越多，排除路径的可能性就越大，那么相应的搜索效率就越高。当 $h(n)=0$ 时，此时的算法就是 Dijkstra 算法。在这种情况下，无疑增加了搜索的节点，降低了搜索效率，但是总是能够寻找到一条最短的路径。当 $h(n)\leqslant h^{*}(n)$ 时，A* 算法一定能够搜索出一条最优路径，同时还能保持较高的搜索效率。

A* 算法的搜索过程如图 9-1 所示。在整个搜索过程中，A* 算法主要利用两个集合：close_set 和 open_set。open_set 中主要存放没有检测过的点，而 close_set 中主要存放已经检测过的点。open_set 中的元素按照 f 的值升序排列，每次循环搜索时，都先从 open_set 中选取 f 值最小的节点进行检测，将检测出的点放入 close_set 中，同时计算与该点相邻的节点的 f、g、h 值。当 open_set 中的节点为空或者搜索到目标节点时，停止搜索。

以一个 5×5 大小的网格为例，假设其出发点为 S，终点为 E，水平和竖直方向上的移动代价为 10，且只能沿着水平或者竖直方向移动，那么 A* 算法搜索示意图如图 9-2 所示。

图 9-2 中，黑色栅格代表障碍物；红色箭头代表最终获得的最优路径；每个小格子右上角的数值代表 g 值，右下角的数值代表 f 值，左下角的数值代表 h 值。

2. A* 算法的改进

传统的 A* 算法是一个单向搜索递进的过程，当场景较为简单时，A* 算法能够在较短的时间内寻找到一条最优路径。但是，由于实际场景构建出来的地图往往空间较大，地图的状况也较为复杂，这样就会增加路径搜索的时间。针对这一问题，本节在 A* 算法的基础上进行改进：采用双向搜索的方式来提高搜索效率（只将时间最优作为约束条件）。

A* 算法是从出发点到目标点的单向搜索。而所谓的双向搜索，就是从出发点和目标点同时开始向着对方搜索，构建两个单向搜索。将出发点到目标点的单向搜索看作正向搜索，目标点到出发点的单向搜索看作反向搜索。正向搜索时，将反向搜索到的当前最优节点看作目标点进行搜索；反向搜索时，将正向搜索到的当前最优节点看作目标点进行搜索，两种搜索交叉进行，直到两种搜索的目标点为同一个目标点，搜索结束。

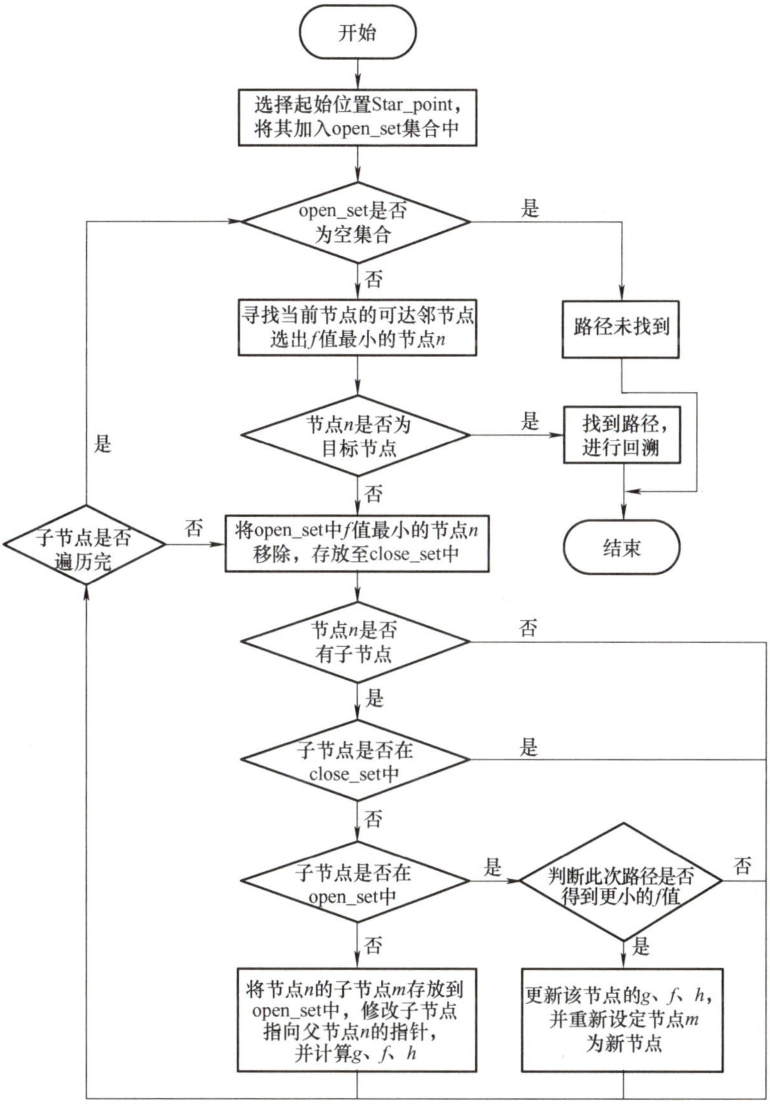

图 9-1　A* 算法的搜索过程

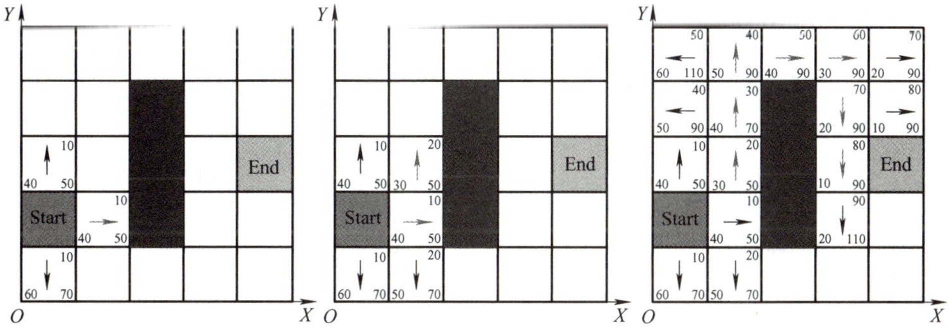

a) 起始点邻节点代价计算　　b) (2.2)节点代价计算　　c) 最终搜寻路径

图 9-2　A* 算法搜索示意图（扫码 9-2 见彩图）

在有些特殊情况下，会出现两种算法没有交叉点的情况，那么此时利用单向 A* 算法搜索即可。

A* 算法利用了 open_set 和 close_set。而双向 A* 算法则需要正向搜索的 open_set1 和 close_set1，以及反向搜索的 open_set2 和 close_set2。同时记正向搜索的估计函数为 $f_1(n)=g_1(n)+h_1(n)$，反向搜索的估计函数为 $f_2(n)=g_2(n)+h_2(n)$。

码 9-2【彩图】A* 算法搜索示意图

双向 A* 算法的实现流程如下：

1）初始化 open_set1 和 open_set2。

2）先进行正向搜索，将当前节点 S 进行扩展搜索，对节点 S 之后的节点 n 进行如下操作。

① 判断节点 n 是否为障碍物或者已经搜索过的点，若是，则跳过；若不是，则计算 $f_1(n)=g_1(n)+h_1(n)$。

② 将节点 n 存放到 open_set1 中。

3）判断 open_set1 是否为空集，若是，则搜索失败，同时终止搜索；若不是，则将 open_set1 中的节点按照 f_1 值升序排列，从 open_set1 中选取 f_1 值最小的节点进行检测，将检测出的点放入 close_set1 中。如果该点也在 close_set2 中，那么终止搜索，跳到第 5）步，否则进行下一步。

4）按照第 2）、3）步进行反向搜索，将对应集合和估计函数进行相应的变换。

5）根据估计函数，分别计算两种搜索方式的代价，同时判断两个 close 集合中是否有相交节点 N（出发点和目标点不计算在内），若有，则以节点 N 为中间连接点，分别回溯正向搜索和反向搜索，计算从出发点到节点 N 和目标点到节点 N 的两个代价，将二者相加得到总的代价值；若没有，则搜索失败，采用单项 A* 算法进行搜索。

码 9-3【彩图】搜索方法

在不同大小的栅格地图中，对传统的 A* 算法和双向 A* 算法进行多组仿真实验，两种搜索方法的仿真图如图 9-3 所示。

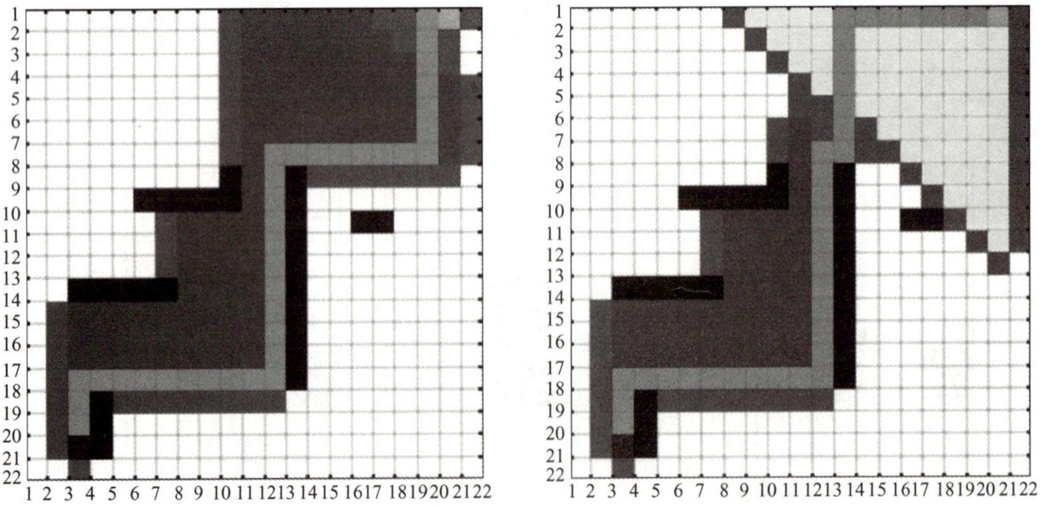

a) A*算法　　b) 双向A*算法

图 9-3　两种搜索方法的仿真图（扫码 9-3 见彩图）

图 9-3 用不同的颜色代表搜索的各个阶段。其中，蓝色格子代表出发点；青色格子代表目标点；白色格子代表空白区域，即在栅格中没有任何障碍物，同时是未搜索的区域；黑色格子代表存在障碍物；玫红色格子代表在下一次搜索时的节点；红色格子代表正向搜索过程中，已经检索过的节点，但不是最优节点；黄色格子代表反向搜索过程中，已经检索过的节点，但不是最优节点；绿色格子代表出发点到目标点的搜索路径。

对 5 组不同实验进行数据记录，搜索时间见表 9-1。

表 9-1 搜索时间

不同组别实验	实验 1	实验 2	实验 3	实验 4	实验 5
A* 算法消耗时间 /s	0.8734	1.5734	2.2537	3.4218	4.2138
双向 A* 算法消耗时间 /s	0.5732	0.9008	1.2523	1.8604	2.4356
降低时间 /s	0.3002	0.6726	1.0014	1.5614	1.7782
降低百分比 /%	34.4	42.7	44.4	45.6	42.2

由表 9-1 可以明显看到，利用双向 A* 算法进行路径规划，可以降低约 40% 的消耗时间，对于场景较大的环境，会极大地缩减机器人整体的路径规划时间。

9.1.2 三维路径规划

在高维空间中，针对机器人的路径规划问题，目前常用的解决方案是 RRT（Rapidly-exploring Random Tree，快速扩展随机树）算法。该算法由 Lavalle 于 1998 年提出，它利用树形结构来代替具有方向的图结构，对状态空间的随机采样进行碰撞检测，通过采样和扩展树节点的方式最终获取到一条从起点到终点的有效路径。同时，RRT 算法是一种概率完备的搜索算法，即在自由空间中，只要存在可以指向起点到终点的路径，同时给足采样点，RRT 算法就一定能够寻找到一条可通过的路径。该算法不需要对空间结构进行精确建模，计算量小。目前，经过众多学者改进的 RRT 算法已被广泛应用到机器人的路径规划问题中。本节只针对轮式仿人形机器人的作业臂末端执行器进行三维路径规划。

1. RRT 算法

以二维空间中的 RRT 算法为例，如图 9-4 所示，T_k 是一棵已经拥有 k 个节点的扩展随机树；X_{init} 是树的根节点，也就是搜索的起点；X_{goal} 是扩展随机树空间内的目标点，即搜索的终点。搜索时，首先在随机树的可达空间随机产生一个节点 X_{rand}，然后遍历整棵扩展随机树 T_k 上的每一个节点，寻找到距离 X_{rand} 最近的那个节点 $X_{nearest}$，再在方向 $X_{nearest} \to X_{rand}$ 上以 L 为步长距离，寻找生成一个新的节点 X_{new}，对 X_{new} 进行判断，若满足条件，则将其加入扩展随机树 T_k 上。度量距离通常用欧氏距离计算，即

$$\text{dis}(x_1, x_2) = \| x_2 - x_1 \| \tag{9-2}$$

式中，$\| \cdot \|$ 为向量的 2 范数。

判断节点 X_{new} 到节点 X_{goal} 之间的距离，若 X_{new} 在 X_{goal} 的邻域内，即满足式 (9-3)，则搜索结束。

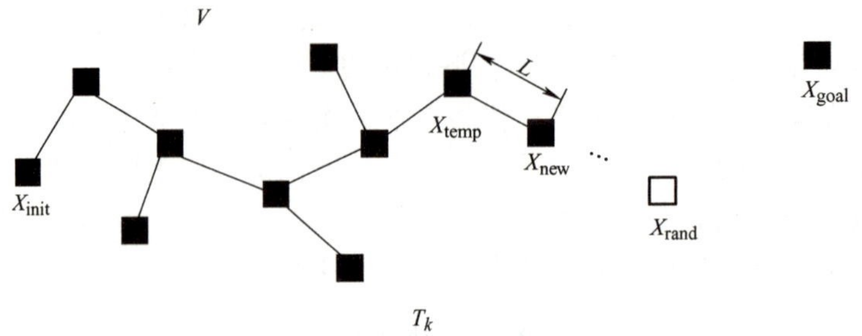

图 9-4 RRT 算法示意图

$$\|X_{new}-X_{goal}\|\leqslant \text{dis}_{goal} \tag{9-3}$$

式中，dis_{goal} 为 X_{goal} 的邻域距离，也是循环搜索的停止标志距离。

RRT 算法如下（算法 1）。

算法 1 RRT 算法

1. Function BuildRRT ( )	// 构造 RRT 函数
2. Input(X_{init}, X_{goal}, L, X, N)	// 初始化相关参数
3. Init T(X_{init})	// 初始化树
4. For n=1 to N	// 进入循环搜索
5. X_{rand} = RandomSample(X)	// 随机生成一个采样点
6. $X_{nearest}$= SearchNearest(T, X_{rand})	// 寻找到距离 X_{rand} 最近的点
7. X_{new}=ExtendTree(X_{near}, T, L)	// 将最近点扩展到随机树上
8. If CollisionCheck($X_{nearest}$, X_{new})==0	// 碰撞检测
9. T.add(X_{new})	// 将新生成的节点加入随机树
10. If $\|X_{new}-X_{goal}\|\leqslant \text{dis}_{goal}$	// 判断是否到达目标点的邻域
11. Return(T)	// 返回扩展随机树
12. If(n>N)	
13. Return failed	// 搜索失败
14. Path=PATH(T)	
15. Return(Path)	// 返回搜索路径

RRT 算法中，RandomSample 函数是随机采样函数，所有的采样点均服从均匀分布，即

$$\begin{cases} X_{rand},x = p[\max(X,x)-\min(X,x)]+\min(X,x) \\ X_{rand},y = p[\max(X,y)-\min(X,y)]+\min(X,y) \end{cases} \tag{9-4}$$

SearchNearest 函数是寻找最近点函数，即

$$X_{nearest}=\min\|X_{rand}-T\| \tag{9-5}$$

ExtendTree 函数是扩展随机树函数，扩展公式为

$$X_{new} = X_{nearest} + L\frac{X_{rand} - X_{nearest}}{\| X_{rand} - X_{nearest} \|} \tag{9-6}$$

CollisionCheck 函数是碰撞检测函数，是一个布尔类型的函数。对于节点 $X_{nearest}$ 到 X_{new} 之间的所有点，都表示为

$$\{X\text{：} x \in (X_{nearest}, X_{new}), x = x_{nearest} + t \times (x_{new} - x_{nearest}), t \in [0,1]\} \tag{9-7}$$

RRT 算法的二维仿真图如图 9-5 所示。

图 9-5 中，红色点代表搜索的起始点；绿色点代表目标点；黑色点代表搜索过程中新增加的节点；蓝色线代表树节点之间的联系；绿色折线代表最终搜索得到的路径。在仿真过程中，发现 RRT 算法存在如下一些缺陷：

1）不同的采样策略会影响整体的收敛速度。

2）邻近空间的范围选择会对算法的精确度有明显的影响。

3）如果空间中障碍物信息过多，会导致求解速度过慢。

4）随机算法导致规划出来的路径较为曲折。

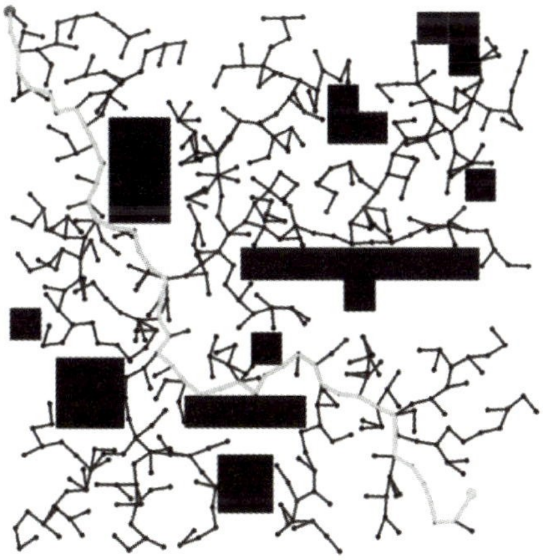

码 9-4【彩图】RRT 算法的二维仿真图

图 9-5　RRT 算法的二维仿真图（扫码 9-4 见彩图）

2. RRT* 算法

由于 RRT 算法在复杂环境中的路径搜索效率较低，故 Lavalle 于 2001 年提出了基于 P 概率的采样模式，通过概率值来决定采样空间内随机点的选取，提高了算法搜索的效率。同时，他与 Kuff 教授提出了双向搜索的策略来提高算法的效率，其基本思想类似于上文中提到的双向 A* 算法，即同时从起始点和目标点产生两棵树，双向依次搜索，交替进行，这样使得搜索的效率得到了极大的提升。本节主要针对机器人作业臂进行三维空间路径规划，在保证安全操作的情况下，需要找到一条最优的路径（此处主要考虑消耗最小和路径最短）。RRT* 算法是 Karaman 在 2011 年提出的，他将代价函数引入 RRT 算法中，通过多次迭代来优化之前的路径。RRT* 算法在保留 RRT 算法优点的同时，还能通过引入的代价函数使 RRT* 算法既能快速有效地实现路径规划，又能得到一条满足条件的最优路径。

RRT* 算法的大体思路与 RRT 算法相似，具体算法步骤如下。

1）初始化拥有 k 个节点的扩展随机树 T_k。树的根节点是 X_{init}，目标节点是 X_{goal}。

2）在树形空间内选取随机点 X_{rand}，然后遍历整个扩展随机树 T_k 上所有节点，寻找到距离 X_{rand} 最近的节点 $X_{nearest}$。

3）以 L 为步长，在方向 $X_{nearest} \rightarrow X_{rand}$ 上寻找并生成一个新的节点 X_{new}。

4）在 $X_{nearest} \rightarrow X_{rand}$ 之间进行碰撞检测，若之间存在障碍物，则抛弃这个节点；否则，以节点 X_{new} 为中心，R 为半径，寻找节点 X_{new} 的邻域内所有 T_k 中的节点，都存放到点集 $\{X_{near}\}$ 中。

5）在 $\{X_{near}\}$ 中遍历所有节点，寻找到 X_{min} 节点，如果该节点满足 X_{min} 到 X_{new} 的代价比 $X_{nearest}$ 到 X_{new} 的代价小，那么将 X_{min} 和 X_{new} 连接，并断开 $X_{nearest}$ 与 X_{new} 的联系。

6）将 $\{X_{near}\}$ 中除节点 X_{min} 外的所有节点 X_i（i=1，2，…，n）再次进行遍历，得到从根节点到 X_{new} 再到 X_i 的代价，若该代价值小于先前树中从根节点到节点 X_i 的代价，则将节点 X_i 与其父节点断开，并将节点 X_i 与节点 X_{new} 建立联系；反之，则保持原树中关系不变。

7）重复上述步骤，直至节点 X_{new} 满足 $\|X_{new} - X_{goal}\| \leqslant \text{dis}_{goal}$，停止搜索。

RRT* 算法示意图如图 9-6 所示。图 9-6a 描述了根据随机采样得到的节点 X_{rand} 寻找到了最近的节点 X_{new}；图 9-6b 描绘了在点集 $\{X_{near}\}$ 中找到了距离节点代价最小的节点 X_{min}，同时断开节点 $X_{nearest}$ 和节点 X_{new} 之间的联系；图 9-6c 表示再次遍历整个点集，找到了通过节点 X_{new} 到节点 X_2 总代价最小的新路径，重构了整棵扩展随机树。

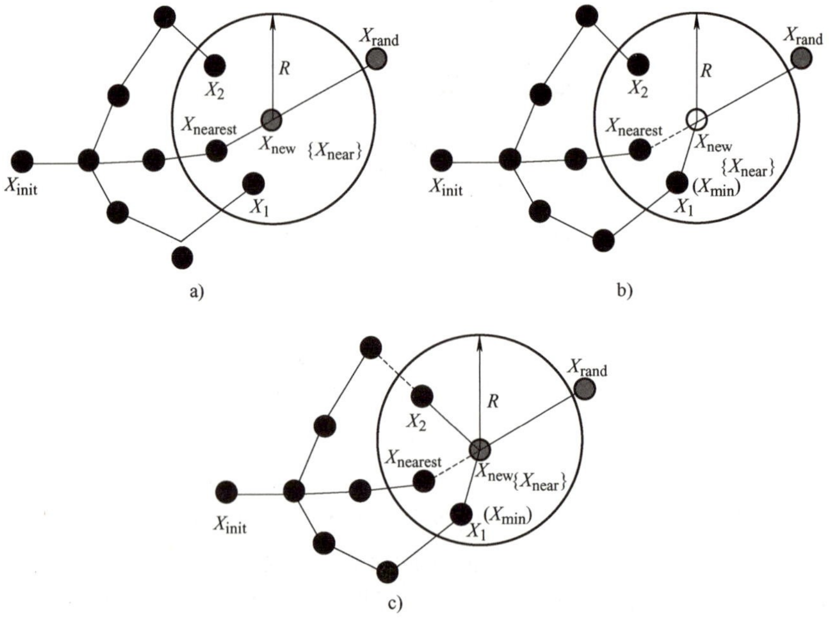

图 9-6　RRT* 算法示意图

与 RRT 算法相比，RRT* 算法实际上就是增加对代价函数的判断，以及重构树的过程。RRT* 算法如下（算法 2）。

算法 2　RRT* 算法

1. Function BuildRRT* ( )　　// 构造 RRT* 函数

2. Input(X_{init}, X_{goal}, L, X, N, {X_{near}}, R)　　// 初始化相关参数

3. Init T(X_{init})　　// 初始化树

4. For n=1 to N　　// 进入循环搜索

5. X_{rand}=RandomSample(X)　　// 随机生成一个采样点

6. $X_{nearest}$=SearchNearest(T, X_{rand})　　// 寻找距离 X_{rand} 最近的点

7. X_{new}=ExtendTree(X_{near}, T, L)　　// 将最近点扩展到随机树上

8. If CollisionCheck($X_{nearest}$, X_{new})==0　　// 碰撞检测

9. {X_{near}}=AdjacentArea(T_k, X_{new}, R)　　// 寻找新节点 X_{new} 的领域点集

10. X_{min}=CostMin({X_{near}}, $X_{nearest}$, X_{new})　　// 寻找邻域内代价最小的节点

11. T.add(X_{min}, X_{new})　　// 将新生成的节点 X_{new} 加入随机树

12. TotalCostMin(T_k, {$X_{near}|X_i \neq X_{min}$}, X_{new})　　// 寻找总代价最小的路径

13. Rebuild(T_k, X_{new}, X_{min}, X_i)　　// 重构扩展随机树

14. If $\|X_{new} - X_{goal}\| \leqslant dis_{goal}$　　// 判断是否到达目标点的邻域

15. Return(T)　　// 返回扩展随机树

16. If(n>N)

17. Return failed　　// 搜索失败

18. Path=PATH(T)

19. Return(Path)　　// 返回搜索路径

3. RRT* 算法改进

RRT 算法和 RRT* 算法能够初步寻找到一条路径，但是还不能满足本书的使用。结合本书中作业臂运动时的状态，对路径有如下需求：①路径应尽可能短，通常越短的路径，抓取时对作业臂的规划要求越少；②路径转折点越少越好，能够使得作业臂的运动变得简单化。故进一步在 RRT* 算法的基础上提出了改进算法。

以二维空间为例，说明角度代价的来源，RRT* 代价函数示意图如图 9-7 所示。

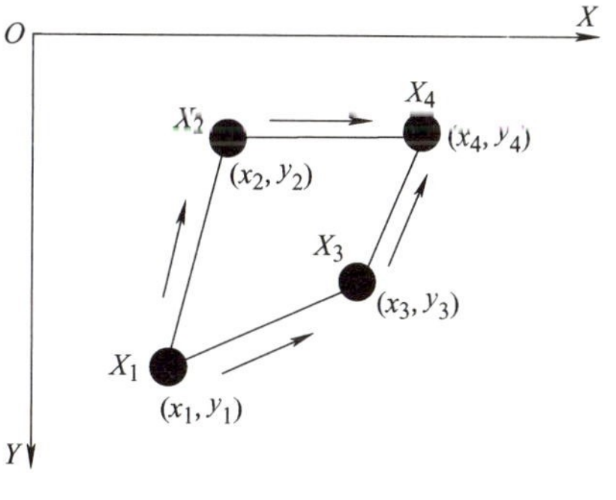

图 9-7　RRT* 代价函数示意图

1）重新构造代价函数 Cost_function，该代价函数由两部分构成，计算公式为

$$\mathrm{Cost\_function} = \alpha \min(\mathrm{total\_distance}) + \beta \min(\mathrm{total\_angle\_cost}) \tag{9-8}$$

式中，等号右边第一项中的 min（total_distance）为路径长度（欧氏距离）的最小代价；等号右边第二项中的 min（total_angle_cost）为在扩展随机树中角度差的最小代价。

图 9-7 中从节点 X_1 到节点 X_4 有两条途径，假设距离代价值相同，那么就可以通过角度代价值进行判断，其公式为

$$\begin{cases} \text{total\_angle\_cost1} = \beta(180° - \arccos < \overrightarrow{X_1X_2}, \overrightarrow{X_2X_4} >) \\ \text{total\_angle\_cost2} = \beta(180° - \arccos < \overrightarrow{X_1X_3}, \overrightarrow{X_3X_4} >) \end{cases} \tag{9-9}$$

此时通过判断 total_angle_cost1 和 total_angle_cost2，可以得到一条较为“笔直”的路径。

2）对障碍物进行膨胀处理。为了降低机器人碰撞的风险，对障碍物进行膨胀处理，这样虽然牺牲了一部分作业臂的工作空间，却降低了机器人的操作危险程度。

9.2 机器人轨迹规划

机器人的轨迹是指机器人在运动过程中的位移、速度和加速度。路径是机器人位姿的一定序列，而不考虑机器人位姿参数随时间变化的因素。机器人在路径上的依次运动示意图如图 9-8 所示，如果机器人从 A 点运动到 B 点，再到 C 点，那么这中间位姿序列就构成了一条路径。而轨迹则与何时到达路径中的每个部分有关，强调的是时间。因此，图中不论机器人何时到达 B 点和 C 点，其路径是一样的，而轨迹则依赖于速度和加速度，如果机器人抵达 B 点和 C 点的时间不同，则相应的轨迹也不同。人们的研究不仅要涉及机器人的运动路径，而且还要关注其速度和加速度。

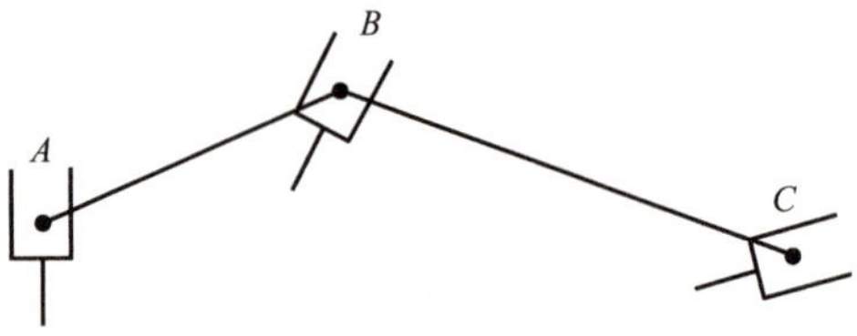

图 9-8　机器人在路径上的依次运动示意图

9.2.1 三次多项式轨迹规划

假设机器人的初始位姿是已知的，通过求解逆运动学方程可以求得机器人期望的手部位姿对应的形位角。若考虑其中某一关节的运动开始时刻 t_i 的角度为 θ_i，希望该关节在时刻 t_f 运动到新的角度 θ_f。轨迹规划的一种方法是使用多项式函数以使得初始和末端的边界条件与已知条件相匹配，这些已知条件为 θ_i 和 θ_f 及机器人在运动开始和结束时的速度，这些速度通常为 0 或其他已知值。这四个已知信息可用来求解下列三次多项式方程中的四个未知量，即

$$\theta(t) = c_0 + c_1 t + c_2 t^2 + c_3 t^3 \tag{9-10}$$

这里初始和末端条件为

$$\begin{cases} \theta(t_i) = \theta_i \\ \theta(t_f) = \theta_f \\ \dot{\theta}(t_i) = 0 \\ \dot{\theta}(t_f) = 0 \end{cases}$$

对式（9-10）求一阶导数得

$$\dot{\theta}(t)=c_1+2c_2t+3c_3t^2 \tag{9-11}$$

将初始和末端条件代入式（9-10）和式（9-11）得

$$\begin{cases}\theta(t_i)=c_0=\theta_i\\ \theta(t_f)=c_0+c_1t_f+c_2t_f^2+c_3t_f^3\\ \dot{\theta}(t_i)=c_1=0\\ \dot{\theta}(t_f)=c_1+2c_2t_f+3c_3t_f^2=0\end{cases}$$

通过联立求解这四个方程，得到方程中的四个未知的数值，便可算出任意时刻的关节位置，控制器则据此驱动关节到目标位置。尽管每一关节都是用同样步骤分别进行轨迹规划的，但是所有关节从始至终都是同步驱动。如果机器人初始和末端的速度不为零，则同样可以通过给定数据得到未知的数值。

9.2.2　抛物线过渡的线性运动轨迹

在关节空间进行轨迹规划的另一种方法是让机器人关节以恒定速度在起点和终点位置之间运动，轨迹方程相当于一次多项式，其速度是常数，加速度为零。这表示在运动段的起点和终点的加速度必须为无穷大，才能在边界点瞬间产生所需的速度。为避免这一现象出现，线性运动段在起点和终点处可以用抛物线来进行过渡，从而产生连续位置和速度，抛物线过渡的线性段规划方法如图 9-9 所示。

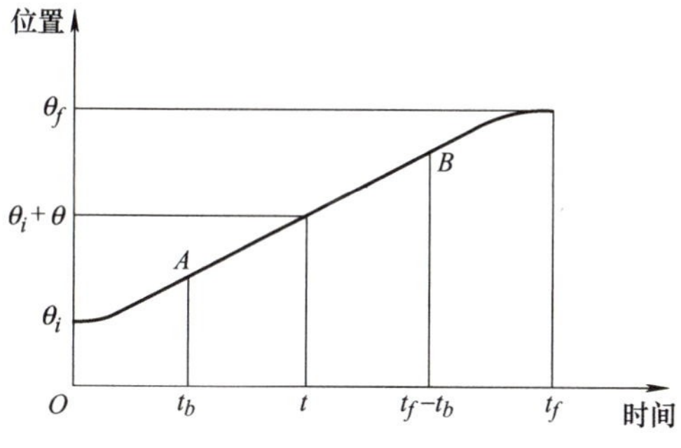

图 9-9　抛物线过渡的线性段规划方法

假设 t_i=0 和 t_f 时刻对应的起点和终点位置为 θ_i 和 θ_f，抛物线与直线部分的过渡段在时间 t_b 和 t_f–t_b 处是对称的，可得

$$\begin{cases}\theta(t)=c_0+c_1t+\dfrac{1}{2}c_2t^2\\ \dot{\theta}(t)=c_1+c_2t\\ \ddot{\theta}(t)=c_2\end{cases} \tag{9-12}$$

显然，这时抛物线运动段的加速度是一个常数，并在公共点 A 和 B（称这些点为节点）上产生连续的速度。将边界条件代入抛物线段的方程，得到

$$\begin{cases}\theta(0)=\theta_i=c_0\\ \dot{\theta}(0)=0=c_1\\ \ddot{\theta}(t)=c_2\end{cases} \tag{9-13}$$

整理得

$$\begin{cases}c_0=\theta_i\\ c_1=0\\ c_2=\ddot{\theta}\end{cases} \tag{9-14}$$

从而简化抛物线段的方程为

$$\begin{cases}\theta(t)=\theta_i+\dfrac{1}{2}c_2t^2\\ \dot{\theta}(t)=c_2t\\ \ddot{\theta}(t)=c_2\end{cases} \tag{9-15}$$

显然，对于直线段，速度将保持为常数，可以根据驱动器的物理性能来加以选择。将零初速度、线性段常量速度 ω 以及零末端速度代入式（9-15）中，可得 A 点、B 点以及终点的关节位置和速度为

$$\begin{cases}\theta_A=\theta_i+\dfrac{1}{2}c_2t_b^2\\ \dot{\theta}_A=c_2t_b=\omega\\ \theta_B=\theta_A+\omega[(t_f-t_b)-t_b]=\theta_A+\omega(t_f-2t_b)\\ \dot{\theta}_B=\dot{\theta}_A=\omega\\ \theta_f=\theta_B+(\theta_A-\theta_i)\\ \dot{\theta}_f=0\end{cases} \tag{9-16}$$

由式（9-16）可以求得

$$\begin{cases}c_2=\dfrac{\omega}{t_b}\\ \theta_f=\theta_i+c_2t_b^2+\omega(t_f-2t_b)\end{cases} \tag{9-17}$$

把 c_2 代入得

$$\theta_f=\theta_i+\left(\frac{\omega}{t_b}\right)t_b^2+\omega(t_f-2t_b)$$

进而求出过渡时间为

$$t_b=\frac{\theta_i-\theta_f+\omega t_f}{\omega} \tag{9-18}$$

t_b 不能大于总时间 t_f 的一半，否则，在整个过程中将没有直线运动段，而只有抛物线

加速段和抛物线减速段。由 t_b 的表达式可以计算出对应的最大速度为

$$\omega_{\max}=\frac{2(\theta_f-\theta_i)}{t_f} \tag{9-19}$$

如果初始时间不是零，则可采用平移时间轴的方法使初始时间为零。终点的抛物线段和起点的抛物线段是对称的，只不过加速度为负，因此可以表示为

$$\theta(t)=\theta_f-\frac{1}{2}c_2(t_f-t)^2 \tag{9-20}$$

式中，$c_2=\omega/t_b$。从而得到

$$\begin{cases}\theta(t)=\theta_f-\dfrac{\omega}{2t_b}(t_f-t)^2\\ \dot{\theta}(t)=\dfrac{\omega}{t_b}(t_f-t)\\ \ddot{\theta}(t)=-\dfrac{\omega}{t_b}\end{cases} \tag{9-21}$$

9.3　机器人运动规划实践案例

9.3.1　果园二维路径规划实践

本节将采用 9.1.1 节的二维路径规划理论展开实践，采用该小节中介绍的 A* 算法作为全局路径规划算法，采用 DWA 动态窗口法作为局部路径规划算法，以 8.4.1 节中机器人实验室环境的二维栅格地图为已知条件进行机器人二维路径规划实验验证。整个实验过程分为实践功能包介绍、实际路径规划定位与导航两个部分。

1. 实践功能包介绍

实验是在 Ubuntu 版本下进行。安装 ros-noetic-navigation 导航包。导航包框架如图 9-10 所示，描述了使用 Navigation 导航包的一个整体框架实现，其核心是 move_base 节点。move_base 节点包含 global_planner、local_planner、global_costmap、local_costmap 四个模块，move_base 节点订阅 tf（坐标系转换）、odom（里程计数据）、map（地图）、sensor datas（激光数据或点云）以及 goal 等话题，路径规划之后发布 cmd_vel 话题。

move_base 节点主要包含 local_planner（局部规划器）和 global_planner（全局规划器）。

global_planner 功能包的 GlobalPlanner 继承了 nav_core::BaseGlobalPlanner，实现了 makePlan () 函数。makePlan () 函数的基本流程就是输入起点和终点，读取代价地图，使用 A* 算法进行规划，调用 OrientationFilter 类中的方法对路径进行优化，将规划好的路径以话题的形式发布。

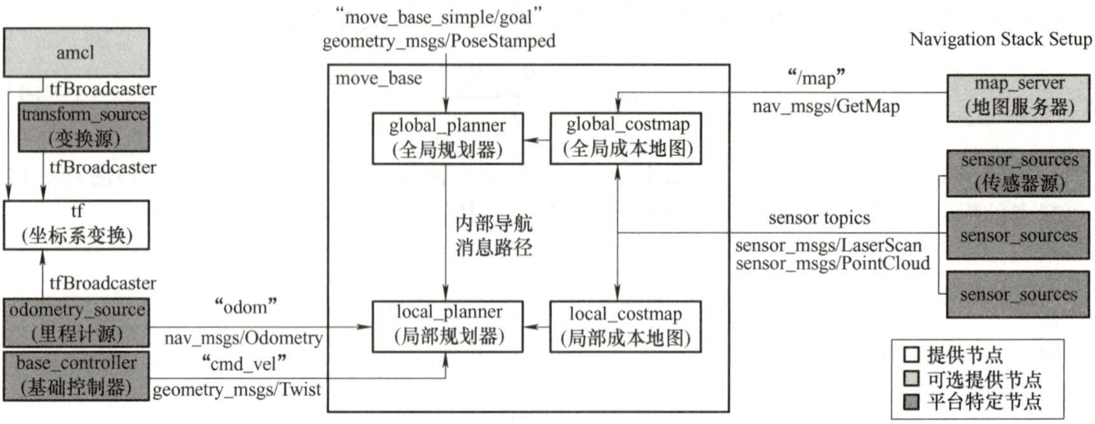

图 9-10　导航包框架图

常用的局部规划器是 dwa_local_planner。dwa_local_planner 提供了在二维平面进行局部路径规划的动态窗口法的实现。动态窗口法主要是在速度空间中采样多组速度，并模拟机器人在这些速度下一定时间内的轨迹。在得到多组轨迹以后，对这些轨迹进行评价，并选取最优轨迹所对应的速度来驱动机器人运动。

2. 定位与导航

在实验中采用 Cartographer 纯定位模式代替传统的 AMCL 定位对机器人进行定位，首先打开传感器驱动并运行定位节点，代码如下：


```
roslaunch rplidar_ros rplidar.launch
roslaunch cartographer_ros bigwhite_localization.launch
```

定位节点如图 9-11 所示。

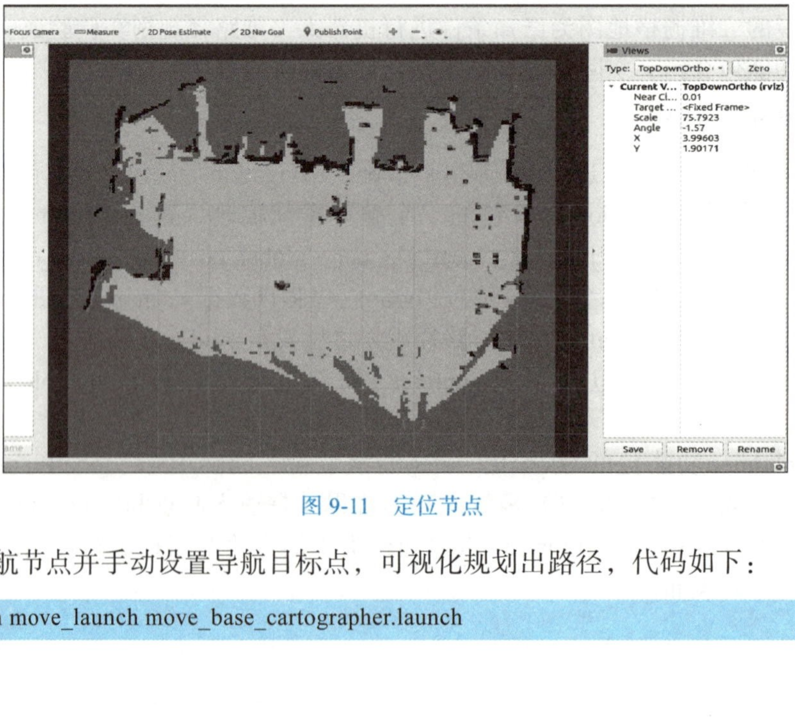

图 9-11　定位节点

开启导航节点并手动设置导航目标点，可视化规划出路径，代码如下：

```
roslaunch move_launch move_base_cartographer.launch
```

规划路径如图 9-12 所示。

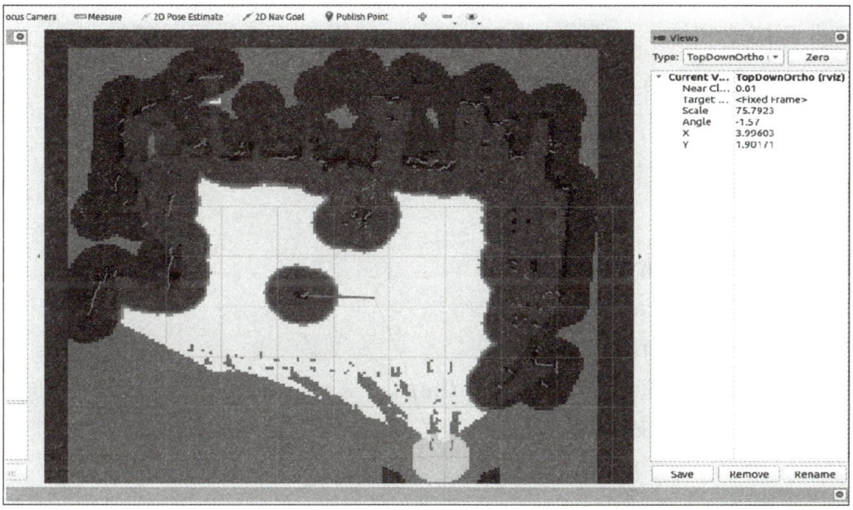

图 9-12　规划路径

最后启动移动机器人控制节点将规划出的 cmd_vel 话题转换为车轮电机协议发送，代码如下：

```
rosrun car car_drive_new
```

如图 9-13 所示，可见小车成功追踪了规划出的路径并达到目标位姿。

图 9-13　追踪规划路径

9.3.2　果树三维路径规划

1. RRT–Connect 算法

基本的 RRT 算法每次搜索都只从初始状态点生长的快速扩展随机树来搜索整个状态空间，如果从初始状态点和目标状态点同时生长两棵快速扩展随机树来搜索状态空间（构型空间），效率会更高。为此，基于双向扩展平衡的连结型双树 RRT 算法，即 RRT–Connect 算法被提出。

RRT–Connect 算法将快速探索随机树（RRT）与一种简单的贪婪启发式方法结合起来，在 RRT 的基础上引入了双树扩展环节，该环节尝试连接两棵树，一棵来自初始构型 q_{init}，另一棵来自目标构型 q_{goal}，分别以 q_{init} 和 q_{goal} 为根节点生成两棵树进行双向扩展，当两棵树建立连接时，可认为路径规划成功。从初始构型和目标构型构建搜索树的思想基于经典的 AI 双向搜索，且算法的关键是使用 RRT 作为简单的采样方案和数据结构，它可以对构型空间进行快速和统一的探索。RRT-Connect 算法的伪代码见算法 3。

算法 3 RRT-Connect 算法

1. $V_1 \leftarrow \{q_{\text{init}}\}; E_1 \leftarrow \phi; G_1 \leftarrow (V_1, E_1);$
2. $V_2 \leftarrow \{q_{\text{goal}}\}; E_2 \leftarrow \phi; G_2 \leftarrow (V_2, E_2); i \leftarrow 0;$
3. **while** $i < N$ **do**
4. $q_{\text{rand}} \leftarrow \text{Sample}(i); i \leftarrow i+1;$
5. $q_{\text{nearest}} \leftarrow \text{Nearest}(G_1, q_{\text{rand}});$
6. $q_{\text{new}} \leftarrow \text{Steer}(q_{\text{nearest}}, q_{\text{rand}});$
7.   **if** $\text{ObstacleFree}(q_{\text{nearest}}, q_{\text{new}})$ **then**
8. $V_1 \leftarrow V_1 \cup \{q_{\text{new}}\};$
9. $E_1 \leftarrow E_1 \cup \{(q_{\text{nearest}}, q_{\text{new}})\};$
10. $q'_{\text{nearest}} \leftarrow \text{Nearest}(G_2, q_{\text{new}});$
11. $q'_{\text{new}} \leftarrow \text{Steer}(q'_{\text{nearest}}, q_{\text{new}});$
12.   **if** $\text{ObstacleFree}(q'_{\text{nearest}}, q'_{\text{new}})$ **then**
13. $V_2 \leftarrow V_2 \cup \{q'_{\text{new}}\};$
14. $E_2 \leftarrow E_2 \cup \{(q'_{\text{nearest}}, q'_{\text{new}})\};$
15.   **do**
16. $q''_{\text{new}} \leftarrow \text{Steer}(q'_{\text{new}}, q_{\text{new}});$
17.   **if** $\text{ObstacleFree}(q''_{\text{new}}, q'_{\text{new}})$ **then**
18. $V_2 \leftarrow V_2 \cup \{q''_{\text{new}}\};$
19. $E_2 \leftarrow E_2 \cup \{(q''_{\text{new}}, q'_{\text{new}})\};$
20. $q'_{\text{new}} \leftarrow q''_{\text{new}};$
21.   **else** break;
22.   **while** not $q'_{\text{new}} = q_{\text{new}}$
23.   **if** $q'_{\text{new}} = q_{\text{new}}$ **then return**$(V_1, E_1);$
24.   **if** $|V_2| < |V_1|$ **then** $\text{Swap}(V_1, V_2);$

  为了更加形象地描述算法，伪代码采用了"图"对算法流程进行说明。其中，$V_i(i=1,2)$ 表示点的集合，$E_i(i=1,2)$ 表示边的集合，V_i 与 E_i 共同组成了图 $G_i(i=1,2)$。算法中，图代表随机树，算法终止条件是迭代次数大于或等于最大次数 N 或者已经获取路径。当算法不满足终止条件时，算法通过随机采样获取随机构型 q_{rand}，在 G_1 中首先寻找最近点 q_{nearest}。然后，从 q_{nearest} 向 q_{rand} 以步长 γ 扩展一步，获得 q_{new}。若 q_{nearest} 与 q_{new} 及其中间点无碰撞，则将 q_{new} 添加进 V_1，将 q_{nearest} 与 q_{new} 所组成的边添加进 E_1。

  此时，单棵树的扩展已经完成，需要尝试与另一棵树即图 G_2 进行连接。在 G_2 中首先寻找离 q_{new} 最近的点 q'_{nearest}，并且向 q_{new} 以步长 γ 扩展一步，获得 q'_{new}。若 q'_{nearest} 与 q'_{new} 及

其中间点无碰撞，则将 q'_{new} 添加进 V_2，将 $q'_{nearest}$ 与 q'_{new} 所组成的边添加进 E_2。重复上述连接动作直至无法连接或连接成功。若连接时出现连接失败，交换点集 V_1 与 V_2，从单棵树步骤再次随机生长，重复连接过程；若连接成功，遍历两棵树，即图 G_1 与 G_2，获取最终的路径。双向 RRT 技术具有良好的搜索特性，与原始 RRT 算法的搜索效率相比有了显著提高，被广泛应用。另外，两棵树不断朝向对方交替扩展，而不是采用随机扩展的方式，特别适用于当起始位姿和目标位姿处于约束区域时，两棵树可以通过朝向对方快速扩展而逃离各自的约束区域。这种带有启发性的扩展使得树的扩展更加贪婪和明确，使得双树 RRT 算法较之单树 RRT 算法更加有效，如图 9-14 所示。

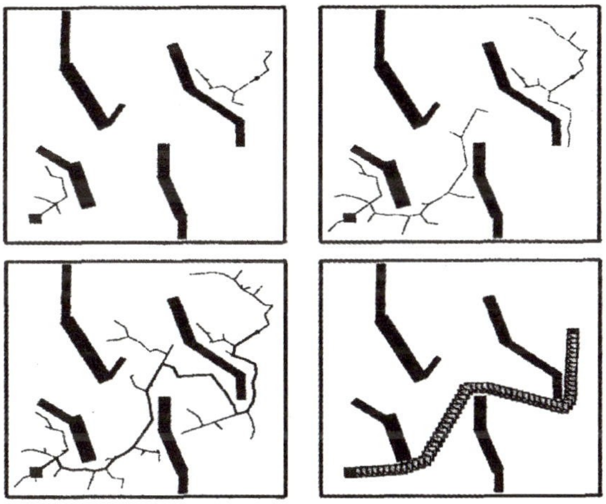

图 9-14 生成两个趋于相连的树

实验结果表明，对于大多数问题，RRT-Connect 算法通常可以将运行时间提高三到四倍，特别是对于无干扰的环境，运行时间更短。RRT-Connect 算法的一些关键优点包括：①不需要调整参数；②不需要预处理；③适用于增量距离计算算法和快速最近邻算法。

2. 信息素 RRT 算法

为了谋求与真实世界的交互性，本部分将点云信息作为场景信息，提出了在复杂环境中为大关节范围的机器人规划一条实际可执行的路径。信息素 RRT 算法专为涉及人搜索空间的路径规划问题而设计。与 RRT-Connect 相比，该方法能够有效地规划出安全、最优的避障路径，并具有最佳的综合性能。

信息素 RRT 算法由采样器和扩展器两部分组成。算法中采样器的主要作用是在机器人工作空间内以启发式搜索策略获得随机点，根据是否碰撞、与目标点距离等参量计算当前节点信息素，并将其作为输入交给扩展器，扩展器以一定步长向该节点方向拓展随机树。

信息素 RRT 算法在采样过程中对每个采样点设计信息素浓度指标，分别由信息素因子、信息素挥发因子 α、信息素常数 σ 组成，即

$$\text{信息素}=\left(\frac{1}{\left\|q_{new}-q_{goal}\right\|}+\sigma\right)\times(1-\alpha)\times t,\sigma=\begin{cases}-10 & \text{碰撞}\\10 & \text{无碰撞}\end{cases}\tag{9-22}$$

式（9-22）中，信息素因子由采样点距离目标点的距离（二范数）决定，类似于强化学习过程中的奖励值。奖励值越大，在该采样点邻域采样的概率也越大，降低了探索路径的随机性。但当信息素不断积累，后续采样过程不可避免地降低了探索路径的随机性，使搜索过程陷入局部最优。因此，算法引入信息素挥发因子来表示信息素的消失水平。它可以使得信息素随着时间的推移不断挥发，保证算法的全局搜索能力，但会影响收敛速度。信息素常数的作用是让算法在正反馈机制下逐步演化，直到搜寻到全局最优解，值越大表示已遍历的采样空间信息素累积的越快，越有助于快速收敛，过程示意图如图 9-15 所示。

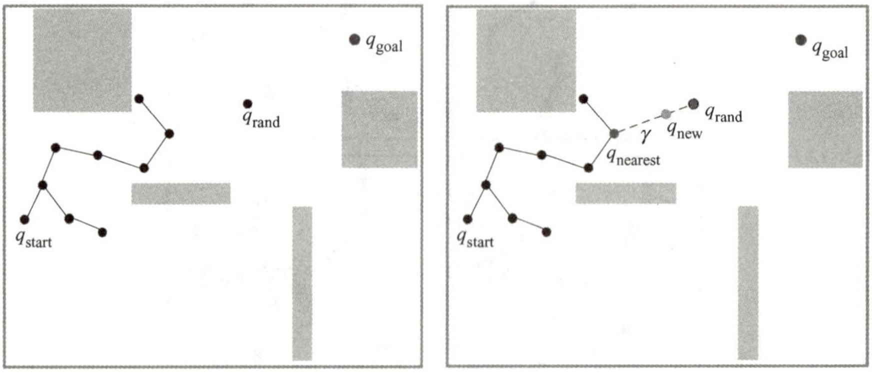

图 9-15　信息素 RRT 算法采样与拓展过程示意图

基于上述理论，图 9-15 展示了在每一次迭代采样过程中，采样树是如何选择节点并进行生长的。首先，信息素 RRT 算法会以 ε 的概率选择空间内任意一点或者在生长树内以 $1-\varepsilon$ 的概率选择一个信息素最高的采样点，在其邻域内进行采样，获得 q_{rand}。之后对点 q_{rand} 进行限度测试与碰撞检测，若 q_{rand} 状态不可达或发生碰撞，记忆当前节点后进入下一次迭代过程；若 q_{rand} 并未发生碰撞则遍历当前树内与 q_{rand} 最近的一个树节点 $q_{nearest}$，在 q_{rand} 和 $q_{nearest}$ 所确定的方向上以步长 γ 确定出 q_{new}，并对 $q_{nearest}$ 与 q_{new} 之间的点进行碰撞检测。若不存在碰撞风险，将节点 q_{new} 纳入树节点中；反之则丢弃该节点，进行下一次迭代过程。

为了验证信息素 RRT 算法，本节进行了实验。实验分为三部分，分别对应三个空间：二维空间、三维空间和机器人高维 C 空间。二维空间下的 RRT-Connect 算法与信息素 RRT 算法的路径规划仿真测试如图 9-16 所示。图 9-16a 表示 RRT-Connect 算法在二维场景下的搜索过程，图 9-16b 表示信息素 RRT 算法在同样二维场景下的搜索过程。从两幅图不难看出，相同条件下，信息素 RRT 算法的搜索过程更快，对于采样空间的无效探索更少。

为了更好地体现信息素 RRT 算法在收敛速度上的优势和对复杂环境的适应性，本节设计了两种环境下测试 RRT-Connect 算法和信息素 RRT 算法在收敛速度和路径长度的表现。两种测试场景图如图 9-17 所示，分别测试一百组实验，实验均值见表 9-2 和表 9-3。

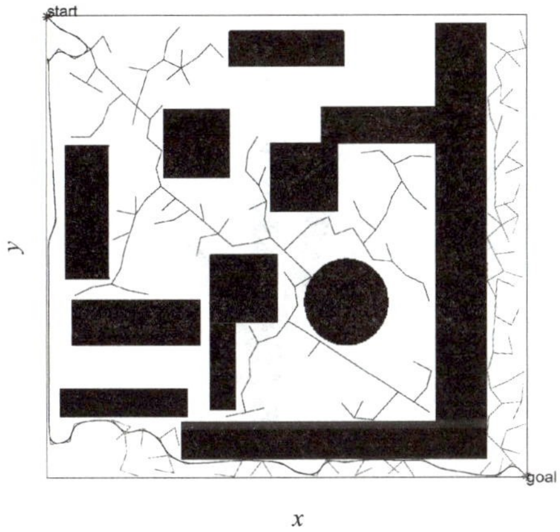

a) RRT–Connect算法在二维场景下的搜索过程

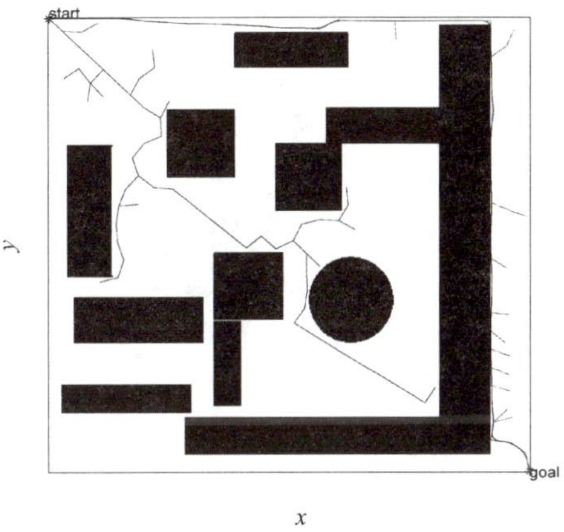

b) 信息素RRT算法在二维场景下的搜索过程

图 9-16　二维空间下 RRT–Connect 算法与信息素 RRT 算法的路径规划仿真测试

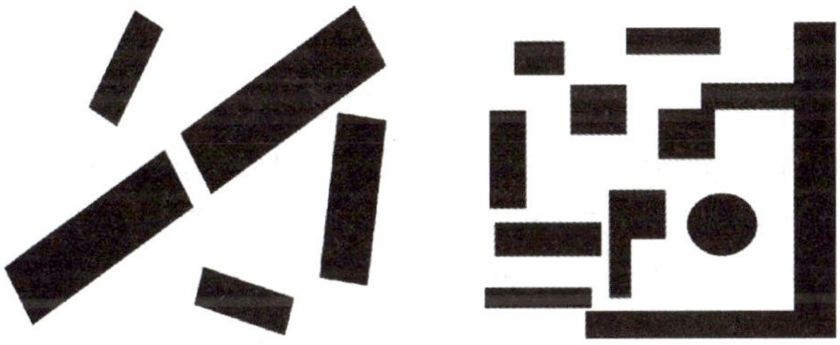

a)　　b)

图 9-17　二维空间两种测试场景图

表 9-2　图 9-17a 的实验均值表

信息素 RRT 算法		RRT–Connect 算法	
平均规划路径长度 /mm	平均规划时间 /s	平均规划路径长度 /mm	平均规划时间 /s
845.399	0.0877	858.389	0.1542

表 9-3　图 9-17b 的实验均值表

信息素 RRT 算法		RRT–Connect 算法	
平均规划路径长度 /mm	平均规划时间 /s	平均规划路径长度 /mm	平均规划时间 /s
1065.3	0.462	1160.7	1.3259

由表 9-2 可以看出，在图 9-17a 所示环境中，信息素 RRT 算法相较于 RRT–Connect 的路径长度减少了 1.51%，规划时间减少了 43.13%。在图 9-17b 所示环境中，信息素 RRT 算法相较于 RRT–Connect 算法的路径长度减少了 8.22%，规划时间减少了 65.16%。因此，信息素 RRT 算法的收敛速度更快。将其拓展至三维空间，算法在三维环境中的规划结果如图 9-18 所示。

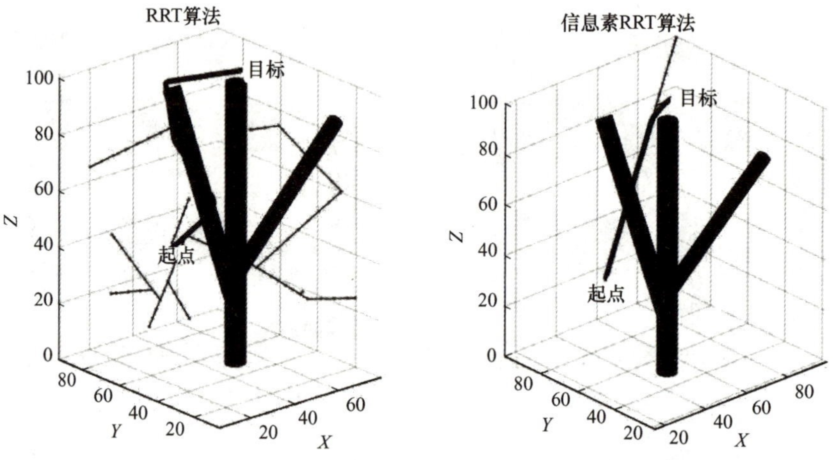

a) RRT–Connect算法在三维场景下的搜索过程　　b) 信息素RRT算法在三维场景下的搜索过程

图 9-18　三维空间下 RRT–Connect 算法与信息素 RRT 算法的路径规划仿真测试

实验结果表明，三维场景下信息素 RRT 算法相较于 RRT–Connect 算法而言，减少了无效搜索节点，也使得搜索速度加快，规划时间减少了 33.13%。

对于机器人运动学链而言，C 空间的规划可以将机器人抽象为 C 空间的一点。机器人自由度的增加势必会极大地增加其 C 空间的维度。另外，当自由度限度增大，如移动关节的自由度限度增大，搜索空间会随着增大，从而导致算法收敛速度降低。因此本节对机器人在 C 空间的规划设计了如下两个实验，C 空间仿真测试场景如图 9-19 所示。

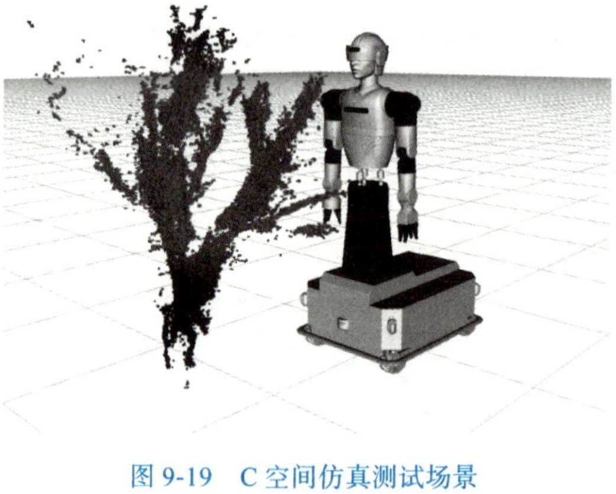

图 9-19　C 空间仿真测试场景

1）环境障碍物未知。初始构型与目标构型已知，增大移动端两个移动关节限度，观测信息素 RRT 算法与 RRT–Connect 算法的规划时间与规划成功率（规划时间超过 5s 即规划失败）。

2）环境障碍物已知。随机选定初始构型与目标构型，测试信息素 RRT 算法与 RRT–Connect 算法的规划时间与规划成功率（规划时间超过 5s 即规划失败）。

C 空间实验主要测试大范围搜索空间（关节限度增大）条件下，信息素 RRT 算法的规划时间与规划成功率。机器人主作业臂初始构型、目标构型与各关节限度见表 9-4。“关节限度增大”指的是移动机器人前后与移动机器人左右的关节限度各提升一个数量级，即 [−10，10]，仿真测试均值表见表 9-5，C 空间实验的仿真测试结果如图 9-20 所示。

表 9-4　机器人主作业臂初始构型、目标构型与各关节限度

关节名称	初始构型	目标构型	关节最小值	关节最大值
小车前后	0.255	0.799	−1	1
小车左右	−0.159	0.835	−1	1
小车旋转	0	−0.5236	−3.14	3.14
足部	0	0	−1.57	1.57
腰部上下	0.1	0.15	0	0.3
腰部前后	0	0.12	−0.5236	0.5236
腰部左右	0	0.1345	−0.5236	0.5236
右肩前后	0	1.578	−2.0944	2.0944
右肩侧抬	0	0.484	−2.0944	2.0944
右大臂	0	−1.48	−1.5708	1.5708
右肘部	0	1.25	0	2.3562
右小臂	0	0	−1.5708	1.5708
右手腕	0	0	−1.5708	1.5708

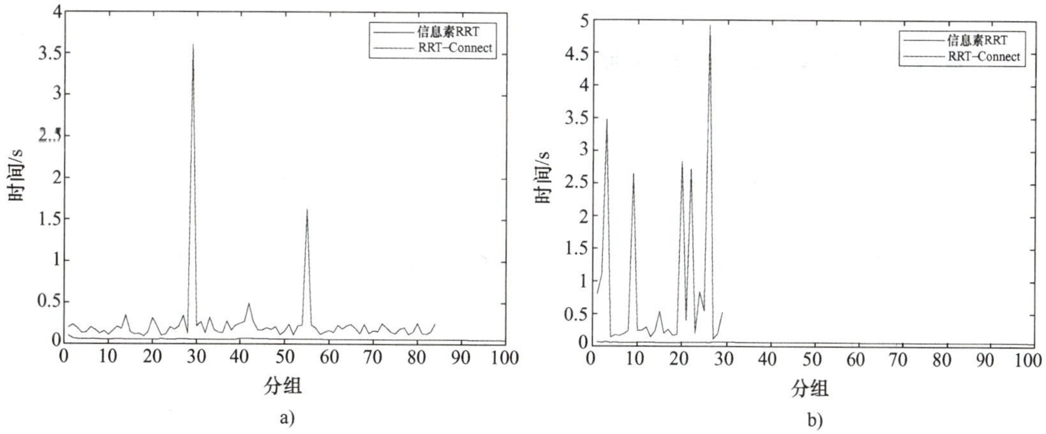

图 9-20　C 空间实验的仿真测试结果

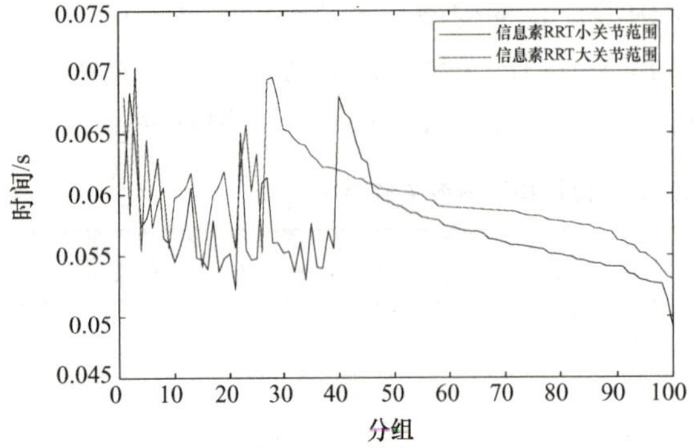

c)

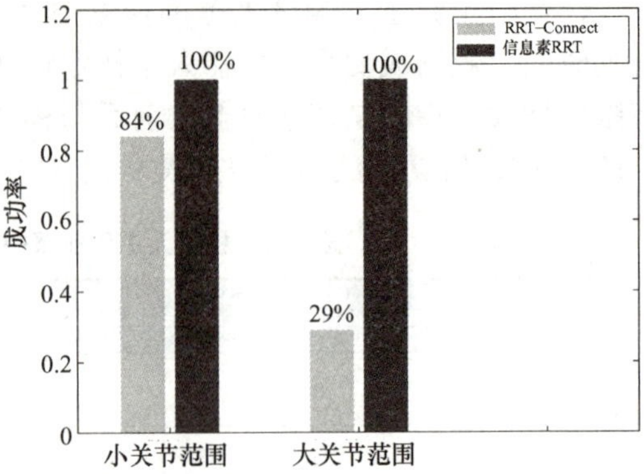

d)

图 9-20 C 空间实验的仿真测试结果（续）

从图 9-20a 可以看出，当运动学链前两个移动关节限度在 [−1，1] 时，信息素 RRT 算法相比于 RRT–Connect 算法，收敛速度明显加快并且算法随机性大幅降低。图 9-20b 表示随着运动学链的前两个移动关节限度的增加，RRT–Connect 算法的表现一般，收敛速度变慢且规划失败率较高。由图 9-20a、b 可以看出，即使关节限度增大导致搜索空间增长，信息素 RRT 算法也能通过累计信息素快速规划，200 次实验验证信息素 RRT 算法均成功规划出 C 空间路径。

码 9-5【彩图】仿真测试结果

表 9-5 C 空间实验的仿真测试均值表

关节限度未修改	RRT–Connect 平均规划时间 /s	信息素 RRT 平均规划时间 /s
	0.2459	0.0573
增大关节限度	RRT–Connect 平均规划时间 /s	信息素 RRT 平均规划时间 /s
	0.8541	0.0596

9.4 轮式仿人机器人运动规划训练

码 9-6【视频讲解】二维路径规划

9.4.1 路径规划参数级训练

1. 果园二维路径规划参数级训练（扫码 9-6 见详细训练过程）

二维路径规划的参数级实践涉及确定机器人二维栅格地图中运动的路径，本节以设置机器人的路径规划算法参数为例，实现轮式仿人机器人在仿真场景中的二维路径规划，规划算法采用 9.1.1 节中的 A* 算法。具体实践步骤如下。

第一步，打开终端，运行 roscore 节点，如图 9-21 所示。

第二步，启动轮式仿人机器人仿真操作界面，打开终端，启动 Cartographer 纯定位节点，如图 9-22 和图 9-23 所示。

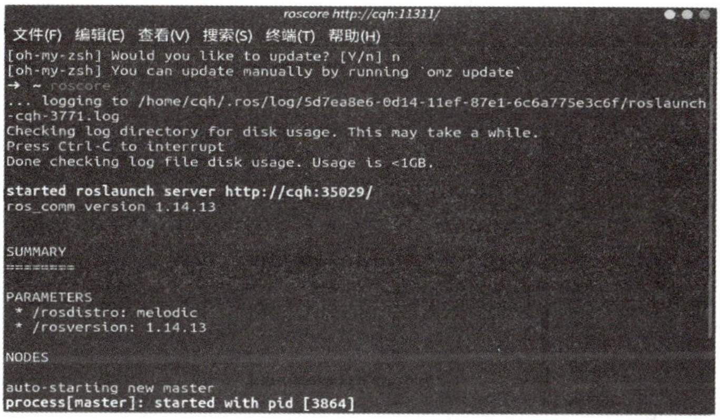

图 9-21　运行 roscore 节点

```
roslaunch cartographer_ros bigwhite_localization.launch
```

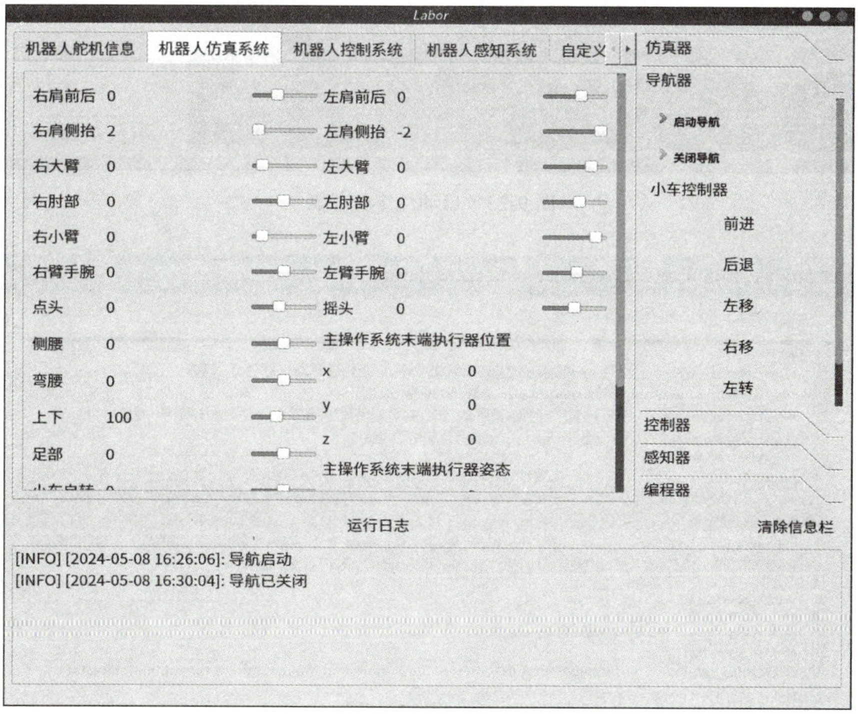

图 9-22　启动界面

随后再开启导航节点并手动设置导航目标点，可视化规划出的路径。其中 navigation 节点中可以调整 global_planner、local_planner 等规划器参数使机器人按用户要求跟踪规划出的路径，如图 9-24 和图 9-25 所示。

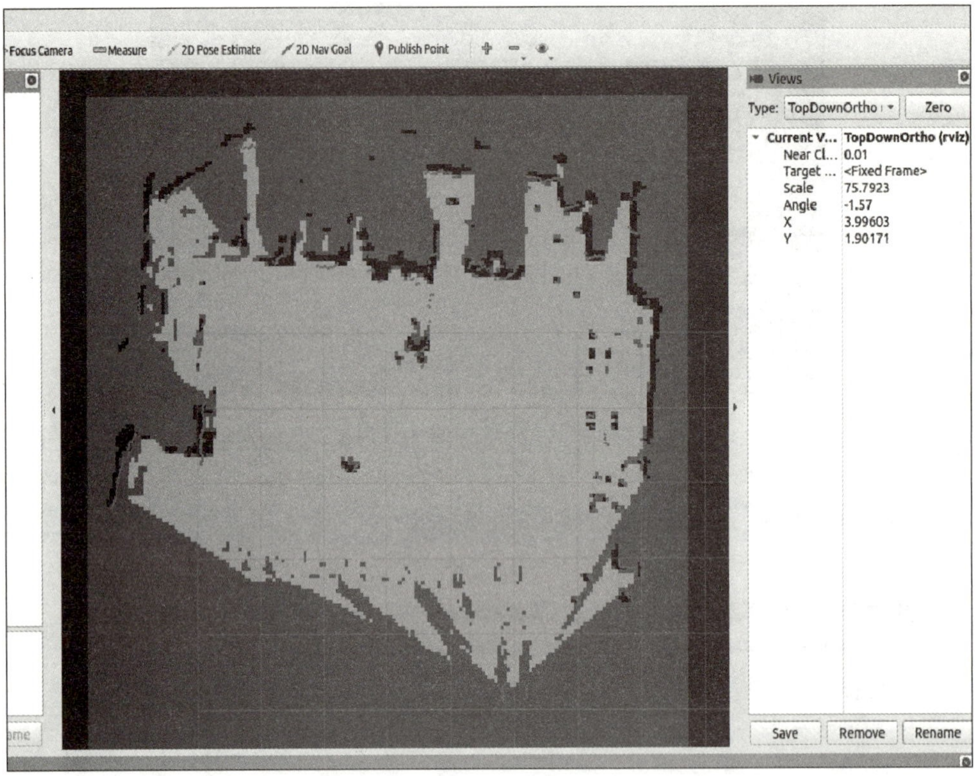

图 9-23 启动纯定位节点


```
roslaunch move_launch move_base_cartographer.launch
```

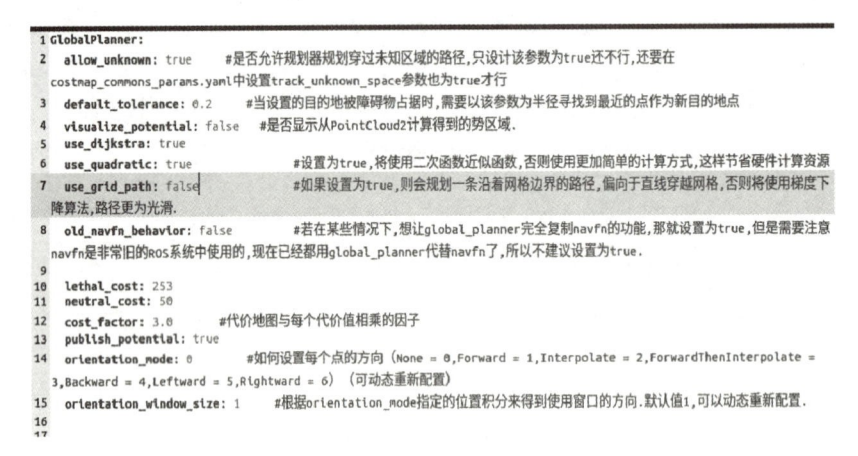

```
GlobalPlanner:
  allow_unknown: true      #是否允许规划器规划穿过未知区域的路径,只设计该参数为true还不行,还要在costmap_commons_params.yaml中设置track_unknown_space参数也为true才行
  default_tolerance: 0.2      #当设置的目的地被障碍物占据时,需要以该参数为半径寻找到最近的点作为新目的地点
  visualize_potential: false    #是否显示从PointCloud2计算得到的势区域.
  use_dijkstra: true
  use_quadratic: true                #设置为true,将使用二次函数近似函数,否则使用更加简单的计算方式,这样节省硬件计算资源
  use_grid_path: false               #如果设置为true,则会规划一条沿着网格边界的路径,偏向于直线穿越网格,否则将使用梯度下降算法,路径更为光滑.
  old_navfn_behavior: false          #若在某些情况下,想让global_planner完全复制navfn的功能,那就设置为true,但是需要注意navfn是非常旧的ROS系统中使用的,现在已经都用global_planner代替navfn了,所以不建议设置为true.

  lethal_cost: 253
  neutral_cost: 50
  cost_factor: 3.0       #代价地图与每个代价值相乘的因子
  publish_potential: true
  orientation_mode: 0        #如何设置每个点的方向 (None = 0,Forward = 1,Interpolate = 2,ForwardThenInterpolate = 3,Backward = 4,Leftward = 5,Rightward = 6) (可动态重新配置)
  orientation_window_size: 1      #根据orientation_mode指定的位置积分来得到使用窗口的方向.默认值1,可以动态重新配置.
```

图 9-24 开启导航节点

2. 果树三维路径规划参数级训练（扫码 9-7 见详细训练过程）

码 9-7【视频讲解】三维路径规划参数级训练

在机器人路径规划中，构型空间描述机器人自由度的状态空间。对于多自由度机器人运动学链而言，构型空间等同于关节空间。三维路径规划的参数级实践涉及确定机器人在构型空间中运动的路径。本节以设

置机器人的目标构型参数为例，实现轮式仿人机器人在八叉树场景中的三维路径规划，规划算法采用 9.3.2 节中的信息素 RRT 算法。具体实践步骤如下。

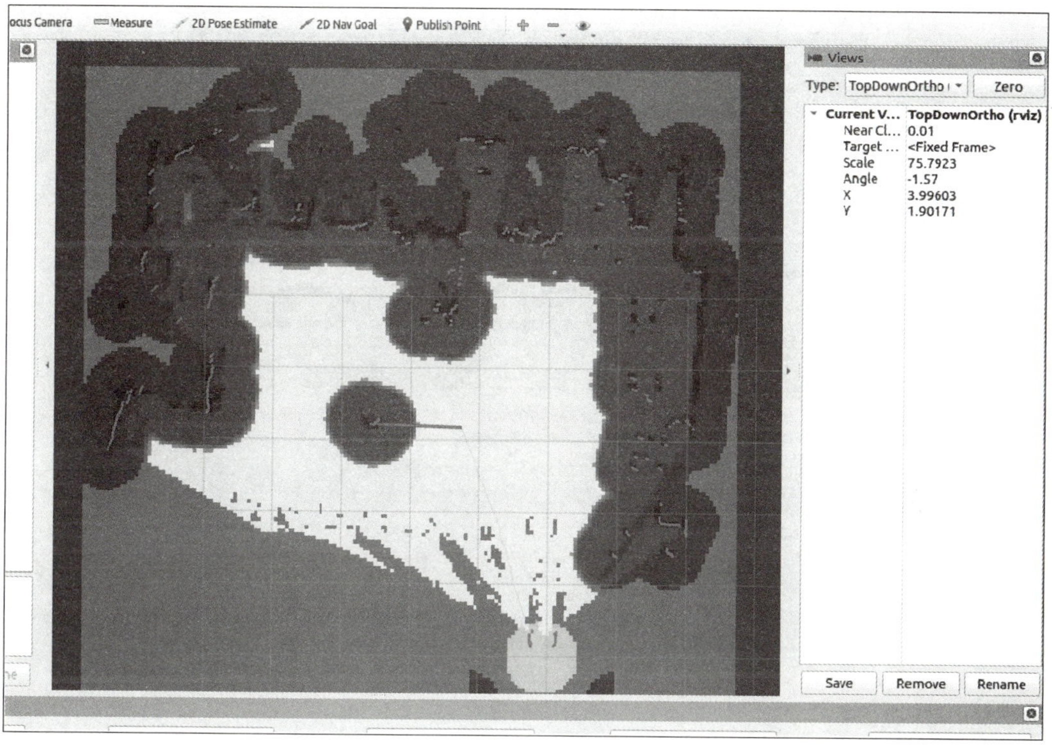

图 9-25　跟踪路径

第一步，打开终端，运行 roscore，如图 9-26 所示。

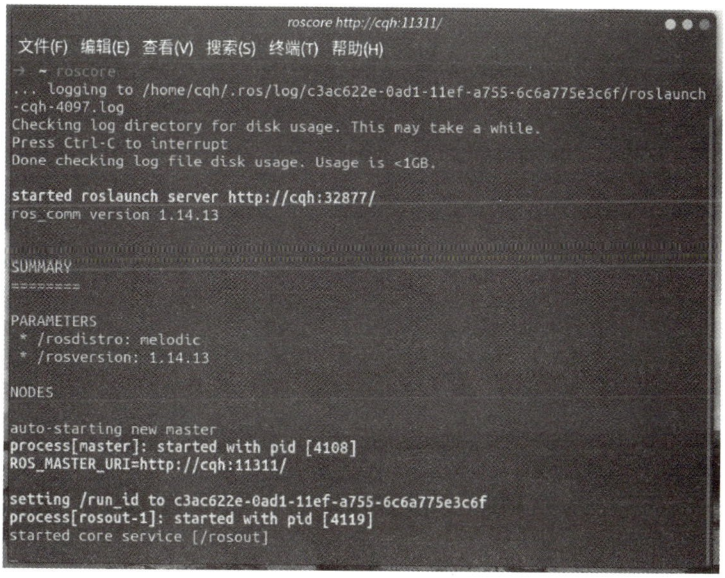

图 9-26　运行 roscore

第二步，启动轮式仿人机器人仿真操作界面，单击右侧“启动仿真”，如图 9-27 所示。

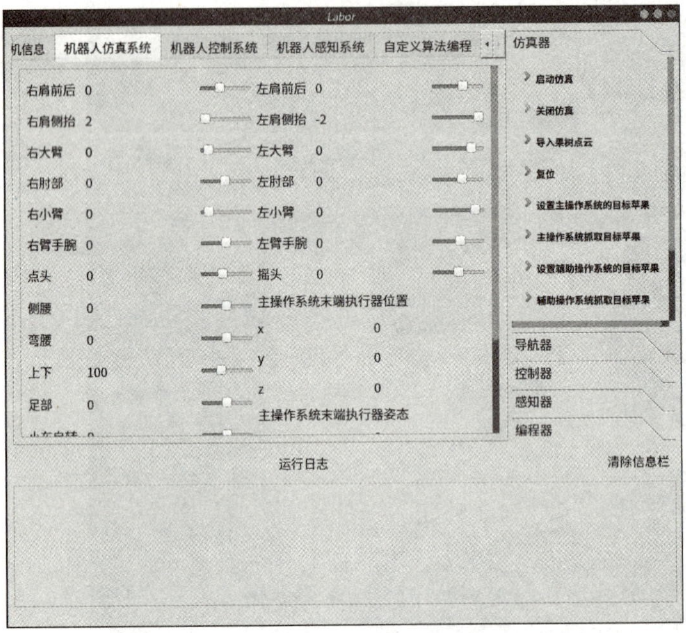

图 9-27　单击操作界面

第三步，等待系统提示后即可进行仿真，单击“OK”按钮，如图 9-28 所示。

图 9-28　启动仿真

第四步，单击“导入果树点云”。将点云数据（点云数据在第 8 章中三维重建获得，重建结果保存在虚拟机的路径“/usr/bigwhite_lib/pointcloud/NewTree0511 .ply”，使用点云查看工具可见）导入至规划场景中，为了节省渲染时间并提升碰撞检测速度，本节采用八叉树格式对点云数据进行处理，如图 9-29 所示。

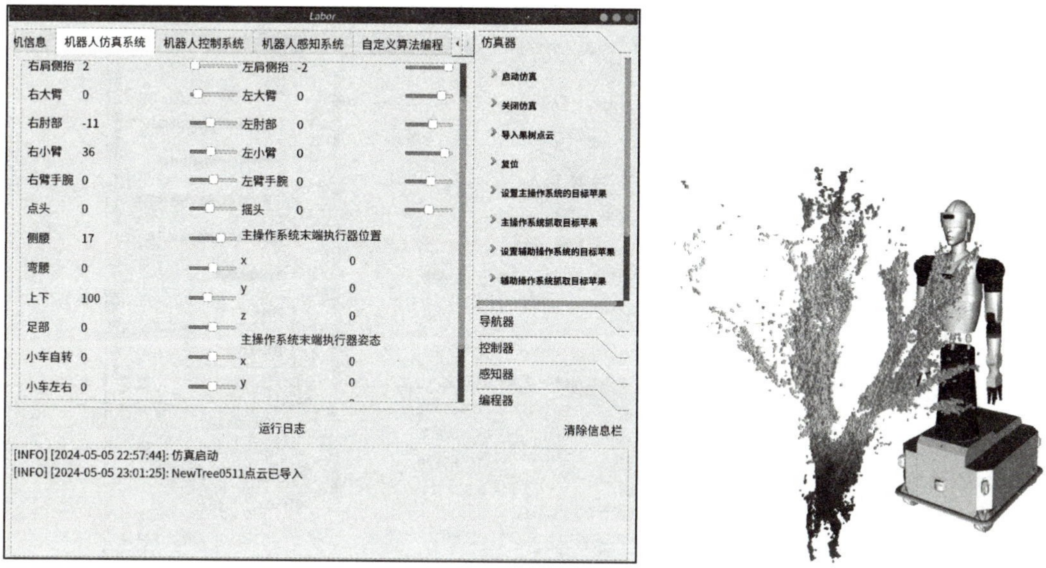

图 9-29　“导入果树点云”按键

第五步，单击仿真界面上方的“机器人仿真系统”页面，移动主界面滑条改变机器人主作业系统不同关节的位置信息，机器人主作业系统关节的基本信息如图 9-30 所示。

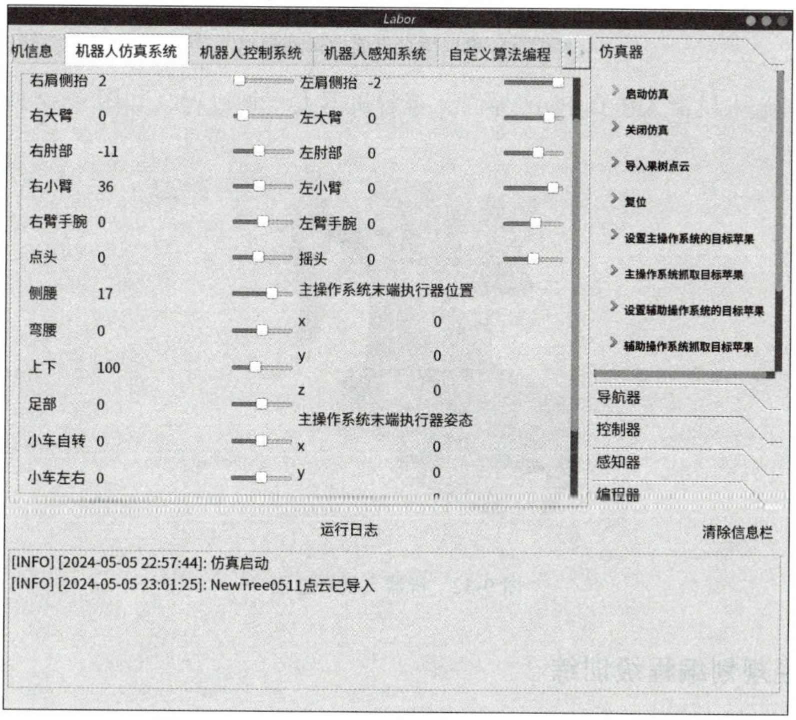

图 9-30　机器人主作业系统关节的基本信息

第六步，操作完成后，单击右侧“运动规划”。若规划成功，界面下方运行日志显示规划成功，进入第七步；若规划失败，读者在确定目标构型可达后，可以选择重新规划，重复单击右侧“运动规划”按键即可，如图 9-31 所示。

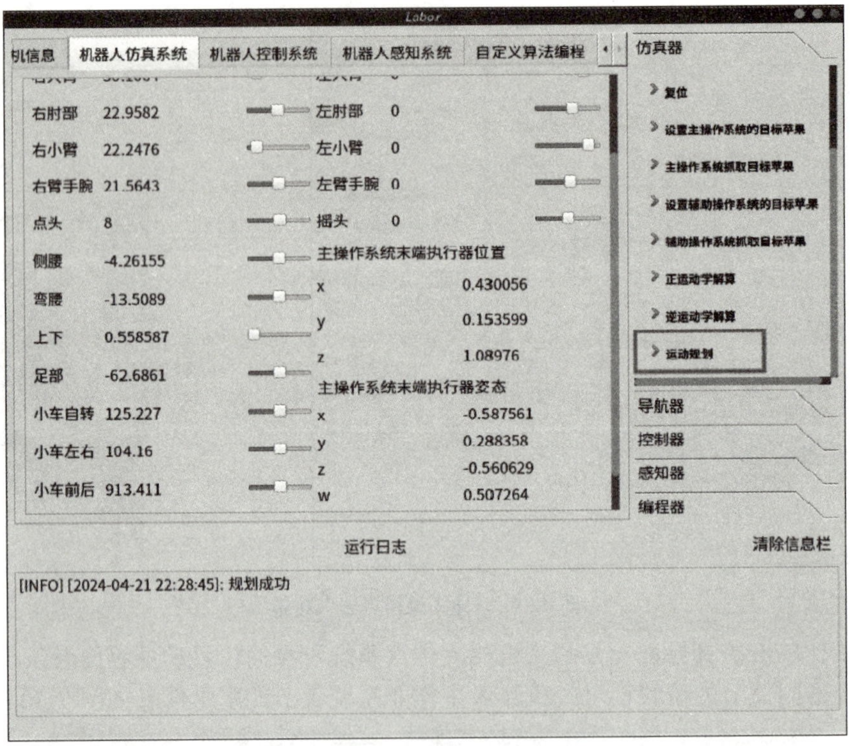

图 9-31 规划仿真界面“运动规划”

第七步，进入机器人仿真 Rviz 界面，查看机器人规划过程，如图 9-32 所示。

图 9-32 机器人规划过程

9.4.2 路径规划编程级训练

1. 二维路径规划训练

在 9.3.2 节中，读者可以修改 Cartographer 的纯定位参数以及 navigation 中的各规划器参数，本节将根据 9.1.1 节路径规划理论，结合 9.3.1 节二维路径规划算法框架和源代码构成进行详细介绍，主要介绍算法理论与源代码的对应关系以及如何自主设计和修改算法。

第一步，打开终端，运行 roscore 节点，如图 9-33 所示。

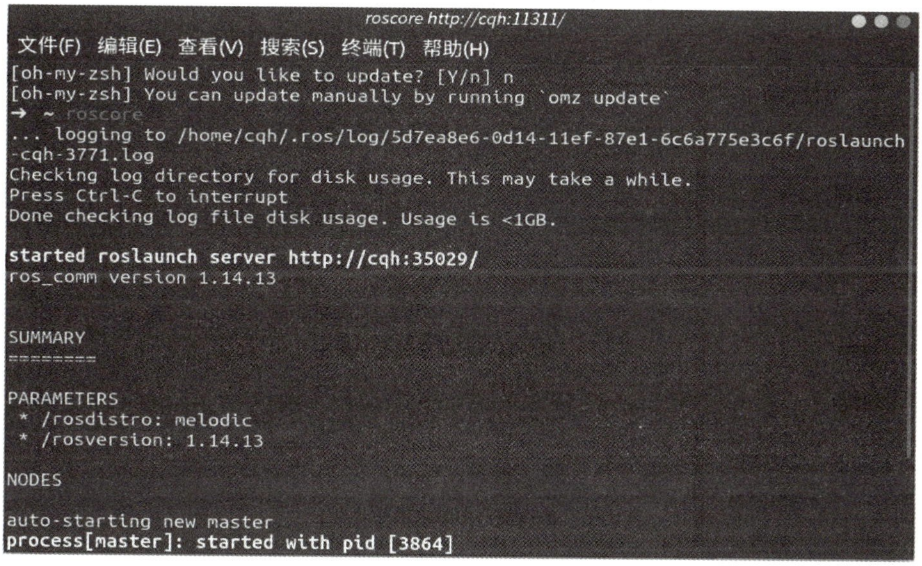

图 9-33　运行 roscore 节点

第二步，启动轮式仿人机器人本地仿真操作界面，打开终端，启动 Cartographer 纯定位节点，如图 9-34 所示。

```
roslaunch cartographer_ros bigwhite_localization.launch
```


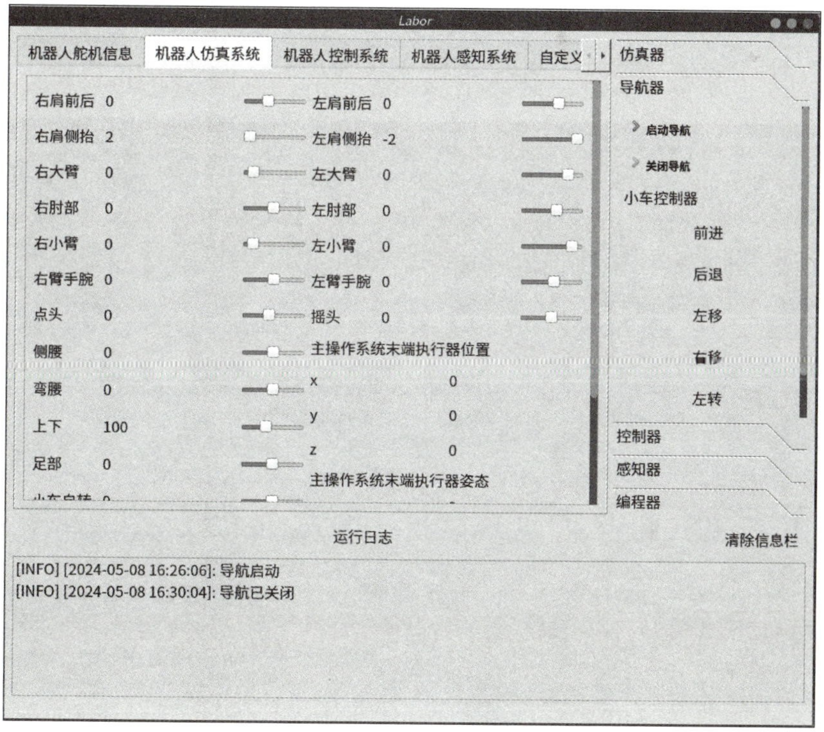

图 9-34　启动纯定位节点

第三步，打开导航节点 move_base_cartographer.launch 所在功能包，查看 move_base 节点配置文件，包含了 global_planner、local_planner、global_costmap、local_costmap、recovery_behaviors 等模块运行参数，根据用户规划需求可选择不同的路径规划算法（A*、Dijkstra）以及不同的导航效果，如图 9-35 所示。

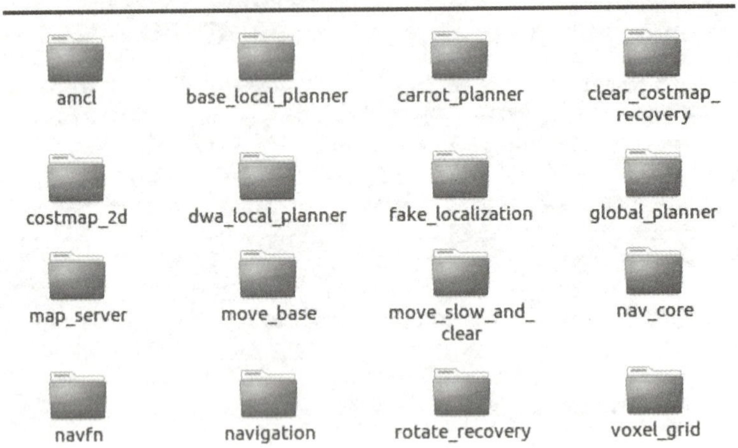

图 9-35　打开导航节点功能包

2. 三维路径规划编程级训练（扫码 9-8 见详细训练过程）

用户可以更改机器人的目标构型，单击规划按键来查看机器人在八叉树场景中的规划过程。本节介绍在界面中如何编写自定义规划算法来完成规划过程。

码 9-8【视频讲解】三维路径规划编程级训练

第一步，打开终端，运行 roscore，如图 9-36 所示。

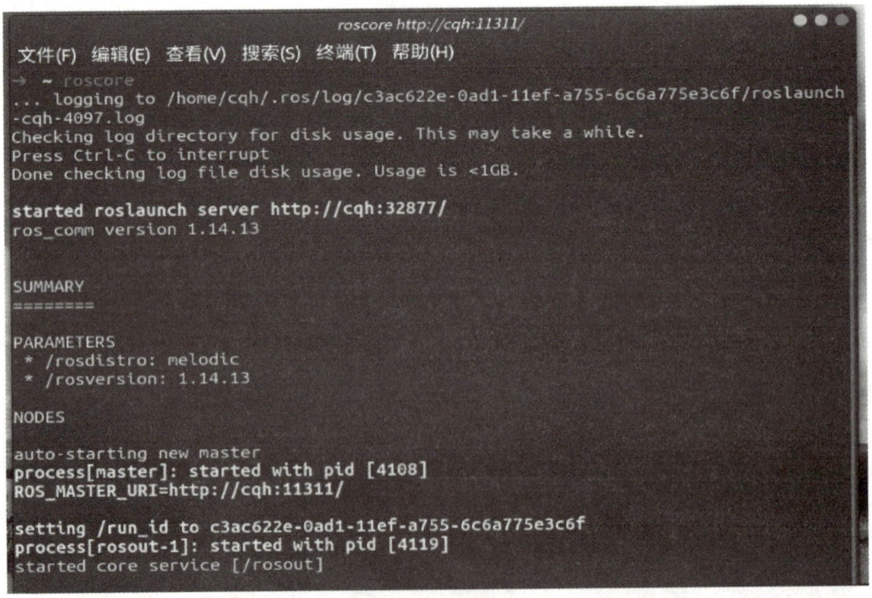

图 9-36　运行 roscore

第二步，启动轮式仿人机器人仿真操作界面，单击右侧“启动仿真”，如图 9-37 所示。

第三步，等待系统提示后即可进行仿真，单击“OK”按钮，如图 9-38 所示。

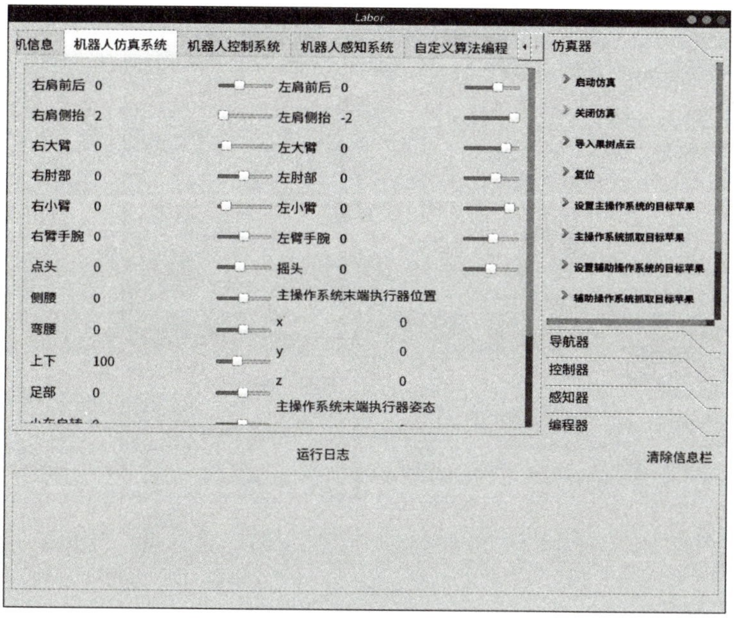

图 9-37　启动仿真

图 9-38　开始仿真

第四步，单击“自定义算法编程”页面进入路径规划编程，根据 9.3.2 节规划算法修改 mp（）函数，如图 9-39 所示。

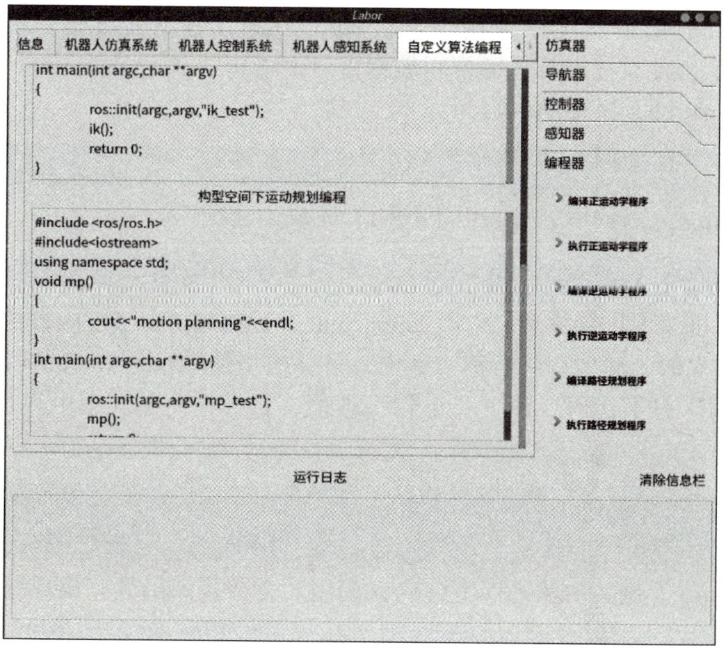

图 9-39　修改 mp（）函数

第五步，单击右侧“编译路径规划程序”，系统会自动弹出窗口显示编译过程。若编译成功，单击“执行路径规划程序”按键，等待终端窗口执行程序，打印输出；若编译失败，用户需要根据终端提示信息，自行检查程序内容，如图 9-40 所示。

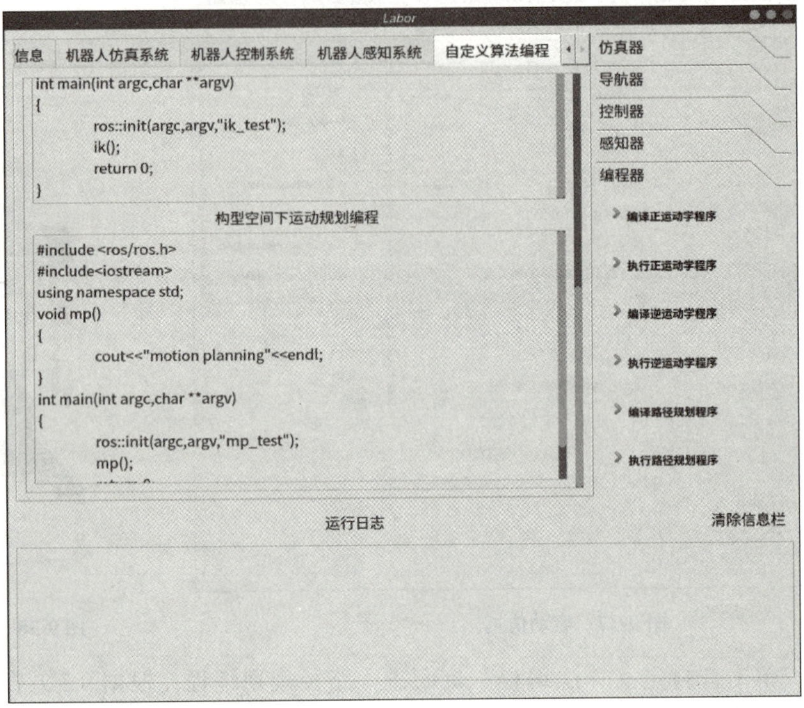

图 9-40　运动规划编程

以本节给出的动态链接库为例，查看 labor_plan.h 后，主作业系统规划需要创建 LaborPlan 对象。因此，读者首先需要在编程窗口中语句“using namespace std”的上方引入头文件 labor_plan.h，添加的内容为：

```
#include <labor_plan.h>
```

同时，在 mp () 函数中，输入以下代码，完成创建工作。

```
LaborPlan MainOS（MAINOS_PLANNINGGROUPNAMECODE）
```

其次，设置机器人目标构型。查看 labor_plan.h 后得知 Plan () 函数的输入共有三项：目标构型、规划次数、规划算法名称。其中，目标构型是 vector<double> 对象。所以，在 mp () 函数中输入以下代码，设置目标构型数值，目标构型的关节顺序以及单位等基本信息见表 3-6。

```
vector<double>joint_position={0.306088, 0.277085, -3.39657e-05, 0.000113496, 0.17688, -4.54528e-05,
2.0606e-05, 0.716077, 0.210035, 0.898639, 1.14453, 1.08274e-05, -2.53236e-05}
```

最后，在 mp () 函数中输入以下代码，调用动态链接库函数完成规划。

```
MainOS.Plan（joint_position, 1, "RRTConnect"）
```

至此，代码编写工作已全部完成。此时单击右侧“编译路径规划程序”，仿真系统创建终端窗口编译程序，如图 9-41 所示。编译成功后单击“执行路径规划程序”，在仿真系统打开的 Rviz 界面中可以看到机器人的规划过程，如图 9-32 所示。

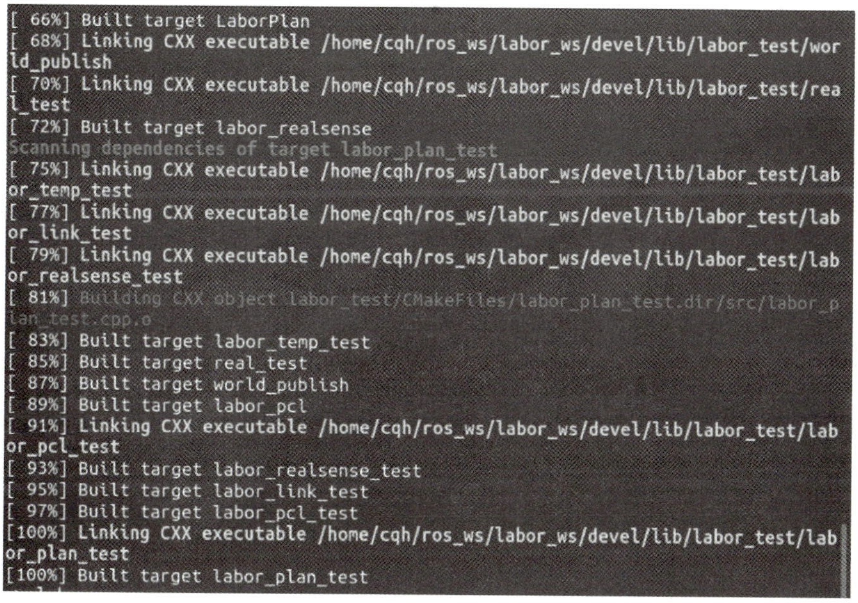

图 9-41　仿真系统创建终端窗口编译程序

本章小结

本章主要介绍了路径规划和轨迹规划等运动规划问题，以果园二维和果树三维运动规划问题为例进行了详细介绍。首先，选择了较为常用的 A* 算法作为路径规划算法；其次，针对规划时间过长的问题，采用双向 A* 算法减少规划时间；然后，在三维空间内，介绍了 RRT 算法、RRT* 算法及其改进路径规划算法；再次，利用三次多项式、抛物线过渡法对路径规划后的轨迹进行平滑处理；最后，介绍了机器人运动规划实践案例及轮式仿人机器人运动规划训练。

通过本章的理论学习和实践训练，读者应掌握机器人路径规划和轨迹规划的基本理论，熟悉路径规划和轨迹规划的方法，掌握二维路径规划和三维路径规划的技术和应用。

习题

9-1　论述二维空间全局路径规划与局部路径规划的异同点。

9-2　论述三维空间全局路径规划与局部路径规划的异同点。

9-3　简述二维路径规划和三维路径规划的异同点。

9-4　设计并实践一个 6 自由度串联型机器人的三维路径规划算法。

9-5　何谓轨迹规划？简述轨迹规划的方法并说明其特点。

9-6　假设一机器人具有 6 个转动关节，其关节运动均按三次多项式规划，要求经过两个中间路径点后停在一个目标位置。试问要想描述该机器人关节的运动，共需要多少个独立的三次多项式？要确定这些多项式，需要多少个系数？

9-7　单连杆机器人的转动关节，从 $\theta = -5°$ 静止开始运动，要想在 4s 内使该关节平滑地运动到 $\theta = 180°$ 位置停止。试按下述要求确定运动轨迹。

1）设计并实践关节运动以三次多项式插值方式规划。

2）设计并实践关节运动以抛物线过渡的线性插值方式规划。

9-8　简述轮式关节空间和工作空间轨迹规划的异同点。

第 10 章　机器人控制理论与实践

导读

本章分析了机器人的控制特点和控制技术，讨论了机器人关节空间控制、工作空间控制和力控制。其中，10.1 节讨论了机器人的控制特点和控制技术。线性控制技术仅适用于能够用线性微分方程进行数学建模的系统。对于机器人控制，这种线性方法实质上是一种近似方法，因为在第 5 章已看到，机器人的动力学方程一般都是由非线性微分方程来描述的，而进行这种近似通常是可行的，且这些线性方法是当前工程实际中最常用的方法，同时也介绍了关节空间的非线性控制方法。10.2 节讨论了机器人关节空间控制。10.3 节论述了机器人工作空间控制。10.4 节讨论了机器人力控制，即当机器人在空间中跟踪轨迹运动时，可采用位置控制，但当末端执行器与工作环境发生碰撞时，如磨削机器人，不仅要考虑位置控制，而且要考虑力控制。10.5 节介绍了轮式仿人机器人控制实践案例。10.6 节讨论了轮式仿人机器人控制训练。

本章知识点

- 机器人的控制特点和控制技术
- 关节空间控制
- 工作空间控制
- 机器人力控制
- 机器人控制实践案例
- 轮式仿人机器人控制训练

10.1　机器人的控制特点和控制技术

基于前面各章节的知识，本章将论述机器人的控制问题，即是通过对关节的控制，使得末端执行器“稳”“准”“快”地到达期望目标位姿。扫码 10-1 可了解机器人控制概述。

码 10-1【视频讲解】机器人控制概述

10.1.1 机器人的控制特点

机器人结构是一个空间开链机构，其各个关节的运动是独立的，为了实现末端点的运动轨迹，需要多关节的运动协调。因此，机器人的控制系统与普通的控制系统相比要复杂得多，具体如下：

1）机器人的控制与机构运动学及动力学密切相关。机器人手足的状态可以在各种坐标下进行描述，应当根据需要选择不同的参考坐标系，并做适当的坐标变换。经常要求正运动学和逆运动学的解，除此之外还要考虑惯性力、外力（包括重力）、科氏力及向心力的影响。

2）一个简单的机器人至少要有 3 ～ 5 个自由度，比较复杂的机器人有十几个甚至几十个自由度。每个自由度一般包含一个伺服机构，它们必须协调起来，组成一个多变量控制系统。

3）把多个独立的伺服系统有机地协调起来，使其按照人的意志行动，甚至赋予机器人一定的“智能”，这个任务只能由计算机来完成。因此，机器人控制系统必须是一个计算机控制系统。同时，计算机软件担负着艰巨的任务。

4）描述机器人状态和运动的数学模型是一个非线性模型，随着状态的不同和外力的变化，其参数也在变化，各变量之间还存在耦合。因此，仅仅利用位置闭环是不够的，还要利用速度甚至加速度闭环。系统中经常使用重力补偿、前馈、解耦或自适应控制等方法。

5）机器人的动作往往可以通过不同的方式和路径来完成，因此存在一个“最优”的问题。较高级的机器人可以用人工智能的方法，用计算机建立起庞大的信息库，借助信息库进行控制、决策、管理和操作。机器人根据传感器和模式识别的方法获得对象及环境的工况，按照给定的指标要求，自动地选择最佳的控制规律。

10.1.2 机器人的控制技术

1. 控制技术的定义

对于机器人末端执行器所期望的几何路径，可以利用逆运动学求解关节运动。将关节运动代入运动方程，即可知执行器的指令。应用所得指令，可使机器人沿着所期望的路径移动末端执行器。然而，因为存在干扰和未建模现象，机器人将不会按照期望的路径移动，从而产生偏差，使该偏差最小化或者消除的技术称为控制技术。

2. 开环控制

由于驱动器可以安装在关节轴上，也可以安装在关节轴外，如移动小车、并联机器人等，从而形成驱动器空间。机器人在驱动器空间中总有执行器的机械结构，该执行器通过驱动器空间与关节空间的相互转换方法将用力或力矩驱动关节空间的连杆运动。

为了使机器人的每个关节都能服从期望的运动，必须提供所要求的转矩。应用机器人的动力学方程和路径规划生成一条特定轨迹所需的转矩。由轨迹生成器给定 $\boldsymbol{\theta}_{\mathrm{d}}$、$\dot{\boldsymbol{\theta}}_{\mathrm{d}}$ 和 $\ddot{\boldsymbol{\theta}}_{\mathrm{d}}$，通过控制系统对机器人进行控制，由于 $\boldsymbol{\theta}_{\mathrm{d}}=\boldsymbol{\theta}(t)$ 的期望路径是时间的函数，那么使机器人服从期望的运动所要求的转矩 $\boldsymbol{\tau}$ 可通过式（10-1）计算，有

$$\tau = M(\boldsymbol{\theta}_d)\ddot{\boldsymbol{\theta}}_d + V(\boldsymbol{\theta}_d, \dot{\boldsymbol{\theta}}_d) + G(\boldsymbol{\theta}_d) \tag{10-1}$$

机器人基于式（10-1）能够稳定工作，执行器控制转矩 $\boldsymbol{\tau}$ 可以产生期望路径 $\boldsymbol{\theta}_d$，这就是开环控制算法，即基于一个已知的期望路径和运动方程计算控制指令，然后控制指令作用于系统并产生期望的路径，如图 10-1 所示。

如果动力学模型是完备和精确的，且没有“噪声”或者其他干扰存在，则沿着期望轨迹连续应用式（10-1）即可实现期望轨迹。

然而在实际情况中，动力学模型的不完备以及不可避免的干扰使得这个控制方式并不实用。因为这种控制方式没有利用关节传感器的反馈。换言之，式（10-1）是期望轨迹 $\boldsymbol{\theta}_d$ 和 $\dot{\boldsymbol{\theta}}_d$ 的函数，而不是实际轨迹 $\boldsymbol{\theta}$ 的函数。

3. 闭环控制

机器人可以利用位置传感器、速度传感器以及可能的加速度传感器或力传感器直接或间接测量关节变量的运动或力，这里的间接测量是指传感器没有安装在关节轴上，需要将传感器空间转换到关节空间。转换到关节空间后的测量值通常提供连杆相对于坐标系的关节运动。

图 10-2 所示为轨迹生成器和机器人的关系。依据 9.2 节生成的轨迹，机器人从控制系统接收到一个关节转矩矢量 $\boldsymbol{\tau}$，传感器允许控制器读取关节位置矢量和关节速度矢量，然后实施控制。图 10-2 中所有信号线中的信号均为 $N\times1$ 维矢量（N 为机器人的关节数）。

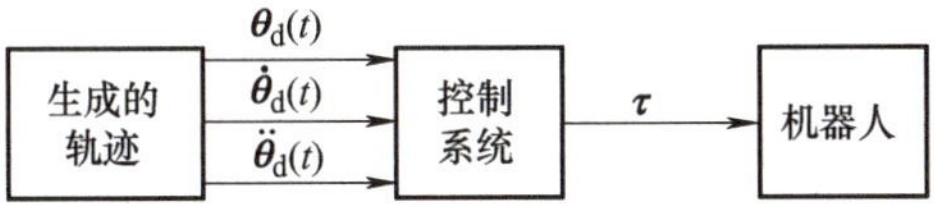

图 10-1　机器人高阶开环控制系统框图

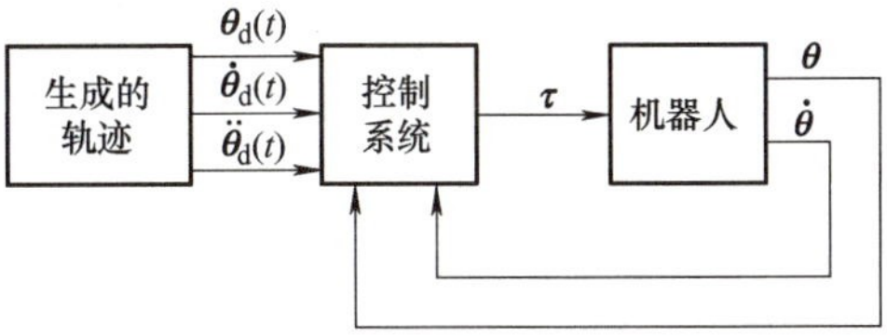

图 10-2　机器人高阶闭环控制系统框图

总之，建立一个高性能机器人控制系统的唯一方法就是利用机器人传感器的反馈。这个反馈一般是通过比较期望位置 $\boldsymbol{\theta}_d$ 和实际位置 $\boldsymbol{\theta}$ 之差以及期望速度 $\dot{\boldsymbol{\theta}}_d$ 和实际速度 $\dot{\boldsymbol{\theta}}$ 之差来计算伺服误差，即

$$\boldsymbol{E} = \boldsymbol{\theta}_d - \boldsymbol{\theta}, \dot{\boldsymbol{E}} = \dot{\boldsymbol{\theta}}_d - \dot{\boldsymbol{\theta}} \tag{10-2}$$

这样控制系统就能够根据伺服误差函数来计算驱动器需要的转矩。显然，这个基本思想是通过计算驱动器的转矩来减少伺服误差。这种利用了反馈的控制系统称为闭环系统。从图 10-2 中可以清楚地看出，机器人的控制系统形成了一个封闭的“环”。

设计一个机器人控制系统的核心问题是保证设计的闭环系统满足特定的性能要求，即最基本的标准是系统要保持稳定。为此，一个稳定系统的定义是机器人在一些“中度”干扰下按照各种期望轨迹运动时系统的误差始终保持“较小”。因此，设计一个机器人控制系统的首要任务是要证明所设计的系统是一个稳定的系统；其次要保证这个闭环系统的性能满足要求。实际上，这些“证明”包括了那些基于某些假设和模型的数学证明以及从仿真或试验中得到的经验结果。

在图 10-2 中，因为所有信号线中的信号均为 $N\times1$ 维矢量，所以机器人的控制问题是一个多输入多输出（MIMO）控制问题。在本章中，采用一种简单的方法建立一个控制系统，即把每个关节作为一个独立系统进行控制。因此，对于 N 个关节的机器人来说，要设计 N 个独立的单输入单输出（SISO）控制系统。这是目前为大部分机器人所采用的设计方法。这种独立关节控制方法是一种近似方法，这个系统的运动方程不是独立的，而是高度耦合的。

4. 机器人控制方法

机器人系统是非线性动态系统，在每项任务中，没有一个通用的方法可用于设计适应每个机器人的非线性控制器。然而，有多种可选择并且相互补充的方法，对于特殊的任务，每种方法都有其所应用的特定机器人种类。最重要的控制方法如下：

1）反馈线性化或者计算机转矩控制技术。在反馈线性化技术中，定义控制规律以获得一个用于偏差指令的线性微分方程，然后使用线性控制设计技术。虽然反馈线性化技术已成功地应用于机器人，然而由于参数不确定性或存在干扰，并不能保证鲁棒性。

这种技术是一种基于模型的控制方法，因为所设计的控制规律是建立在机器人标称模型的基础之上的。

2）线性控制技术。控制机器人最简单的技术就是基于操作点运动方程线性化而设计一个线性控制器。线性控制技术局部地决定机器人的稳定性。比例、积分、微分或者它们的任意组合都是最常用的线性控制技术。

3）自适应控制技术。自适应控制是一种用于控制不确定性或者时变机器人的技术。自适应控制技术对于少自由度机器人比较有效。

4）鲁棒自适应控制技术。鲁棒自适应控制方法是基于标称模型和一些不确定性而设计的。不确定性可以出现在任何参数中，如末端执行器承载的载荷。

5）增益调度控制技术。增益调度是一种将线性控制技术应用于机器人非线性动力学之中的技术。在增益调度中，首先选择大量的控制点以覆盖机器人操作范围，在每个控制点对机器人动力学进行线性时变近似，并且设计一个线性控制器，然后在控制点之间插入或者调度控制器参数。

机器人控制可以施加于关节空间中，也可以施加于工作空间中，下文内容将从关节空间控制和工作空间控制两个方面展开。

10.2 关节空间控制

10.2.1 机器人关节模型分析

假设机器人关节系统可近似于或简化处理后近似于二阶线性系统。其传递函数为

$$G(s)=\frac{C(s)}{R(s)}=\frac{1}{Is^2+Bs+K}=\frac{\omega_n^2}{s^2+2\zeta\omega_n s+\omega_n^2} \tag{10-3}$$

式中，$\omega_n=\sqrt{K/1}$ 为无阻尼自然振荡频率；$\zeta=\dfrac{B}{2\sqrt{KI}}$ 为阻尼比；K、I 和 B 为符号

常数。

控制系统的作用实际上就是改变这些系数中的一个或多个值。为此必须考虑设计的系统是否稳定。

10.2.2　基于模型的关节系统控制

如果二阶机器人关节系统的响应并不满足要求，如求得的系统是欠阻尼系统或振荡系统，而需要的是临界阻尼系统或者希望系统的弹性完全消失（$k=0$），则当受到扰动时，系统永远也不能返回到期望的位置。通过使用传感器、驱动器和控制系统，便可以按照要求改变系统的特性。

图 10-3 所示为一个带有动力的有阻尼惯量 - 弹簧系统，动力给质量块施加一个力 f。由受力分析可得出如下运动方程

$$m\ddot{x}+b\dot{x}+kx=f \tag{10-4}$$

式中，b 为黏滞系数。

假如可以通过传感器测定质量块的位置和速度。现在给出一种控制律，它可以计算出驱动器应当施加给质量块的力，这个力是传感器反馈的函数，即

$$f=-k_{\mathrm{p}}x-k_{\mathrm{v}}\dot{x} \tag{10-5}$$

式中，k_{p} 为位置控制增益；k_{v} 为速度控制增益。

图 10-4 是一个闭环系统的框图，图中虚线左边的部分为控制系统（通常通过计算机实现），虚线右边的部分为受力系统，图中没有表示出控制计算机同驱动器输出指令以及传感器输入信息之间的接口。

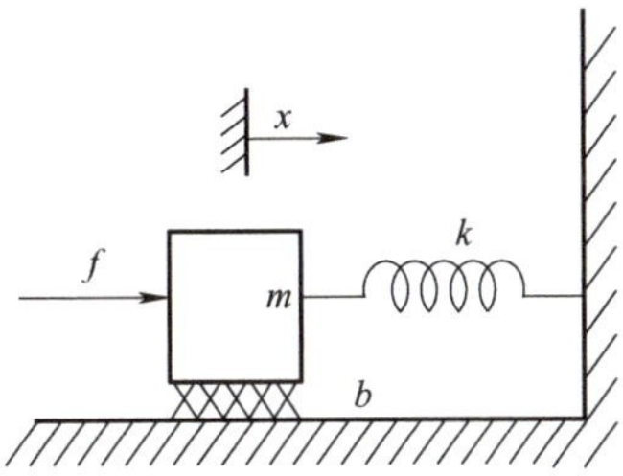

图 10-3　带有动力的有阻尼惯量 - 弹簧系统

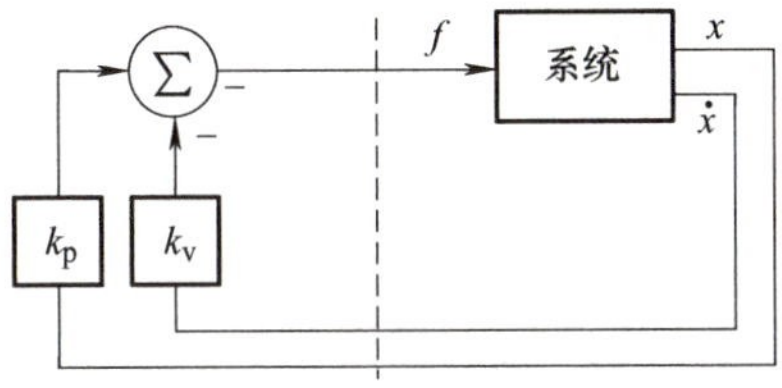

图 10-4　闭环系统的框图

该控制系统是一个位置校正系统，这种系统只是试图保持质量块在一个固定的位置，而不考虑质量块受到的干扰力。在下文中将要构造一个轨迹跟踪控制系统，使质量块能跟随期望的位置轨迹运动。

联立开环动力学方程式（10-4）和控制律式（10-5），就可以得到闭环系统动力学方程为

$$m\ddot{x}+b\dot{x}+kx=-k_{\mathrm{n}}x-k_{\mathrm{v}}\dot{x} \tag{10-6}$$

或

$$m\ddot{x}+(b+k_{\mathrm{v}})\dot{x}+(k+k_{\mathrm{p}})x=0 \tag{10-7}$$

或

$$m\ddot{x}+b'\dot{x}+k'x=0 \tag{10-8}$$

式中 $b'=b+k_v$；$k'=k+k_p$。从式（10-7）和式（10-8）可以清楚地看出，通过设定控制增益 k_v 和 k_p，可以使闭环系统呈现任何期望的二阶系统特性，通过选择增益可获得临界阻尼（即 $b'=2\sqrt{mk'}$）和某种直接由 k' 给出的期望闭环刚度。

k_v 和 k_p 可正可负，这是由原系统的参数决定的。而当 b' 或 k' 为负数时，控制系统将是不稳定的，由二阶微分方程的解可以明显看出这种不稳定性；同样可以直接看出，伺服误差趋向增大而不是减小。

例 10-1 如图 10-3 和图 10-4 中所示的系统，各参数分别为 m=1，b=1，k=1，求使闭环刚度 $k'=16.0$ 时的临界阻尼系统的位置校正控制律的增益 k_v 和 k_p。

解： 如果 $k'=16.0$，那么为了达到临界阻尼，则需要 $b'=2\sqrt{mk'}=8.0$。现在有 k=1，b=1，于是有

$$k_p=15.0\ ,\ k_v=7.0 \tag{10-9}$$

10.2.3 非模型关节空间控制方法

有些机器人关节较为复杂，建立模型较为困难，因此，需要一种不需要模型的控制方法，而 PID 控制器刚好能解决这个问题。

PID 控制器是指按反馈控制系统偏差的比例（Proportional）、积分（Integral）和微分（Differential）规律进行控制的调节器，也称为 PID 调节器。其公式描述为

$$P(t)=K_P\left[e(t)+\frac{1}{T_I}\int e(t)\mathrm{d}t+T_D\frac{\mathrm{d}e(t)}{\mathrm{d}t}\right] \tag{10-10}$$

式中，$P(t)$ 为 PID 调节器的输出；$e(t)$ 为给定值与实际输出值的偏差；K_P 为比例系数；T_I 为积分时间常数；T_D 为微分时间常数。

PID 参数的整定就是合理地选择 PID 调节器的参数 K_P、T_I 和 T_D。从系统的稳定性、响应速度，超调量和稳态精度等各方面考虑问题，PID 调节器三个参数的作用如下：

1）比例系数 K_P 的作用是加快系统的响应速度，提高系统的调节精度。随着 K_P 的增大，系统的响应速度加快，系统的调节精度提高，但是系统易产生超调，系统的稳定性变差，甚至会导致系统不稳定。K_P 取值过小，调节精度降低，响应速度变慢，调节时间加长，导致系统的动静态性能变坏。

2）积分时间常数 T_I 最主要的作用是消除系统的稳态误差。T_I 越大，系统的稳态误差消除越快，但 T_I 也不能过大，否则在响应过程的初期会产生积分饱和现象。若 T_I 过小，则系统的稳态误差将难以消除，影响系统的调节精度。另外在控制系统的前向通道中，只要有积分环节，总能做到稳态无静差。从相位的角度来看，一个积分环节就有 90° 的相位延迟，也许会破坏系统的稳定性。

3）微分时间常数 T_D 的作用是改善系统的动态性能，其在响应过程中抑制偏差向任何方向变化，对偏差变化进行提前预报。但 T_D 不能过大，否则会使响应过程提前制动，延

长调节时间，并且会降低系统的抗干扰性能。

下面介绍 PID 控制器的两种控制算法。

（1）数字 PID 位置型控制算法

$$\int_0^n e(t)\mathrm{d}t = \sum_{j=0}^{n} E(j)\Delta t = T\sum_{j=0}^{n} E(j) \tag{10-11}$$

$$\frac{\mathrm{d}e(t)}{\mathrm{d}t} \approx \frac{E(k)-E(k-1)}{\Delta t} = \frac{E(k)-E(k-1)}{T} \tag{10-12}$$

$$P(k) = K_{\mathrm{P}}\left\{E(k) + \frac{T}{T_{\mathrm{I}}}\sum_{j=0}^{k} E(j) + \frac{T_{\mathrm{D}}}{T}[E(k)-E(k-1)]\right\} \tag{10-13}$$

（2）数字 PID 增量型控制算法

$$P(k-1) = K_{\mathrm{P}}\left\{E(k-1) + \frac{T}{T_{\mathrm{I}}}\sum_{j=0}^{k-1} E(j) + \frac{T_{\mathrm{D}}}{T}[E(k-1)-E(k-2)]\right\} \tag{10-14}$$

$$P(k) = P(k-1) + K_{\mathrm{P}}[E(k)-E(k-1)] + K_{\mathrm{I}}E(k) + K_{\mathrm{D}}[E(k)-2E(k-1)+E(k-2)] \tag{10-15}$$

$$\Delta P(k) = P(k) - P(k-1) = K_{\mathrm{P}}[E(k)-E(k-1)] + K_{\mathrm{I}}E(k) + K_{\mathrm{D}}[E(k)-2E(k-1)+E(k-2)] \tag{10-16}$$

还有些 PID 控制器的改进算法，如积分改进、微分改进等，由于篇幅关系，这里不再赘述，有兴趣的读者可以参考计算机控制系统等相关书籍进行学习。

10.3 工作空间控制

10.3.1 工作空间的直接控制方法

人们很容易得出一种相当直观的控制方法，如图 10-5 所示为逆雅可比工作空间控制方法。这种方法是将工作空间位置与期望位置比较，得到工作空间下的误差。当控制系统正常工作时，这个误差可以被认为很小，并可以用逆雅可比方法映射成关节空间内的小位移。将得到的关节空间误差 $\delta\theta$ 乘以增益来计算使误差减小的力矩 $\boldsymbol{\tau}$。注意，为简单起见，图 10-5 所示的简化控制器中省略了速度反馈部分。速度反馈可以直接附加到图中。这种方法也称为逆雅可比控制器。

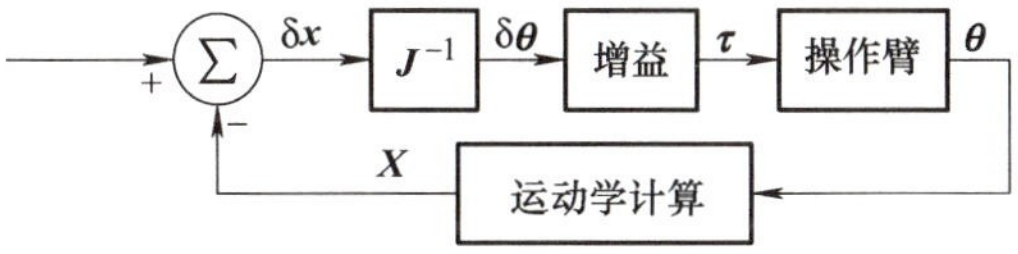

图 10-5　逆雅可比工作空间控制方法

另一种容易想到的方法如图 10-6 所示。这种方法是将工作空间误差矢量乘以增益来计算笛卡儿坐标系下的力矢量。可以将这个力矢量看成是施加在机器人末端执行器上的一个笛卡儿空间的力，它使末端执行器向着工作空间误差减小的方向运动。将这个笛卡儿坐标系下的力矢量（实际上是一个力－力矩矢量）通过雅可比转置矩阵映射成关节力矩，这样可以减小观测到的误差。这种方法称为转置雅可比控制器。

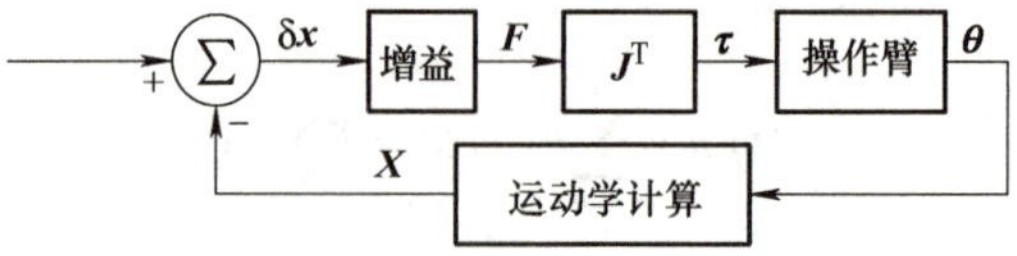

图 10-6　转置雅可比工作空间控制方法

逆雅可比控制器和转置雅可比控制器都是一种直观的控制方法，因此难以确定这些方法是否稳定，更不用说它的性能了。然而这两个控制器是如此相似，区别只是一个是雅可比逆矩阵，另一个是雅可比转置矩阵。切记，一般雅可比逆矩阵和雅可比转置矩阵是不相等的（只有严格限制在工作空间的机器人才有 $\boldsymbol{J}^{\mathrm{T}}=\boldsymbol{J}^{-1}$），这些系统精确的动力学特性（比如用二阶误差空间方程表示的系统）是很复杂的。事实是，这两种控制方法都能够工作（即都是稳定的），但工作性能不太好（即在整个工作空间的性能都不是很好），都可以通过选择适当的增益使系统工作稳定，包括某种形式的速度反馈（在图 10-5 和图 10-6 中未画出）。然而它们都不是精确的控制方法，即无法选择固定的增益来得到固定的闭环极点。这两种控制器的动力学响应都会随着机器人位形的变化而变化。

10.3.2　工作空间解耦控制方法

与基于关节空间的控制器一样，基于工作空间的控制器也应该使机器人在所有位形下的动力学误差均为常量。而在基于工作空间的控制方法中，误差是在工作空间表示的，这表明对于所设计的系统，应使其在所有可能位形下，都可将工作空间误差限制在临界阻尼状态。

正如基于关节空间的控制器一样，一个性能优良的工作空间控制器的前提条件是机器人的线性化和解耦模型。机器人工作空间一般用笛卡儿坐标系表示，因此，必须用笛卡儿坐标的变量写出机器人的动力学方程。刚体动力学方程可以写为

$$\boldsymbol{F}=\boldsymbol{M}_x(\boldsymbol{\theta})\ddot{\boldsymbol{x}}+\boldsymbol{V}_x(\boldsymbol{\theta},\dot{\boldsymbol{\theta}})+\boldsymbol{G}_x(\boldsymbol{\theta}) \tag{10-17}$$

式中，$\boldsymbol{F}$ 为作用在机器人末端执行器上的虚拟操作力－力矩矢量；$\boldsymbol{x}$ 是一个适当表示末端执行器位置和姿态的笛卡儿坐标矢量；$\boldsymbol{M}_x(\boldsymbol{\theta})$ 是工作空间的质量矩阵；$\boldsymbol{V}_x(\boldsymbol{\theta},\dot{\boldsymbol{\theta}})$ 是工作空间的速度项矢量；$\boldsymbol{G}_x(\boldsymbol{\theta})$ 是工作空间的重力项矢量。

与以前处理基于关节坐标的控制问题一样，可以在一个解耦和线性化控制器中应用动力学方程。因为已从式（10-17）计算出作用在机器人末端执行器上的虚拟操作力－力矩矢量 $\boldsymbol{F}$，那么就可以使用雅可比转置矩阵来实现这个控制。也就是说，由式（10-17）计算出 $\boldsymbol{F}$ 之后，实际上已无法将一个工作空间的力施加到末端执行器上，相反，如果应用式（10-18）就可计算出能够有效平衡系统的关节力矩 $\boldsymbol{\tau}$，有

$$\boldsymbol{\tau}=\boldsymbol{J}^{\mathrm{T}}(\boldsymbol{\theta})\boldsymbol{F} \tag{10-18}$$

图 10-7 所示为完全动力学解耦的工作空间机器人控制系统。注意，转置雅可比是在机器人之前。可以看出，图 10-7 所示的控制器可以直接描述笛卡儿路径而不需要进行轨

迹变换。

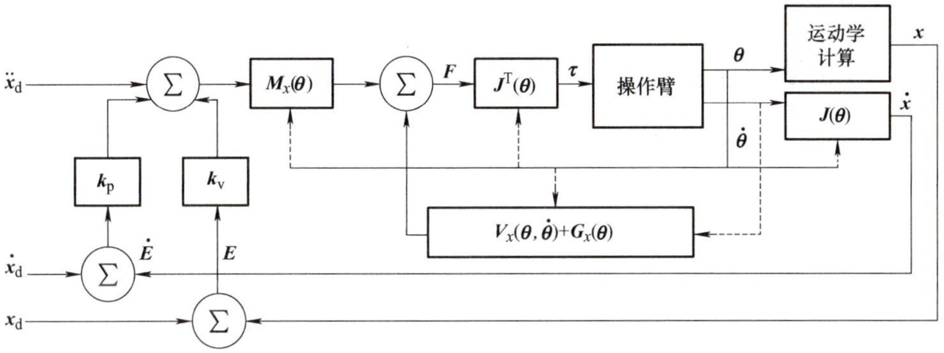

图 10-7　完全动力学解耦的工作空间机器人控制系统

与关节空间的情况相同，在实际应用中最好使用双速度控制系统。图 10-8 所示为一个基于笛卡儿坐标系的解耦和线性化控制器示意图，其中的动力学参数只是机器人位置的函数。

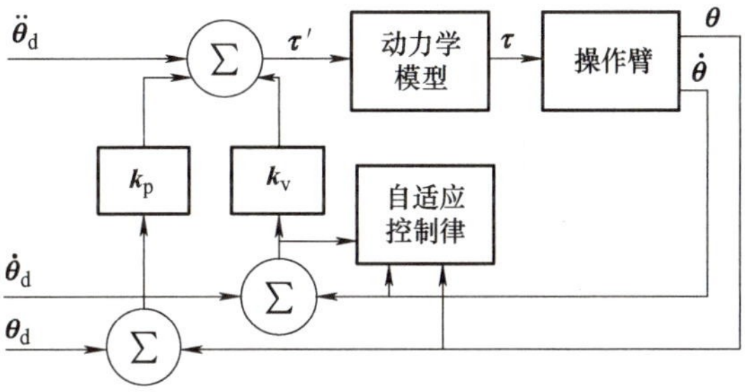

图 10-8　基于笛卡儿坐标系的解耦和线性化控制器示意图

10.3.3　自适应控制

在基于模型的控制方法的讨论中，常发现机器人的参数不能精确获知。当模型中的参数与实际系统中的参数不符时，会产生伺服误差。可以利用伺服误差，驱动某种自适应控制方法去更新模型参数的值，直到这些伺服误差消失。目前已经提出了几种自适应方法。

一种理想的自适应方法如图 10-9 所示。自适应控制过程如下：已知机器人的状态和伺服误差，系统将调整非线性模型中的参数值，直到误差消失。这种系统会学习系统本身的动力学特性。然而自适应控制方法的设计和分析已超出了本书的范围，在此不再赘述。

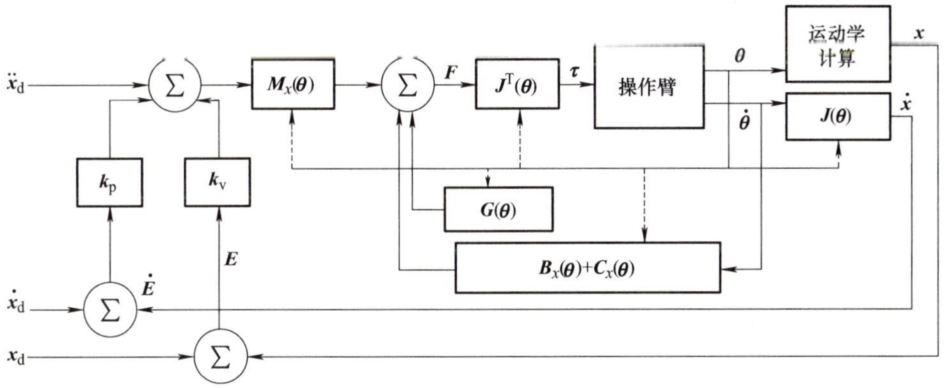

图 10-9　自适应机器人控制器示意图

10.4 机器人力控制

10.4.1 力 / 位混合控制问题

图 10-10 所示为接触状态的两个极端情况。在图 10-10a中，机器人在自由空间移动。在这种情况下，自然约束都是力约束——没有相互作用力，因此所有的约束力都为零。具有 6 自由度的机器人可以在 6 个自由度方向上运动，但是不能在任何方向上施加力。图 10-10b 所示为机器人末端执行器紧贴墙面运动的极端情况。在这种情况下，因为机器人不能自由改变位置，所以它有 6 个自然位置约束。然而，机器人可以在这 6 个自由度上对目标自由施加力和力矩。

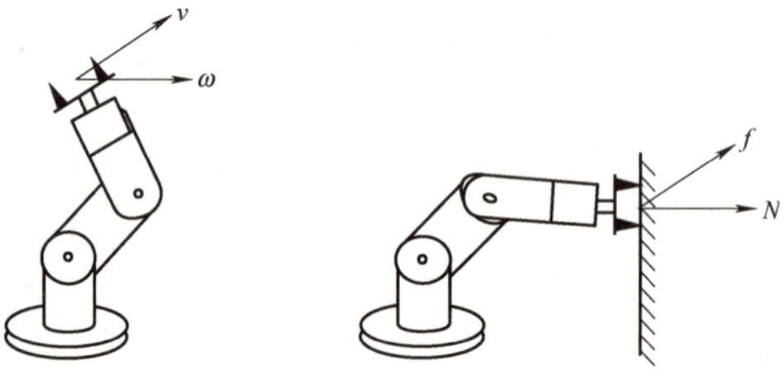

图 10-10　接触状态的两个极端情况

图 10-10b 中的情况在实际中并不经常出现，多数情况是需要在部分约束任务环境中进行力控制，即需要对系统的某些自由度进行位置控制，而对另一些自由度进行力控制。因此，本节主要讨论力 / 位混合控制方法。

对于力 / 位混合控制器，必须解决以下 3 个问题：

1）沿有自然力约束的方向进行机器人的位置控制。

2）沿有自然位置约束的方向进行机器人的力控制。

3）沿任意坐标系的正交自由度方向进行任意位置和力的混合控制。

10.4.2 力 / 位混合控制方法

在本小节中，将介绍力 / 位混合控制器的控制系统结构。

1. 坐标系 {C} 中的机器人

首先考虑具有移动关节的 3 自由度笛卡儿机器人的简单情况，关节轴线沿 $\hat{Z}$、$\hat{Y}$ 和 $\hat{X}$ 方向。为简单起见，假设每一连杆的质量很小，滑动摩擦力为零。假设关节运动方向与约束坐标系 {C} 的轴线方向完全一致。末端执行器与刚性为 k_e 的表面接触，${}^{C}\hat{Y}$ 垂直于接触表面，因此，在该方向需要进行力控制，而在 ${}^{C}\hat{X}$、${}^{C}\hat{Z}$ 方向进行位置控制（见图 10-11）。

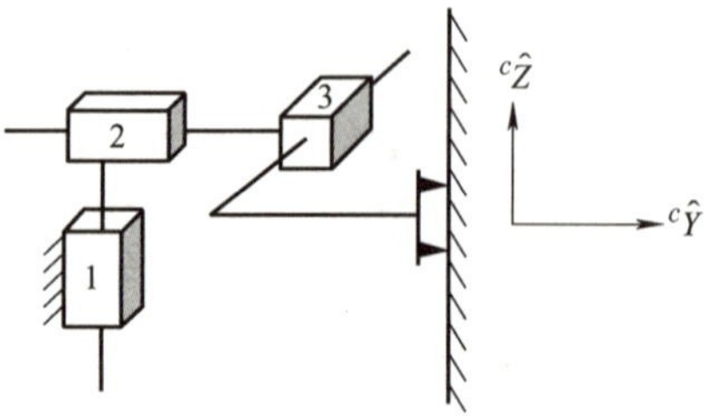

图 10-11　与表面接触的 3 自由度笛卡儿机器人

在这种情况下，力 / 位混合控制问题的解比较清楚，使用单位质量位置控制器来控制关节 1 和 3。关节 2（作用于 $\hat{Y}$ 方向）应使用 10.4.1 节中介绍的力控制器进行控制，于是可以在 ${}^{C}\hat{X}$、${}^{C}\hat{Z}$ 方向设定位置轨迹，同时在 ${}^{C}\hat{Y}$ 方向独立设定力轨迹（可能只是一个常数）。

如果希望将约束表面的法线方向转变为沿 $\hat{X}$ 向或 $\hat{Z}$ 向，则可以按如下方法对笛卡儿机器人控制系统稍加扩展：构建一个控制器，使它可以确定 3 个自由度的全部位置轨迹，同时也可以确定 3 个自由度的力轨迹。当然，不能同时满足这 6 个约束的控制。因此，需要设定一些工作模式来指明在任一给定时刻应控制哪条轨迹的哪个分量。

在图 10-12 所示的混合控制器中，用一个位置控制器和一个力控制器控制简单笛卡儿机器人的 3 个关节。引入矩阵 $\boldsymbol{S}$ 和 $\boldsymbol{S}'$ 来确定应采用哪种控制模式（位置或力）去控制机器人的每一个关节。$\boldsymbol{S}$ 矩阵为对角矩阵，对角线上的元素为 1 和 0。对于位置控制，$\boldsymbol{S}$ 中元素为 1 的位置对应 $\boldsymbol{S}'$ 中的元素为 0；对于力控制，$\boldsymbol{S}$ 中元素为 0 的位置对应 $\boldsymbol{S}'$ 中的元素为 1。因此，矩阵 $\boldsymbol{S}$ 和 $\boldsymbol{S}'$ 相当于一个互锁开关，用于设定约束坐标系 $\{C\}$ 中每一个自由度的控制模式。按照 $\boldsymbol{S}$ 的规定，系统中总有 3 个轨迹分量受到控制，而位置控制和力控制之间的组合是任意的。另外 3 个期望轨迹分量和相应的伺服误差应被忽略。也就是说，当一个给定的自由度受到力控制时，那么这个自由度上的位置误差就应该被忽略。

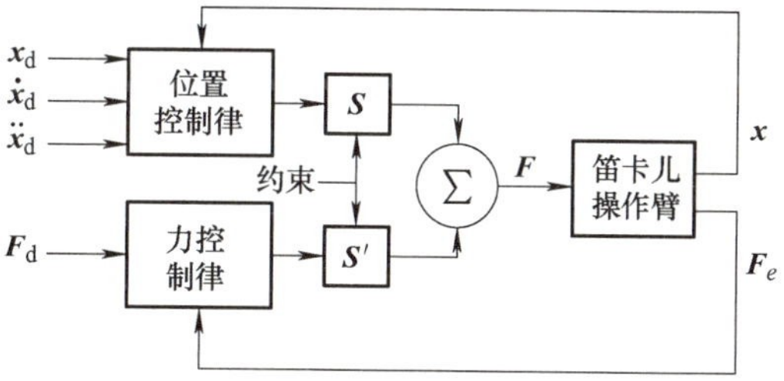

图 10-12　3 自由度机器人的混合控制器

例 10-2　如图 10-11 所示，${}^{C}\hat{Y}$ 方向的运动受到作用表面的约束，求矩阵 $\boldsymbol{S}$ 和 $\boldsymbol{S}'$。

解： 由于 $\hat{X}$ 和 $\hat{Z}$ 方向的分量受到位置控制，所以在矩阵 $\boldsymbol{S}$ 对角线上对应于这两个分量的位置上输入 1。在这两个方向上具有位置伺服，可以跟踪输入轨迹。$\hat{Y}$ 方向输入的任何位置轨迹都将被忽略。矩阵 $\boldsymbol{S}'$ 对角线方向上的 0 和 1 元素与矩阵 $\boldsymbol{S}$ 相反。因此，有

$$\boldsymbol{S}=\begin{bmatrix}1 & 0 & 0\\0 & 0 & 0\\0 & 0 & 1\end{bmatrix}$$

$$\boldsymbol{S}'=\begin{bmatrix}0 & 0 & 0\\0 & 1 & 0\\0 & 0 & 0\end{bmatrix}$$

图 10-12 所示的混合控制器是关节轴线与约束坐标系 $\{C\}$ 完全一致的特殊情况。在下文中，将前面章节研究的方法推广到一般机器人的控制器中，且对于任意的约束坐标系 $\{C\}$ 都适用。然而，在理想情况下，机器人好像有一个与约束坐标系 $\{C\}$ 中的每一个自

由度都一致的驱动器。

2. 一般机器人的控制

将图 10-12 所示的混合控制器推广到一般机器人，可以得到直接应用于基于笛卡儿坐标系的控制方法。第 5 章讨论了如何根据末端执行器的笛卡儿运动写出机器人的运动方程，10.3 节给出了如何对机器人应用数学方法进行解耦的笛卡儿位置控制。其基本思想是通过使用工作空间的动力学模型，把实际机器人的组合系统和计算模型变换为一系列独立的、解耦的单位质量系统。一旦完成解耦和线性化，就可以应用 10.4 节中介绍的简单伺服方法。

图 10-13 所示笛卡儿解耦方案为在工作空间中基于机器人动力学公式的计算方法，使机器人呈现为一系列解耦的单位质量系统。为了用于混合控制方案，笛卡儿动力学方程和雅可比矩阵都应在约束坐标系 $\{C\}$ 中描述。同样，运动学方程也应相对于约束坐标系 $\{C\}$ 进行计算。

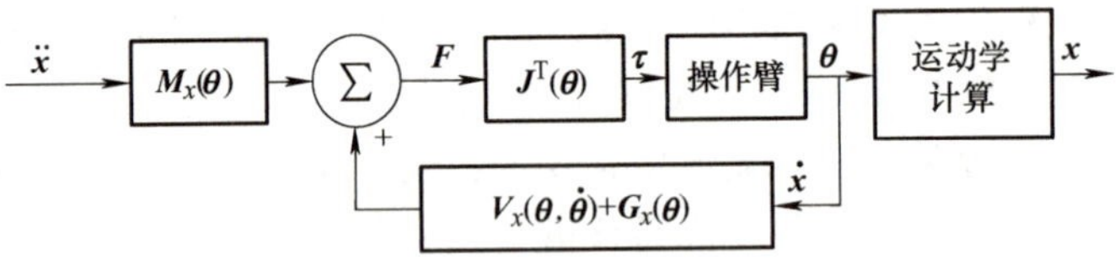

图 10-13　笛卡儿解耦方案

由于已经设计了与约束坐标系一致的机器人混合控制器，并且因为用笛卡儿解耦方法建立的系统具有相同的输入 – 输出特性，因此只需要将这两个条件结合，就可以生成一般的力 / 位混合控制器。

图 10-14 所示是一个一般机器人的混合控制器。注意，动力学方程以及雅可比矩阵均在约束坐标系中描述。

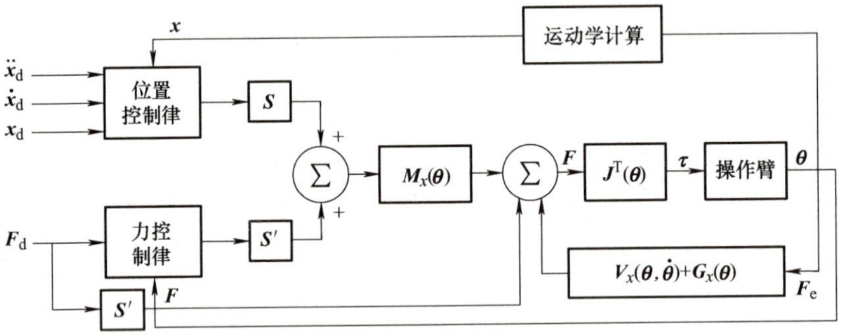

图 10-14　一般机器人的力 / 位混合控制器

描述运动学方程时应将坐标变换到约束坐标系，同样，检测的力也要变换到约束坐标系 $\{C\}$ 中。伺服误差也应在约束坐标系 $\{C\}$ 中计算。

10.5　机器人控制实践案例

图 10-15 所示为轮式仿人机器人，其中，移动机器人含①、②、③、④共 4 个被控对象，三并联机器人含（17）、（18）、（19）、（20）共 4 个被控对象，仿人双臂含（2）、（3）、（4）、

（5）、（6）、（7）、（10）、（11）、（12）、（13）、（14）、（15）共 12 个被控对象，头部双目含（8）、（9）共 2 个被控对象，操作手和仿人五指手含（1）、（16）共 2 个被控对象。

在连续系统中，若对每个关节输入阶跃信号 $r(t)$，则每个关节系统的响应输出 $y(t)$ 会存在稳态误差，甚至发散，如图 10-16 所示。由于关节不稳定，将导致机器人手会出现抖动（也就是机器人患了帕金森病）。

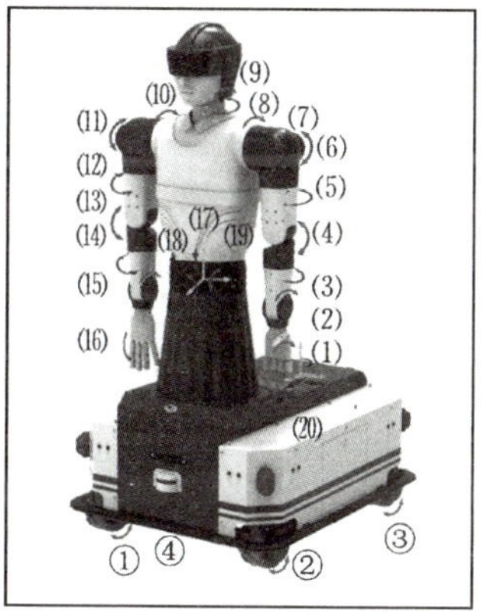

图 10-15　轮式仿人机器人

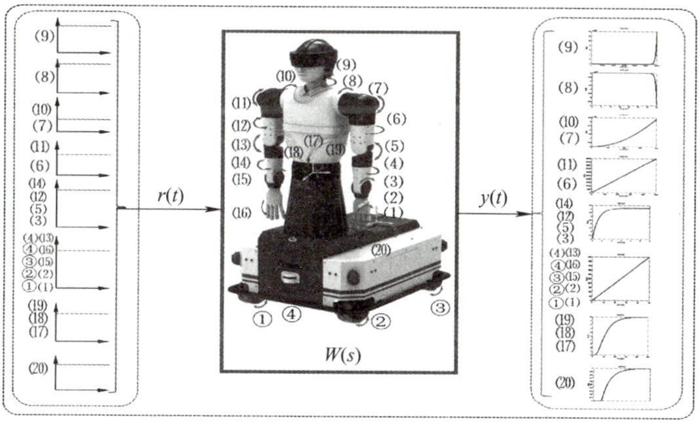

图 10-16　轮式仿人机器人无控制响应

对于帕金森病的治疗，通过连续系统单位负反馈闭环系统能解决吗？从图 10-17 可以看出，依然有振荡和发散。

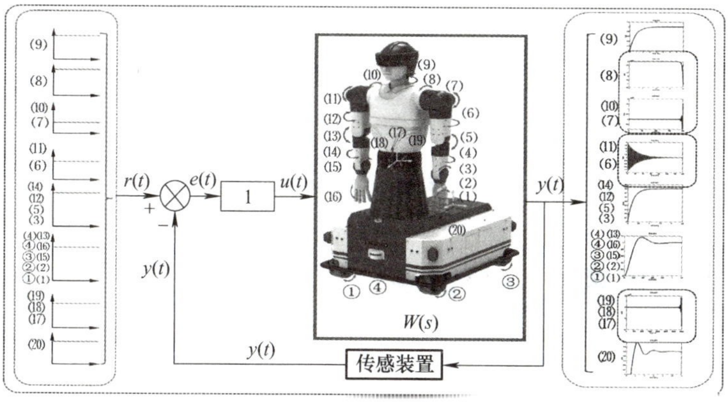

图 10-17　轮式仿人机器人单位负反馈响应

帕金森病可通过 10.2 节理论设计的模拟控制器 $D(s)$ 来治疗，即通过 $D(s)$ 的控制，使得输入 $r(t)$ 为阶跃信号，则输出 $y(t)$ 是稳定、准确的，并且可以快速跟踪 $r(t)$，以实现机器人手的稳定，从而治疗了机器人手的帕金森病，如图 10-18 所示。

由前面分析可知，模拟控制系统已经实现了输出 $y(t)$ 的稳定、准确，并且可以快速跟踪 $r(t)$，为什么还要设计数字控制器呢？理由如下：模拟控制器 $D(s)$ 一般由电路等硬件方式实现，主要存在需要元器件多、设计复杂、调试困难、修正困难、难以实现复杂控制算法等问题。而数字控制器 $D(z)$ 能够完美解决模拟控制器的大部分上述问题，如图 10-19 所示。其中 $wh0(s)$ 为零阶保持器（Zero-order Holder，ZoH）的传递函数。

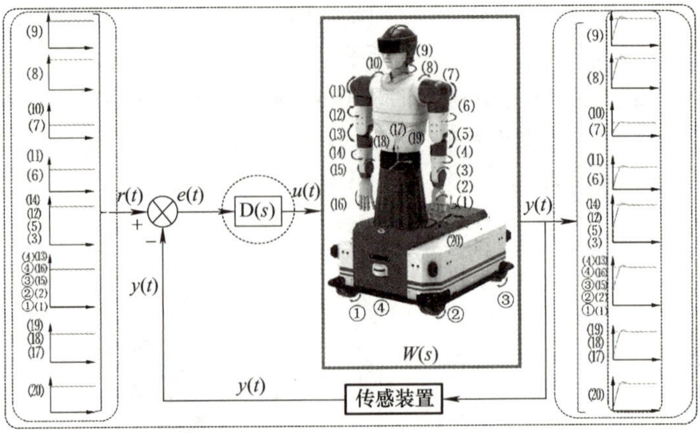

图 10-18　轮式仿人机器人模拟控制

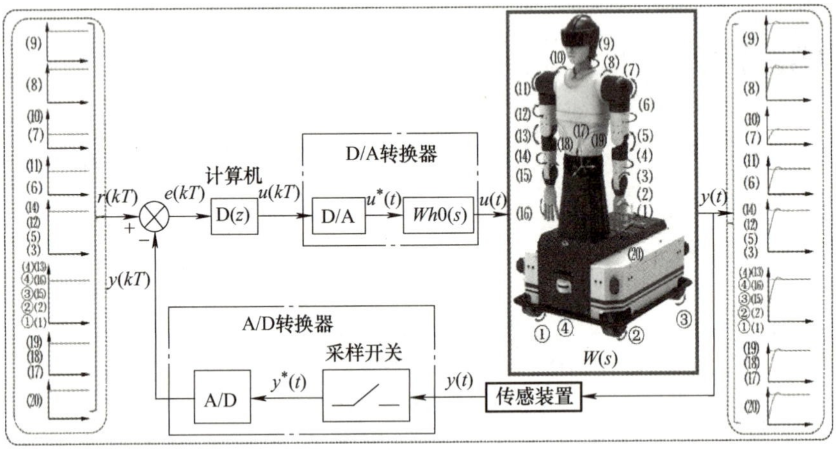

图 10-19　轮式仿人机器人计算机控制

10.6　轮式仿人机器人控制训练

10.6.1　控制实践环境

1. 启动 V-REP

在 2.3 节实践平台上设计下面的关节空间控制实践。仿真软件为 V-REP4.0.0，单击 V-REP 图标，如图 10-20 所示。

图 10-20　V-REP 图标

单击 File，在弹出的菜单栏中选择 Open scene，如图 10-21 所示。

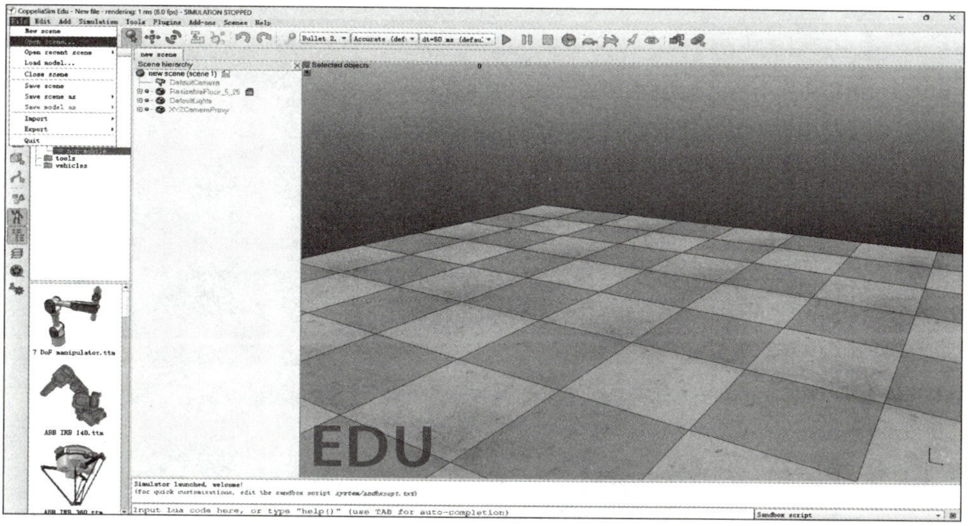

图 10-21　File → Open scene

如图 10-22 所示，定位到 .ttt 文件所在位置，单击选择该文件，接着单击“打开（O）”。

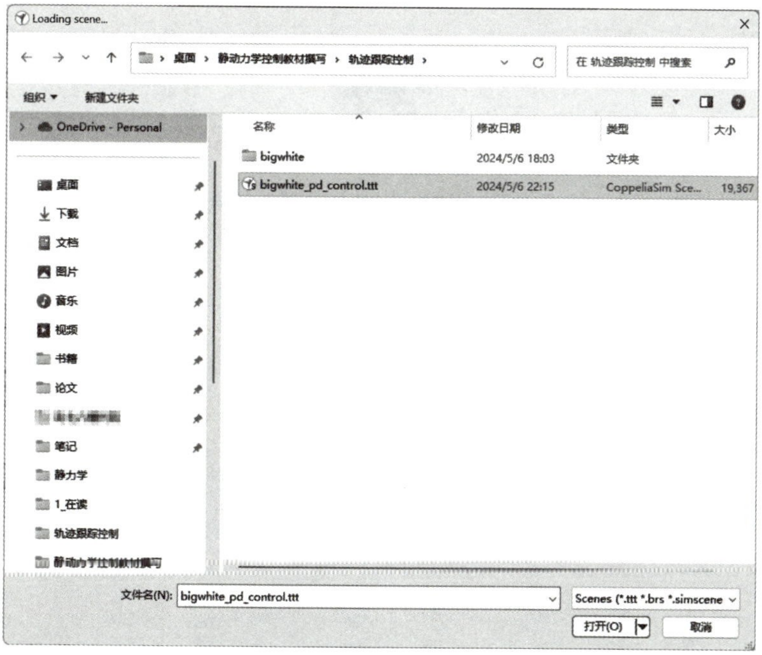

图 10-22　选择提供的 .ttt 文件，单击“打开（O）”

显示窗口如图 10-23 所示。

2. 启动 VMware Workstation

在 2.3 节实践平台上设计下面的工作空间控制实践。单击打开 VMware Workstation 图标，如图 10-24 所示，等待软件打开。依次单击：文件（F）→打开（O），如图 10-25 所示。

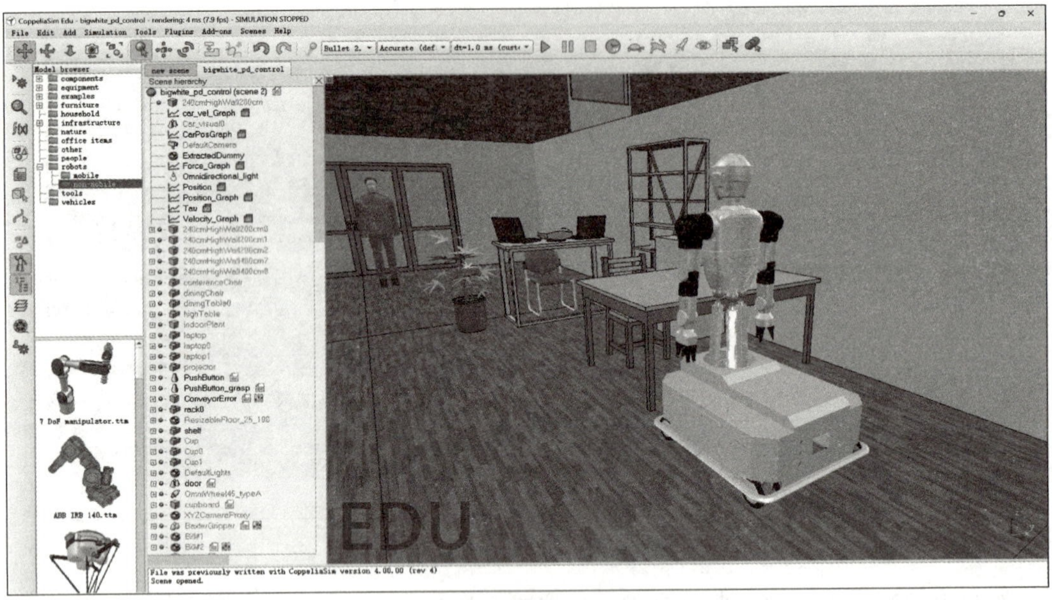

图 10-23 .ttt 文件在 V-REP 中的显示窗口

图 10-24 VMware Workstation 图标

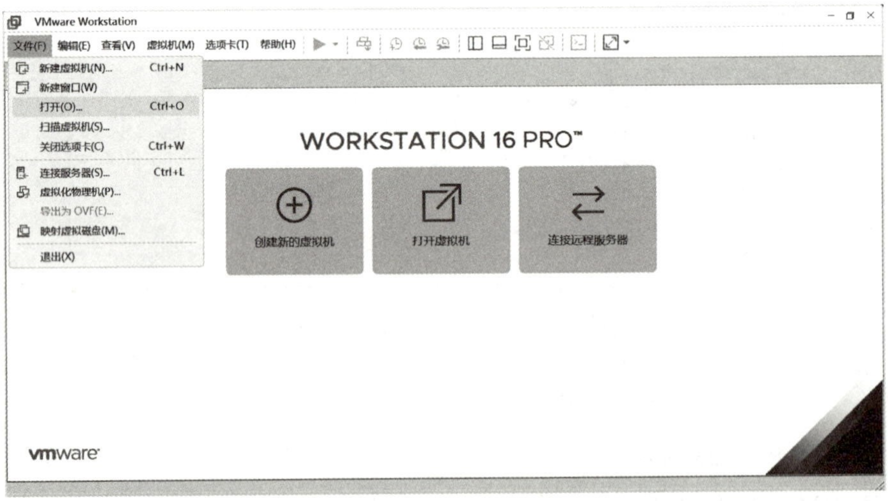

图 10-25 在 VMware Workstation 内打开虚拟机文件

定位到所提供的虚拟机文件所在路径下，选择此虚拟机文件，单击“打开（O）”（这里要根据自己计算机所放的虚拟机路径和虚拟机文件进行选择），如图 10-26 所示。

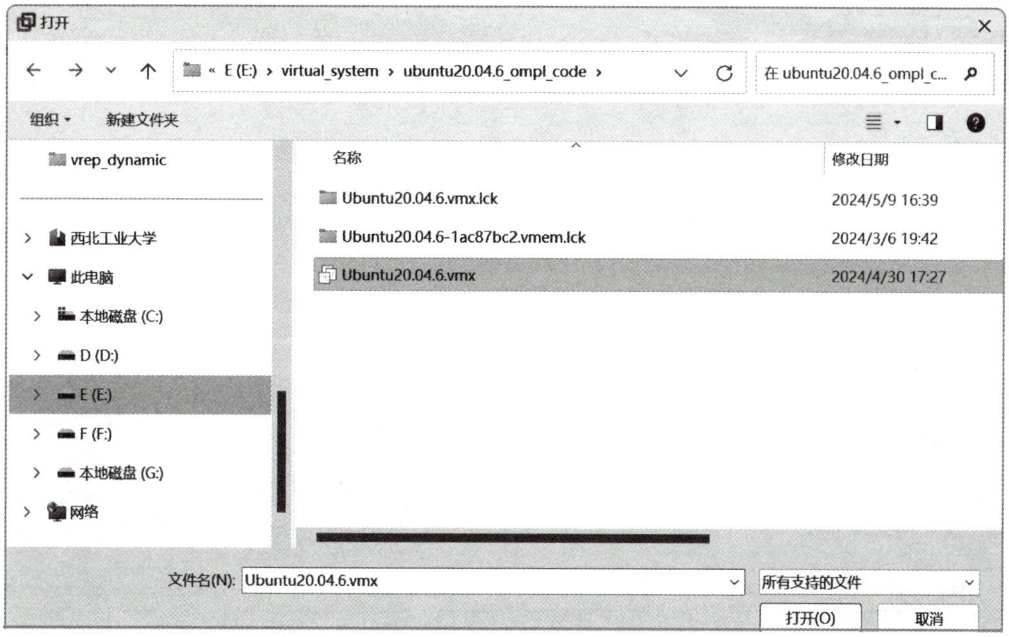

图 10-26　选择虚拟机文件

等待虚拟机文件加载，单击开始运行按钮（如图 10-27 中灰色方框所示），打开虚拟机。

图 10-27　开始运行虚拟机

打开虚拟机后，默认显示界面如图 10-28 所示。

图 10-28 虚拟机默认显示界面

10.6.2 控制参数级训练

码 10-2【视频讲解】关节空间控制

1. 关节空间控制训练（扫码 10-2 见详细训练过程）

现针对主作业臂前后运动关节做实验，双击 right_arm_fb_joint，主作业臂前后运动关节和参数设定显示窗口如图 10-29 所示。

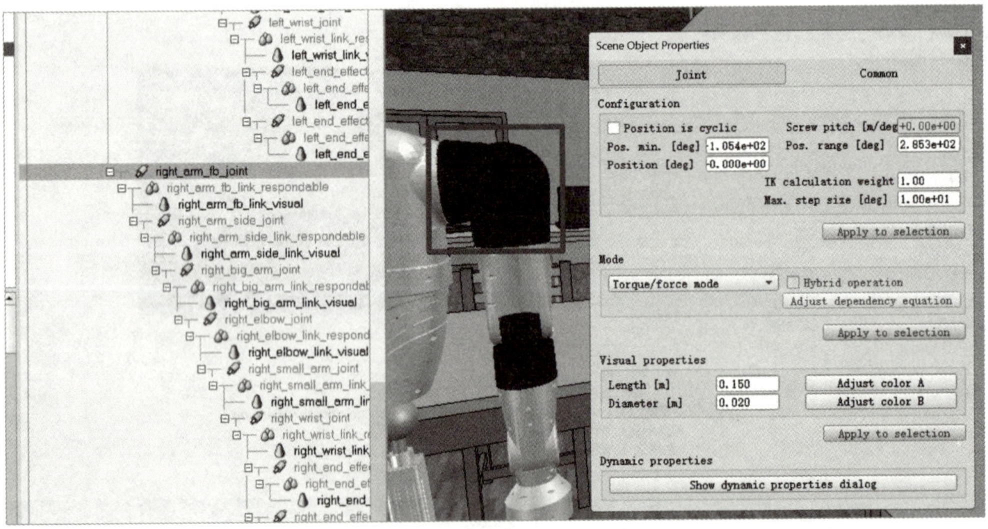

图 10-29 主作业臂前后运动关节

单击动力学参数设置栏，如图 10-30 方框所示。

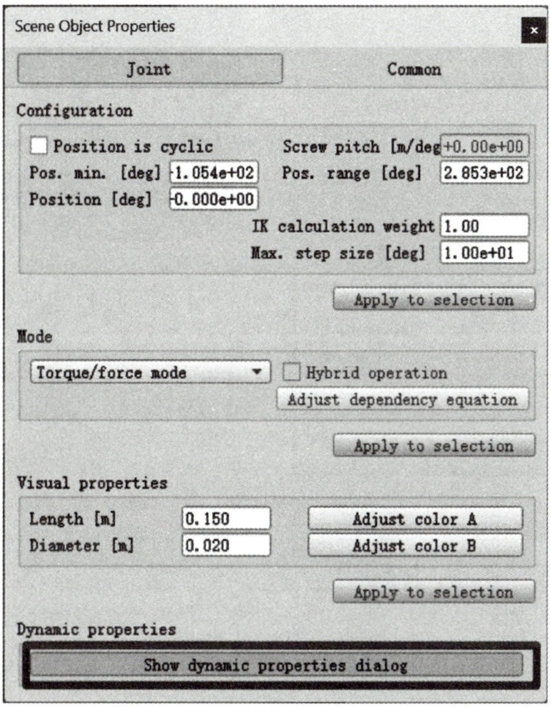

图 10-30　单击动力学参数设置

在弹出的新窗口中，勾选“Control properties”下的“Control loop enabled”，并将 10.2.3 节设计的 PID 控制器参数设置为如图 10-31a 所示的值。

开启运动仿真，关节角度位置输出曲线如图 10-31b 所示，可看出，机器人主作业臂前后运动关节从 0° 向目标角度 60° 运动。最终，主作业臂前后运动关节运动到 59.2447°。

2. 工作空间控制训练（扫码 10-3 见详细训练过程）

码 10-3【视频讲解】工作空间控制训练

工作空间控制实现的流程大致如下：通过控制界面，或在远程控制界面下，根据网络摄像头捕捉的信息，发出机器人抓取指令，并在 PC（个人计算机）上启动 ROS 节点管理器和相关的节点，然后，从摄像机获取彩色图像和深度图像的处理，对目标识别定位以获取目标物的位置。

当物体被正确识别后，机器人开始执行“目标识别定位”。一旦定位成功，就会进入“逆运动学计算：初始阶段”，设定主作业臂关节的角度。

接下来是“逆运动学计算：过渡阶段”，解算出机器人下部分 7 个关节角度和头部关节需要转动的角度，并分别通过控制移动机器人腰部、机器人头部到达计算出的角度，控制机器人运动到相应位置，以实现精确的抓取动作。

接着再次获取目标物位置，机器人双臂控制节点根据解算出的机器人主作业臂的关节角度，应用第 9 章的内容进行机器人轨迹规划。在此过程中，柔性手爪进入摄像机视野范围内，对手爪进行标识，获取手爪中心位置。通过第 4 章的逆运动学求解各个关节的实际位置，进行抓取矫正，不断减小手爪与目标偏差，满足抓取条件后，闭合柔性手抓，实现抓取；如果不满足抓取条件，则重新进行手爪标识，重复上述步骤直到满足抓取条件。

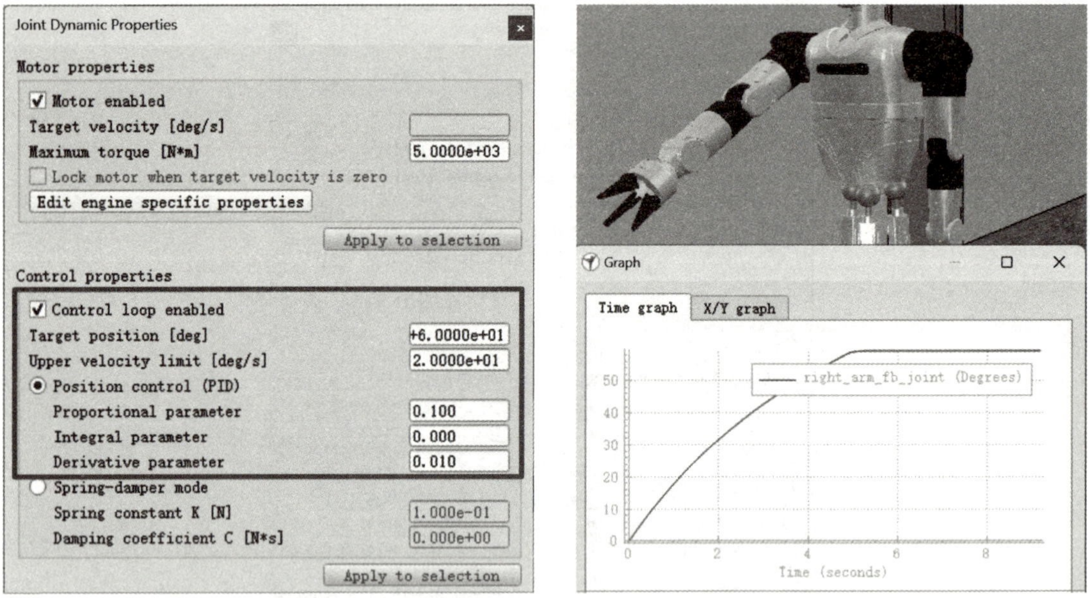

a) 参数设置　　b) 关节角度位置输出曲线

图 10-31　机器人主作业臂前后运动关节 PID 参数设定及位置输出曲线

下面针对机器人主作业系统，进行苹果抓取实践。

第一步，打开终端，运行 roscore，如图 10-32 所示。

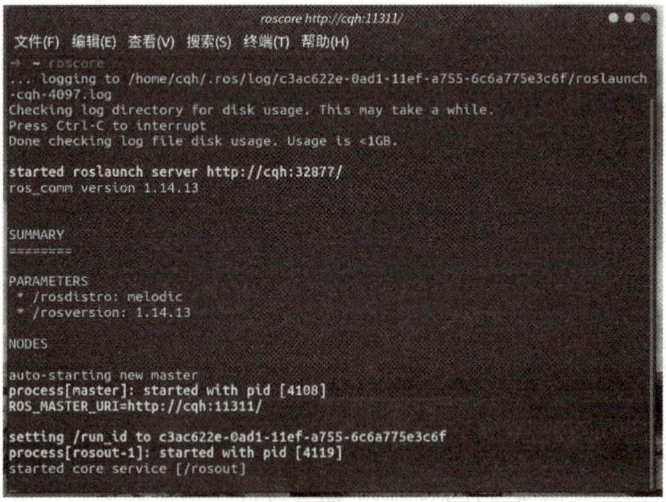

图 10-32　运行 roscore

第二步，启动轮式仿人机器人仿真操作界面，在界面的右侧“仿真器”中找到“启动仿真”。然后，单击“启动仿真”，等待系统提示即可开始仿真，如图 10-33 所示。

第三步，等待系统提示后即可进行仿真，单击“OK”按钮，如图 10-34 所示。

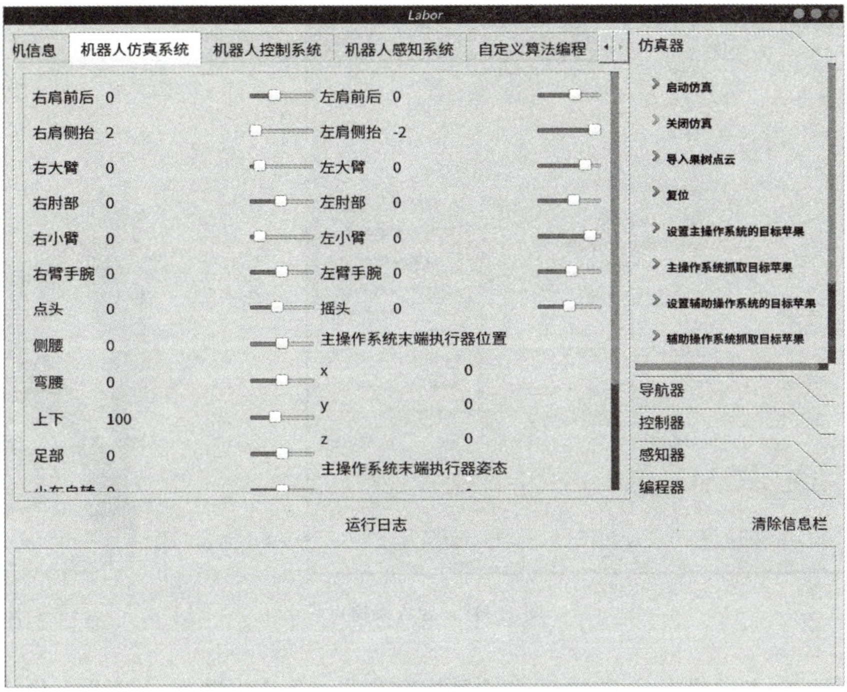

图 10-33　轮式仿人机器人仿真操作界面

图 10-34　启动仿真

第四步，单击“导入果树点云”。将点云数据导入至规划场景中，为了节省渲染时间并提升碰撞检测速度，采用八叉树格式对点云数据进行处理，如图 10-35 所示。

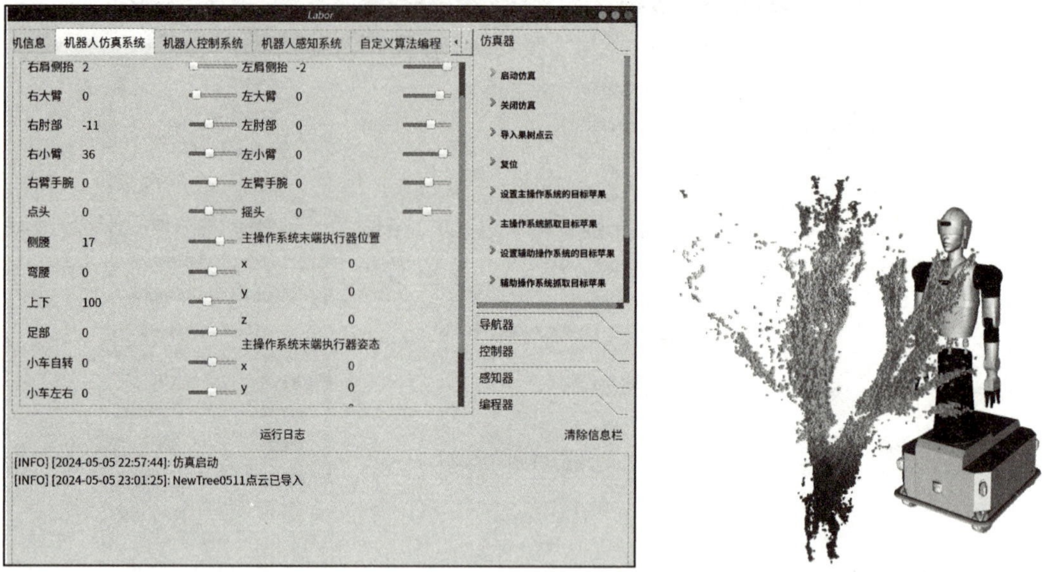

图 10-35　导入果树点云

第五步，单击“设置主操作系统的目标苹果”。通过此操作，可导入目标苹果，如图 10-36 所示。

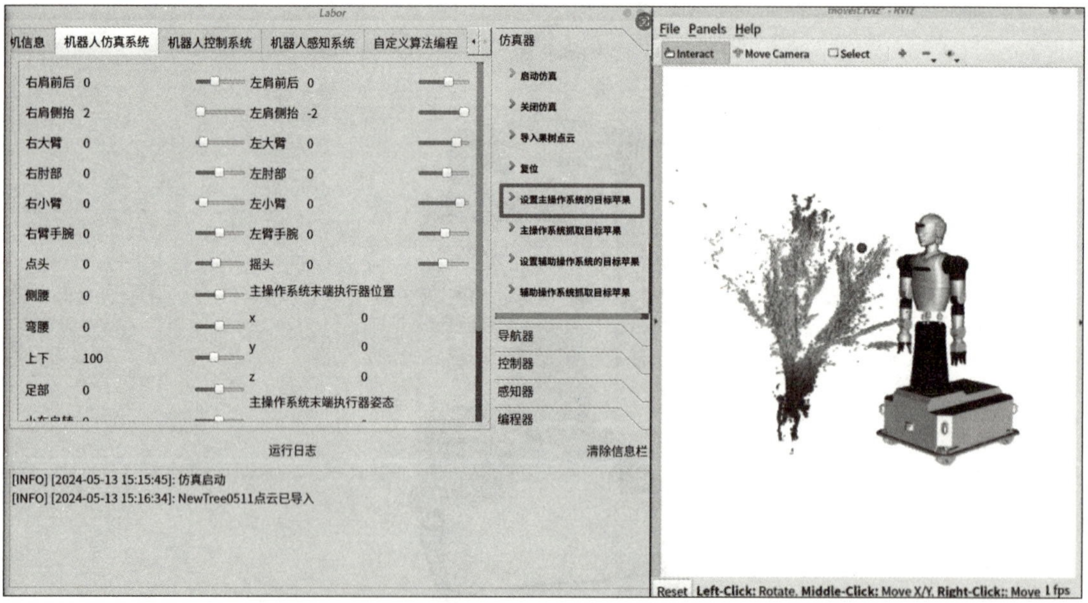

图 10-36　导入目标苹果

第六步，单击“主操作系统抓取目标苹果”。机器人利用第 4 章内容进行目标构型求解，并依据第 9 章内容进行轨迹规划，采用 10.2 节和 10.3 节内容进行控制训练，最终实现柔性手爪成功抓取苹果，如图 10-37 所示。

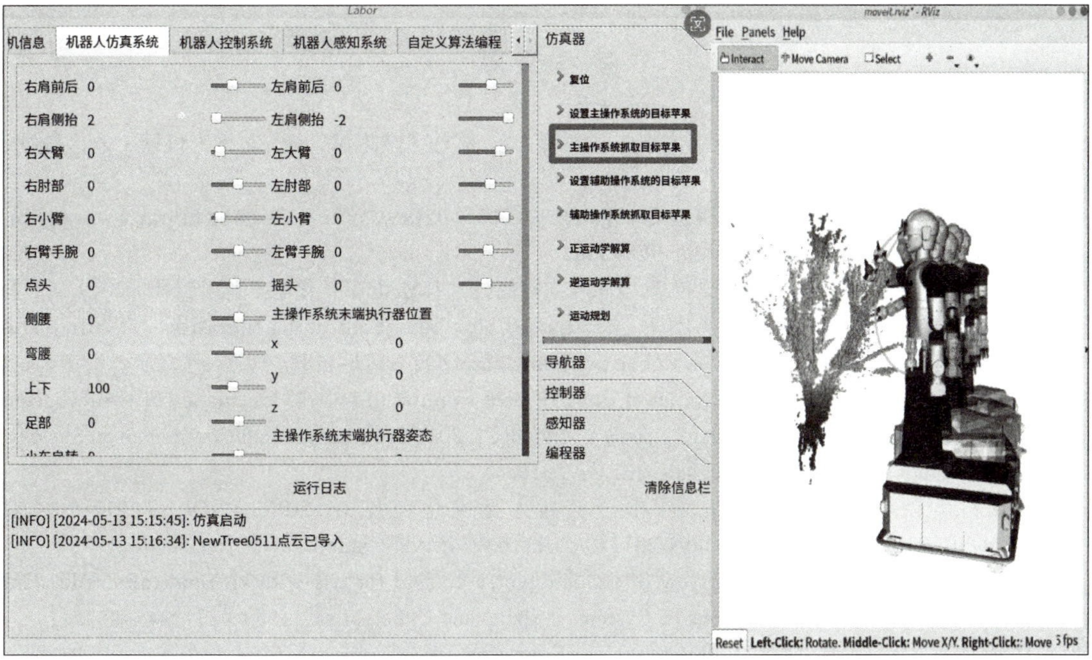

图 10-37　主操作系统抓取目标苹果

本章小结

本章主要研究了机器人控制理论与实践。理论部分首先介绍了机器人的控制特点和控制技术，其次介绍了机器人关节空间控制技术，然后介绍了机器人工作空间控制技术，最后介绍了机器人力控制技术。

基于上述机器人控制理论基础，接着介绍了轮式仿人机器人控制实践案例，以及基于机器人教学平台进行的训练。

通过本章的控制基础学习和实践训练，希望读者能够掌握机器人控制系统的基本结构和组成，掌握机器人控制的相关知识，了解单关节控制和多关节协调及工作空间控制的原理、方法和技术，通过实践凝练理论，通过理论指导实践，实现二者的相辅相成。

习题

10-1　简述机器人控制的目的。

10-2　简述机器人控制的基本结构。

10-3　简述机器人关节空间控制思路。

10-4　简述机器人工作空间控制思路。

10-5　设计机器人抓取控制控制系统。

10-6　简述机器人需要计算机控制的理由。

参考文献

[1] 森德勒 . 工业 4.0：即将来袭的第四次工业革命 [M]. 邓敏，李现民，译 . 北京：机械工业出版社，2014.

[2] 中华人民共和国国务院 . 中国制造 2025[R/OL].（2015–05–19）[2024–10–04] . https://www.gov.cn/zhengce/content/2015–05/19/content_9784.htm.

[3] 王耀南，梁桥康，朱江，等 . 机器人环境感知与控制技术 [M]. 北京：化学工业出版社，2019.

[4] SCIANCA N，DE S D，LANARI L，et al. MPC for humanoid gait generation：stability and feasibility[J]. IEEE Transactions on Robotics，2020，36（4）：1171–1188.

[5] ZHANG Y，HUANG H，YAN X，et al. Inverse–free solution to inverse kinematics of two–wheeled mobile robot system using gradient dynamics method[C]//2016 3rd International Conference on Systems and Informatics（ICSAI）. Shanghai：IEEE，2016.

[6] 中国科学院沈阳自动化研究所 . 中国机器人标准化白皮书（2017）[R/OL].（2017–10–25）[2024–10–04]. https://www.cas.cn/yx/201710/t20171030_4619885.shtml.

[7] KLEIN C A，HUANG C H. Review of pseudoinverse control for use with kinematically redundant manipulators[J]. IEEE Transactions on Systems，Man，and Cybernetics，1983（2）：245–250.

[8] TCHOŃ K，JAKUBIAK J. Endogenous configuration space approach to mobile manipulators：a derivation and performance assessment of Jacobian inverse kinematics algorithms[J]. International Journal of Control，2003，76（14）：1387–1419.

[9] BUSS S R. Introduction to inverse kinematics with Jacobian transpose，pseudoinverse and damped least squares methods[J]. IEEE Journal of Robotics and Automation，2004，17（1–19）：16.

[10] TCHOŃ K，JAKUBIAK J，MAŁEK Ł. Dynamic Jacobian inverses of mobile manipulator kinematics[C]//Advances in Robot Kinematics：Motion in Man and Machine. Netherlands：Springer，2010.

[11] GALICKI M. Inverse kinematics solution to mobile manipulators[J]. The International Journal of Robotics Research，2003，22（12）：1041–1064.

[12] ARISTIDOU A，LASENBY J. Inverse kinematics：a review of existing techniques and introduction of a new fast iterative solver[J]. Cambridge University Engineering Department，2009：1–60.

[13] ARISTIDOU A，CHRYSANTHOU Y，LASENBY J. Extending FABRIK with model constraints[J]. Computer Animation and Virtual Worlds，2016，27（1）：35–57.

[14] GOTTSCHALK S，LIN M C，MANOCHA D. OBBTree：a hierarchical structure for rapid interference detection[C]//Proceedings of the 23rd Annual Conference on Computer Graphics and Interactive Techniques. New Jersey：ACM，1996.

[15] 华为技术有限公司 . 全球产业展望 GIV 2025：打开智能世界的产业版图 [R/OL].（2018–04–17）[2024–10–04]. https://www.huawei.com/cn/news/2018/4/Huawei–Global–Industry–Vision–2025.

[16] LI Q，MU Y，YOU Y，et al. A hierarchical motion planning for mobile manipulator[J]. IEEJ Transactions on Electrical and Electronic Engineering，2020，15（9）：1390–1399.

[17] 李峰，李伟，梁辉 . 2（3–RPS）并串机器人运动构型的位置正解分析 [J]. 机械传动，2018，42（2）：76–80；86.

[18] 左富勇，胡小平，谢珂，等 . 基于 MATLAB Robotics 工具箱的 SCARA 机器人轨迹规划与仿真 [J]. 湖南科技大学学报（自然科学版），2012，27（2）：41–44.

[19] ROKBANI N，ALIMI A M. Inverse kinematics using particle swarm optimization，a statistical analysis[J]. Procedia Engineering，2013，64：1602–1611.

[20] DUKA A V. ANFIS based solution to the inverse kinematics of a 3DOF planar manipulator[J]. Procedia

Technology，2015，19：526–533.
[21] RAM R V，PATHAK P M，JUNCO S J. Inverse kinematics of mobile manipulator using bidirectional particle swarm optimization by manipulator decoupling[J]. Mechanism and Machine Theory，2019，131：385–405.
[22] 张慧娟 . 复杂环境下 RGB–D 同时定位与建图算法研究 [D]. 北京：中国科学院大学，2019.
[23] 彭亚丽 . 三维重建的若干关键技术研究 [D]. 西安：西安电子科技大学，2013.
[24] 慈文彦，黄影平，胡兴 . 视觉里程计算法研究综述 [J]. 计算机应用研究，2019，36（9）：2561–2568.
[25] LOWE D G. Distinctive image features from scale–invariant keypoints[J]. International Journal of Computer Vision，2004，60（2）：91–110.
[26] BAY H，ESS A，TUYTELAARS T，et al. Surf：speeded up robust features[J]. Computer Vision and Image Understanding，2008，110（3）：346–359.
[27] RUBLEE E，RABAUD V，KONOLIGE K，et al. ORB：an efficient alternative to SIFT or SURF[C]//2011 International Conference on Computer Vision. Brussels：IEEE，2011.
[28] 吴文欢 . 计算机视觉中立体匹配相关问题研究 [D]. 西安：西安理工大学，2020.
[29] 谢榛 . 基于无人机视觉的场景感知方法研究 [D]. 杭州：浙江工业大学，2017.
[30] BESL P J，MCKAY N D. Method for registration of 3–D shapes[C]//Sensor Fusion IV：Control Paradigms and Data Structures. Boston：SPIE，1992.
[31] WILLIAMS B，CUMMINS M，NEIRA J，et al. A comparison of loop closing techniques in monocular SLAM[J]. Robotics and Autonomous Systems，2009，57（12）：1188–1197.
[32] JAIN A K. Data clustering：50 years beyond K–means[J]. Pattern Recognition Letters，2010，31（8）：651–666.
[33] KONOLIGE K，AGRAWAL M. FrameSLAM：from bundle adjustment to real–time visual mapping[J]. IEEE Transactions on Robotics，2008，24（5）：1066–1077.
[34] 吴荻 . 基于立体视觉里程计的地下铲运机定位技术研究 [D]. 北京：北京科技大学，2019.
[35] MUJA M，LOWE D G. Fast approximate nearest neighbors with automatic algorithm configuration[J]. International Conference on Computer Vision Theory and Applications，2009，2：331–340.
[36] 李科 . 移动机器人全景视觉归航技术研究 [D]. 哈尔滨：哈尔滨工程大学，2011.
[37] 何凯文 . 基于综合特征 SLAM 的无人机多传感器融合导航算法研究 [D]. 上海：上海交通大学，2018.
[38] GIRSHICK R，DONAHUE J，DARRELL T，et al. Rich feature hierarchies for accurate object detection and semantic segmentation[C]//Proceedings of the IEEE Conference on Computer Vision and Pattern Recognition. Columbus：IEEE，2014.
[39] GIRSHICK R. Fast R–CNN[J]. arXiv preprint arXiv：1504.08083，2015.
[40] REN S，HE K，GIRSHICK R，et al. Faster R–CNN：towards real–time object detection with region proposal networks[J]. IEEE Transactions on Pattern Analysis and Machine Intelligence，2016，39（6）：1137–1149.
[41] REDMON J，DIVVALA S，GIRSHICK R，et al. You only look once：unified，real–time object detection[C]//Proceedings of the IEEE Conference on Computer Vision and Pattern Recognition. Las Vegas：IEEE，2016.
[42] LIU W，ANGUELOV D，ERHAN D，et al. Ssd：single shot multibox detector[C]//Computer Vision–ECCV 2016：14th European Conference. Amsterdam：ECCV，2016.
[43] 刘传领 . 基于势场法和遗传算法的机器人路径规划技术研究 [D]. 南京：南京理工大学，2012.
[44] 黄辰 . 基于智能优化算法的移动机器人路径规划与定位方法研究 [D]. 大连：大连交通大学，2018.

[45] EUN Y，BANG H. Cooperative task assignment/path planning of multiple unmanned aerial vehicles using genetic algorithm[J]. Journal of Aircraft，2009，46（1）：338–343.

[46] HART P E，NILSSON N J，RAPHAEL B. A formal basis for the heuristic determination of minimum cost paths[J]. IEEE Transactions on Systems Science and Cybernetics，1968，4（2）：100–107.

[47] WANG H，YU Y，YUAN Q. Application of Dijkstra algorithm in robot path–planning[C]//2011 Second International Conference on Mechanic Automation and Control Engineering. Beijing：IEEE，2011.

[48] LAVALLE S M. Rapidly–exploring random trees：a new tool for path planning[J]. The Annual Research Report，1998：1–4.

[49] LAVALLE S M，KUFFNER J J. Rapidly–exploring random trees：progress and prospects[J]. Algorithmic and Computational Robotics：New Directions，2001（5）：293–308.

[50] KARAMAN S，FRAZZOLI E. Sampling–based algorithms for optimal motion planning[J]. The International Journal of Robotics Research，2011，30（7）：846–894.

[51] 蔡自兴，谢斌 . 机器人学 [M]. 4 版 . 北京：清华大学出版社，2022.

[52] 贾扎尔 . 应用机器人学：运动学、动力学与控制技术 [M]. 周高峰，等译 . 北京：机械工业出版社，2017.